Regime global de biodiversidade: o caso Mamirauá

FUNDAÇÃO UNIVERSIDADE DE BRASÍLIA

Reitor
Timothy Martin Mulholland

Vice-Reitor
Edgar Nobuo Mamiya

Diretor
Henryk Siewierski

Diretor-Executivo
Alexandre Lima

Conselho Editorial
Beatriz de Freitas Salles, Dione Oliveira Moura, Henryk Siewierski,
Jader Soares Marinho Filho, Lia Zanotta Machado, Maria José
Moreira Serra da Silva, Paulo César Coelho Abrantes,
Ricardo Silveira Bernardes, Suzete Venturelli

Cristina Yumie Aoki Inoue

Regime global de biodiversidade: o caso Mamirauá

Equipe editorial

Rejane de Meneses · *Supervisão editorial*
Sonja Cavalcanti · *Acompanhamento editorial*
José Geraldo Campos Trindade · *Revisão*
Anderson Moreira Lima · *Capa, projeto gráfico e editoração eletrônica*
Raimunda Dias · *Emendas e finalização*
Elmano Rodrigues Pinheiro · *Acompanhamento gráfico*

Copyright © 2007 *by* Cristina Yumie Aoki Inoue

Impresso no Brasil

Direitos exclusivos para esta edição:
Editora Universidade de Brasília
SCS Q. 2 – Bloco C – nº 78 – Ed. OK – 1º andar
70302-907 – Brasília-DF
Tel.: (61) 3035-4211
Fax: (61) 3035-4223
www.editora.unb.br
www. livrariauniversidade.unb.br
e-mail: direcao@editora.unb.br

Todos os direitos reservados. Nenhuma parte desta publicação poderá ser armazenada ou reproduzida por qualquer meio sem a autorização por escrito da Editora.

Ficha catalográfica elaborada pela Biblioteca Central da Universidade de Brasília

---

158	Inoue, Cristina Yumie Aoki.
	Regime global de biodiversidade : o caso Mamirauá / Cristina Yumie Aoki Inoue. – Brasília : Editora Universidade de Brasília, 2007.
	302 p. ; 23 cm.
	ISBN 978-85-230-0953-3
	1. Política ambiental global e regimes internacionais. 2. Conservação da biodiversidade. 3. Mamirauá. 4. Redes transnacionais e comunidades epistêmicas. 5. Projetos integrados de conservação e desenvolvimento. I. Título.
	CDU 504 (811.3)

AGRADECIMENTOS

*[...] e aprendi que se depende sempre de
tanta, muita, diferente gente, toda pessoa sempre é as marcas
das lições diárias de outras tantas pessoas [...]*

Gonzaguinha, *Caminhos do coração*

De vez em quando me lembro de uma lição aprendida com Héctor Leis que me disse preferir a expressão "ser grato" à palavra "obrigado", já que grato remete à graça e obrigado à obrigação. A primeira está na esfera do sublime e a segunda na da matéria. Somente quando me lembrei dessa lição, consegui começar a escrever meus agradecimentos, pois me retirou aquela "tensão" decorrente do medo de esquecer alguém que, por "obrigação", devo mencionar na lista...

Decidi, assim, tentar transformar esse ato em algo sublime e, talvez, gracioso e não uma lista de pessoas e instituições a quem devo obrigações. Em vez disso, prefiro lembrar que sou "as marcas das lições diárias de outras tantas pessoas". Isso me torna eternamente grata e ser grata eleva. Assim, antes de tudo, sou grata a outras tantas pessoas que não aparecem aqui, mas cujas marcas eu carrego e, de alguma forma recôndita, estão nesta obra.

Mais explicitamente, há tantas pessoas cujas lições marcaram este trabalho e fizeram parte desse longo processo, a quem sou grata e quero reconhecer. Primeiro, sou grata ao meu orientador e amigo, Professor Eduardo Viola. Seu apoio e direcionamento foram cruciais para eu ter rompido a linha de chegada... Além da gratidão, expresso minha admiração e carinho por ele. Agradeço pela "mesa de bilhar" do Professor J. Augusto Drummond e por sua revisão criteriosa deste trabalho. Da mesma forma, sou grata à Professora Graça Rua pelo "pente fino" metodológico e por seus comentários sempre esclarecedores. Ambos tiveram duplo esforço, pois participaram da pré-defesa e defesa da minha tese de doutorado, a qual originou este livro.

Agradeço ao Professor Héctor Leis pela lição sobre gratidão e por vir de Florianópolis a Brasília, em plena seca, somente para ser membro da banca examinadora da minha tese de doutorado, e ao Professor Cláudio Pádua por metáforas como "multinacionais do verde", pela história de Gainesville e por concordar em participar como examinador, embora a tese tivesse muita política e pouca biologia.

Ao WWF-Brasil e à Fundação Ford, sou grata pelo apoio, por meio do Programa Natureza e Sociedade. Sem este teria sido praticamente impossível fazer todos os deslocamentos necessários para cobrir as redes de pessoas envolvidas com Mamirauá e com a conservação da biodiversidade. Agradeço ao Programa Santiago Dantas/ CAPES pelo apoio na publicação desse livro, em particular, à Professora Norma Breda, coordenadora do Programa no Instituto de Relações Internacionais da UnB.

Um agradecimento especial ao Helder Queiroz por sua atenção, disponibilidade e tantas conversas. Como gratidão é algo sublime "envio" a minha ao Márcio Ayres, onde quer que ele esteja, pela longa conversa e por uma série de *e-mails* respondidos. Sou grata também a Déborah Lima por ter sido tão atenciosa. Sou grata, ainda a todo pessoal do IDSM, em particular a Ana Rita, Renata, Soraia, Isabel, Jomber, Oscarina, seu Antônio Martins, que também não está mais neste planeta, seu Afonso e a toda a população da RDSM e da RDSA. Agradeço ao Joels por ter me incentivado a estudar o caso Mamirauá. Ao Professor Manoel, a dona Inês e a minha prima Tomoe, sou grata por terem me recebido em Manaus. Sou agradecida a todos que responderam ao meu questionário e, principalmente, àqueles que cederam seu tempo para as entrevistas. Agradeço a Sandra Charity pelo dia agradável no escritório do WWF-UK.

Sou grata também aos professores Ana Flávia B. Platiau, Antônio Jorge Ramalho da Rocha, Laura M. G. Duarte, Maria Helena de Castro Santos e Carlo Pio por participarem da banca examinadora. Particularmente, agradeço a Maria Helena por ter participado do meu exame de qualificação e por sugestões importantes como, por exemplo, fazer apenas um estudo de caso. Agradeço, ainda, ao Professor Gustavo Lins Ribeiro e à Professora Maria Izabel Carvalho pela participação no exame de qualificação. Todos os comentários foram esclarecedores e me conduziram até aqui. Ao Pio, sou agradecida por ter me introduzido a Granovetter, por tantos gestos de apoio e principalmente pela amizade.

Agradeço aos professores e funcionários do Centro de Desenvolvimento Sustentável-UnB, principalmente ao Antônio, à Norma e aos Professores Marcel e Otton. Sou agradecida ao Instituto de Relações Internacionais/UnB e aos colegas do IREL pela licença de capacitação e pelo apoio e também aos funcionários: Vanderlei, Odalva, Telma, Celi e Anderson. Sou grata aos alunos e às alunas que tanto me ensinam. Vários deles se tornaram amigos e amigas.

Patrícia, grata pela ajuda nas estatísticas e pelo SPSS... O projeto gráfico das ilustrações foi de Adelaide Barbosa, artista e grande amiga. Elaine, também sou grata a você, pela sua casa e *Corel Draw*. Lu, agradeço por ter me ajudado a concluir a versão "X" deste trabalho, acho que não teria conseguido imprimi-la se você não tivesse vindo me socorrer. Sou mais grata, ainda, pela sua amizade. Ao Marco Bueno sou grata pelas fotos do Mamirauá e pelos desenhos.

A Elke me ajudou no primeiro *abstract* da tese e a Pierina no resumo, mas sempre vou me lembrar do café que encontrei pronto, quando cheguei da ginástica, preparado pela Elke, e do macarrão com gorgonzola e rúcula preparado pela Pierina na noite derradeira da tese, que agora se torna um livro.

Também vou ser eternamente grata ao Nery, por dias longos de muita ralação e digitação. Foi a *fortuna* (ou será a *virtú*?) que lhe enviou e você foi "peça-chave" nesse processo. Sou supergrata à Tauana por digitar e fazer o desenho do regime global no computador.

Na fase de edição deste livro, contei com a competência da equipe da Editora Universidade de Brasília e dos seus colaboradores José Geraldo Campos Trindade e Anderson Moreira Lima.

Há marcas que são mais profundas e lições que são diárias também no sentido literal da palavra... Quero dizer que sou grata ao Marco pelo Amor... (a tese foi uma desculpa para eu encontrá-lo...) e à Coquíssima pela outra forma de amor, que é a amizade. Amiga-irmã também é a Vale, a quem sou grata. Pela amizade, agradeço à Ceiça e à grande Cris, novamente à Lu, à Taninha e às Ilkas... Todas amigas-irmãs. Sou grata ao João Marcelo, Rafael-*brother* e ao Pirão. Agradeço a Rosa, por cozinhar, e a Maria Vilma e Adriana, por me ajudarem a aliviar as dores nas costas. Claro, sou gratíssima ao meu pai, Kiyoshi, e à minha mãe, Satiko, por terem me gerado, apoiado e me dado minhas irmãs Mônica e Camila e meu irmão Luisinho.

Termino agradecendo a outras tantas pessoas por suas lições diárias.

[...] para manter qualquer reserva é preciso de uma
rede operando... e essa rede ocorre em nível
internacional, nacional, federal, estadual, local...essa
rede, tem lugares que de vez em quando dá um
ruído... a gente tem de consertar rápido...
essa idéia da rede, veio de onde?
sensibilidade de todas as pessoas envolvidas,
é um processo...

você quando lida com conservação da natureza
está lidando com VIDA...

Márcio Ayres, 21 de julho de 2001.

SUMÁRIO

Prefácio
NOTÁVEL CONTRIBUIÇÃO DA CONEXÃO ENTRE OS CAMPOS DAS RELAÇÕES INTERNA-CIONAIS E DAS CIÊNCIAS AMBIENTAIS, 15

LISTA DE SIGLAS, 17

INTRODUÇÃO, 19

Parte I
ASPECTOS CONTEXTUAIS, 33

Capítulo 1
GLOBALIZAÇÃO E POLÍTICA AMBIENTAL GLOBAL, 35
1.1 GLOBALIZAÇÃO E MEIO AMBIENTE, 35
1.1.1 CONECTIVIDADE GLOBAL, 35
1.1.2 MEIO AMBIENTE E O ESTUDO DAS RELAÇÕES INTERNACIONAIS, 38
1.1.3 ANTECEDENTES DA POLÍTICA AMBIENTAL GLOBAL, 40
1.1.4 TRANSFORMAÇÕES GLOBAIS E MEIO AMBIENTE, 42
1.2 RESPOSTAS À GLOBALIZAÇÃO DOS PROBLEMAS AMBIENTAIS, 46
1.2.1 POLÍTICA AMBIENTAL GLOBAL, 48
1.2.2 CARACTERÍSTICAS DA POLÍTICA AMBIENTAL GLOBAL, 49

Capítulo 2
A BIODIVERSIDADE COMO QUESTÃO GLOBAL E A CONVENÇÃO SOBRE DIVERSIDADE BIOLÓGICA (CDB), 55
2.1 BIODIVERSIDADE, 56
2.2 ANTECEDENTES DA CONVENÇÃO SOBRE DIVERSIDADE BIOLÓGICA E "MUDANÇA PARADIGMÁTICA" DO CONSERVACIONISMO, 61
2.3 PROCESSO DE ELABORAÇÃO E NEGOCIAÇÃO DA CDB, 66
2.4 ALGUMAS CONSIDERAÇÕES SOBRE A CONVENÇÃO SOBRE DIVERSIDADE BIOLÓGICA (CDB), 70

Parte II
ASPECTOS TEÓRICO-CONCEITUAIS, 75

Capítulo 3
DISCUSSÃO CONCEITUAL: INDIVÍDUOS COMO ATORES NA POLÍTICA MUNDIAL, REDES E COMUNIDADES EPISTÊMICAS, REGIMES INTERNACIONAIS E REGIMES GLOBAIS, 77
3.1 INDIVÍDUOS E REDES DE RELAÇÕES, 77
3.2 REDES TRANSNACIONAIS, 82
3.3 COMUNIDADES EPISTÊMICAS, 83
3.4 PAPEL DAS IDÉIAS, 85
3.5 REGIMES INTERNACIONAIS, 86
3.6 AMPLIANDO O FOCO: REGIME GLOBAL COMO ABORDAGEM, 93

Capítulo 4
REGIME GLOBAL DE BIODIVERSIDADE, 97
4.1   CONCEITO, 97
4.2   CONSIDERAÇÕES INICIAIS, 98
4.3   ELEMENTOS BALIZADORES: A MOLDURA DO REGIME GLOBAL. CONSERVAÇÃO E USO SUSTENTÁVEL DA BIODIVERSIDADE, 102
4.3.1 CONSERVAÇÃO DA BIODIVERSIDADE NA PERSPECTIVA DE UM REGIME GLOBAL. SISTEMA MUNDIAL DE ÁREAS PROTEGIDAS, INSTITUIÇÕES INTERNACIONAIS RELACIONADAS E ELEMENTOS BALIZADORES COGNITIVOS (TEORIAS, CONCEITOS E METODOLOGIAS), 102
4.3.2 NOVA PERSPECTIVA CONSERVACIONISTA: CONSERVAÇÃO E DESENVOLVIMENTO, 108
4.4   ATORES E INTERAÇÕES, 111
4.4.1 IUCN, 114
4.4.2 ONGs E CONEXÕES ENTRE O BIOFÍSICO E O POLÍTICO, O GLOBAL E O LOCAL, 115
4.4.3 COMUNIDADE EPISTÊMICA CONSERVACIONISTA E O PAPEL DOS BIÓLOGOS DA CONSERVAÇÃO, 118
4.5   DINÂMICAS DE TROCAS DE RECURSOS E CONHECIMENTO. CONEXÕES GLOBAL-LOCAIS, 121
4.6   INICIATIVAS LOCAIS E REGIME GLOBAL, 125
4.7   CONSIDERAÇÕES FINAIS, 126

Parte III
DO GLOBAL AO LOCAL, 127

Capítulo 5
AÇÃO LOCAL PARA CONSERVAÇÃO DA BIODIVERSIDADE: CONSERVAÇÃO E USO DA BIODIVERSIDADE, CONVERGÊNCIA SOCIOAMBIENTAL E ABORDAGENS QUE INTEGRAM CONSERVAÇÃO E DESENVOLVIMENTO, 129
5.1   O DESENVOLVIMENTO SUSTENTÁVEL E A CONSERVAÇÃO DA BIODIVERSIDADE, 130
5.2   CONSERVAÇÃO E USO SUSTENTÁVEL, 132
5.3   CONVERGÊNCIA SOCIOAMBIENTAL, 137
5.4   ALGUMAS ABORDAGENS QUE BUSCAM CONCILIAR CONSERVAÇÃO E DESENVOLVIMENTO NAS PRÁTICAS LOCAIS, 140
5.5   AÇÕES LOCAIS: TENTATIVAS DE INTEGRAR CONSERVAÇÃO DA BIODIVERSIDADE E DESENVOLVIMENTO, 145
5.5.1 CAMPFIRE (COMMUNAL AREAS MANAGEMENT PROGRAMME FOR INDIGENOUS RESOURCES), ZIMBÁBUE, 148
5.5.2 RCTT (RESERVA COMUNAL TAMSHIYACU-TAHUAYO), PERU, 153
5.6   CONCLUSÃO, 157

Capítulo 6
A RESERVA DE DESENVOLVIMENTO SUSTENTÁVEL E O PROJETO MAMIRAUÁ: A RESERVA DE DESENVOLVIMENTO SUSTENTÁVEL (RDSM), A ELABORAÇÃO DO PROJETO E A CRIAÇÃO DA ONG SOCIEDADE CIVIL MAMIRAUÁ (SCM), 159
6.1   A RESERVA DE DESENVOLVIMENTO SUSTENTÁVEL MAMIRAUÁ, 161
6.1.1 RDSM – CENÁRIO AMBIENTAL, 162
6.1.2 RDSM – CENÁRIO SOCIOECONÔMICO, 166
6.1.3 RDSM – ZONEAMENTO, 168
6.2   O PROCESSO DE CONCEPÇÃO DO PROJETO MAMIRAUÁ, 170
6.2.1 ORIGENS: ATUAÇÃO DE PESQUISADORES NOS ANOS 1970, 170
6.2.2 CONCEPÇÃO DA IDÉIA, ELABORAÇÃO DE UM PROJETO E OS CONTEXTOS LOCAL E GLOBAL, 172

6.3 A CRIAÇÃO DA ONG SOCIEDADE CIVIL MAMIRAUÁ, 178
6.4 CONSIDERAÇÕES SOBRE O PERÍODO INICIAL DO PROJETO MAMIRAUÁ, 182

Capítulo 7
A REDE DE RELAÇÕES E A IMPLEMENTAÇÃO DO PROJETO MAMIRAUÁ: O ESTABE-LECIMENTO DA RESERVA DE DESENVOLVIMENTO SUSTENTÁVEL MAMIRAUÁ (RDSM), 185

7.1 RELAÇÕES DO GLOBAL AO LOCAL, COOPERAÇÃO INTERNACIONAL E ARRANJOS INSTITUCIONAIS, 185
7.1.1 COOPERAÇÃO GRUPO DE BELÉM/SCM E WWF-UK, 186
7.1.2 COOPERAÇÃO INTERNACIONAL DFID (EX-ODA) E SCM, NO ÂMBITO DO PROGRAMA DE COOPERAÇÃO TÉCNICA BILATERAL BRASIL–REINO UNIDO, 188
7.1.3 COOPERAÇÃO INTERINSTITUCIONAL E CONVÊNIOS INTERNOS, 190
7.1.4 RELAÇÕES LOCAIS, 192
7.1.5 CONSERVATION INTERNATIONAL (CI), 193
7.1.6 WILDLIFE CONSERVATION SOCIETY (WCS) (EX-WCI), 194
7.1.7 CONSIDERAÇÕES SOBRE O PERÍODO DE FORMAÇÃO DA REDE DE RELAÇÕES DE COOPERAÇÃO, 195
7.2 IMPLEMENTAÇÃO DO PROJETO MAMIRAUÁ. PRIMEIRA FASE (1991-1997) E CRIAÇÃO DA RDSM, 196
7.2.1 RELATÓRIO Nº 2: INSTITUIÇÕES E ATIVIDADES DIVERSAS, INÍCIO DOS DESEMBOLSOS PRINCIPAIS DA ODA, ORGANIZAÇÃO COMUNITÁRIA E PESQUISA BIOLÓGICA: CIÊNCIA *VERSUS* POLÍTICA DE CONSERVAÇÃO, 197
7.2.2 RELATÓRIO Nº 4: NOVOS PROGRAMAS, QUESTÕES DE FISCALIZAÇÃO, RELAÇÃO COM AS COMUNIDADES E COM TEFÉ, PROJETOS SOCIOAMBIENTAIS: EQUIPE MULTIDISCIPLINAR E O DESAFIO DA INTEGRAÇÃO, 202
7.2.3 RELATÓRIO Nº 5: ESTUDOS SOBRE ADEQUAÇÃO LEGAL DA UC, INÍCIO DAS NEGOCIAÇÕES DE CRIAÇÃO DO INSTITUTO, ECOTURISMO E EXPOSIÇÃO NA MÍDIA, 204
7.2.4 OS ANOS DE 1995 E 1996: CRESCIMENTO DA PARTICIPAÇÃO DO CNPQ, APROVAÇÃO DO PLANO DE MANEJO E CRIAÇÃO DA RDSM, 206
7.3 IMPLEMENTAÇÃO. SEGUNDA FASE (1997-2002), CRIAÇÃO DO IDSM E SITUAÇÃO ATUAL, 208
7.4 CONSIDERAÇÕES FINAIS, 213

Parte IV
ANÁLISE E SÍNTESE, 217

Capítulo 8
MAMIRAUÁ, FATORES-CHAVE E O REGIME GLOBAL DE BIODIVERSIDADE, 219

8.1 FATORES-CHAVE, 222
8.1.1 MÁRCIO AYRES: CONEXÕES DO LOCAL AO GLOBAL, 223
8.1.2 COMUNIDADE EPISTÊMICA DA BIOLOGIA DA CONSERVAÇÃO E A REDE TRANSNACIONAL CONSERVACIONISTA, 225
8.1.3 O "ENRAIZAMENTO" DA IDÉIA DE CONSERVAÇÃO DA BIODIVERSIDADE, 228
8.2 CONDIÇÕES NECESSÁRIAS E FACILITADORAS, 230
8.2.1 LUGAR CERTO, 230
8.2.2 HORA CERTA, 233
8.2.3 ALGUMAS CONDIÇÕES FACILITADORAS, 237
8.3 RESULTADOS DO PROCESSO, 238
8.3.1 MODELO ADEQUADO, 238

8.3.2 ARRANJOS INTERINSTITUCIONAIS (SCM, CNPQ, IPAAM) E COOPERAÇÃO INTERNACIONAL, 244

8.4 MAMIRAUÁ E REGIME GLOBAL DE BIODIVERSIDADE, 246

8.4.1 ELEMENTOS BALIZADORES, 247

8.4.2 ATORES E O PAPEL DA COMUNIDADE EPISTÊMICA CONSERVACIONISTA, 250

8.4.3 DINÂMICAS DE TROCAS DE RECURSOS E DE CONHECIMENTO, 251

8.4.4 VALOR DEMONSTRATIVO GLOBAL, 253

CONCLUSÃO, 255

REFERÊNCIAS BIBLIOGRÁFICAS E DOCUMENTAIS, 265

ANEXOS, 277

FOTOS, 293

Prefácio
NOTÁVEL CONTRIBUIÇÃO DA CONEXÃO ENTRE OS CAMPOS DAS RELAÇÕES INTERNACIONAIS E DAS CIÊNCIAS AMBIENTAIS

Regime global de biodiversidade: o caso Mamirauá é o resultado de uma pesquisa de três anos que relaciona com extraordinária competência conceitual e rigor analítico o global ao local, demonstrando como um projeto realizado numa região aparentemente remota, Mamirauá, pode ser relacionado a interações entre atores inter e transnacionais, a dinâmicas da política ambiental global e à evolução de aspectos normativos e cognitivos que envolvem conservação da biodiversidade e desenvolvimento.

Sem fugir ao rigor acadêmico, mas com criatividade, a autora desenvolve o conceito de regime global de biodiversidade, descreve e analisa como o Projeto Mamirauá foi concebido e implementado e revela de forma instigante como um biólogo renomado, Márcio Ayres, membro de uma comunidade epistêmica de biólogos da conservação, conseguiu mobilizar uma rede mais ampla de relações, atraindo os recursos humanos e materiais e o apoio político necessários para o sucesso da iniciativa.

Este livro possui o mérito de ligar questões complexas que envolvem relações internacionais, ciência política, ciências ambientais (particularmente a questão da biodiversidade) e desenvolvimento sustentável, com clareza, precisão e profundidade. A discussão sobre o regime de biodiversidade e a política ambiental global representa uma contribuição tanto conceitual como empírica para o campo de estudo das relações internacionais no Brasil. Ela vem num momento propício, de consolidação do campo, com a criação da ABRI – Associação Brasileira de Relações Internacionais – e, certamente, se tornará uma obra de referência na subárea de política ambiental internacional no Brasil e na América Latina.

Da mesma forma, para os estudiosos das questões ambientais no país, trata-se de importante obra que discute conceitos como conservação da biodiversidade e desenvolvimento sustentável, bem como a ligação entre os dois, que tem sido experimentada em projetos ao redor do mundo, sendo Mamirauá um exemplo nessa linha.

Vale ressaltar a importância de se conhecer a fundo iniciativas de proteção da diversidade biológica baseadas no seu uso sustentável num país megadiverso como o Brasil, que precisa encontrar alternativas que conciliem conservação e melhoria da qualidade de vida da sua população. Em particular, o livro vai ao encontro de várias iniciativas que buscam aumentar o conhecimento na área de biodiversidade e incentivar seu intercâmbio. Entre elas, podemos destacar o Programa de Pesquisa em Biodiversidade (PPBio), do Ministério de Ciência e Tecnologia; o Programa BIOTA-FAPESP, com seus desdobramentos: o SinBiota, Sistema de Informação Ambiental, e a revista eletrônica BIOTA Neotrópica; e a própria consolidação do Portal Brasileiro sobre Biodiversidade (PORTALBio), que é um mecanismo de troca de informações e funciona como ponto focal brasileiro do *Clearing House Mechanism* (CHM) da Convenção sobre Diversidade Biológica. Desse modo, *Regime global de biodiversidade: o caso Mamirauá* soma-se a essas iniciativas, representando mais um esforço na consolidação dessa área de conhecimento, tão estratégica para o Brasil.

Os estudiosos das relações internacionais, do desenvolvimento sustentável, bem como das ciências ambientais no Brasil ganham, portanto, uma contribuição valiosa nesse esforço de discutir biodiversidade e política internacional, integrar os níveis global e local e relacionar vários campos de estudo, apontando para a importância da interdisciplinaridade para se compreender as dinâmicas da atualidade.

Nesse sentido, trata-se de uma obra que possui valor também para outros estudiosos ao redor do mundo que desejem conhecer como a política ambiental global causa impacto num país como o Brasil, particularmente como foram implementadas aqui as idéias de biodiversidade e da necessidade de conciliar conservação e desenvolvimento que se desenvolveram globalmente por meio de redes transnacionais das quais pesquisadores brasileiros também participaram.

Como orientador da tese de doutorado de Cristina, da qual resultou este livro, gostaria de deixar testemunho do diálogo intelectual extenso, profundo e sofisticado que se estabeleceu entre a autora e os seis membros da banca no dia da defesa, que é mais uma recomendação sobre a importância da leitura deste livro.

Brasília, abril de 2007
Eduardo Viola
Professor Titular do Instituto de Relações
Internacionais da Universidade de Brasília

Lista de siglas

ABC – Agência Brasileira de Cooperação

CBC – Community-based Wildlife Conservation – Conservação de base comunitária, conservação baseada na comunidade

CDB – Convenção sobre Diversidade Biológica

CBNRM – Community-based natural resources management – Manejo comunitário de recursos naturais

CI – Conservation International

CNPq – Conselho Nacional de Desenvolvimento Científico e Tecnológico, vinculado ao Ministério de Ciência e Tecnologia (MCT)

CWM – Comunity-based Wildlife Management – Manejo comunitário de vida silvestre

DFID – Department for International Development, agência de cooperação para o desenvolvimento do Governo do Reino Unido

ETC – para o inglês Environmental Transnational Coalition – coalizão ambiental transnacional

FUNBIO – Fundo de Biodiversidade

GBA – Global Biodiversity Assessment

GEF – Global Environmental Facility

GTZ – Gesellschaft für Technishe Zuzammenarbeit – Sociedade para Cooperação Técnica, agência de cooperação técnica alemã

IBAMA – Instituto Brasileiro do Meio Ambiente e Recursos Naturais Renováveis

ICDP – Integrated Conservation and Development Projects – Projetos integrados de conservação e desenvolvimento

IDSM – Instituto de Desenvolvimento Sustentável Mamirauá

IIED – International Institute for Environment and Development

IPAAM – Instituto de Proteção Ambiental do Estado do Amazonas

IPCC – Intergovernmental Panel on Climate Change

IUCN – do inglês International Union for the Conservation of Nature, sigla mais conhecida para a atual União Mundial para Conservação da Natureza (World Conservation Union), antes União Internacional para Conservação da Natureza (UICN)

MCT – Ministério de Ciência e Tecnologia

MMA – Ministério do Meio Ambiente, Recursos Hídricos e Amazônia Legal

OI – Organização Internacional (neste trabalho refere-se à organização internacional criada por governos)

ONG – Organização Não-Governamental

OS – Organização Social

PARNA – Parque Nacional

PNUD – Programa das Nações Unidas para o Desenvolvimento

PNUMA – Programa das Nações Unidas para o Meio Ambiente (vide UNEP, em inglês)

PP-G7 – Programa Piloto para Proteção das Florestas Tropicais do Brasil financiado pelos países do G7 e União Européia

PROBIO – Programa de Biodiversidade

PRONABIO – Programa Nacional da Diversidade Biológica

RDS – Reserva de Desenvolvimento Sustentável

RPPN – Reserva Particular de Patrimônio Natural

SEMA-PR – Secretaria Especial do Meio Ambiente da Presidência da República

SCM – Sociedade Civil Mamirauá

SNUC – Sistema Nacional de Unidades de Conservação

TNC – The Nature Conservancy

TRAFFIC – Trade Record Analysis of Flora and Fauna in Commerce

UC – Unidade de Conservação

UICN – vide IUCN

UNCED – do inglês: United Nations Conference on Environment and Development, sigla mais conhecida para se referir à Conferência das Nações Unidas sobre Meio Ambiente e Desenvolvimento, realizada no Rio de Janeiro, junho de 1992, também conhecida com Conferência do Rio, ou Rio'92

UNEP – United Nations Environment Program (vide PNUMA, em português)

WCS – Wildlife Conservation Society

WMO – World Metodological Organization

WRI – World Resources Institute

WRP – World Resources Program

WWF – World Wide Fund for Nature, também conhecido como World Wildlife Fund, nos Estados Unidos e Canadá

WWF-Br – Fundo Mundial para Natureza-Brasil

Introdução

No campo de estudo das relações internacionais, a temática ambiental ganhou força a partir do final dos anos 1980 (PORTER; BROWN, 1991; HURREL; KINGSBURY, 1992; HAAS; KEOHANE; LEVY, 1994; ELLIOT, 1998; HELD et alii, 1999; WEISS; JACOBSON, 2000). A maioria desses autores aponta as mudanças ambientais globais, que começaram a ser mais claramente identificadas nessa época, e suas implicações políticas. Embora a questão ambiental estivesse na agenda internacional desde a Conferência sobre Meio Ambiente Humano, realizada em Estocolmo em 1972, somente ganhou projeção por ocasião da Conferência das Nações Unidas sobre Meio Ambiente e Desenvolvimento, realizada no Rio de Janeiro, em 1992, quando se estabeleceu uma agenda global (ELLIOT, 1998).

A perda da diversidade biológica tem sido apontada como uma das mudanças ambientais globais. Sabe-se que as atividades humanas estão diminuindo a diversidade biológica nos sistemas terrestres, nas águas doces e nos mares, em países em desenvolvimento, ou industrializados. Porém, devido à concentração de uma grande variedade de espécies nas florestas tropicais úmidas, destruí-las significa mais perda de biodiversidade (em relação às espécies) do que em qualquer outro ecossistema (STERN et alii, 1992). Embora a extinção de espécies seja um processo evolutivo natural, a velocidade e a magnitude com que ela tem ocorrido e o fato de suas causas terem origem antrópica são preocupantes. Além da extinção de espécies, ecossistemas inteiros têm sido destruídos, fora isso há que se considerar a diminuição da diversidade genética. Tudo isso é grave, se sabemos ser a diversidade biológica o resultado de um processo evolutivo de 4,5 bilhões de anos, uma herança global inigualável e única, e um recurso não-renovável, pois enquanto espécies individualmente podem ser consideradas renováveis, a diversidade não se renova (SWANSON, 1997, p. 9).

Na Conferência do Rio, 1992, foi assinada a Convenção sobre Diversidade Biológica (CDB), considerada uma evidência da relevância global da questão. Os principais objetivos da CDB são a conservação da diversidade biológica, a utilização sustentável de seus componentes e a repartição justa e eqüitativa dos benefícios advindos da utilização dos recursos genéticos (CDB, Artigo I). A CDB consagrou objetivos globais relativos à conservação, ao uso da biodiversidade e ao desenvolvimento sustentável, que vinham se desenvolvendo desde o lançamento da Estratégia Global de Conservação, lançada simultaneamente em 30 países, em 1980. Pode-se tomar a Estratégia como o ponto inicial do regime global de biodiversidade, já que a mesma representou o reconhecimento por parte de organizações importantes (IUCN, WWF, UNEP, UNESCO e FAO) da ligação entre conservação e desenvolvimento e da necessidade de se levar em consideração as necessidades das populações humanas nas iniciativas de proteção da natureza. Assim, a partir dos anos oitenta, aconteceu uma mudança "paradigmática" no pensamento e nas práticas de conservação. Passou-se de perspectivas em que o bem-estar das comunidades locais e o desenvolvimento estavam diretamente em conflito com os objetivos e as práticas da conservação da biodiversidade, baseadas em estratégias de "cercas e multas" (*fences and fines*), ou *fortress conservation*, para tentativas de conciliar conservação e desenvolvimento, por meio de abordagens conhecidas como *community-based wildlife conservation* (CBC), projetos integrados de conservação e desenvolvimento (ICDP), *community-based wildlife management* (CWM).

Quanto à implementação e efetividade da CDB e de outros tratados ambientais, a perspectiva da análise tem se concentrado nas relações interestatais ou, então, em como os estados nacionais estão respondendo a ela. Assim, questões freqüentes são: a CDB e outros acordos ambientais têm sido implementados pelos governos? Como? Os regimes internacionais são efetivos? Os estados nacionais estão cumprindo os compromissos assumidos nesses instrumentos? Como caracterizar as ações estatais em relação a tais acordos? Quais os fatores que as explicam? (HAAS; KEOHANE; LEVY, 1994; YOUNG, 1999; WEISS; JACOBSON, 2000). Outros estudos apontam o potencial e a importância da Convenção de Biodiversidade de um ponto de vista global (SWANSON, 1997; PRESTRE, 2002).

Por todo o mundo, há iniciativas locais que visam proteger a biodiversidade e se baseiam nas abordagens mencionadas acima. Entretanto, boa parte dessas iniciativas não pode ser considerada uma resposta dos estados nacionais à CDB, embora esteja sintonizada com seus princípios. Desse modo, elas acabam não sendo consideradas quando se aborda a implementação da Convenção, ou quando se questiona a sua efetividade. Por meio do estudo do caso Mamirauá, meu objetivo é apontar para essas experiências locais, buscando enquadrá-las no contexto do regime global de biodiversidade, conceito que construí para possibilitar uma abordagem global-local da questão da proteção da diversidade biológica. Para o Brasil, essa perspectiva visa chamar a atenção para várias iniciativas que estão ocorrendo localmente, mas que possuem valor global. Além disso, visa contribuir para o crescimento da consciência sobre a importância estratégica da questão, tendo em vista que o país é considerado o mais rico em biodiversidade do planeta.

Existe muita polêmica em torno dos números da biodiversidade, já que não se conhecem, com precisão, o número de espécies existentes nem as taxas de extinção. De acordo com Wilson (1988, p. 8), as florestas tropicais úmidas contêm mais da metade das espécies da biota mundial, embora representem somente 7% da superfície do planeta, sendo que o maior problema é a velocidade de destruição dessas áreas. Outros biomas ricos em espécies também estão ameaçados, tais como recifes de corais tropicais, lagos geologicamente antigos e terras úmidas costeiras, e merecem atenção especial, contudo, as florestas tropicais úmidas servem como paradigma da crise global mais ampla. Wilson (1998, p. 10-11) afirma que não se pode estimar com precisão o número de espécies sendo extintas nessas florestas, nem em outros *habitats*, pois não se sabe o número presente originalmente. Porém, não há dúvida de que a extinção está acontecendo mais rapidamente do que ocorria antes de 1800.

Alguns pontos interessantes são levantados por Ehrlich (1988, p. 21-22). O autor argumenta que o foco em relação à crise de extinção tem se direcionado para os destinos das espécies ameaçadas proeminentes e, em muitos casos, para a super-exploração deliberada por seres humanos como a causa dessas ameaças. Sua perspectiva é a de que tal preocupação é válida e tem sido politicamente importante, porque atrai a simpatia do público, mas ele acrescenta que é preciso focalizar a atenção para verdades mais obscuras e desagradáveis:

1) a causa primária da degradação da diversidade orgânica é a destruição de *habitats*, resultante da expansão das populações e das atividades humanas e não da exploração direta, ou da malevolência;

2) muitos organismos, como plantas e insetos, que estão sendo eliminados pelos humanos (*Homo sapiens*), são mais importantes para o futuro humano que as espécies ameaçadas que mais chamam a atenção do público.

3) a razão antropocêntrica mais importante para preservar a diversidade é o papel que microorganismos, plantas e animais desempenham em prover serviços ecossistêmicos gratuitos, sem os quais a sociedade na presente forma não poderia sobreviver, embora outros organismos tenham fornecido a base da civilização na forma de plantações, de animais domésticos, de uma variedade de produtos industriais e de muitos remédios importantes;

4) a perda de populações geneticamente distintas na mesma espécie é tão importante quanto o problema da perda de espécies inteiras, tanto em relação à sua habilidade de beneficiar a humanidade, como quanto à probabilidade de serem totalmente extintas no futuro próximo, a qual aumenta bastante;

5) extrapolando as tendências atuais de redução de diversidade, chegar-se-á a um desenlace nos próximos 100 anos comparável ao de um inverno nuclear;

6) muito provavelmente, a abordagem tradicional de separar reservas[1] é inadequada, devido ao crescimento da população humana, chuvas ácidas e mudança climática;

7) para salvar outros organismos e a nós mesmos talvez seja necessária uma transformação "quase religiosa", que leve à valorização da diversidade em si mesma, além dos seus benefícios diretos para humanidade.

Enquanto as causas diretas da perda da biodiversidade estão relacionadas a alterações/fragmentações de grandes áreas "naturais", como descrito, é preciso observar os fatores que estão subjacentes à mesma, que remetem ao sistema econômico e ao modelo de desenvolvimento que se espalhou pelo globo. Swanson (1997, p. 8-11) ressalta que o caráter desigual do desenvolvimento global e o seu padrão histórico marcado pela assimetria implicam a existência de estados com riquezas materiais e outros estados com riquezas de espécies. Isso é o resultado observável da aplicação seqüencial de um processo de substituição do diverso pelo especializado, de país a país, ao redor da superfície da Terra. Desse modo, Swanson (1997, p. 11) afirma que o processo de desenvolvimento está intimamente associado à destruição da diversidade. O autor questiona se essa ligação perversa entre os dois é necessária, defendendo, assim, a busca de caminhos alternativos para o desenvolvimento, que se fundamentem na base natural

---

[1] Também se utiliza a expressão *fence off*, ou seja cercar para preservar.

existente de diversidade, ao invés da conversão em recursos uniformes e especializados, ou seja, uma opção de desenvolvimento compatível com a diversidade (Swanson, 1997, p. 12). Essa seria uma solução alternativa eqüitativa, pois se continuaria a perseguir o desenvolvimento nos países que ainda não converteram suas áreas naturais, buscando caminhos alternativos, sendo que os custos deveriam ser compartilhados com os outros Estados nacionais, que já converteram as suas áreas naturais, considerando que eles têm se apropriado de uma porção desproporcional do produto global.

Swanson (1997, p. 12) parte do pressuposto de que os países detentores da biodiversidade têm o monopólio sobre uma herança do processo de evolução que é única e não-renovável. Por isso, as porções desenvolvidas do mundo deveriam encorajar o desenvolvimento nos Estados do Sul, a partir do papel econômico único desses recursos naturais exclusivos. Ademais, essa herança provê a base sobre a qual tais países (que não converteram as suas áreas naturais) podem demandar um partilha justa do produto global. Desse modo, em termos de formulação de políticas, o caminho seria o desenvolvimento consistente com o recurso ambiental exclusivo que eles possuem, ou seja, buscar o *desenvolvimento originado na diversidade*. Por outro lado, McGrath (1997, p. 53) defende que, se o objetivo é o desenvolvimento sustentável, deve-se buscar uma estratégia consistente, que mantenha a produtividade e o funcionamento dos ecossistemas da terra, mesmo que isso implique grandes mudanças na composição de espécies. O autor afirma que a manutenção da biodiversidade e o funcionamento do ecossistema são objetivos diferentes e potencialmente conflitantes. Na sua visão, o número e grau de endemismo de espécies não são os parâmetros que asseguram o funcionamento saudável da biosfera ou a produtividade sustentada dos recursos naturais, que mantêm a população humana (MCGRATH, 1997, p. 38). Ademais, os argumentos baseados nos princípios éticos do direito de todas as espécies à vida, ou a biodiversidade como valor em si mesmo, são válidos, mas não têm gerado critérios eficazes para nortear políticas para reduzir a taxa de extinção e para a conservação (MCGRATH, 1997, p. 51). O autor (MCGRATH, 1997, p. 37) afirma que o principal problema é que biodiversidade é um meio e não um fim, não sendo importante por si mesma, pois a sua importância se baseia no que representa para o ecossistema, a biosfera e a população humana.

McGrath (1997) lembra que há limites teóricos e que falta comprovação empírica em relação à abordagem espécie/área, a qual tem fundamentado boa parte dos argumentos sobre extinção de espécies. Além disso, falta consenso na sociedade sobre a relevância da perda da biodiversidade. Conforme afirma um respondente ao questionário de nossa pesquisa (resposta por correio eletrônico, março de 2003),

> Não há ainda reconhecimento pela maior parte da população de que conservar biodiversidade seja importante. A pergunta básica sempre vai ser: por que conservar o mico-leão dourado, se há tantos brasileiros passando fome? Em época de Fome Zero, gastar quantias enormes de dinheiro na preservação de uma espécie (mesmo que esta garanta indiretamente a preservação de grandes áreas – a sua área de vida – como acontece com os grandes mamíferos e predadores de topo de cadeia alimentar) parece não fazer sentido na cabeça das pessoas [...]

Enquanto no campo dos estudos ambientais os debates e controvérsias são infinitos, na esfera da política uma idéia[2] se torna relevante quando penetra o processo político. Então não há dúvidas de que a perda da diversidade biológica/extinção de espécies e o valor da biodiversidade são temas que se tornaram questões das agendas da política doméstica e internacional. Não se trata de algo que está no topo da agenda, mas, como argumenta Albagli (1998), a sua importância é estratégica, principalmente para os países em desenvolvimento.

Vale lembrar ainda que as populações rurais espalhadas pelo planeta dependem diretamente da biodiversidade para a sua sobrevivência e percebem isso, porém de forma diferente dos conservacionistas. Por exemplo, na Reserva de Desenvolvimento Sustentável Mamirauá,[3] enquanto os biólogos estavam preocupados com a biodiversidade, os ribeirinhos se preocupavam com a comida do dia-a-dia.[4] Assim, talvez a questão não seja se a biodiversidade é ou não importante, mas como os diferentes atores percebem o seu valor (uso ou não-uso). O valor do mico-leão dourado difere para conservacionistas, para outros grupos ambientalistas e para populações rurais e urbanas. Além disso, existem estudos sobre campanhas para salvar certas espécies (*flagship species*) demonstrando que, ao contrário de questionar se é mais importante combater a fome ou salvar certas espécies carismáticas, as pessoas começam a se interessar pela questão ambiental a partir dessas campanhas.[5]

Ao focalizar e estudar um projeto como Mamirauá, chamo a atenção para o fato de que, embora do ponto de vista global a questão da biodiversidade pareça não ter "decolado", no nível local, ao redor do mundo, existem iniciativas promissoras, que podem ser enquadradas num regime global de proteção da diversidade biológica. Isso oferece um contraponto às perspectivas que questionam a importância da questão.

De fato, existem no Brasil e no mundo várias experiências inovadoras de conservação e uso sustentável da biodiversidade, baseadas nas abordagens mencionadas, que são implementadas no nível local, ou seja, onde realmente se encontra a biodiversidade. Em geral, tais iniciativas não partem dos governos nacionais. Essas têm sido objeto de estudos de ONGs internacionais, como IIED,[6] WWF, CI, WCS, de artigos de revistas acadêmicas (*Conservation Biology, Ecological Applications, Journal of International Development, Environmental Science and Policy, Geographical Journal*) ou constam de relatórios de agências de cooperação (DFID, USAID, GTZ). Elas aparecem também quando são premiadas por organismos internacionais (UNDP, *Equatorial Initiative*) ou quando os seus mentores são premiados por entidades privadas, como Rolex (*Rolex Awards for Enterprise*) ou pela Society for Conservation Biology. Outras fontes de informação sobre essas experiências

---

[2] Ernst Haas (1990) define *consensual knowledge* como entendimentos aceitos de forma geral sobre ligações de causa-efeito sobre qualquer conjunto de fenômenos considerados importantes pela sociedade. O autor (idem, p. 23) define, ainda, aprendizado como processo pelo qual o conhecimento consensual é usado para especificar relações causais em novas formas, tal que o resultado afeta o conteúdo da política pública.
[3] O processo de estabelecimento dessa reserva é um dos elementos centrais abordados neste trabalho.
[4] Márcio Ayres, entrevista pessoal, Belém, 23 de julho de 2001.
[5] Isso é válido, pois, ao final, conservar certas espécies ameaçadas significa proteger seus *habitats* e todos os serviços ambientais providos por estes.
[6] O International Institute for Environment and Development (IIED) conduziu um projeto denominado Evaluating Eden, cujo objetivo foi avaliar experiências do tipo CWM ao redor do mundo (cf. capítulo 4 deste trabalho). IIED é uma ONG do tipo *think tank* (ver Introdução deste trabalho) sediada em Londres, que realiza estudos na área de meio ambiente e desenvolvimento.

são divulgações na rede mundial de computadores (Internet). Ao se usar expressões como *community-based conservation, integrated conservation and development projects, community-based wildlife management* em portais de busca, aparecem listas de páginas que apontam a existência de projetos de conservação baseada na comunidade, manejo de vida silvestre ou integração de conservação e desenvolvimento. Contudo, nada disso é articulado com as discussões sobre a CDB. Entre os documentos sobre exemplos de iniciativas em conservação e uso sustentável da biodiversidade, encontrei apenas uma menção à Convenção, num relatório sobre CAMPFIRE, projeto no Zimbabwe.[7] Por outro lado, estudos que têm como foco a Convenção, o regime internacional de biodiversidade, ou discussões das questões ambientais globais (ALENCAR, 1995; SWANSON, 1997; MCCONNELL, 1997; ALBAGLI, 1998; ELLIOT, 1998) não tratam da existência de experiências locais e/ou não consideram a sua importância.

O projeto Mamirauá é considerado uma experiência local bem sucedida. Ele foi desenvolvido pela Sociedade Civil Mamirauá (SCM), no estado do Amazonas, a cerca de 500 km a oeste de Manaus, próximo a Tefé, na confluência dos rios Solimões e Japurá, onde se encontra um lago com esse mesmo nome. Desse projeto resultou a criação da primeira Reserva de Desenvolvimento Sustentável (RDS) no Brasil. Trata-se de uma unidade de conservação habitada por populações humanas, cujo plano de manejo apresenta o objetivo de proteger a biodiversidade e ao mesmo tempo melhorar a qualidade de vida dessas populações.

Mamirauá foi uma iniciativa valiosa por demonstrar que é possível se estabelecer uma área protegida habitada por populações humanas, com objetivo precípuo de conservar a biodiversidade, o que a diferencia das reservas extrativistas (Resex) voltadas para a manutenção de recursos naturais. O projeto trouxe idéias inovadoras, concebidas com base no conhecimento científico da biodiversidade (biologia da conservação, princípios ecológicos) e em valores como conservação, sustentabilidade e participação.

As experiências locais, como Mamirauá, possuem valor demonstrativo, quando são amplamente divulgadas, tornando-se exemplos de que certas idéias podem ser implementadas, embora seja difícil replicar as condições que a viabilizaram. Ademais, focalizar essas experiências permite observar fatores transnacionais e internacionais agindo no nível local e também constatar o valor global que as mesmas possuem. Desse modo, o primeiro objetivo deste trabalho consiste em apontar os fatores-chave que viabilizaram o Projeto Mamirauá, tendo como foco os arranjos cooperativos entre os atores e o papel do grupo de pesquisadores que iniciou o projeto. Entre esses fatores, destaca-se a existência de uma comunidade epistêmica, ou seja, uma rede transnacional de especialistas, indivíduos que compartilham um corpo de conhecimento, valores e um empreendimento político, perpassando as fronteiras nacionais, as instituições e os governos. No contexto de transformações globais (HELD et alii, 1999), a ciência e indivíduos especialistas em diversas questões emergem como novas forças.

Experiências locais são aquelas implementadas onde de fato se encontra a biodiversidade, focalizando situações, problemas, ecossistemas e populações humanas específicas. São distintas de políticas nacionais que têm um caráter geral. A comunidade epistêmica da biologia da conservação é uma rede transnacional de especialistas que compartilham valores e crenças causais fundamentadas na biologia da conservação.

---

[7] Cf. Capítulo 5 deste trabalho.

Essa comunidade faz parte de uma rede transnacional mais ampla, formada com base em princípios/valores conservacionistas.[8]

No caso estudado, a comunidade epistêmica de biólogos da conservação, muitos com origem na primatologia, foi fundamental para a origem e sustentação do projeto. Entretanto, sua existência não é suficiente para explicar o projeto Mamirauá, ou melhor, existem outros fatores relevantes que devem ser levados em consideração. A presença de um indivíduo carismático, como o biólogo Márcio Ayres, também foi determinante, dado o seu empreendedorismo, criatividade e dedicação a uma causa. Várias pessoas entrevistadas e respondentes do questionário que enviei consideram Ayres visionário e corajoso, e apontam que ele teve papel singular (Suzana Pádua, IPE), que a sua figura foi fundamental, se não crítica (Sandra Charity, WWF-UK), ou que "Mamirauá é um programa visionário e um tributo ao intelecto, à dedicação e à determinação de José Márcio Ayres." (Mary Pearl, Wildlife Trust). Márcio Ayres faleceu em março de 2003, mas a RDSM e o IDSM permanecem dando seguimento aos seus objetivos de conservação da biodiversidade. Isso evidencia que, no contexto da globalização, indivíduos podem fazer a diferença e se tornarem atores relevantes em processos políticos globais.

Ressalto, ainda, que não é o indivíduo sozinho que fez a diferença, mas o fato de ele ser/estar conectado à comunidade epistêmica da biologia da conservação e a uma rede mais ampla de conservacionistas, indivíduos que atuam em ONGs nacionais e internacionais, instituições acadêmicas e outros órgãos. Desse modo, a rede de relações pessoais e profissionais de Ayres foi fundamental para o sucesso do seu empreendimento. No âmbito dessa rede, devo ainda destacar a presença da antropóloga Déborah Lima que configurou a dimensão social do projeto, sendo que o trabalho de extensão iniciado por ela tem sido imprescindível para o envolvimento da população local, sem o qual a experiência de Mamirauá estaria incompleta.

Após estudar o projeto Mamirauá e identificar os fatores-chave e condições para sua implementação, uma outra inquietação veio à minha mente. Ela aponta para a desconexão entre o conceito de regime internacional de biodiversidade,[9] derivado das teorias das relações internacionais (TRI), e as experiências locais como Mamirauá. Assim, questiono se é possível relacionar o regime de biodiversidade e iniciativas praticadas localmente. Em caso afirmativo, quais as relações existentes?

Mamirauá, assim como diversas experiências locais realizadas ao redor do mundo, não pode ser considerada uma resposta dos estados nacionais à Convenção. Grande parte delas é anterior ou contemporânea à Convenção e foi proposta por atores não-governamentais. Contudo, essas iniciativas estão sintonizadas com o espírito e objetivos da CDB e têm recebido recursos internacionais e transnacionais direcionados à proteção da biodiversidade. Pode-se afirmar que existe uma relação do ponto de vista dos seus princípios. Nesse sentido, o segundo objetivo deste trabalho é mostrar as ligações entre uma experiência local como Mamirauá e processos globais. Para tal, construo uma abordagem centrada no conceito de um regime global de biodiversidade, que abrange, além dos elementos do regime internacional baseado na CDB e os seus desdobramentos, os princípios e normas de outros tratados internacionais conservacionistas,

---

[8] Cf. conceitos apresentados nos capítulos 3 e 4.

[9] Adaptando o conceito de Krasner (1982), regime internacional de biodiversidade seria o conjunto de princípios, normas regras e procedimentos de decisão, formais ou informais, ao redor do qual convergem as expectativas dos atores e cujo centro é a CDB.

os conceitos e metodologias desenvolvidos por ONGs, instituições de pesquisa e pela IUCN. Ademais, essa abordagem compreende os atores não-estatais, as dinâmicas de cooperação e de formação de redes. Tudo isso determina os fluxos de recursos financeiros e de conhecimento para projetos locais, incorporando-os ao regime global.

O regime global de biodiversidade consiste no conjunto de elementos balizadores normativos e cognitivos, ao redor dos quais interagem os atores, produzindo, do global ao local, decisões, ações e dinâmicas de trocas de recursos e de conhecimento sintonizadas com a Convenção sobre Diversidade Biológica. Esse conceito não é elaborado na literatura teórica de relações internacionais. Entretanto, neste trabalho, serve como instrumento de análise e contribui para colocar o caso Mamirauá numa perspectiva mais ampla de proteção global da diversidade biológica. Essa perspectiva também será utilizada para apontar as várias interfaces inter e transnacionais da experiência que está sendo realizada em Mamirauá. Por outro lado, existem fatores e dinâmicas que são locais, regionais e nacionais, não necessariamente relacionados ao regime, mas que serão identificados, por serem fundamentais no processo de criação e implantação da RDSM.

Embora a abordagem das comunidades epistêmicas (HAAS, 1992) não seja suficiente para explicar experiências locais de conservação e uso da biodiversidade, ela representa o elo com o regime global, porque pode ser relacionada com o fluxo de recursos financeiros e de conhecimento do global para o local, contribuindo, ainda, para que haja sintonia com os princípios, objetivos e conceitos relativos à biodiversidade, consagrados globalmente pela CDB.

Desse modo, este trabalho possui dois objetivos relacionados: i) identificar os fatores-chave que levaram à elaboração e implementação, considerada bem sucedida, do projeto Mamirauá e ao estabelecimento da Reserva de Desenvolvimento Sustentável Mamirauá (RDSM) e ii) relacionar essa iniciativa ao regime global de biodiversidade. Para fazer essa relação, destaco os fatores internacionais e transnacionais que atuaram localmente, chamando a atenção para o valor demonstrativo de Mamirauá para o regime. Trata-se, portanto, de relacionar uma experiência local a processos globais relativos à questão da biodiversidade.

O projeto Mamirauá foi uma experiência inovadora, porém apresenta semelhanças com outras iniciativas ao redor do mundo, voltadas para a conciliação de conservação e desenvolvimento. Essas semelhanças podem ser relacionadas à existência da comunidade epistêmica de biólogos da conservação, inseridos em ONGs internacionais e nacionais, em órgãos governamentais e em agências de cooperação bilateral e multilateral. Essa rede é formada por grupos de indivíduos que, além de influenciar processos globais, realizam projetos locais. Peter Haas (1992) relaciona comunidades epistêmicas e regimes internacionais. Busco relacionar redes transnacionais de conservacionistas a ações para promover a conservação da biodiversidade e os seus usos sustentáveis no nível local, perpassando os níveis políticos internacional, nacional e regional (estadual e municipal). Embora a perspectiva de P. Haas (1990, 1992, 1994) se aplique ao estudo da formação de regimes internacionais, penso que seja possível relacionar a existência de uma comunidade epistêmica a outros fenômenos políticos (*policy phenomena*), ou seja, estender os seus "efeitos" para outros níveis de análise. Ao mesmo tempo, procuro por respostas para uma questão colocada por Ernst Haas (1990, p. 20) sobre as formas ou caminhos pelos quais o conhecimento científico é transferido de ambientes/cenas acadêmicos para processos políticos.

No caso Mamirauá, o projeto foi iniciado por um grupo de pesquisadores e viabilizou-se, em parte, porque havia uma comunidade epistêmica, que contribuiu para atrair recursos e reconhecimento internacionais. Além disso, por meio do projeto, pode-se perceber a influência das idéias compartilhadas pela rede de especialistas na mudança da legislação nacional (SNUC), ao incorporar a RDS como uma das categorias de unidades de conservação (UC), e nas políticas públicas na área de biodiversidade, especificamente no estabelecimento de um novo modelo de conservação.

As experiências locais que integram conservação da biodiversidade e desenvolvimento sustentável praticadas em vários países e a existência de uma rede transnacional conservacionista são fatores interrelacionados. Ambos fazem parte do regime global de biodiversidade, sendo que o caso Mamirauá pode ser enquadrado no contexto desse regime.

Procuro chamar a atenção dos estudiosos das Relações Internacionais (RI), enquanto campo de estudos acadêmico, para realidades locais, que têm um forte componente internacional/global. Trata-se de uma "extensão" (alargamento) da abordagem de Peter Haas (1992) sobre a relação entre comunidades epistêmicas e a formação de regimes internacionais para abranger outros níveis de ação política. Além disso, tento argumentar a favor da utilização do conceito de regime global de biodiversidade como instrumento analítico que permite capturar o que está acontecendo no campo, localmente, mas que tem interfaces com o global/internacional. Para aqueles que estão na esfera da prática, atuando mais diretamente com a proteção da biodiversidade, ou para estudiosos de questões ambientais de outras disciplinas, pretendo mostrar que as RI podem lançar luzes diferentes sobre experiências realizadas no nível local e a importância de ampliar a perspectiva para incluir o global/internacional como nível de análise.

Foi a partir do estudo do caso Mamirauá que surgiu a necessidade de construir um conceito de regime global de biodiversidade porque percebi que, para se compreender a realização dos objetivos de conservação e uso sustentável da diversidade biológica estabelecidos pela CDB, é preciso ir além dela e da perspectiva convencional sobre regime internacional. Grande parte dos projetos como Mamirauá não pode ser vista como resposta do estado nacional à existência do regime, ou seja, não pode ser considerada evidência da sua efetividade,[10] conforme entendida pelas teorias de RI (TRI) (YOUNG, 2000). Além disso, outras instituições internacionais (regras e organizações) conservacionistas, bem como conceitos e metodologias, recursos, fluxos de conhecimento, atores inter e transnacionais, também são fatores-chave na concretização desses projetos e não seriam levados em consideração caso se utilizasse a perspectiva convencional. Assim, a idéia de regime global de biodiversidade permite observar ações locais de conservação e uso sustentável, sintonizadas com a Convenção (implementação de seus objetivos), e também ir além desta, verificando-se outros fatores relevantes e articulando o global e o local.

A CDB pode ser representada como uma parte fundamental, um "destaque", da moldura do regime global, contribuindo para o enquadramento das ações realizadas

---

[10] De acordo com Young (2000, p. 221), uma instituição internacional é efetiva na medida em que o seu funcionamento obriga os atores a se conduzirem de modo diferente daquele como se comportariam caso a instituição não existisse ou, em seu lugar, existisse um arranjo diferente. Como os estados podem ser considerados os principais membros da sociedade internacional, a efetividade das instituições pode ser verificada por meio da conduta destes em relação a elas.

localmente, ao oferecer os princípios, objetivos e conceitos reconhecidos globalmente por estados nacionais e pelos outros atores. Por outro lado, essa moldura é mais ampla que a Convenção, incorporando princípios e objetivos de outras convenções, conceitos e metodologias, que também pautam a ação no campo. Um aspecto fundamental ao se voltar o foco para projetos locais de conservação e uso sustentável consiste em que se pode relacioná-los não somente à CDB, mas também a outros tratados internacionais conservacionistas, por exemplo, os que foram denominados pela Estratégia Mundial de Conservação (IUCN, UNEP, WWF 1980) como as "quatro convenções globais conservacionistas": Convenção de Ramsar, Convenção sobre Patrimônio Mundial, Convention on International Trade in Endangered Species of Wild Fauna and Flora (CITES) e Convenção sobre Espécies Migratórias (ou Convenção de Bonn). Além disso, pode-se observar o papel desempenhado por conceitos e metodologias desenvolvidos por ONGs internacionais e organismos intergovernamentais (OIs) e pelo conhecimento científico oriundo principalmente de áreas como biologia da conservação, ecologia, estudos ambientais e *development studies*, em abordagens multi ou interdisciplinares. O conhecimento científico, os conceitos e as metodologias (aplicação do conhecimento) influenciam a concepção e a implementação dos projetos. A biodiversidade como questão global tem servido ainda como catalizadora de recursos para iniciativas (projetos) espalhadas pelo mundo, sejam esses provenientes de agências bilaterais e multilaterias ou de ONGs internacionais ou de indivíduos ou de entidades públicas e privadas.

O conceito de regime global de biodiversidade reflete a própria natureza "simbiótica" global-local do tema. Princípios e objetivos, conceitos e metodologias, que pautam as ações, recursos financeiros e parte dos atores são inter e transnacionais. O modelo de desenvolvimento e o sistema econômico são globais. Por outro lado, um conjunto significativo das estratégias de implementação depende de fatores que variam localmente, como tipos de ecossistemas, espécies, modalidades de ameaças e causas de perda de diversidade, valores culturais das populações humanas que habitam a área, sistema político e outros atores. Nesse sentido, essa noção ajuda a capturar interações entre atores e as ações, que seriam deixadas de lado, caso se utilizasse a definição de regime internacional *strictu senso* [11] (centrada na CDB e nas respostas dos estados a ela), abrindo o foco para incorporar a prática dos atores na escala local.

Para fins deste trabalho, chamo a atenção para projetos e iniciativas de conservação e uso sustentável da biodiversidade no nível local, mas que têm um forte componente global, por se enquadrarem na moldura do regime de biodiversidade e também porque recebem recursos financeiros e técnicos e fluxos de conhecimento internacionais e transnacionais, além de serem resultados de ações de atores que agem nos níveis do global ao local.

Desse modo, observar projetos locais que integram conservação da biodiversidade e desenvolvimento sustentável permite visualizar a concretização de objetivos, princípios, normas e regras globais, bem como colher evidências da influência dos conceitos e metodologias das OIs e ONGs internacionais e do conhecimento gerado e/ou defendido por comunidades epistêmicas. Por último, contribui para se conhecer a direção do fluxo de recursos financeiros e técnicos de agências de cooperação internacional bi e multilaterais e de grandes ONGs ambientalistas.

---

[11] Cf. discussão sobre conceito de regime internacional no capítulo 3.

Considerações metodológicas

A partir de uma abordagem global-local, realizei um estudo empírico na área de conservação de biodiversidade no Brasil. A minha referência analítica foram os conceitos de comunidades epistêmicas,[12] redes e relações transnacionais e regime internacional, com alguma influência da discussão recente sobre o papel das idéias/conhecimento científico na política. Tais conceitos e discussões vêm do campo das relações internacionais. Entretanto, as questões discutidas no âmbito dos estudos ambientais, principalmente relativos à conservação da biodiversidade e desenvolvimento sustentável também foram consideradas e servem como pano de fundo. Desse modo, procurei construir o conceito de regime global de biodiversidade, que serviu para dar um sentido aos "dados" coletados. A partir de entrevistas e pesquisa documental, procurei reconstituir o processo de criação da Reserva de Desenvolvimento Mamirauá e de elaboração e implementação do projeto Mamirauá, buscando identificar o papel da comunidade epistêmica de biologia da conservação/redes transnacionais, a influência da mudança do "paradigma da conservação" e as relações que contribuíram para viabilizar a iniciativa. Isso permitiu relacionar Mamirauá com o regime global.

De modo geral, o trabalho de pesquisa constituiu-se basicamente de consulta a fontes primárias e secundárias e entrevistas abertas e/ou semi-estruturadas. Além disso, realizei um levantamento e revisões bibliográficas de questões contextuais e teóricas e uma busca de informações em páginas e portais na rede mundial de computadores. Considerando que a minha formação é na área de Relações Internacionais e que me falta conhecimento especializado para avaliar o projeto Mamirauá do ponto de vista substantivo (resultados, impacto), decidi enviar questionários (Anexo nº 1) para especialistas nas áreas de conservação da biodiversidade e de meio ambiente/Amazônia. O objetivo foi conhecer a perspectiva de alguns especialistas sobre a proteção (preservação, conservação e uso sustentável) da biodiversidade em termos globais e sobre os resultados da iniciativa em Mamirauá.

Para identificá-los, consultei outros especialistas (Cláudio Pádua, Márcio Ayres, Helder Queiroz) e pedi para listarem pessoas consideradas importantes. Além desses, incluí indivíduos em posições de decisão/formulação nas organizações-chave no Brasil e no mundo e outros que foram indicados no próprio processo de envio/ recepção dos questionários (algumas pessoas sugeriram enviar para outras). Ao final, os questionários foram enviados para 79 pessoas (ver anexo nº 2: Lista de Especialistas), via correio eletrônico, com uma mensagem individual para cada um. Recebi 29 formulários respondidos, mas o número de respostas à minha mensagem foi maior. Uma pessoa[13] me escreveu dizendo que não tinha competência para responder à maioria das questões. Alguns especialistas reconhecidos como John Robinson, WCS, Kent Redford e Kenton Miller responderam que estavam encaminhando o questionário anexado, mas este não chegou (problemas da informática). Pedi para reenviarem, mas não obtive mais resposta.

---

[12] Haas (1992, p. 35) sugere algumas "técnicas de pesquisa" para demonstrar o impacto das comunidades epistêmicas no processo de *policy making*. Entre essas: identificar os seus membros e as suas crenças causais e de princípios (valores) e demonstrar sua influência nos decisores em vários pontos no tempo. Em relação à noção de regime global de biodiversidade utilizada neste trabalho, basta identificar os membros, os princípios e crenças causais. Seu impacto será evidenciado no capítulo sobre Mamirauá.
[13] Esta pessoa participou das discussões do SNUC e foi identificada por outra pessoa da minha lista.

O nível de retorno foi 36,71%, o que é considerado alto para esse tipo de pesquisa (espontânea). Em pesquisas de marketing, o nível de respostas em geral é 10%.[14] Entretanto, o processo de livre retorno não permite fazer inferências probabilísticas (identificar tendências) em relação ao universo (especialistas). Trata-se, assim, de descrever a perspectiva de uma pequena, mas significativa, parcela de pessoas sobre conservação da biodiversidade e Mamirauá. Vale ressaltar que o universo foi bem representado em termos de organizações não-governamentais, já que pelo menos um indivíduo da maioria das organizações-chave respondeu, como, por exemplo, CI, WWF-UK, WCS, TNC, ISA, IPAM, SPVS, IPE, etc (ver anexo nº 3: Lista de organizações). Isso tem algum significado, pois, embora existam desacordos internos, pode-se observar que as pessoas que trabalham nesses tipos de organização tendem a compartilhar valores e objetivos.

Os resultados dos questionários foram apresentados ao longo dos capítulos, considerando que as perguntas eram referentes a vários dos assuntos abordados na tese. As respostas ilustram alguns dos argumentos descritos quanto à CDB, às iniciativas locais que integram conservação da biodiversidade e desenvolvimento e à experiência de Mamirauá.

Para escrever os capítulos de 1 a 4, fiz uma revisão bibliográfica na área de globalização, política ambiental global, biodiversidade e conservação e teoria de regimes internacionais, com vistas à construção de um marco contextual (capítulos 1 e 2), de um quadro de referência conceitual (capítulo 3), e à elaboração do conceito de regime global de biodiversidade (capítulo 4). O capítulo 5, sobre ações locais para conservação da biodiversidade, foi escrito com base em publicações de ONGs, alguma literatura especializada, bem como levantamento de informações em páginas e portais na internet. Os capítulos 6, 7 e 8 foram escritos principalmente com base em consulta a fontes primárias e secundárias e em entrevistas abertas e/ou semi-estruturadas. Entrevistei 47 pessoas[15] face a face, resultando em mais de 40 horas de gravação. Enviei, por correio eletrônico, perguntas a algumas (Márcio Ayres, Déborah Lima, Richard Bodmer, Helder Queiroz), seja para confirmar ou aprofundar algumas questões, seja porque não pude fazer a entrevista pessoalmente (John Robinson, Ronis da Silveira). Em relação ao processo de entrevistas (ver anexo nº 4: Lista de Entrevistados), é interessante refletir sobre os deslocamentos que tive de fazer para encontrar as pessoas. Durante esse processo, iniciado, por razões óbvias, em Brasília, estive em Belém, Manaus, Tefé-AM, RDS Mamirauá, RDS Amanã, Rio de Janeiro, São Carlos-SP, Parque Estadual Morro do Diabo/Teodoro Sampaio-SP, Londres e Goldaming-Reino Unido. Foi inspirador ter participado como "assistente" numa viagem de campo de um grupo de biólogas, que fazem pesquisas com botos no rio Araguaia (foram três dias subindo/descendo rios e contando botos) e visitar o Parque Nacional do Caparaó[16] e a Estação Biológica

---

[14] Patrícia Pinto Pereira, Marketing, especialista em estatística, Banco do Brasil.
[15] Anteriormente, na fase exploratória da minha pesquisa, havia entrevistado 28 pessoas, em Brasília, Belo Horizonte, São Paulo, Campinas e Tefé. Todas envolvidas em questões de conservação da biodiversidade. Em Brasília, o foco foram os corredores ecológicos, projeto do PP-G7, e redes ambientalistas, em Belo Horizonte, o projeto Doces Matas (corredor de mata atlântica em Minas Gerais) e redes, em São Paulo e Campinas, o Projeto Biota e redes, e em Tefé, o Projeto Mamirauá e redes.
[16] que fazia parte do meu projeto de pesquisa, mas foi retirado por orientação da banca no exame de qualificação.

de Caratinga. Assim, circulei mais do que o previsto no meu projeto de pesquisa. Contudo, isso reflete o foco principal do estudo, que foram as interações e inter-relações entre pessoas e instituições, baseado no conceito de rede/comunidade epistêmica, a circulação de idéias e as relações entre o global e o local, sendo difícil definir a sua área geográfica.

Para escrever os capítulos 6 e 7, pesquisei ainda os arquivos da Sociedade Civil Mamirauá, em Belém, e do WWF-UK, em Goldaming, Reino Unido, onde li relatórios e cartas referentes às negociações e implementação do projeto Mamirauá. Tive acesso também a alguns documentos do DFID-Brasília, que foi a maior fonte de recursos do projeto no período estudado. Informações sobre Mamirauá e outros projetos na área de biodiversidade foram encontradas também em portais na rede mundial de computadores. Jornais e revistas com matérias da área também serviram como referência para conhecer o contexto mais amplo.

Em resumo, para escrever este trabalho baseei-me principalmente em análise qualitativa de dados e tentei dar-lhes um sentido a partir do quadro de referência construído em torno do conceito de regime global de biodiversidade.

Divisão dos capítulos

Este trabalho foi dividido em quatro partes, cada uma abrangendo dois capítulos. Na parte I, abordo aspectos contextuais. O capítulo 1 cobre a globalização, as transformações decorrentes e a política ambiental global, e o capítulo 2 focaliza a questão da biodiversidade e a Convenção sobre Diversidade Biológica (CDB).

A parte II é dedicada a aspectos teórico-conceituais. O capítulo 3 traz os conceitos de regimes internacionais, redes transnacionais e comunidades epistêmicas, discutindo, ainda, o papel do indivíduo como ator na política mundial. No capítulo 4, construo o conceito de regime global da biodiversidade e uma abordagem, que dá sentido às experiências locais de proteção da diversidade biológica, sintonizadas com os objetivos globais da CDB.

Na parte III, trato das experiências locais que integram conservação da biodiversidade e desenvolvimento sustentável. O capítulo 5 descreve questões relativas às ações locais de conservação e uso sustentável da biodiversidade: conservação *vs.* uso sustentável, convergência sócio-ambiental e novas abordagens de conservação, discutindo brevemente dois exemplos de experiências que têm algumas semelhanças com Mamirauá. Nos capítulos 6 e 7, reconstituo o processo de elaboração, negociação e implementação do Projeto Mamirauá e o estabelecimento da Reserva de Desenvolvimento Sustentável Mamirauá, tendo dado enfoque às relações e interações que contribuíram nesse processo.

A última parte deste trabalho abrange a análise do caso Mamirauá e a Conclusão. No capítulo 8, procuro identificar e discutir os fatores que considero chave e as condições necessárias para o sucesso da iniciativa, definido em termos de institucionalização. Por último, tento associá-la à abordagem do regime global de biodiversidade, indicando fatores internacionais e transnacionais, que permitem fazer essa relação, e procurando apontar o valor global dessa experiência local.

Parte I | **ASPECTOS CONTEXTUAIS**

Capítulo 1
GLOBALIZAÇÃO E POLÍTICA AMBIENTAL GLOBAL

Com o objetivo de estabelecer o pano de fundo e apresentar o contexto global para a construção do conceito de regime global de proteção da biodiversidade e para a análise do Caso Mamirauá, é necessário ter em mente as transformações mundiais que têm ocorrido nas últimas décadas. Neste capítulo, a partir da revisão da literatura, pretendo apresentar brevemente algumas características do mundo contemporâneo, que têm implicações para a política ambiental global, bem como discutir a questão da biodiversidade e da Convenção sobre Diversidade Biológica.

1.1 GLOBALIZAÇÃO E MEIO AMBIENTE

Para Friedman (1999, p. 29-31), a globalização é um novo sistema abrangente, modelador das políticas nacionais e das relações internacionais de praticamente todos os países. Na sua perspectiva, a era da globalização substituiu a Guerra Fria – referindo-se ao sistema internacional com sua própria estrutura de poder (no caso, o equilíbrio entre os Estados Unidos e a URSS). Entre esses dois sistemas existem diferenças: a globalização, ao contrário da Guerra Fria, não é estática, integrando mercados, países e tecnologias, de forma tal que vem capacitando os indivíduos, as corporações e os países a alcançarem de forma rápida e profunda pontos mais distantes do planeta, e com menores custos. Assim, afirma o autor que, fundamentalmente, a computadorização, a miniaturização, a digitalização, as comunicações por satélite, a fibra óptica e a Internet são tecnologias típicas da era "globalizada". Enquanto o símbolo do sistema da Guerra Fria era o Muro, o símbolo da globalização é o *World Wide Web*.

1.1.1 CONECTIVIDADE GLOBAL

Meu ponto de partida para levantar e discutir as questões que seguem são as transformações em curso iniciadas nas últimas décadas do século XX. Entre essas, encontra-se a chamada revolução da tecnologia de informação, que contribui para relativizar as distâncias geográficas, ao mesmo tempo em que se torna mais um fator de inclusão/exclusão social.

Held e McGrew e Goldblatt e Perraton (1999, p. 2) definem globalização como o alargamento, aprofundamento e aceleração da interconectividade em escala mundial em todos os aspectos da vida social contemporânea, da cultural à criminal, da financeira à espiritual. Para os autores (HELD et alii, 1999, p. 27), esse fenômeno deve ser entendido como um processo, ou conjunto de processos, ao invés de uma condição única, não refletindo uma lógica linear simples de desenvolvimento, nem prefigurando uma sociedade, ou comunidade, mundial. A globalização, na perspectiva dos autores, reflete a emergência de redes interregionais e sistemas de interação e intercâmbio, sendo importante distinguir entre o entrelaçamento de sistemas nacionais e societários em processos globais mais amplos de qualquer noção de integração global. Para a abordagem desenvolvida neste trabalho, isso é fundamental na medida em que chama a atenção para relações entre fenômenos numa escala planetária, o que é bem diferente de integração, ou qualquer ideologia celebratória de formação de uma comunidade global.

Para Castells (1999, p. 49-50), a história da vida é uma série de situações estáveis, pontuadas em intervalos raros por eventos importantes, que ocorrem com grande rapidez e ajudam a estabelecer a próxima era estável, sendo que o final do século XX marcou o começo de um desses intervalos na história, cuja principal característica é a transformação de nossa cultura material por meio de mecanismos de um novo paradigma tecnológico, organizado em torno da tecnologia da informação.[1] O autor ressalta, ainda, os grandes avanços que vêm ocorrendo desde as últimas duas décadas do século XX, no que se refere a materiais avançados, fontes de energia, aplicações na medicina, técnicas de produção, existentes ou potenciais, como a nanotecnologia e a tecnologia de transporte. De acordo com o autor, a transformação tecnológica expande-se exponencialmente devido à sua capacidade de criar uma interface entre campos tecnológicos mediante uma linguagem digital comum na qual a informação é gerada, armazenada, recuperada, processada e transmitida.

Segundo Castells (1999, p. 50-51), é importante notar que, embora haja um exagero profético e manipulação ideológica nos discursos sobre a revolução da tecnologia de informação, seria um erro subestimar sua importância fundamental. Outra característica dessa revolução é sua difusão global em alta velocidade, que se acelerou em menos de duas décadas, entre os anos 1970 e 1990 (CASTELLS, 1999, p. 51-52). Entretanto, o mundo está conectado por meio da tecnologia da informação de forma *descontínua*,[2] havendo áreas geográficas e segmentos da população consideráveis, que estão desconectados do novo sistema tecnológico. A velocidade da difusão é seletiva tanto social quanto funcionalmente (CASTELLS, 1999, p. 52). A diferença é que isso ocorre sem obedecer totalmente à lógica conhecida das divisões de poder e riquezas entre os países (Norte/Sul, desenvolvidos/em desenvolvimento), o que relativiza as distâncias geográficas e socioculturais, aproximando indivíduos, grupos e organizações, que estão geograficamente separados e distanciando aqueles que estão próximos.

Castells afirma (1999, p. 52) que as áreas desconectadas são cultural e espacialmente descontínuas e podem estar nas cidades do interior dos EUA ou nos subúrbios da França, como nas favelas africanas e nas áreas rurais chinesas e indianas. Por outro lado, atividades, grupos sociais e territórios dominantes por todo o globo estão

---

[1] O autor (CASTELLS, 1999, p. 49) entende como tecnologia da informação, referindo-se a Harvey Brooks e Daniel Bell, o uso de conhecimentos científicos para se especificar as vias de se fazerem as coisas de uma maneira reproduzível.
[2] Grifo meu.

conectados em um novo sistema tecnológico que começou a tomar forma nos anos 1970. Isso é fundamental, pois Mamirauá, embora possa ser considerada uma área relativamente remota no planeta, onde somente se chega de avião e de barco, não está "desconectada" e faz parte desse novo sistema tecnológico do qual fala Castells. Ao se identificar a área e estabelecê-la como prioritária em termos de conservação da biodiversidade foi instalado um sistema de comunicação, baseado em rádios, telefone, fax e na rede mundial de computadores (internet), "conectando" pesquisadores, extensionistas, comunitários, ONGs, agências bilaterais e multilaterais de cooperação internacional, órgão estadual do meio ambiente (IPAAM), CNPq e Ministério de Ciência e Tecnologia. Além disso, os fluxos de informação e conhecimento de Mamirauá para o mundo e vice-versa aumentaram consideravelmente, basta conferir a quantidade de artigos científicos e de divulgação publicados, relatórios das agências governamentais nacionais e estrangeiras, bem como os vários documentários e vídeos produzidos por redes de televisão como BBC e Globo.

O caso Mamirauá pode ser visto a partir da perspectiva desenvolvida pelos autores (HELD et alii 1999), buscando-se as conexões entre o global e o local. Nesse sentido, Hurrell e Woods defendem que o alcance espacial e a densidade da interconectividade global e transnacional tecem redes complexas e redes de relações entre comunidades, estados, instituições internacionais, ONGs, corporações multinacionais que formam a ordem globalizada. Essas redes que interagem e se sobrepõem definem uma estrutura em evolução, que impõe constrangimentos e "empodera" (*empower*) comunidades, estados e forças sociais. É uma estrutura global evolvente e dinâmica, mas também altamente estratificada, pois a globalização é profundamente desigual, exacerbando os padrões de inclusão e exclusão, com novos vencedores e perdedores (HURRELL e WOODS, 1995 em HELD et alii 1999, p. 27), o que é semelhante à perspectiva de Castells (1999) em relação às transformações trazidas pelas tecnologias de informação. Assim, deve-se enfatizar que o aumento da interconectividade não diminui as desigualdades e a estratificação. Por outro lado, não emula de forma linear as divisões conhecidas entre os países. Centros financeiros, de produção de conhecimento e de indústrias avançadas, do Norte ou do Sul, estão mais próximos entre si do que em relação às periferias pobres dos países onde estão localizados.

De acordo com Held e McGrew e Goldblatt e Perraton (1999, p. 27), poucas áreas da vida social escapam do alcance dos processos de globalização, que estão refletidos em todos os domínios do cultural ao econômico, incluindo o político, o legal, o militar e o ambiental. Como não se trata de uma condição única, mas de padrões de crescente interconectividade global em todas as esferas-chave da atividade social, é preciso algum conhecimento deles, que diferem entre si, para se entender as suas dinâmicas e conseqüências. Nesse sentido, vale destacar a afirmação dos autores de que padrões de interconectividade ecológica global são distintos, por exemplo, daqueles relativos à interação militar, ou cultural. Isso justifica que se estude política ambiental global como uma esfera distinta, a fim de se identificar tais padrões e suas características específicas e como tudo isso influencia as respostas aos problemas e às ações tomadas localmente. O estudo de caso de Mamirauá se enquadra nesse contexto, embora sendo uma experiência local, possui interfaces internacionais, transnacionais e globais, sendo uma manifestação desses padrões de interconectividade ecológica.

1.1.2 Meio ambiente e o estudo das relações internacionais

O marco da entrada da questão ambiental na agenda da política internacional foi a Conferência das Nações Unidas sobre Meio Ambiente Humano, realizada em Estocolmo, em 1972. De acordo com Elliot (1998, p. 7), essa conferência tem sido descrita como um divisor de águas no desenvolvimento dos tratados ambientais internacionais, representando um reconhecimento formal, principalmente por parte dos países industrializados, da importância dos esforços multilaterais para lidar com problemas ambientais transfronteiriços. A autora afirma que anteriormente a Estocolmo, especialmente antes dos anos 1960, os problemas ambientais, em geral, apareciam dentro, ao invés de surgirem através das fronteiras dos estados nacionais. Os mesmos eram definidos em termos técnico-científicos e prestava-se menos atenção aos seus impactos políticos, econômicos e sociais, havendo, por isso, pouca preocupação ou interesse da opinião pública. Para o estudo acadêmico das relações internacionais, a questão somente adquiriu relevância a partir do final dos anos 1980 já no contexto da globalização. Vários autores chamam a atenção para isso.

Hurrell e Kingsbury (1992, p. 2) afirmam que o crescimento na escala do impacto humano na Terra, juntamente com o entendimento, mesmo se imperfeito, de processos ecológicos resultaram na visão de que o meio ambiente não é mais um pano de fundo (*background factor*), ou um fator contextual, relativamente estável. A interação entre o desenvolvimento econômico continuado e os ecossistemas complexos e frágeis dos quais depende o desenvolvimento tornou-se uma questão política internacional fundamental, sendo que não somente o número e escopo de problemas ambientais transfronteiriços cresceram, mas uma nova categoria de questões ambientais globais emergiram. Esse caráter global é o traço distintivo da presente era.

Um ponto que deve ficar claro em relação à política ambiental global é que ela envolve tentativas de se chegar a soluções coletivas para assuntos complexos, transfronteiriços e globais, envolvendo atores diversos, além dos estados nacionais. Hurrell e Kingsbury (1992, p. 1) afirmam que por trás da análise da política internacional do meio ambiente está a pergunta se um sistema fragmentado e altamente conflitivo composto de mais de 170 estados soberanos pode alcançar o alto nível de cooperação e coordenação política necessárias para lidar com problemas ambientais em escala global. Portanto, um desafio fundamental consiste em que esses problemas somente podem ser resolvidos com base na cooperação entre todos (HURRELL; KINGSBURY, 1992, p. 2) Para o estudo das relações internacionais (HURRELL; KINGSBURY, 1992, p. 4), a chave está nessa dicotomia entre ecossistema interdependente e sistema político fragmentado. Um ecossistema único, integrado e complexo deve ser gerenciado a partir dos constrangimentos de um sistema político em que cada estado afirma sua autoridade soberana sobre seu território, o qual tem sido historicamente tendente a conflitos violentos e no qual a cooperação tem sido difícil de ser alcançada.

Hector Leis (1995) destaca diferenças fundamentais entre fenômenos naturais e humanos, relacionados principalmente à escala temporal e ao caráter dual planeta/mundo. De acordo com Leis (1995, p. 16), a humanidade vive em duas realidades: a do planeta Terra e a do mundo. A Terra e sua biosfera formam uma grande síntese de sistemas interativos e complexos (orgânicos e inorgânicos), enquanto o mundo é uma "segunda" realidade, derivada da ocupação da Terra pela espécie humana. Assim, comparativamente, o planeta constitui uma unidade de sistemas equilibrados e estáveis, mas as obras e valores dos seres humanos configuram sistemas de alta instabilidade, com características divergentes e contraditórias entre si e com relação à natureza. Dessa dualidade planeta/mundo, origina-se a crise ecológica global.

Em uma obra seminal, que relaciona meio ambiente e relações internacionais, como disciplina acadêmica, Gareth Porter e Janet Welsh Brown (1991, p. 1-2) afirmam que problemas ambientais globais eram considerados "baixa política", ou seja, um conjunto de questões menos importantes relegadas a especialistas. Porém, com o final da Guerra Fria e o aparecimento de um novo conjunto de questões ambientais globais que chamaram a atenção da mídia e da opinião pública, a política e a diplomacia ambientais ganharam um novo status na política mundial. Assim, o meio ambiente deixou de ser percebido como um assunto meramente técnico, ou científico, mas como algo interligado com temas centrais na política mundial, tais como, o futuro das relações Norte-Sul, o sistema internacional de proteção e uso de recursos, a liberalização do comércio mundial, entre outros. Para os autores, o meio ambiente global emergiu como uma terceira grande questão na política mundial, ao lado da segurança internacional e da economia global.

Além da emergência da questão ambiental na agenda política, é importante observar também os atores envolvidos e como se mobilizam. Viola (1996, p. 27-28) argumenta que, como produto da preocupação pública com os problemas da deterioração ambiental, emergem e desenvolvem-se diversos atores (governamentais, intergovernamentais, privados e do terceiro setor) e processos políticos, econômicos e cognitivos, que constituem, em conjunto, o movimento ambiental global, cujos valores e propostas se disseminam pelas estruturas governamentais, organizações não-governamentais, grupos comunitários de base, a comunidade científica e o empresariado, tornando-se um movimento multissetorial.

Uma explicação para a posição de relevância assumida pelo meio ambiente na política internacional/global é oferecida por Meyer, Frank, Hironaka, Schofer, Tuma (1997). Na perspectiva dos autores (MEYER et alii, 1997, p. 630), a visão científica da natureza, ao introduzir uma concepção universalizada de interdependência, que lhe é inerente, fornece um *frame*, um enquadramento, para a atividade internacional em relação ao meio ambiente. Esse enquadramento é mais forte do que aqueles fornecidos por visões da natureza como recurso, ou por apelos à emoção. A perspectiva científica afirma a existência de um ecossistema global e interdependente, o qual compreende os seres humanos e sustenta a possibilidade de vida. Alguns componentes do ecossistema são locais e regionais, outros são intercontinentais e globais, raramente coincidentes com as fronteiras nacionais. Essa visão ecossistêmica tem se espalhado e se tornado prevalecente com a expansão maciça da atividade científica nacional e internacional no século XX, principalmente após a II Guerra Mundial. Isso foi possível com a formação de uma cultura racionalista-científica, que predomina nas sociedades ocidentais contemporâneas.

Vale ressaltar que embora Meyer et alii (1997) estejam corretos quanto à intensificação da ação e mobilização coletivas na área ambiental a partir do final dos anos 1980, essas sofreram um declínio considerável no final da década passada (1990), encontrando-se estagnadas nesses primeiros anos do século XXI (Viola, entrevista pessoal, Brasília, 4 de março de 2002), principalmente se forem consideradas as expectativas e o entusiasmo dos anos pré e pós Conferência do Rio de Janeiro, de 1992. Os resultados foram aquém dos esperados, o que contribuiu para arrefecer os ânimos e diminuir a intensidade da mobilização e ação coletiva ambientais. A Conferência de Johannesburgo de 2002 foi considerada, em diversos aspectos, um retrocesso (Yolanda Kakabadse, presidente da IUCN, Brasília, 24 de março de 2003). Contudo, embora nenhum regime internacional na área de meio ambiente seja plenamente efetivo, pode-se dizer que eles têm um papel de *soft law*, influenciando políticas públicas e oferecendo enquadramentos para questões no âmbito doméstico.

A visão de Porter e Brown (1991) reflete o clima político e social do início dos anos 1990, quando se acreditava que, com o final da competição entre as superpotências e o processo de globalização, surgiria um mundo multipolar, mais integrado e multilateralista. Todavia, não se logrou construir uma ordem mundial nessa direção. Pelo contrário, caminhou-se para um sistema unipolar e mais desintegração social, ambiental e econômica, com o predomínio da economia e a segurança na agenda. Nesse sentido, o dia 11 de setembro não representou uma "mudança radical", visão amplamente difundida pela mídia, mas foi um marco no processo de evolução dessa ordem, marcada pela hegemonia absoluta dos EUA,[3] a qual já estava em construção. Porém, embora não se possa afirmar que a questão ambiental possua, nos dias atuais, o status atribuído pelos autores de "terceira grande", a mesma entrou definitivamente na agenda política global, o que justifica o seu estudo no âmbito das relações internacionais. Além disso, existem razões morais para se considerar a política ambiental global como parte dessa área de estudo, pois o fato de os estados nacionais, ou os atores econômicos não considerarem a sua importância no mesmo grau que as ONGs, não nos libera das conseqüências negativas que estão advindo e irão advir da destruição do meio ambiente, ou da desintegração social, cultural e econômica, que parte da humanidade já está vivendo.

Por outro lado, a própria complexidade do tema o torna atraente para a investigação acadêmica. Trata-se de uma gama de interações entre atores e sistemas natural, técnico-tecnológico, científico, social, cultural, econômico e político que criam dinâmicas que se podem chamar de "socioambientais", ou seja, pertencem simultaneamente aos "domínios" natural e social, ao planeta e ao mundo. Isso torna mais tênues as fronteiras entre as ciências, o que faz da questão ambiental um desafio não somente do ponto de vista "real", ou seja, um problema crucial a ser enfrentado pela humanidade como um todo, mas também um "nó" epistemológico e metodólogico, ainda não desatado.

1.1.3 Antecedentes da política ambiental global

Segundo Elliott (1998, p. 7-8), nos anos 1960, desenvolvimentos científicos e a preocupação pública com a degradação ambiental contribuíram para um lento desenvolvimento do direito ambiental internacional e igualmente lenta democratização do processo de elaboração de políticas públicas ambientais internacionais. Nas décadas entre as Conferências de Estocolmo (1972), e do Rio de Janeiro (1992), o conhecimento científico e a opinião pública, preocupada com a degradação ambiental e seus impactos, cresceram com um sentimento de crise planetária e demandas por cooperação internacional para frear e reverter o impacto ambiental da atividade humana. Como resultado, houve um crescimento não somente no número e escopo das preocupações ambientais na agenda internacional, mas também no número de tratados multilaterais. Nos anos entre 1921 a 1959, foram assinados apenas 20 tratados multilaterais. Nos anos 1960, esse número cresceu para 26 e aumentou para 49 nos anos 1970, e um número semelhante nos anos 1980.

---

[3] A chamada Guerra no Iraque marca a consolidação dessa ordem unipolar.

Elliot (1998, p. 9-11) ressalta ainda que desenvolvimentos intelectuais anteriores a 1972 também contribuíram para estabelecer o cenário para a Conferência de Estocolmo. Obras que questionavam os valores da industrialização, modernização e do desenvolvimento influenciaram os debates, bem como a visão de que a saúde humana poderia ser afetada severamente por poluentes, confirmada por acidentes como a contaminação por mercúrio na baía de Minamata em 1959. A publicação do livro *Silent Spring*, de Rachel Carson, também foi um marco nesse contexto.[4] Outro trabalho importante foi o artigo de Garrett Hardin, que defende o argumento conhecido como a "tragédia dos comuns", publicado na revista *Science* em 1968. Hardin fez um paralelo entre o uso não regulado dos oceanos e da atmosfera com o superutilização das áreas comunais na Inglaterra. *A bomba populacional* (*The Population Bomb*), de Paul Erlich, 1968, foi uma obra seminal que relacionou consumo desigual e crescimento populacional, apontando que o impacto ambiental de um norte-americano é igual ao de dois suecos, três italianos, 13 brasileiros, 35 indianos ou 280 tchadianos ou haitianos. O relatório de Donella Meadows e seus colegas para o Clube de Roma, conhecido como *The Limits to Growth*, foi lançado em 1972 e defendia a diminuição da atividade industrial intensiva em recursos naturais, baseado nas previsões sobre capacidade de suporte do planeta. Assim, Elliot defende que a pressão para ação coletiva foi o resultado cumulativo do crescimento da consciência da degradação ambiental e da preocupação com a escassez dos recursos e crescimento populacional, formando o pano de fundo para a Conferência de Estocolmo sobre Meio Ambiente Humano de 1972.

A agenda de Estocolmo é descrita por Elliot (1998, p. 27) como "transfronteiriça", impulsionando a preocupação internacional sobre conservação de espécies, proteção de recursos vivos e controle da poluição. A proteção da vida selvagem adquire dimensão transfronteiriça quando os animais selvagens cruzam ou são transportados através de fronteiras estatais e jurisdições nacionais. Quando essa preocupação é dividida entre vários países, ou quando uma ação coletiva é necessária no manejo e proteção de espécies ameaçadas, a mesma adquire dimensão internacional. A conservação dos recursos vivos, particularmente dos marinhos, é transfronteiriça e internacional, na medida em que nem os estoques pesqueiros nem as fontes de degradação se restringem a uma jurisdição nacional, requerendo cooperação internacional. A poluição se torna transfronteiriça por meio da dispersão de poluentes de um estado para outro através do ar e das correntes oceânicas ou deslocamento de poluentes, ou seja, transporte deliberado dos mesmos de um país ao outro, ou para áreas além de jurisdições nacionais. Desse período, surgiram tratados como: Convenção sobre Conservação de Espécies Migratórias de Animais Selvagens (Convenção de Bonn 1979), a Convenção sobre Comércio Internacional de Espécies Ameaçadas (CITES 1972), a Convenção das Nações Unidas sobre Direitos do Mar (UNCLOS 1982), Convenção sobre Poluição Aérea Transfronteiriça de Longo Alcance (Convenção de Genebra 1979), Convenção sobre Prevenção de Poluição Marinha pelo Despejo de Resíduos e Outras Questões (Convenção de Londres 1972), Convenção Internacional para a Prevenção de Poluição de Navios (MARPOL 73/78), Convenção sobre Controle de Movimentos Transfronteiriços de Resíduos Perigosos e sua Disposição (Convenção de Basel 1989), entre outras.

---

[4] Carson descreve os efeitos do uso indiscriminado de substâncias químicas (pesticidas e inseticidas).

Sobre a Agenda de Estocolmo, a autora (ELLIOT, 1998, p. 51) conclui que questões transfronteiriças relativas à conservação e poluição demonstraram as dificuldades de negociar e adotar acordos ambientais abrangentes. O processo é lento e tem sido, na maioria da vezes, reativo ao invés de precautório. Problemas de negociação e implementação apontam a importância das transferências de fundos e de tecnologia, especialmente para países em desenvolvimento, e as dificuldades de se conseguir compromissos reais dos países desenvolvidos. Contudo, no período pós-Conferência, foram se elaborando com maior clareza vários princípios ambientais internacionais, como a responsabilidade transfronteiriça e o consentimento previamente informado. Foram refinadas estratégias como "congelar e voltar para trás" (*freeze and roll back*), ou o uso de provisões de comércio. As negociações demonstraram ainda a importância do conhecimento científico e da "evidência" e o valor de se adotar uma convenção-quadro seguida de protocolos específicos. Esses desenvolvimentos forneceram as bases para lidar com as questões ambientais globais que emergiram posteriormente. Desse modo, a Agenda de Estocolmo, da qual fizeram parte questões transfronteiriças, foi fundamental para a globalização da agenda ambiental.

1.1.4 Transformações globais e meio ambiente

Para fins deste trabalho, é preciso destacar os padrões de interconectividade ecológica global. Held et alii (1999, p. 376-377) afirmam que nas últimas três décadas do século XX, o mundo se familiarizou com um conjunto crescente de problemas e ameaças ambientais globais, sendo que ambientalismo tornou-se sinônimo de olhar global. Biólogos radicais e ecologistas defendem uma concepção de planeta como um ecossistema holístico e interdependente. Outros menos radicais aceitam que existem ameaças de mudanças ambientais, cujas origens e consequências são espalhadas geograficamente por todo o globo. Paralelamente, tem havido um crescimento significativo no número e escopo de instituições, leis e tratados internacionais, que regulam o meio ambiente, bem como o desenvolvimento de alianças transnacionais complexas de movimentos e organizações ambientais.

Os autores (HELD et alii, 1999, p. 376-377) destacam quatro fatores que devem ser considerados ao se qualificar a questão ambiental como global. Primeiro, nem todos os problemas, assim como nem todas as respostas a eles e às ameaças ambientais, podem ser descritos como globais. Muitas ameaças são localizadas do ponto de vista das suas causas e conseqüências, com pouco ou nenhum "esticamento" das relações sociais. Segundo, o meio ambiente não é em si mesmo um processo social em nenhum sentido. Ecossistemas são uma mistura complexa de flora, fauna e sistemas e ciclos naturais dinâmicos que interagem com as instituições sociais humanas e redes de poder. Assim, não é possível reduzir uma explicação de ecossistemas, meio ambientes e mudança ambiental para a linguagem puramente de ciências sociais, ou descrever uma forma distinta de ação ambiental da mesma forma que uma ação política, econômica, ou cultural pode ser descrita. Terceiro, o foco não é o meio ambiente em geral, mas a degradação ambiental em particular e não a ação e processos sociais em sentido amplo, mas ação ou processos que causam essa degradação, ou respondem a ela. Quarto, a existência de degradação ambiental e suas consequências devem ser sempre ativamente construídas por atores humanos. Mapear ou medir a globalização da degradação ambiental é simultaneamente mapear ou medir a construção das percepções humanas e modelos de mudança ambiental global.

Os autores (HELD et alii, 1999, p. 377) definem degradação ambiental como a transformação de ecossistemas inteiros, ou componentes desses, cujas conseqüências, reconhecidas por atores humanos, ou não, têm um impacto adverso nas condições de vida econômicas ou demográficas e/ou na saúde de seres humanos. Além disso, tal degradação inclui processos explicitamente reconhecidos por seres humanos, os quais em certo sentido ofendem, contradizem, ou entram em conflito com valores estéticos, ou morais, independente das suas conseqüências práticas ou pessoais e biológicas. Trata-se de um conceito antropocêntrico, mas dirige a atenção para as formas nas quais a interação dos mundos natural e social gera constrangimentos, oportunidades e problemas para outras formas de ação social. Eles (HELD et alii, 1999, p. 378) mapeiam a degradação de dois modos. Primeiro, olhando para as origens e conseqüências de tipos diferentes de problemas ambientais, de modo a reconhecer as diferenças sociais peculiares geradas pela transformação de partes de ecossistemas; segundo, olhando para os processos políticos e culturais, que buscam descrever e regular essas mudanças.

Na visão de Held e McGrew e Goldblatt e Perraton (1999, p. 378-380) a degradação ambiental pode afetar recursos e ecossistemas amplamente compartilhados, sendo que é razoável considerar o planeta como um ecossistema único e interrelacionado, ou que partes significativas dele constituem ecossistemas distintos regionais ou continentais. Held et alii (1999) identificam três categorias de degradação. A primeira se refere aos comuns globais. Segundo os autores (referindo-se a Ostrom, 1990), os comuns ambientais (*environmental commons*) são aqueles elementos do ecossistema do planeta que são simultaneamente usados, experimentados e compartilhados por todos e que não estão sob a jurisdição efetiva ou soberania de ninguém, dos quais os melhores exemplos são a atmosfera e o sistema climático, mas também essa noção pode se aplicar ao ecossistema marinho inteiro e aos sistemas e ciclos hidrológicos globais. O caráter intrinsecamente global desses ecossistemas comuns significa que ações sociais e redes espacialmente separadas podem se tornar fortemente ligadas. A segunda categoria de problemas ambientais engloba os fenômenos interligados de expansão demográfica e consumo de recursos. De acordo com os autores, todos os problemas ambientais têm uma dimensão demográfica, pois mesmo se todas as outras coisas permanecerem iguais, mais gente significa mais poluição e consumo de recursos (WCED, 1987, citado em HELD et alii, 1999, p. 379). A terceira categoria compreende problemas relativos à poluição transfronteiriça, que envolve a transmissão de poluentes por meio de ar, solo e água do seu ponto de geração, ou criação, através de fronteiras políticas de tal modo que seu impacto ambiental degradante ocorre em outras jurisdições. Além da poluição transfronteiriça, os autores incluem as ameaças percebidas dessa poluição, por exemplo, o estabelecimento e a operação de usinas de energia nuclear têm criado o risco de níveis catastróficos de degradação ambiental. Outra ameaça não intencional, relativa a movimentos transfronteiriços, diz respeito a impactos graves em ecossistemas resultantes da transferência de espécies exóticas. Esse problema tem crescido com a globalização. Além desses efeitos colaterais não intencionais de atividades econômicas e sociais, há os movimentos transfronteiriços de poluentes, que são resultados imediatos, intencionais e freqüentemente legais de intercâmbio e produção econômicos, como a exportação e importação de resíduos perigosos e o movimento e a realocação de usinas industriais altamente poluentes.

Porter e Brown (1991, p. 2-3) chamam a atenção para a relação entre crescimento populacional e consumo global. O crescimento populacional afeta o meio ambiente devido ao aumento do consumo total dos recursos naturais. Tal crescimento combinado com distribuição desigual da propriedade e gestão inadequada da terra tem intensificado os *stresses* na base agrária mundial. Por outro lado, o aumento populacional afeta também o ambiente ao "inchar" as áreas urbanas. Porém, não é a taxa de crescimento *per se* que deve ser considerada, mas é o total da população mundial, multiplicado pelo consumo *per capita* de energia e outros recursos, que determina a taxa de destruição ambiental, sendo que essa é mais alta nos países mais industrializados. O produto bruto mundial – total de bens e serviços produzidos no planeta – está crescendo a uma taxa mais rápida do que a população mundial (PORTER; BROWN, 1991, p. 5). De acordo com o Relatório *Living Planet* (WWF, 2002, p. 4), o consumo de recursos naturais em 1999 já estava 20 por cento acima da capacidade biológica do planeta. A pegada ecológica global cobriu naquele ano 13,7 bilhões de hectares, ou 2,3 hectares globais por pessoa.

Particularmente útil neste trabalho é o último sentido que Held e McGrew e Goldblatt e Perraton (1999, p. 380) atribuem à globalização, ou regionalização ambientais. Esse não deriva da extensão material, organização, ou forma de degradação e mudança ambientais, mas das características espaciais das instituições e processos sociais que materialmente geram, interpretam e tentam, politicamente, controlar o meio ambiente. Para os autores, é importante notar que as origens e conseqüências dos problemas ambientais regionais e globais possuem pontos de intersecção com instituições e processos econômicos, políticos e culturais que são regionais e globais. Assim, em termos econômicos, pode-se dizer que a difusão de modos de produção industriais do Norte para o Sul tem resultado no aumento da capacidade total da economia global de gerar poluentes que ameaçam os comuns globais.[5] Do ponto de vista político, nos últimos trinta anos, têm sido estabelecidos instituições e tratados que abrangem um número grande de estados, colocam limites em práticas políticas e econômicas domésticas e, além disso, "amarram" centros nacionais de política e administração em redes regionais e globais de monitoramento ambiental, estabelecimento de agenda, formulação e implementação de políticas. No nível cultural, o reconhecimento e consideração da degradação ambiental estão ligados a uma rede transnacional em expansão de cientistas e grupos de pressão, cujos argumentos e análises se espalham rapidamente por todo o globo, influenciam debates e perspectivas ambientais puramente domésticos e contribuem, ainda, para formar um consenso global mais amplo sobre as conseqüências dos problemas ambientais e sobre as respostas apropriadas a eles (E. HAAS, 1990, referido em HELD et alii, 1999, p. 380). Esse aspecto é ilustrado pelo caso Mamirauá, que revela a ação de um grupo de indivíduos ligados a uma rede transnacional de biólogos e conservacionistas, conforme se verá nos capítulos 6, 7 e 8 deste trabalho.

O argumento desenvolvido por Held et alii (1999) leva a identificar vários dos padrões de interconectividade ecológica global. Esses padrões referem-se à degradação

---

[5] Eu acrescentaria, além da geração de poluentes que ameaçam os comuns globais, que a difusão dos modos de produção do Norte para o Sul e a necessidade de expandir as fronteiras agrícolas para atender os centros urbanos industrializados têm sido responsáveis pela redução da diversidade biológica.

ambiental, suas causas e conseqüências, e também às instituições e processos sociais relacionados a sua identicação como questão política e às respostas para a mesma.

A abordagem da globalização relativa ao ambiente de Porter e Brown (1991) pode ser considerada complementar à de Held et alii (1999). Porter e Brown (1991, p. 3 e p. 6-15) afirmam que existem macrotendências ambientais, econômicas e demográficas que não distinguem entre países ricos e pobres, sendo que tais tendências descrevem mudanças físicas brutais, as quais impulsionam a política global ambiental. Porter e Brown (1991, p. 3 e p. 6-15) dividem essas mudanças em duas categorias, a primeira compreendendo aquelas relacionadas a energia, clima e atmosfera, e a segunda a recursos ameaçados: solos, oceanos e florestas. Na primeira categoria, os autores citam alguns exemplos. Entre esses está a mudança climática. O crescimento na atividade econômica significa aumento no consumo mundial de energia, que, por sua vez, resulta em maiores emissões na atmosfera de vários compostos químicos criados pela queima de combustíveis fósseis. O dióxido de carbono e outros gases absorvem a radiação da Terra e seguram o calor perto da sua superfície. A concentração desses gases na atmosfera eleva gradualmente as médias de temperatura do planeta, o que é conhecido como aquecimento global. Seus impactos seriam o declínio de florestas neotropicais, crescimentos significativos da poluição do ar, doenças tropicais e extinção de espécies, movimento para o norte da produção agrícola e a elevação do nível do mar, ameaçando áreas costeiras e países-ilhas. Além disso, aumentaria a freqüência de enchentes severas, perda de água potável e de suprimentos de água para agricultura, de áreas úmidas e alagadas e de *habitats* de vida selvagem. Outro problema atmosférico grave são as emissões de dióxido de enxofre e de óxido de nitrogênio, que resultam em chuva ácida, a qual destrói construções e vegetação, mata peixes em lagos, polui águas subterrâneas e causa problemas respiratórios graves em crianças e asmáticos. As emissões dos gases clorofluorcarbonos (CFCs) na atmosfera são consideradas as principais causas da redução da camada de ozônio, a qual absorve os raios ultravioleta nocivos do sol e é fundamental para a vida na Terra.

Outra macrotendência ambiental relaciona-se aos solos, oceanos e florestas, que são recursos ameaçados globalmente (PORTER; BROWN, 1991, p. 12-15). Águas e solos estão sendo poluídos por componentes químicos tóxicos, lançados pelas indústrias petrolífera e química. O surgimento de usinas de energia nuclear resultou na disposição de resíduos de baixo nível radioativo nos oceanos, cujo volume acumulado tem sido negligenciado. Os impactos sobre a vida de plantas e animais resultantes da maioria dos resíduos introduzidos nos mares ainda não são bem conhecidos, mas se sabe, por exemplo, que poluição por petróleo interfere no desenvolvimento dos ovos dos peixes e ameaçam comunidades de fitoplanctons. Compostos químicos reduzem a capacidade reprodutiva de mamíferos aquáticos e a espessura da casca dos ovos de alguns pássaros. Concentram-se ainda em organismos marinhos e entram na cadeia alimentar, afetando a saúde humana. O solo para agricultura consiste num dos recursos mais críticos e frágeis que vem sendo degradado rapidamente, devido à perda de superfície, da cobertura vegetal e a períodos insuficientes de descanso do solo. América do Sul, Ásia e África têm sofrido processo de desertificação, ou seja, a destruição do potencial biológico que pode, em última instância, reduzir os solos a condições parecidas com os desertos. Pressões da agricultura de subsistência e conversão para agricultura comercial bem como extração de madeira têm ameaçado as florestas tropicais mundiais, com conseqüências para o clima e a biodiversidade globais.

De acordo com dados do World Resources Program (World Resources 1998-99), nos últimos 8 mil anos, metade das florestas que cobriam a Terra foram convertidas em fazendas, pastos e outros usos, sendo que a maior parte das florestas que restaram foram fortemente alteradas e convertidas em fragmentos de áreas florestadas menores. Segundo o World Resources Institute (WRI), somente um quinto das florestas originais permanecem relativamente como ecossistemas naturais, que são conhecidas como florestas de fronteira. Trata-se de *habitats* para espécies nativas, sendo refúgios inestimáveis para a biodiversidade global. Mock (2000) afirma que, ao redor do mundo, os humanos converteram aproximadamente 29% de área de terras, cerca de 3,8 bilhões de hectares, em agricultura e áreas construídas ou urbanas. Essas transformações da paisagem são o marco característico dos seres humanos nos ecossistemas do planeta, fornecendo a maior parte da comida, energia, água e riqueza de que nós usufruímos, mas também representam uma fonte fundamental de pressão ecossistêmica. Porter e Brown (1991, p. 12-15) apresentam dados de perda florestal no mundo até 1991, quando taxas refletiam uma perda anual de uma área como a do Panamá, de 14 a 20 milhões de hectares (14 a 20 mil quilômetros quadrados). Além disso, apontam perda de 2,5% do bioma total (comunidade ecológica), junto com sua biomassa (total de seres vivos) e a diversidade biológica (diversidade de seres vivos) todo ano. Isso é um problema se considerarmos que no passado as extinções de plantas e animais ocorriam inteiramente por processos naturais. Atualmente, atividades humanas, principalmente a destruição de florestas tropicais, áreas úmidas e alagadas e ecossistemas marinhos, são as causas de grande parte das perdas de espécies.[6]

Em resumo, Porter e Brown (1991) chamam a atenção para o que denominam "macrotendências": as conseqüências ambientais do crescimento da população e do consumo, as relações entre consumo de energia, mudanças climáticas e atmosféricas, e, por último, os recursos ameaçados globalmente: oceanos, solos e florestas. Na visão dos autores, são esses os motores, ou as tendências, que descrevem as mudanças físicas que movem a política ambiental global. Outro ângulo pelo qual se observa a questão focaliza como se tem respondido aos problemas do ambiente planetário. Esse ângulo é fundamental para se enquadrar o estudo sobre Mamirauá, que pode ser considerada uma resposta às ameaças de perda de biodiversidade e extinção de espécies.

1.2 Respostas à globalização dos problemas ambientais

Para Held e McGrew e Goldblatt e Perraton (1999, p. 380), pode-se mapear as respostas à globalização dos problemas ambientais de quatro modos: o primeiro relaciona-se ao conhecimento, compreende as redes culturais, intelectuais e científicas, que descobrem e mostram formas globais e regionais de degradação ambiental e constroem e disseminam modelos de interconectividade ambiental global; o segundo é o das redes e

---

[6] A perda da biodiversidade é parte do processo natural de evolução, mas a taxa na qual ela tem sido alterada pela espécie humana parece ter crescido nos últimos séculos. Por exemplo, a perda de floresta tropical é estimada em cerca de 0,8% a 2% anualmente e 1% de populações de florestas tropicais provavelmente se perderão com isso. A maior parte das espécies possuem múltiplas populações; assim, taxas de perda de espécies serão mais baixas, mas significativas (PURVIS HECTOR, 2000, em KOZIEL; SAUNDERS, 2001, p. 4, Box 2).

organizações políticas inter e transnacionais, que buscam regular a degradação ambiental; o terceiro é relativo ao número, cobertura e intromissão das instituições, leis, convenções e protocolos ambientais regionais e globais; o quarto engloba os dois fatores anteriores, o político e o institucional, que interagem, moldam e determinam a conduta de instituições políticas, movimentos e lutas ambientais domésticos. Como se verá, todos esses aspectos se combinam no Projeto Mamirauá.

Para Porter e Brown (1991, p. 2-3), a ascensão da política ambiental global deve ser entendida no contexto das grandes mudanças no ambiente planetário resultantes do crescimento populacional explosivo e da atividade econômica na última metade do século XX. Até meados dos anos 1980, pouco foi feito para revisitar as questões mais abrangentes levantadas na Conferência de Estocolmo. Em 1983, a Assembléia Geral das Nações Unidas (UNGA Resolução 38/161-1983) estabeleceu uma comissão especial independente para formular uma agenda para ação de longo prazo. Formou-se assim a Comissão Mundial sobre Meio Ambiente e Desenvolvimento, conhecida como Comissão Brundtland, composta por 23 especialistas independentes de 22 países. Uma de suas marcas foram as séries de audiências públicas realizadas ao redor do mundo entre março de 1985 e fevereiro de 1987, com a participação de pessoas e organizações interessadas dos setores governamental e não-governamental. O principal resultado foi a publicação do relatório, em 1987, *Nosso Futuro Comum*, que colocou firmemente o conceito de desenvolvimento sustentável no léxico ambiental global (ELLIOT, 1998, p. 15-16).

Elliot (1998, p. 16-17) afirma, referindo-se a uma declaração de Mostafa Tolba, ex-diretor do PNUMA, que 1988, o ano após a publicação do relatório da Comissão Brundtland, foi aquele em que as preocupações ambientais tornaram-se um item do topo da agenda internacional. Em janeiro de 1988, cientistas, políticos e representantes de organizações internacionais encontraram-se para a conferência *Changing Atmosphere: implications for global security*, em Toronto, onde se propôs, sem sucesso, a adoção de metas voluntárias para emissões de gases de efeito estufa (*greenhouse gases*). Nesse mesmo ano, o Intergovernmental Panel on Climate Change (IPCC) foi estabelecido pela Organização Meteorológica Mundial (WMO) e pelo PNUMA, envolvendo mais de mil cientistas e expertos em políticas públicas e direito de mais de 60 países. A autora ressalta que o *momentum* desse ano foi mantido nos anos subseqüentes. Assim, em março de 1989, em Haia, uma declaração reconhecendo a seriedade das ameaças à atmosfera e a inadequação da "maquinaria" existente de governança ambiental foi adotada por 24 chefes de governo. Preocupações ambientais apareceram também na agenda da reunião do G-7 em Paris em julho do mesmo ano. Ainda no final de 1989 (22 de dezembro), a Assembléia Geral das Nações Unidas aprovou algumas resoluções importantes sobre o impacto global da degradação ambiental.[7] Entre elas, a Resolução 44/228 pavimentou o caminho para a realização da Conferência das Nações Unidas sobre Meio Ambiente e Desenvolvimento (UNCED). Ela expressava a preocupação

---

[7] A Assembléia Geral das Nações Unidas aprovou em dezembro de 1989: Resolução 44/207, Proteção do Clima Global para Gerações Humanas Presentes e Futuras. A Resolução 44/224 declarava que a deterioração do ambiente era um dos principais problemas globais enfrentados pelo mundo hoje. Outra Resolução 44/228 propôs a realização da Conferência das Nações Unidas sobre Meio Ambiente e Desenvolvimento (UNCED).

com a degradação dos sistemas planetários de suporte da vida, reconhecia o caráter global dos problemas ambientais e identificava padrões insustentáveis de produção e consumo, particularmente nos países industrializados. Desse modo, estabelecia que a Conferência deveria elaborar estratégias e medidas para frear e reverter a degradação ambiental no contexto de esforços nacionais e internacionais crescentes para promover desenvolvimento sustentável em todos os países.

A Conferência das Nações Unidas sobre Meio Ambiente e Desenvolvimento (UNCED) teve lugar no Rio de Janeiro entre 3 e 14 de junho de 1992 e foi um marco nos anos 1990, tanto para a política ambiental global como para ativistas, cientistas, burocratas e políticos envolvidos na construção de uma ordem mundial multilateral, como se pôde observar pela série de grandes conferências mundiais que se seguiram sobre outros assuntos: direitos humanos, desenvolvimento social, população, mulher, habitação e tribunal penal internacional.[8] Em relação ao meio ambiente, a Conferência do Rio significou o estabelecimento de uma agenda global. Elliot (1998, p. 52-53) afirma que, com exceção da destruição da camada de ozônio, previamente negociada, a conferência forneceu um foco, ou um catalisador, para negociações dos problemas ambientais caracterizados como globais: mudança climática, desflorestamento, perda da biodiversidade e desertificação.

A autora (1998, p. 52-53) divide a agenda ambiental global em três categorias. A primeira compreende questões ligadas às áreas comuns globais (os *global commons*), nesse caso, a atmosfera. Seus impactos serão sentidos ao redor do planeta, não importando quem contribuiu, ou não, para os problemas, podendo ser desproporcionais à contribuição. Por exemplo, os pequenos países-ilhas, que poderão ficar submersos no caso de um aumento global da temperatura do planeta. A segunda abrange os assuntos relacionados a desflorestamento e perda da biodiversidade, que também têm conseqüências potenciais planetárias ou globais, mas trazem tensões que dizem respeito à propriedade dos recursos, bem como às conexões entre causas locais e o funcionamento da economia mundial. A soberania sobre esses recursos foi objeto de intensos debates entre o Norte e o Sul. Eles passaram a ser considerados nacionais, apesar da posição dos países desenvolvidos, que defendiam que esses eram patrimônio comum da humanidade. A questão da desertificação é colocada pela autora numa terceira categoria. Embora suas causas sejam ligadas ao desflorestamento e potencialmente às mudanças climáticas, seus impactos são em boa medida locais. Sua natureza "global" repousa não nos seus impactos sobre as áreas comuns globais, nem na sua relevância quanto ao patrimônio da humanidade, mas no reconhecimento de uma preocupação comum com aqueles países, em geral em desenvolvimento, que enfrentam degradação extensiva das suas terras.

1.2.1 POLÍTICA AMBIENTAL GLOBAL

De acordo com Porter e Brown (1991, p. 15-16), a política ambiental global compreende um complexo de questões, cada qual com sua própria estrutura e dinâmica. O escopo de cada questão (*issue area*) se define por duas dimensões: i) a abrangência das

---

[8] A primeira metade dos anos 1990 foi um período de um certo otimismo. Havia uma crença de que se poderia construir uma ordem multilateral e de que os regimes internacionais em todas as áreas seriam fortalecidos.

conseqüências ambientais da atividade econômica em tela; ii) a amplitude geográfica dos atores estatais e não estatais envolvidos na questão. Se as conseqüências são globais, ou se os atores envolvidos transcendem uma região, os autores a consideram uma questão ambiental global. Na perspectiva deles, são problemas globais: as ameaças à integridade da biosfera da qual toda humanidade depende, ou seja, o clima planetário, a atmosfera, terras, oceanos e mares. Também são consideradas questões globais a destruição das florestas tropicais do mundo, que tem consequências biológicas e políticas, além do que afeta a mudança climática. Florestas são estoques de riqueza biológica importantes para a economia e para a sociedade. Os atores envolvidos com essas questões: estados nacionais e organizações não-governamentais (ONGs) de países em desenvolvimento e industrializados, bem como organizações internacionais (OIs), são claramente provenientes de várias regiões do globo. Os autores (PORTER BROWN 1991, p. 16-17) consideram ainda que questões envolvendo espécies ameaçadas como baleias, elefantes africanos ou ameaças à vida selvagem na Antártica, são também assuntos ambientais globais, porque têm envolvido países em desenvolvimento e desenvolvidos. As questões de comércio de substâncias perigosas também têm mobilizado esses países, com conseqüências ambientais para ambos, dependendo de como são tratados pela comunidade internacional. A poluição transfronteiriça de longo-alcance, incluindo chuva ácida, não afeta todas as regiões do mundo, mas tem sido objeto de negociações multilaterais envolvendo Europa e América do Norte.

1.2.2 Características da política ambiental global

Conforme descrito acima, a política ambiental abrange um conjunto de questões complexas envolvendo inúmeros atores e dificultando o tratamento interestatal e as abordagens clássicas de temas que são transfronteiriços e globais. Para Porter e Brown (1991, p. 16-17), em grande medida, a mesma envolve negociações multilaterais para se alcançar acordos globais, visando reduzir riscos ambientais que atravessam fronteiras nacionais ou têm caráter planetário. Tais negociações buscam alcançar cooperação internacional efetiva em circunstâncias em que os interesses dos estados divergem, pois há uma combinação de forças econômicas, políticas e sociais que influencia suas políticas ambientais. A motivação em participar dos esforços internacionais para reduzir os riscos também varia, já que os custos e ameaças da degradação ambiental não são distribuídos igualmente entre os estados. Além disso, esses não têm a mesma percepção de soluções equitativas para questões ambientais. Contudo, é necessário alcançar unanimidade, ao menos entre países que contribuem significativamente, ou são afetados de forma significativa por um problema ambiental. Em cada questão, há um grupo de países cuja cooperação é essencial para o sucesso do acordo. Porter e Brown (idem, p. 17-18) denominam esse grupo como "estados-veto", que podem formar coalizões de veto, constituindo obstáculos potenciais à cooperação internacional efetiva e possuindo um papel central na dinâmica de barganha e negociação na política ambiental global.

Além do caráter multilateral, a política ambiental global possui outras duas características apontadas por Porter e Brown (1998, p. 18-20). Uma delas é que ela tende a refletir a estrutura da economia global. Um número de questões envolve direta, ou indiretamente, relações comerciais entre estados que são produtores e exportadores de um bem particular e estados que são importadores desse bem. Esses papéis tendem a definir as dinâmicas políticas na questão. Assim, os papéis e influências relativas no processo de barganha tendem a ser definidos pela posição de um país na relação econômica em pauta. A outra característica consiste em que relações tradicionais de poder baseadas em poderio militar não têm impacto direto nos resultados de conflitos ambientais internacionais particulares. A política ambiental global, pela sua natureza, não origina um poder hegemônico no sentido tradicional de habilidade de coagir outros estados para que aceitem a posição do *hegemon* num assunto específico, pois é difícil imaginar que a força militar seja utilizada para influenciar resultados de questões ambientais globais.

Um outro ponto importante é levantado por Hurrell e Kingsbury (1992, p. 3), que chamam a atenção para uma potencial relação entre segurança, economia e problemas ambientais. Os autores afirmam que a degradação do meio ambiente em diversas partes do mundo em desenvolvimento, ou industrializado, pode afetar os interesses políticos e de segurança dos países desenvolvidos ao gerar ou exacerbar conflitos intra ou interestatais e ao estimular um fluxo crescente de refugiados. Eles apontam, ainda, para a relação entre geração de problemas ambientais e a operação globalizada da economia global. Por um lado, pode se considerar, entre as suas causas geradoras, a riqueza dos países industrializados, baseada em níveis de consumo de energia e depleção de recursos naturais altos e insustentáveis e a "sombra ecológica" deixada por essas economias. Por outro, existe a ligação entre degradação ambiental, pressão populacional e pobreza, que ganhou proeminência no Relatório Brundtland e na Conferência do Rio.

Nesse sentido, de acordo com Hurrell e Kingsbury (1992, p.3), riqueza e pobreza podem criar problemas ambientais, o que leva à necessidade de desenvolver-se novos entendimentos sobre o desenvolvimento sustentável e novos mecanismos para se implementar a mudança em direção à sustentabilidade. O desenvolvimento sustentável tornou-se uma questão global, tanto devido aos altos níveis de interdependência econômica, como devido ao fato de que o conceito levanta questões fundamentais em relação à distribuição de riqueza, poder e recursos entre Norte e Sul. Na visão dos autores, não é possível tratar ecologia e economia política como esferas separadas. Embora haja características distintivas como os próprios autores reconhecem e Held et alii (1999) apontam como sendo padrões de interconectividade ecológica global.

Segundo Porter e Brown (1998, p. 19-20), o caráter distintivo da política ambiental, em relação às áreas de segurança e economia, é a importância crucial da opinião pública e das ONGs, especialmente as ambientais, que são de escopo nacional e internacional. Questões ambientais, assim como as relativas a direitos humanos, têm mobilizado interesse político ativo de um grande número de cidadãos em países-chave, induzindo mudanças nas políticas que contribuíram para virar tendências num número de questões ambientais. Por exemplo, a opinião pública, canalizada na política eleitoral, teve um papel substantivo nos resultados de barganhas globais em assuntos como: pesca de baleias, mineração na Antártica e destruição da camada de ozônio. Na perspectiva dos autores, a opinião pública não tem desempenhado papéis comparáveis nas questões de segurança e economia, áreas dominadas por elites burocráticas e interesses especiais, ou seja, o que eles enfatizam é uma diferença de grau. Assim, na esfera política ambiental, os atores da sociedade civil, representados por ONGs, ativistas, grupos de cientistas, instituições acadêmicas e de pesquisa têm desempenhado papel-chave e influenciado a opinião pública em maior grau do que nas outras áreas. Nesse sentido, a atuação desses atores pode ser considerada um caráter distintivo dessa esfera política.

Vale lembrar também que a questão ambiental coloca em xeque a separação entre política internacional e doméstica, sustentada por perspectivas neorealistas em relações internacionais (WALTZ, 1979), que se constroem a partir da distinção entre o sistema político doméstico, ordenado hierarquicamente pela existência de uma autoridade soberana exercida num território, e o sistema internacional, cujo "princípio ordenador" é a anarquia, isto é, ausência de autoridade acima dos estados territoriais. Além disso, o ambientalismo também representa um desafio ao institucionalismo neoliberal (KEOHANE, 1984; YOUNG, 1999) e ao "estatocentrismo" de muitas abordagens de regimes internacionais (KRASNER, 1982; YOUNG, 1999) e mesmo ao conceito de multilateralismo[9] de Ruggie (RUGGIE, 1993; RUGGIE, 1998), que se baseiam principalmente em perspectivas estatocêntricas[10] de sistema internacional. Tais perspectivas têm se concentrado nas relações interestatais e não têm abarcado aspectos da questão como o papel das redes de cientistas, de ONGs, ou a influência direta de atores transnacionais nas políticas públicas domésticas por meio de projetos de cooperação internacional. Problemas ambientais, como poluição do ar ou da água, ou transporte de substâncias tóxicas são transfronteiriços. Espécies de animais migratórios não respeitam limites nacionais. A biosfera não possui fronteiras. Os ecossistemas são unidades integradas, ao contrário do sistema interestatal e do mercado global.

Meyer, Frank, Hironaka, Schofer, Tuma (1997, p. 623) definem "regime ambiental mundial"[11] como uma coleção parcialmente integrada de organizações, entendimentos e suposições, os quais especificam o relacionamento da sociedade humana com a natureza. O surgimento desse "regime" deve-se a um processo começado com a emergência de um intenso associativismo internacional não-governamental e um discurso, que resultou em tratados interestatais e mais tarde em organização intergovernamental. Por trás desse longo processo, repousam duas forças maiores que ajudam a dirigir seu desenvolvimento: a expansão de longo prazo de uma cultura científica mundial, que estrutura as percepções de problemas ambientais comuns; e o surgimento de uma arena associativa global (Sistema das Nações Unidas, IUCN e associações científicas internacionais). Na visão dos autores, isso representa um diferencial em relação a outras áreas, já que os interesses e os poderes dos atores influentes (estados e empresas) vieram mais tarde à cena ambiental. Além disso, o caráter do "regime" ambiental muda através do tempo de associação e discursos internacionais informais para atividades e organizações oficiais intergovernamentais.[12]

---

[9] Forma institucional que coordena relações entre três ou mais estados com base em princípios generalizados de conduta (RUGGIE 1993: p. 11).

[10] Rosenau (1982, p. 4-6) distingue abordagens estatocêntricas e multicêntricas das relações internacionais. As abordagens estatocêntricas presumem uma estrutura fragmentada em que o poder é localizado nos estados nacionais e a ordem é essencialmente anárquica; as multicêntricas em que o poder está distribuido entre vários tipos de atores numa estrutura interdependente.

[11] Os autores utilizam o conceito de regime de forma mais ampla do que o usual na literatura, mas se pode aplicar o argumento se pensarmos em termos de regimes ambientais, no plural, ou tentarmos substituir "regime ambiental" no sentido amplo utilizado para "ordem ambiental mundial". De acordo com Ruggie (1993, p. 12), uso comum na literatura distingue três domínios institucionais de relações inter-estatais: ordens internacionais, regimes internacionais e organizações internacionais, sendo que "ordem" se refere a um domínio mais abrangente das relações internacionais, uma "dimensão arquitetônica" e os regimes seriam mais concretos, referindo-se tipicamente a componentes setoriais, ou funcionais de ordens. A utilização do adjetivo "global" faz sentido na medida em que se consideram as mudanças econômicas, políticas, sociais, ambientais e culturais, advindas do processo de globalização.

[12] Para fins deste trabalho, essa mudança de caráter informal para formal/oficial do regime não faz muita diferença, já que meu foco são as interações que ocorrem nos diversos níveis. Os projetos estudados são frutos de relações interestatais, transgovernamentais e transnacionais, que ocorrem informal e formalmente. Por outro lado, a primeira parte do argumento é fundamental para mim. Não há como falar de redes, comunidades

Duas condições são levantadas por Meyer, Frank, Hironaka, Schofer, Tuma (1997, p. 627-629) que tornam o "regime ambiental" distinto. A primeira consiste em que a degradação ambiental de longo prazo tem sido uma característica contínua da história moderna, provendo continuamente arenas para ação coletiva. Contudo, a mobilização ambiental ocorre somente a partir da segunda guerra mundial e mais intensamente a partir dos anos 1990, o que vai de encontro às perspectivas funcionalistas, que partem da suposição que a urgência dos problemas criados pela degradação ambiental tornaria a mobilização coletiva funcionalmente necessária. A segunda condição é a ausência de atores coletivos fortes, com questões ambientais centrais a suas agendas, tanto no nível mundial como nacional. Isso contradiz as previsões teóricas dos realistas, de que o crescimento de ação coletiva mundial em relação ao meio ambiente se basearia no poder e interesses dos atores estatais dominantes. Sob tais condições, duas mudanças, mencionadas acima, explicam a emergência do "regime ambiental" contemporâneo. Uma é de caráter cultural e envolve a expansão de análises científicas racionalizadas da natureza, que definem e codificam a degradação ambiental em termos que facilitam a ação e mobilização coletiva. A outra mudança é organizacional e diz respeito à criação de um quadro (*framework*) associativo internacional, principalmente o sistema das Nações Unidas. Essas mudanças explicam também porque esforços anteriores de mobilizar preocupações ambientais, em torno de apelo sentimental, ou em torno da natureza como recursos a serem alocados, forneceram *frames* fracos para mobilizar a atividade internacional. Desse modo, os autores defendem que o "regime ambiental mundial" deriva fundamentalmente de mudanças na *polis* mais ampla (*wider polity*), ao invés de mudanças em interesses e capacidades dos indivíduos, ou estados como atores primordiais (idem, p. 628).

Embora Meyer et alii (1997) utilizem o termo "regime" de forma mais abrangente do que a utilizada neste trabalho, o argumento dos autores contribui para a caracterização da política ambiental global, bem como para reforçar a importância do seu estudo para as relações internacionais. Conforme o exposto, as questões ambientais trazem inúmeros desafios para as teorias das relações internacionais, no que se refere à separação entre política internacional e doméstica, aos atores e ao papel do conhecimento científico. Os estados nacionais e suas agências sozinhos não conseguem identificar, nem tampouco resolver problemas ambientais, que envolvem conhecimento especializado, de caráter científico, técnico e tecnológico, num cenário cada vez mais complexo. Uma multiplicidade de atores acaba envolvida, o que leva a questionar as perspectivas teóricas centradas no estado como ator primordial da política internacional, em que os outros atores, quando considerados, possuem um papel menor. Por outro lado, a própria definição de interesse, cidadania e de identidade nacionais fica dificultada quando indivíduos, grupos e organizações de países diferentes se envolvem em questões transnacionais e globais, o que é facilitado pelo maior acesso à informação e aos meios de comunicação e transporte. Desse modo, a emergência da política ambiental global reflete mudanças mais amplas e profundas de caráter cultural e institucional-associativista no mundo. Não foram os estados, nem as empresas, que colocaram a natureza na agenda política global.

Hurrell e Kingsbury (1992, p. 4-5) defendem que o ponto de partida para qualquer estudo sobre os prospectos da gestão ambiental global devem ainda ser as dificuldades

---

epistêmicas e o papel das idéias na política, sem levar em conta a perspectiva de que vivemos inseridos numa sociedade mundial mais ampla, polis (polity) e numa cultura racionalista (MEYER et alii, 1997, p. 628).

de cooperação interestatal. Para muitos, a ausência de qualquer autoridade central, ou a existência da anarquia, é o princípio definidor das relações internacionais e a fonte de insegurança e conflito que alimenta a lógica do dilema de segurança. Esse cria uma espiral viciosa de insegurança e desconfiança, que torna a cooperação impossível. Em relação ao meio ambiente, há muitos problemas de ação coletiva,[13] em que os estados ganhariam se cooperassem entre si, mas não conseguem. Isso ocorre principalmente devido à fraqueza, ou à ausência de instituições necessárias para estabilizar as expectativas e evitar defecções e caronas, encorajando e canalizando pressões domésticas para cooperação internacional.

Segundo Hurrell e Kingsbury (1992, p. 6), essa visão das relações internacionais tem sido revista diante da extensão da interdependência econômica, do crescimento das instituições internacionais e da emergência de normas consuetudinárias e de tratados no direito internacional. Contudo, embora mudanças tenham ocorrido, os sistemas político e legal internacionais continuam a repousar sobre a independência e autonomia de estados soberanos separados. Assim, o gerenciamento coletivo do meio ambiente coloca um desafio severo e politicamente sensível, porque envolve a criação de regras e instituições que incorporam noções de responsabilidades e deveres compartilhados, que impactam pesadamente as estruturas domésticas e a organização dos estados, que investem indivíduos e grupos no interior dos estados de direitos e deveres e que buscam integrar alguma noção de um bem comum para o planeta como um todo. Os autores (HURRELL; KINGSBURY, 1992, p. 7-10) rejeitam perspectivas que apontam como única solução o caminho do supranacionalismo, ou da criação de um governo mundial, cujos prospectos são remotos. Rejeitam também a solução alternativa radical que propõe não a criação de um Leviatã, mas, ao invés, a descentralização de poder e autoridade, que enfraqueceria os impulsos competitivos da economia global, que intensificam a exploração dos recursos naturais e a degradação do meio ambiente. Embora haja fortes argumentos em favor de maior descentralização e "empoderamento" das comunidades locais, há também importantes limitações, como a própria natureza integrada dos ecossistemas que demanda um mínimo de coordenação.

Os autores defendem que questões ambientais ainda precisam ser tratadas a partir dos constrangimentos de um sistema político no qual estados soberanos desempenham um papel primordial. Por outro lado, negociações e acordos internacionais são apenas um aspecto para se lidar (*manage*) com o ambiente global. Muito vai depender de reformas no nível doméstico. Ademais, a ação internacional não está limitada por acordos formais interestatais e os estados não são de maneira alguma os únicos atores importantes. As atitudes, decisões de investimento e capacidades das companhias desempenham um papel fundamental em determinar como problemas ambientais são definidos e tratados pelos estados. Outro aspecto é a difusão de um modo de pensar "verde" por meio da mídia global, informada e impulsionada pelas ONGs, que têm assumido um lugar importante na identificação de questões, estabelecimento de agendas, formação de políticas, desenvolvimento normativo, construção institucional, monitoramento e implementação (HURRELL; KINGSBURY 1992). Além disso, ressalto que projetos locais desempenham um papel-chave. Grande

---

[13] Situações em que existe um incentivo para atores racionais agirem em benefício próprio, embora a cooperação mútua trouxesse um resultado coletivo ótimo.

parte desses são implementados por ONGs ou órgãos governamentais e não são isolados, mas conectados por meio de redes que se estabelecem entre essas organizações, grupos de cientistas e agências de cooperação bi e multilateral. Dependendo dos seus resultados, sua relevância é global, devido a seus efeitos demonstrativos.

Por último, Hurrell e Kingsbury (1992, p. 10-11) defendem que, embora acordos formais interestatais não sejam sempre necessários e nem forneçam o retrato completo da política ambiental mundial, eles se constituem na peça central dos esforços internacionais para a gestão dos problemas ambientais. Nesse sentido, eles notam que saltam aos olhos o grande número e alcance de regras e regimes legais, estabelecidos e emergentes. O estudo dos regimes internacionais ambientais tem atraído a atenção de diversos estudiosos e é importante por permitir focalizar questões específicas e acumular conhecimento sobre as mesmas. Em geral, o foco tem sido os acordos e tratados internacionais e as respostas dos estados nacionais a eles.

De acordo com Viola (1996, p. 32-33), podem ser destacadas, nas últimas décadas do século XX, sete dinâmicas institucionais[14] na construção de governança/governabilidade global na área de meio ambiente, com ritmos e densidades diferenciadas: a Convenção de Viena (1985)/Protocolo de Montreal (1987) para Proteção da Camada de Ozônio; o Global Environmental Facility-(GEF) (1991); a Convenção Quadro das Nações Unidas sobre Mudança Climática; a *Convenção sobre Diversidade Biológica*[15] (CDB), ambas abertas para assinaturas durante a Conferência do Rio, 1992, assim como a Agenda 21, para promoção e financiamento do desenvolvimento sustentável em escala planetária; o Acordo de Madri (1992) sobre a Antártica; e a instalação da Comissão de Desenvolvimento Sustentável das Nações Unidas (1993).

No próximo capítulo, apresento a biodiversidade como questão política global, descrevo o período anterior à elaboração da CDB e algumas considerações sobre a Convenção, visando constituir um contexto para a construção do conceito de regime global de biodiversidade.

---

[14] Quanto a dinâmicas regionais internacionais de construção de governança/governabilidade, pode-se citar as tentativas no âmbito da União Européia de formular uma política ambiental comunitária, bem como iniciativas de gestão integrada de bacias hidrográficas no continente europeu. No continente sul-americano, Argentina, Brasil, Paraguai e Uruguai estão negociando um Protocolo sobre meio ambiente, há tentativas incipientes de gestão da bacia do Prata. Na América do Norte, pode-se destacar o regime de qualidade de água na região dos Grandes Lagos, fruto de um tratado bilateral Canadá - EUA, que introduziu o conceito de ecossistema como parâmetro para a gestão (MANNO, 1994, p. 70).

[15] Grifo meu.

Capítulo 2

A biodiversidade como questão global e a Convenção sobre Diversidade Biológica (CDB)

No âmbito da política ambiental, a biodiversidade é uma questão que faz parte da agenda global (PORTER; BROWN, 1991; ELLIOT, 1998) e que ganhou proeminência a partir do início da última década do século XX, com a Convenção sobre Diversidade Biológica (CDB). Essa Convenção foi aberta para assinatura em 5 de junho de 1992, durante a Conferência das Nações Unidas sobre Meio Ambiente e Desenvolvimento, realizada no Rio de Janeiro. Permaneceu aberta até o dia 4 de junho de 1993, tendo entrado em vigor em 29 de dezembro de 1993, noventa dias depois da trigésima ratificação, número requerido pelos procedimentos das Nações Unidas. Seus principais objetivos são a conservação da diversidade biológica, a utilização sustentável de seus componentes e a repartição justa e eqüitativa dos benefícios, advindos da utilização dos recursos genéticos (CDB, Artigo I).

A expressão diversidade biológica é relativamente nova, assim como sua forma contraída, *biodiversidade*, mas as origens do conceito são remotas e não cabe discuti-las neste trabalho. Na biologia moderna, a preocupação com a diversidade biológica resulta principalmente da interação de disciplinas como Taxonomia, Genética, Ecologia, Biologia de Populações, levando ao entendimento de que a diversidade da vida na Terra se refere a *espécies, genes e ecossistemas* (UNEP, 1995, p. 6). A formação, ainda que incipiente, de um "regime[1] ambiental mundial" (MEYER; FRANK; HIRONAKA; SCHOFER; TUMA, 1997), ou mais precisamente, uma ordem global ambiental,[2] nas últimas décadas,

---

[1] Os autores utilizam o termo "regime" de forma mais abrangente do que o usual na literatura teórica em Relações Internacionais, definindo regime ambiental mundial como uma coleção parcialmente integrada de organizações mundiais, entendimentos e pressupostos que especificam a relação entre sociedade humana e natureza (MEYER; FRANK; HIRONAKA; SCHOFER; TUMA, 1997, p. 623).

[2] De acordo com Ruggie (1993: p. 12), uso comum na literatura de TRI distingue três domínios institucionais de relações interestatais: ordens internacionais, regimes internacionais e organizações internacionais, sendo que "ordem" se refere a um domínio mais abrangente das relações internacionais, uma "dimensão arquitetônica" e os regimes seriam mais concretos, referindo-se tipicamente a componentes setoriais ou funcionais de ordens. A utilização do adjetivo "global" faz sentido na medida em que se consideram as mudanças econômicas, políticas, sociais, ambientais e culturais advindas do processo de globalização e os novos atores incluídos a partir desse processo.

traz a necessidade de se melhorar o entendimento sobre as formas como a sociedade humana e a diversidade biológica interagem e de se ampliar o escopo da biodiversidade para incluir a dimensão humana.

A CDB pode ser considerada uma tentativa de resposta ampla e multidimensional à questão da biodiversidade, tanto quanto aos temas tratados, como quanto ao número de atores envolvidos. A Convenção leva em conta diversos fatores antropogênicos e naturais interrelacionados e busca uma ponte entre as dimensões naturais e sociais do problema. Como tal, ela é um dos pilares do regime global de biodiversidade. Para Heywood et alii (1995), autores da introdução do *Global Biodiversity Assessment* (in UNEP, 1995, p. 5), a Convenção é um indicador significativo da importância atribuída pela comunidade global às questões ambientais e, em particular, à diversidade biológica. Nesse sentido, os autores (Heywood et alii in UNEP, 1995, p. 6) defendem que a conservação da biodiversidade, o uso sustentável dos seus componentes e a distribuição justa e eqüitativa dos seus benefícios adquiriram uma *nova dimensão política*, nas esferas nacional e global, entrando firmemente na agenda de cada estado signatário.

Swanson (1997, p. 81) argumenta que a CDB representa um reconhecimento dos vários "movimentos" a partir dos quais as várias partes da Convenção foram derivadas. Entre os quais, o autor cita: movimento de parques e áreas protegidas, de uso/utilização sustentável (defesa de sistemas de utilização controlada da vida selvagem), recursos genéticos das plantas (manutenção dos recursos genéticos vegetais e a distribuição equitativa dos seus benefícios), de direitos dos produtores (fazendeiros).

Não é meu objetivo neste trabalho questionar se a biodiversidade está, ou não, ameaçada e se isso consiste num problema "real". Com certeza, isso depende de percepções, ou da "comunidade epistêmica" de onde provém quem está julgando. Assim, meu pressuposto inicial consiste em que existe uma questão política denominada "biodiversidade", considerando que essa penetrou no processo político, porque diversos grupos tiveram força suficiente para politizá-la. Pretendo, neste capítulo, apresentar essa questão global.

De modo geral, caracteriza-se o problema como a perda ou redução da diversidade de genes, espécies e ecossistemas, sendo um dos aspectos da mudança ambiental pela qual passa o planeta como um todo. Primeiramente, discuto a questão da biodiversidade e descrevo o período anterior à CDB. Em seguida, faço uma descrição do processo de elaboração da Convenção e como a mesma se tornou mais abrangente do que seu propósito inicial, o que também contribuiu para a politização da biodiversidade. Por último, faço algumas considerações sobre a CDB e a discuto brevemente porque é preciso ir além do seu aspecto formal (como instrumento legal).

2.1 BIODIVERSIDADE

A Convenção sobre Diversidade Biológica, Artigo II, define biodiversidade como "variabilidade de organismos vivos de todas as origens, compreendendo, dentre outros, os ecossistemas terrestres, marinhos e outros ecossistemas aquáticos e complexos ecológicos de que fazem parte; compreendendo ainda a diversidade dentro de espécies, entre espécies e de ecosssistemas".

A mudança ambiental global da atualidade refletida em mudanças hidrológicas, climatológicas e biológicas é diferente de períodos anteriores na medida em que ela tem origem humana. Pela primeira vez, os seres humanos começaram a desempenhar papel central na alteração global de sistemas biogeoquímicos e da Terra como um todo

(STERN; YOUNG; DRUCKMAN, 1992, p. 17). Do ponto de vista biológico (STERN; et alii, 1992, p. 20-21), constata-se que as atividades humanas estão diminuindo a diversidade biológica na terra, nas águas doces e nos mares, em países em desenvolvimento, ou industrializados. Isso é preocupante, tendo em vista a velocidade e a magnitude com que a extinção de espécies e a destruição dos ecossistemas têm ocorrido e também o fato de suas causas terem origem antrópica.

Antes da politização do conceito, a expressão "diversidade biológica" incluía dois significados relacionados: diversidade genética (a quantia de variabilidade genética nas espécies) e diversidade ecológica (número de espécies numa comunidade de organismos), o que foi definido por Norse e McManus (1980).[3]

De acordo com Koziell (2001, p. 1), no contexto do desenvolvimento humano, a expressão "biodiversidade" é muitas vezes tomada como sinônimo de "recursos naturais" ou "vida selvagem", mas tal entendimento carrega imprecisões.[4] Koziell (2001, p.1) afirma, ainda, que a expressão biodiversidade é tão grande em escopo e abstrata em natureza que, como um todo, é difícil conceituar, assim como não é fácil articular as características distintivas de biodiversidade de uma forma que tenha significado para todos. Além disso, muito não é levado em consideração por não ser visível imediatamente a olhos nus, residindo nos corpos d'água, no solo, ou é microscópico.

A definição de biodiversidade da CDB é comumente usada na atualidade, sendo que, mais estritamente, a palavra biodiversidade se refere à qualidade, escala e extensão de diferenças entre as entidades biológicas num dado conjunto. No total, representa a diversidade de toda a vida, sendo uma característica ou propriedade da natureza, não de um ente ou de um recurso. Contudo, a palavra veio a ser usada de forma menos precisa como o conjunto de organismos diversos em si mesmos, isto é, não *a diversidade de toda a vida,* ou qualidade, ou escala de diversidade, na Terra, mas *toda vida em si mesma.* Em alguns contextos, os usos são distintos; em outros, há ambigüidades. Além disso, a palavra é percebida diferentemente por diferentes grupos de interesse. Assim, por exemplo, é possível referir-se à manutenção da biodiversidade em ecossistemas como processos que mantêm a variabilidade de organismos, não importam quais. Por contraste, ao se referir à manutenção da biodiversidade num parque nacional, o foco pode estar puramente no conjunto de objetos, plantas, animais ou micróbios e, de forma determinada, quais eles são, ao invés da variação entre eles (UNEP, 1995, p. 8-9).

Koziell (2001, p.1) argumenta que a definição adotada pela Convenção é amplamente aceita, mas as interpretações dos seus significados ainda variam muito. A biodiversidade pode ser considerada um "objeto", ou uma "coisa", algo para ser usado e manejado para ganhos em desenvolvimento; pode ser uma *forma de descrever*

---

[3] Tudo indica que o termo biodiversidade (forma contraída) foi cunhado por Walter G. Rosen em 1985 para a primeira reunião de planejamento do *National Forum on BioDiversity,* realizado em Washington D.C. em setembro de 1986. Contudo, foram Wilson e Peters (1988), que elaboraram os *proceedings* do Fórum e chamaram a atenção de um grande número de cientistas e outros para a noção de biodiversidade (UNEP, 1995, p. 5, notas 1 e 2).

[4] "Recursos naturais" se refere a toda a matéria, viva ou morta, que ocorre naturalmente e que a humanidade considera útil. Entretanto, "biodiversidade" compreende todas as coisas vivas, úteis ou não. Assim, tanto recursos naturais como vida selvagem são caracterizados como partes da biodiversidade, todavia essa abrange também organismos domesticados. Ambas formas de vida, selvagem ou domesticada, podem ser vistas como as pontas opostas de um contínuo ao longo do qual distinções entre elas são algumas vezes difíceis de serem feitas, ao mesmo tempo em que recursos genéticos entram e saem do espaço entre essas duas pontas.

coisas, uma qualidade, ou seja, um critério para se saber mais sobre a saúde de ecossistemas; ou pode ser uma *construção social*, ou política, designada a atingir um propósito especial. Todas essas interpretações se aplicam, embora cada uma vá servir mais, ou menos, em contextos diferentes. Como "coisa", biodiversidade seria todo o conjunto de bens e serviços, com todas as suas diferentes características e atributos, do qual pessoas e outros organismos vivos, locais, ou distantes, dependem, sendo localizados numa área biodiversa. Como uma forma de descrever coisas, pode ajudar a avaliar a qualidade ou condição de organismos vivos localizados numa determinada área, como, por exemplo, sua contribuição para a resiliência dos ecossistemas ou seu valor estético. Como construção política, ou social, biodiversidade pode ser usada para fornecer novo ímpeto ao que antes era conhecido como "conservação da natureza" (*nature conservation*), mas de modo mais informado e holístico do que previamente.

A variação nas interpretações sobre o sentido de biodiversidade pode resultar em críticas contundentes a um desses sentidos. McGrath (1997) critica o que denomina de "paradigma da biodiversidade", tomando a sua acepção estrita, baseada na teoria neodarwiniana de evolução, em que o indivíduo age estrategicamente e o processo de seleção natural atua sobre a variabilidade genética.

O autor (MCGRATH, 1997, p. 35) considera que há dois significados principais para o termo biodiversidade: um restrito, que enfoca a variabilidade taxonômica e outro amplo, que inclui níveis mais altos de organização biológica, como *habitats* e ecossistemas e até as condições físicas. Na sua perspectiva (MCGRATH, 1997, p. 35), este último é amplo demais para fornecer critérios úteis capazes de nortear políticas ambientais, sendo que a definição estrita tem servido como a base do "paradigma da biodiversidade", referindo-se ao número e grau de endemismo das espécies, que ocorrem numa determinada área. Nesse sentido, MCGRATH (1997, p. 37) argumenta que o conceito tem deficiências que limitam sua utilidade para a definição de prioridades para políticas de conservação e desenvolvimento. Na sua visão, o número e grau de endemismo de espécies não são os parâmetros que asseguram o funcionamento saudável da biosfera, ou a produtividade sustentada dos recursos naturais, que mantêm a população humana (MCGRATH, 1997, p. 38). Ademais, os argumentos baseados nos princípios éticos do direito de todas as espécies à vida, ou a biodiversidade como valor em si mesmo, são válidos, mas não têm gerado critérios eficazes para nortear políticas para reduzir a taxa de extinção e para a conservação (MCGRATH, 1997, p. 51). O autor (MCGRATH, 1997, p. 37) afirma que o principal problema é que biodiversidade é um meio e não um fim, não sendo importante por si mesma, mas tendo sua importância fundamentada no que representa para o ecossistema e a biosfera e para a população humana. Assim, McGrath (1997, p. 53) defende que, se o objetivo é o desenvolvimento sustentável, deve-se buscar uma estratégia consistente, que mantenha a produtividade e funcionamento dos ecossistemas da terra, mesmo que isso implique grandes mudanças na composição de espécies. Em resumo, ele afirma que a manutenção da biodiversidade e o funcionamento do ecossistema são objetivos diferentes e potencialmente conflitantes.

É necessário reconhecer os questionamentos ao redor do conceito de biodiversidade, sendo que, idealmente, talvez não seja o objetivo político mais adequado, ou preciso. Contudo, sua importância política é inegável, dada a força dos vários movimentos, grupos, ONGs, que se mobilizam em torno da questão da conservação/preservação de espécies e da própria Convenção sobre Diversidade Biológica, em comparação com o ambientalismo como um todo. Além disso, como mencionado, o conceito trouxe nova força ao movimento de conservação da natureza, tornando-o mais abrangente por incorporar as espécies domesticadas, a diversidade genética, *habitats* e ecossistemas e as suas dimensões humanas (ex.: biotecnologia, propriedade dos recursos, distribuição equitativa), sendo agregador (SWANSON, 1997), ao trazer outros movimentos sociais/grupos: "populações tradicionais", pequenos agricultores, uso/manejo/modo de vida sustentável. Isso significa que biodiversidade, como construção social e/ou política, vai além do sentido atribuído à palavra por um único grupo, como no caso da sua acepção taxonômica referente à diversidade de espécies, que é usada, em geral, pelos biólogos.

Na introdução do GBA (UNEP, 1995, p. 9), Heywood et alii se referem a um outro estudo (HEYWOOD, 1993), defendendo que a imprecisão da definição e a diversidade de percepções, que são, algumas vezes, consideradas uma fraqueza, podem também ser percebidas positivamente como uma força, ao tornar *biodiversidade*[5] um conceito unificador, reunindo pessoas de diferentes disciplinas e interesses ao redor de um objetivo comum: entendimento, conservação e uso sábio da diversidade biológica e de seus recursos.

Enquanto a extinção de espécies é um fenômeno que sempre ocorreu, o problema contemporâneo é de escala. Além disso, a questão da redução da biodiversidade é mais abrangente, incorporando também diversidade genética, *habitats*, espécies domesticadas. Na construção do problema político caracterizado como perda da biodiversidade enfatizam-se as suas conseqüências para as populações humanas. Trata-se de uma perspectiva antropocêntrica, porém parece ser convincente de uma perspectiva política, pois o princípio ético que reconhece o direito de todas as espécies à vida tem produzido poucos efeitos práticos. Existem vários argumentos que focalizam as conseqüências do empobrecimento biológico. Outros apontam a importância da biodiversidade, enfatizando seus usos, valores de uso e não uso e os serviços ecológicos providos por elas.

Partindo das ciências biológicas, Paul R. Ehrlich (1988, p. 22) afirma que o fato de os organismos dependerem profundamente de ambientes apropriados dá a certeza aos ecologistas de que as tendências atuais de destruição e modificação de *habitats*, especialmente nas florestas tropicais de alta diversidade, são uma "receita infalível para empobrecimento biológico", sendo que os políticos e cientistas sociais que questionam isso ignoram os princípios da ecologia de que destruição de *habitats* e extinção de espécies caminham juntas. Na perspectiva do autor (EHRLICH, 1988, p. 25), se a dizimação da diversidade orgânica continuar, serão muitas conseqüências adversas. Os níveis das colheitas serão difíceis de serem mantidos, face à mudança climática, à erosão do solo, à perda de fontes de água, ao declínio de polinizadores e às invasões de pestes cada vez mais sérias. A conversão de terras produtivas em áreas degradadas vai acelerar, os desertos continuarão a se expandir (desertificação), a poluição do ar crescerá e climas locais vão se tornar mais severos. A humanidade vai deixar de receber muitos dos benefícios econômicos diretos do estoque genético do planeta, por exemplo, uma cura para o câncer. Contudo, essas conseqüências talvez façam pouca diferença, considerando que, se os serviços ecossistêmicos falharem, a mortalidade por doenças respiratórias, ou epidemias, desastres naturais e fome vão diminuir a expectativa de vida a ponto do câncer (doença que atinge geralmente os mais idosos) se tornar sem importância.

---

[5] Grifo meu.

Uma outra perspectiva focaliza os valores de uso e não-uso da diversidade biológica. Izabella Koziell (2001, p. 2) afirma que a biodiversidade é importante porque oferece escolhas. Escolhas ajudam as pessoas a gerir mudanças, proativa ou reativamente, sejam mudanças movidas por fatores econômicos, sociais ou ambientais. A diversidade biológica compreende o conjunto total de organismos vivos do qual as pessoas têm selecionado aqueles com traços desejáveis; consumindo e adaptando, ou domesticando-os para melhor satisfazer suas necessidades. Como exemplo, a autora cita que a melhora na produtividade de ecossistemas inteiros e de animais e plantas no interior deles é um resultado da observação de processos e padrões de comportamento de organismos biológicos. Além disso, a biodiversidade tem ajudado as pessoas a lidar com períodos de seca, provendo espécies e variedades de plantas ou de animais que são mais hábeis que outros para sobreviver a estresses ambientais. Sem tal possibilidade de escolha, a humanidade não existiria na presente forma.

Para se ter uma idéia de como a humanidade tem se beneficiado da biodiversidade, Koziell apresenta um quadro (KOZIELL 2001, p. 2 e 4, p. 3, Table 1) que mostra os benefícios múltiplos da biodiversidade, divididos em uso direto, uso indireto e não-uso. Uso direto envolve a seleção e extração de seus elementos "tangíveis" (bens e produtos), que podem ser consumidos, comercializados em mercados para troca por outros recursos de capital, fornecendo bens privados e serviços, que podem mais facilmente ser capturados por indivíduos. Os benefícios provenientes do uso indireto e do não-uso são intangíveis, geralmente espalhados amplamente, ou são tão dispersos que é quase impossível serem diretamente consumidos. Eles comportam todos os sistemas naturais e de produção, agora e no futuro. Embora haja alguns esforços experimentais de explorar mercados potenciais para serviços ambientais, esses benefícios intangíveis não podem ser comercializados, não fornecem bens e serviços, que podem ser capturados por indivíduos, mas fluem para a sociedade como um todo, tanto no nível local, regional, ou global (vide Anexo 5).

Albagli (1998, p. 66-72) aponta os vários usos que têm sido dados à biodiversidade enquanto recurso: alimentação, agricultura, saúde humana.[6] Na agricultura, as plantas vêm sendo utilizadas como fontes de novos cultivos, como material para reprodução de novas variedades de espécies e como insumos de novos pesticidas biodegradáveis. Na área da saúde humana, quase todos os remédios já produzidos no mundo têm origem associada a plantas, animais ou microorganismos. Cerca de 80% da população mundial ainda recorre a medicamentos tradicionais, a maior parte de origem vegetal[7] e 50% ou mais dos remédios utilizados pelos outros 20% da população são derivados de produtos naturais (nos EUA, 25% das receitas médicas têm um componente vegetal). Albagli também cita o turismo e o lazer como "usos" econômicos da biodiversidade. Contudo, a autora ressalta que o aproveitamento dos recursos biológicos e genéticos como matéria-prima para as modernas biotecnologias confere à biodiversidade um valor estratégico, potencializando seus tradicionais usos e aplicações. A partir da

---

[6] Albagli (1998, p. 67) chama atenção para o fato de que diminui cada vez mais o número de espécies vegetais aproveitadas para a produção de alimentos, agravado pela padronização gerada pela globalização econômica. Das milhares de espécies com potencial alimentício (algo como 80.000, segundo estimativas), apenas cerca de 150 chegaram a ter alguma importância no comércio mundial. Dessas menos de 20 são utilizadas para produzir a maioria dos alimentos, predominando quatro: trigo, milho, arroz e batata.

[7] Segundo Albagli (1998, p. 67), na medicina chinesa tradicional, são usadas mais de 5.100 espécies.

convergência da biologia molecular, da química e da genética, abre-se a possibilidade, além de desvendar, de manipular a herança genética, inaugurando a "era do gen", e o paradigma biotecnocientífico.

2.2 Antecedentes da Convenção sobre Diversidade Biológica e "mudança paradigmática" do conservacionismo

Vale ressaltar que muito antes da Convenção sobre Diversidade Biológica, questões relacionadas à preservação e conservação da natureza/vida selvagem já haviam sido colocadas nas agendas políticas nacionais e internacional, sendo que a discussão internacional sobre áreas protegidas[8] ganhou corpo após a II Guerra Mundial, no âmbito das Nações Unidas e com a criação da União Internacional para Conservação da Natureza, hoje World Conservation Union (WCU). Nesse sentido, a Convenção é o resultado de um processo que tem suas raízes confundidas com os primórdios do movimento ambiental, quando a motivação era "preservação/conservação da natureza", porém aglutinou outras forças, ligadas ao novo ambientalismo[9] e representou uma tentativa de conciliar: preservação, conservação e desenvolvimento e acomodar interesses dos governos, ONGs e movimentos de base (*grassroots*) dos países do Norte e do Sul.

Alencar (1995, p. 111-112) afirma que até os anos 1970 prevalecia o modelo norte-americano e europeu de criação de reservas, ou áreas protegidas, o que implicava cercar para proteger. De um lado, ficava a natureza e, do outro, as pessoas. O ambientalismo do final dos anos 1960 nos EUA propôs a superação do debate entre preservacionismo e conservacionismo, iniciado na segunda metade do século XIX,[10] e representou a preocupação de conciliar sociedade e natureza. Paralelamente, ocorre outra transformação nas ciências naturais, cujo foco passou das espécies para os ecossistemas,[11] ou para o mundo em que as espécies interagem, passou-se de uma percepção estática e unidimensional para uma dinâmica e multidimensional. Assim, os ecossistemas começaram a ter tanta importância para as estratégias de conservação como as espécies em si, indo além do foco em espécies "estrela" (*flag species*), ou carismáticas, para abranger o conjunto de seres vivos.

De acordo com Alencar (1995, p. 112-113) as mudanças no ambientalismo e nas ciências naturais, com a incorporação do conceito de ecossistemas, refletiram-se na série de tratados internacionais dos anos 1970,[12] passando-se de tratados regionais, ou bilaterais, visando à proteção de espécies isoladas, para tratados internacionais mais abrangentes, que propunham a proteção de ecossistemas frágeis e importantes como

---

[8] No Brasil, utiliza-se o termo Unidades de Conservação (UCs).

[9] Termo utilizado por McCormick, cujo significado será explicitado adiante.

[10] Para mais informações ver McCormick (1992, p. 30-31), que descreve a divisão do movimento ambientalista americano, na virada do século XIX-XX, dividindo-se entre preservacionismo (protecionismo), inspirado em Muir e conservacionismo, baseado na ciência florestal alemã e em Pinchot, com sua lealdade a seus ideais profissionais.

[11] Para mais informações cf. Odum (1996, p. 43-77). Odum afirma (1996, p. 43) que o ecossistema é o nível lógico em torno do qual organizar a teoria e a prática em ecologia, pois é, nível mais baixo na hierarquia ecológica que é completo, ou seja, possui todos os componentes necessários para função e sobrevivência no longo prazo.

[12] A Convenção de Ramsar para Proteção de Terras Inundadas de Importância Internacional Especialmente os *Habitats* para Pássaros (1971); a de Paris sobre o Patrimônio Cultural e Natural (1972); a de Washington sobre Comércio Internacional de Espécies Ameaçadas (CITES 1972/1973) e a Convenção sobre Conservação de Espécies Migratórias de Animais Selvagens (Convenção de Bonn 1979).

habitats de vida selvagem, a preservação de determinadas regiões, como no caso das reservas da biosfera, a proibição do comércio ilegal de espécies ameaçadas de extinção, ou a proteção de espécies migratórias, tratando-se de questões transfronteiriças,[13] parte da Agenda de Estocolmo, conforme descrita por Elliot (1998, p. 27). Mesmo assim, a proteção da natureza ainda estava sendo regulada de forma fragmentada e inconsistente, diferentemente das questões ambientais relacionadas a processos industriais poluentes, que começavam a ser tratadas de forma compreensiva e inter-relacionada. Desse modo, Klemm defendia que se deveria elaborar uma "convenção mundial de amplo alcance" (CYRILLE DE KLEMM[14] in ALENCAR, 1995, p. 113).

A *Estratégia Mundial de Conservação* foi publicada em 1980. O seu lançamento foi o primeiro passo para que a diversidade de genes, espécies e ecossistemas fosse abordada de uma maneira global, embora o conceito de biodiversidade, com o sentido que tem hoje, ainda não existisse (ALENCAR, 1995, p.113). Essa publicação foi preparada pela IUCN, com o apoio técnico, a cooperação e assistência financeira do WWF e UNEP, em colaboração da FAO e UNESCO. Além disso, significou o reconhecimento por parte de organizações importantes de que não é possível conservar a natureza sem levar em consideração as necessidades das populações humanas "[...] Não se pode esperar que pessoas cuja própria sobrevivência é precária e cujas perspectivas de prosperidade, mesmo que temporárias, são desanimadoras respondam favoravelmente a apelos para que subordinem suas agudas necessidades de curto prazo à possibilidade de retorno de longo prazo. Desta forma, a conservação deve ser combinada com medidas para preencher as necessidades econômicas imediatas. [...]" (IUCN, UNEP, WWF, 1980, *Introduction*, item 11).

O objetivo principal da *Estratégia* consistia em instruir, coordenar e guiar as políticas de conservação dos recursos vivos por meio (1) da manutenção dos processos ecológicos e dos sistemas essenciais à vida na Terra, como a regeneração e proteção do solo, a reciclagem de nutrientes e a despoluição das águas; (2) da preservação da diversidade genética: material genético encontrado nos organismos vivos; (3) da garantia de utilização sustentável de espécies e ecossistemas, com ênfase nos recursos pesqueiros, vida selvagem, florestas e pastagens. Pretendia-se, ainda, ativar o debate sobre a coordenação de políticas de conservação da natureza, desde o nível local, em parques e reservas, até o desenvolvimento de programas nacionais e internacionais de conservação. De acordo com o documento, esses objetivos eram considerados urgentes, porque a) a capacidade de suporte do planeta estava sendo reduzida irreversivelmente nos países desenvolvidos e em desenvolvimento; b) centenas de milhões de pessoas nas áreas rurais em países em desenvolvimento, mal nutridas e destituídas, eram compelidas a destruir os recursos necessários para libertá-las da fome e da pobreza; c) custos de energia, financeiros e outros de prover bens e serviços estavam crescendo; d) a base de recursos das principais indústrias estava encolhendo (IUCN, UNEP, WWF, 1980).

Desse modo, a *Estratégia Mundial* representou a primeira tentativa transnacional de conciliar conservação e desenvolvimento. A partir dos anos 1980, questões relativas a esse tema, tais como a presença humana em áreas protegidas, a participação das populações nas

---

[13] Cf. Introdução deste trabalho sobre dimensões transfronteiriça e internacional da proteção de vida selvagem (ELLIOT, 1998, p. 27).
[14] Cyrille de Klemm, jurista da Comissão de Direito Ambiental da IUCN, foi responsável pela elaboração da Convenção de Ramsar e de outras convenções regionais africanas e européias.

iniciativas de conservação, a incorporação das necessidades humanas às abordagens conservacionistas, entre outras, começaram a ser debatidas transnacionalmente entre conservacionistas e entraram na agenda das ONGs e organismos internacionais.

Ressalto que os debates e a evolução do pensamento sobre conservação e desenvolvimento aconteciam em muitas instituições pelo mundo. Por exemplo, a necessidade de resolver problemas das populações amazônicas sem destruir a floresta era discutida entre estudantes, pesquisadores e professores do INPA (provavelmente, isso também acontecia em outras instituições de pesquisa da Amazônia) nos anos 1970 e 1980. Já existia uma noção de que se deveria buscar um modelo de desenvolvimento "sustentável", embora não se utilizasse essa expressão. Esse assunto fez parte, inclusive, das conversas com membros da Comissão Brundtland[15] que passaram pelo INPA em meados dos anos 1980 (Luís Carlos Joels, ex-coordenador PP-G7, entrevista pessoal, Brasília, 10 de outubro de 2000).

Na segunda metade dos anos 1980, redes transnacionais, preocupadas com o desflorestamento na Amazônia e o movimento dos seringueiros no Acre, se aliaram, dando origem às Reservas Extrativistas (Resex) e fortalecendo a idéia de se conciliar meio ambiente e desenvolvimento.

O termo biodiversidade foi lançado ao público por Wilson (1988), com uma grafia diferente, no Fórum Nacional sobre BioDiversidade, que aconteceu em Washington, D.C., de 21 a 24 de setembro de 1986, patrocinado pela Academy of Sciences e pelo Smithsonian Institution. De acordo com Wilson (1988, p. v-vii), o fórum foi notável pelo seu tamanho e impacto no público. Ele coincidiu com o crescimento do interesse entre cientistas e porções do público nas questões relativas à biodiversidade e problemas de conservação internacional. Na opinião do autor (WILSON, 1988, p. v-vii), essa atenção era evidente em 1980 e foi crescendo, tendo alcançado um *momentum* na época do fórum. Isso se deu devido (1) ao acúmulo de dados suficientes sobre desflorestamento, extinção de espécies e biologia tropical, que lançaram luz nos problemas globais e garantiram exposição pública mais ampla; e (2) à consciência crescente das ligações próximas entre *conservação da biodiversidade e desenvolvimento econômico*.[16] Segundo Alencar (1995, p. 116), apesar de denominar-se Fórum Nacional, esse encontro teve caráter transnacional, pois reuniu os mais importantes profissionais de nível internacional na área.

Um dos resultados do Fórum Nacional de BioDiversidade, de 1986, foi a publicação do livro *Biodiversity*, cujo editor foi Wilson (1988). Trata-se de uma das obras mais importantes sobre o tema. Não se considera uma coincidência o fato de que, também em 1986, foi criada a Society for Conservation Biology (Sociedade para Biologia da Conservação), mas um reflexo da mobilização de cientistas e pesquisadores interessados na questão de conservação e também no conhecimento acumulado, que permitia a formação de um campo disciplinar separado da biologia.

Interessante notar o momento histórico em que a preocupação com a destruição de *habitats*, florestas tropicais, extinções cresceu entre cientistas e opinião pública em geral.

---

[15] A Comissão Mundial sobre Meio Ambiente e Desenvolvimento, coordenada por Gro Brundtland, primeira-ministra da Noruega, preparou e publicou o relatório Nosso Futuro Comum, durante um período de 900 dias (outubro de 1984 a 1987). O Relatório Brundtland, como ficou conhecido, consistiu em um marco, principalmente por relacionar em definitivo meio ambiente e desenvolvimento (ecologia e economia), tornando conhecido o conceito de desenvolvimento sustentável.

[16] Grifo meu.

Vários desses cientistas se envolveram com conservação nessa época. Numa entrevista para o *The Guardian*, 3.4.2003 (caderno *Life*: p. 6), Jane Goodall comenta porque deixou de ser uma cientista de campo em 1986, após participar de uma conferência que marcava a publicação do seu estudo mais importante sobre comportamento de chimpanzés, *The Chimpanzees of Gombe*. Nessa conferência, primatologistas trabalhando por todo o globo levantaram-se, um a um, e descreveram as ameaças críticas às suas comunidades, da destruição de *habitats* ao comércio de *bush meat*. Goodall afirma:

> Compreendi, imediatamente, que deveria deixar de ser observadora e que tinha que fazer alguma coisa. Eu não tinha escolha. Era estranho porque fui à conferência planejando escrever o segundo volume daquele estudo, e voltei sabendo que não o faria.

Após essa Conferência, Goodall deixou a pesquisa e passou a viajar pelo mundo todo para chamar a atenção para questões de conservação. Além disso, criou uma fundação que tem desenvolvido projetos em diversos países.

Nesse contexto dos anos 1980/90, a Universidade da Flórida, Gainesville, teve um papel particular, como um centro, que atraiu alguns pesquisadores importantes para o conservacionismo e onde nasceu, "de fato", a biologia da conservação[17] (Cláudio V. Pádua, entrevista pessoal, Brasília, 9 de janeiro de 2003). Esse centro contribuiu para a consolidação da biologia da conservação como um campo disciplinar distinto e para a incorporação dos fatores econômicos, sociais e culturais à questão da conservação. Tudo começou com a abertura de um concurso nacional para ocupar uma *endowment chair* na Universidade. A vaga acabou sendo ocupada por John Eisemberg, destacado especialista em mamíferos, que trouxe consigo dois jovens seguidores, John Robinson e Kent Redford, hoje conhecidos conservacionistas. Juntos, eles criaram, em 1980/81, um programa de pósgraduação em conservação nos trópicos, dirigido principalmente a estudantes internacionais. A demanda foi muito maior do que a esperada, o curso atraiu muitos latino-americanos, africanos e asiáticos. Ao mesmo tempo, já havia pessoas na Universidade, que trabalhavam nos trópicos, que foram sendo incorporadas ao Programa. No início dos anos 1990, com a saída de John Robinson, que foi para a Wildlife Conservation International (atual WCS - Wildlife Conservation Society), criou-se uma variante do programa inicial, denominado Tropical Conservation and Development, coordenado por Kent Redford e Steve Sanderson,[18] cientista político.

---

[17] Segundo David Western (2003, p. 14-15) a ciência da conservação nasceu na África Oriental e Meridional entre as décadas de 1960 e 1970, antes da biologia da conservação ter se tornado uma disciplina coerente nos Estados Unidos no final da década de 1970. O autor aponta que, entre as décadas de 1960 e 1970, começaram-se a expandir os estudos convencionais de vida selvagem para incluir as atividades humanas no interior dos ecossistemas. Esse passo radical marcou uma virada brusca da prática científica prevalecente de tratar as esferas humanas e naturais como domínios separados. O comportamento e a ecologia humana passaram a ser vistos como processos-chave governando a produtividade e a diversidade dos ecossistemas. A incorporação dos estudos econômicos e sociais bem como as ciências naturais criou um tipo de ciência da conservação que caracteriza muitos estudos sobre ecossistemas africanos ainda hoje. Embora essa transformação no continente africano tenha ocorrido antes, seus efeitos em termos de práticas e políticas ocorreram a partir dos anos 1980, quando se começaram a implementar projetos que refletiam a mudança do "paradigma" da conservação.

[18] Atualmente, os três (Robinson, Redford e Sanderson) estão na WCS, que é uma ONG conservacionista reconhecida e teve papel-chave no estabelecimento da RDSM, apoiando o Projeto Mamirauá desde seu início.

De acordo com Pádua (Cláudio V. Pádua, entrevista pessoal, Brasília, 9 de janeiro de 2003), atualmente, há muitas pessoas que trabalham com conservação e desenvolvimento em ONGs, centros de pesquisa, governos e agências internacionais espalhados, não somente no Brasil,[19] mas no mundo, que foram alunos ou professores em Gainesville.[20]

Estava estabelecido, assim, o contexto para a "mudança paradigmática" do pensamento conservacionista. Essa mudança pode ser definida como a incorporação de fatores socioeconômicos e culturais à questão da conservação, à busca do entendimento do papel das populações humanas nos ecossistemas e à conscientização da necessidade de se integrar conservação e desenvolvimento. A partir do final dos anos 1980, surgiram abordagens como CBC (*community based conservation*), ICDP (*integrated conservation and development projects*), CWM (*community-based wildlife management*) CBNRM (*community-based natural resources management*). Embora houvesse quem combatesse essas idéias, já se aceitava a possibilidade de haver áreas protegidas (parques e reservas) em que as pessoas poderiam morar, ou melhor, começou-se a entender que é necessário trabalhar com as populações humanas, seja no entorno das áreas protegidas, seja no seu interior, para viabilizar a maioria das iniciativas de conservação. Isso tudo era discutido também no âmbito da IUCN nesse período e teve uma certa importância para aqueles envolvidos em conservação ao redor do mundo (Richard Bodmer, entrevista pessoal, Teodoro Sampaio-SP, 11 de novembro de 2002). Enquanto a Estratégia Mundial pode ser considerada o marco inicial dessa mudança, a Convenção sobre Diversidade Biológica pode ser vista como seu ápice.

McCormick (1992, p. 63-64) descreve o surgimento e as características da nova face do movimento ambiental. Para o novo ambientalismo, era a própria sobrevivência humana que estava em jogo. Havia uma compreensão mais ampla do lugar ocupado pelo homem na biosfera, uma compreensão mais sofisticada dessa relação e um tom de crise maior e mais disseminado do que o ocorrido, na época dos primeiros movimentos de preservação ou conservação, quando a proteção da natureza havia sido uma cruzada moral centrada no ambiente não-humano, e o conservacionismo era um movimento utilitário centrado na administração racional dos recursos naturais. O novo ambientalismo centrou-se na humanidade e em seus ambientes, enquanto, para os protecionistas, a questão era a vida selvagem e o *habitat*. Na perspectiva de McCormick (1992, p. 64), como seus precursores, o novo ambientalismo não era organizado e nem homogêneo, mas um acúmulo de organizações e indivíduos, que tinham motivações e tendências variadas, com objetivos semelhantes, mas freqüentemente diferenças de métodos.

---

[19] Entre esses há muitos brasileiros, como Gustavo Fonseca, Claúdio V. Pádua, Carlos Peres, Rosa Lemos de Sá, Suzana Pádua, Vilmar Santos, Cristina Alves. Alguns estudantes desse Programa envolveram-se nas mobilizações, que aconteceram no estado do Acre nos anos 1980, que resultaram, entre outras coisas, no estabelecimento das Resex e a criação do Movimento Nacional dos Seringueiros. Hoje, colaboram no estado do Acre para implementar o "governo da floresta".

[20] Pádua utiliza uma expressão "máfia de Gainesville", que reflete, de certa forma uma identidade. Como não se trata de um grupo instituído, mas de pessoas espalhadas pelo mundo em diversas organizações, o conceito de comunidade epistêmica se adequa bem ao caso.

Alencar (1995, p. 117) aponta que entre 1981 e 1987 foi a fase "não oficial" de elaboração da Convenção, coordenada pela IUCN,[21] sem envolvimento direto do PNUMA. Nesse período, aconteceram transformações importantes no panorama internacional, com o reconhecimento do caráter global dos problemas ambientais e de suas conseqüências. Foi criado o regime do ozônio e emergiu uma nova geração de questões ambientais, ou uma agenda global, segundo Elliot (1998). De acordo com Alencar (1995, p. 117), o processo de preparação da convenção de biodiversidade acompanhou essa evolução conceitual. Cercar áreas relevantes para conservação não as isolaria dos efeitos das mudanças climáticas, ou da destruição da camada de ozônio, sendo que proteger a biodiversidade ia além da noção de conservação de áreas selecionadas. Assim, a política internacional para proteção da biodiversidade passou, a partir de meados dos anos 1980, a estar fortemente vinculada ao sucesso dos outros regimes ambientais globais, e uma convenção sobre biodiversidade, antes pensada como meta final, começou a ser considerada um movimento para uma nova relação entre acordos globais ambientais.

2.3 PROCESSO DE ELABORAÇÃO E NEGOCIAÇÃO DA CDB

Alencar (1995), McConnell (1997) e Elliot (1998) descrevem e analisam o processo de elaboração e negociação da CDB. A proposta inicial foi dos EUA durante a 14ª reunião[22] do Conselho de Administração do PNUMA[23] (*Governing Council – GC of the UNEP*), em 1987. A idéia era combinar o conjunto de tratados internacionais existentes: CITES, Convenção de Ramsar, Convenção de Bonn sobre espécies migratórias, Convenção sobre o Patrimônio Cultural e Natural, dentre outras, além de se criarem outras regras para preencher as lacunas. Um grupo de cientistas deveria ser encarregado de investigar a forma de uma convenção sistematizadora (*umbrella convention*) para racionalizar as atividades na área (MCCONNELL, 1997, p. 47-48).

---

[21] Em 1981, durante a 15ª Assembléia Geral da IUCN, aprovou-se uma Resolução que encarregava o Secretariado da IUCN de analisar os aspectos técnicos, jurídicos, econômicos e financeiros relativos à conservação, acesso e uso dos recursos naturais, com o objetivo de prover os fundamentos para um acordo internacional e para as regras que deveriam guiá-lo. Na 16ª reunião da Assembléia Geral da IUCN, 1984, decidiu-se que seria preparada uma versão preliminar de uma acordo global que trataria: (1) do papel dos recursos genéticos na manutenção da diversidade biológica; (b) do acesso aos recursos genéticos; (c) da responsabilidade dos estados nacionais pela conservação dos recursos genéticos; (d) do fortalecimento das legislações nacionais para conservação *in situ*; (e) do uso comercial dos recursos genéticos; por último (f), dos recursos financeiros para a conservação dos recursos genéticos. O Centro de Direito Ambiental – ELC da IUCN, localizado em Bonn, foi encarregado de elaborar o texto, com o apoio da Comissão de Direito Ambiental-CEL e de outras cinco comissões da IUCN: Manejo de Ecossistemas; Educação e Comunicação; Estratégia Ambiental e Planejamento; Parques Nacionais e Áreas Protegidas e Sobrevivência de Espécies, sendo que o presidente dessa última comissão, Grenville Lucas, sugeriu a expressão "diversidade biológica", ao invés de "diversidade genética", que não era, na visão dele, suficientemente representivo do conjunto de genes, espécies e ecossistemas, que se pretendia englobar e proteger (ALENCAR, 1995, p. 114-115).

[22] Alencar (1995, p. 118) afirma que nessa reunião começou a tomar forma o processo oficial de preparação da convenção. Segundo a autora (Alencar, 1995, p. 118), a presença de Martin Holdgate, representante do Reino Unido, foi decisiva para conciliar diferentes pontos de vista sobre como compatibilizar o trabalho que vinha sendo produzido pela IUCN com a nova proposta do PNUMA.

[23] Nessa mesma ocasião, o governo sueco propôs um grande evento para marcar o vigésimo aniversário da Conferência de Estocolmo de 1972, que viria a ser a Conferência do Rio de 1992, o que gerou pouco interesse. Somente em 1989, a Assembléia Geral das Nações Unidas aprovou a realização da Conferência.

Vale lembrar que, nesse mesmo ano, 1987,[24] foi publicado o relatório "Nosso Futuro Comum", resultado da Comissão Brundtland. O relatório da comissão recomendava que os governos deveriam estudar a possibilidade de uma convenção sobre espécies, semelhante em espírito e alcance ao Tratado do Mar. Por último, tal convenção, nos moldes de um documento elaborado pela IUCN, deveria tratar do conceito de espécies e de variabilidade genética como um patrimônio comum. O conceito de biodiversidade evoluiu a partir da preocupação de juristas conservacionistas, conscientes de que para se proteger efetivamente as diferentes formas de vida na Terra, seria necessário adotar-se um único conceito, que englobasse genes, espécies e ecossistemas, três níveis, vinculados entre si e interdependentes (ALENCAR, 1995).

Durante a 17ª Assembléia Geral da IUCN, em San José, Costa Rica, no início de 1988, começou-se a questionar a viabilidade de uma convenção sistematizadora porque, apesar de as quatro convenções mundiais para proteção da natureza estarem interligadas, as partes não coincidiam em todas elas, sendo inviável vincular em um novo tratado as partes que não participavam de todos os acordos básicos. Por outro lado, as quatro convenções não eram suficientes para garantir a proteção global da biodiversidade, pois tratavam de questões específicas,[25] deixando de lado outros temas relevantes como o financiamento para conservação da natureza, considerando que a riqueza biológica está, em grande parte, localizada em países em desenvolvimento. Ficavam de fora também todos os assuntos tratados nas numerosas convenções regionais e bilateriais para conservação da natureza já existentes (ALENCAR, 1995, p. 118-119).

Desse modo, Alencar (1995, p. 118) afirma que a Assembléia Geral da IUCN entendeu que o processo de harmonização das normas para proteção da natureza em escala planetária exigia uma convenção global que sistematizasse as normas existentes, mas não como um extrato de quatro convenções diferentes e sim como um *novo tratado*, com regras e dinâmicas próprias. Porter e Brown (1991, p. 133) afirmam que os países em desenvolvimento e vários dos industrializados têm concordado que um acordo global de biodiversidade requer transferências substanciais de fundos por um período extenso. Numa das versões da Convenção, preparada pela IUCN, havia uma proposta de imposto sobre o uso de animais, ou espécies de plantas selvagens e produtos derivados de tais espécies, ou sobre a transferência de genes de espécies selvagens para domesticadas.[26] Contudo, essa proposta não foi levada para frente e nem se chegou a um mecanismo financeiro para biodiversidade.

---

[24] Neste ano foi adotado o Protocolo de Montreal, provavelmente o primeiro acordo internacional a adotar medidas concretas para lidar com um problema ambiental global. McConnell (1997, p. 47) afirma que esses foram dois marcos no processo de relacionar questões de meio ambiente e desenvolvimento. Segundo Alencar (1995, p. 118), a publicação do Relatório Brundtland foi um passo significativo para o estabelecimento de um tratado global de conservação, considerando que o mesmo recomendava, como uma prioridade relativa ao desenvolvimento sustentável, que constasse das agendas políticas o problema das espécies em extinção e dos ecossistemas ameaçados, tornando-o uma questão importante relativa a recursos.

[25] Tais como, proteger áreas especialmente importantes (Patrimônio Mundial); o comércio internacional como uma ameaça específica a espécies vulneráveis e ameaçadas (CITES); um tipo de ecossistema (Ramsar); um grupo de espécies (Bonn).

[26] Como se pôde observar posteriormente, tal proposta foi "esquecida", provavelmente devido às dificuldades de os Estados Unidos e de outros países industrializados se comprometerem com novas transferências financeiras atreladas a um tratado global de biodiversidade, preferindo reorientar programas existentes de ajuda para a conservação da biodiversidade, ou vice-versa, como tem ocorrido nos primeiros anos do século XXI, quando a prioridade dos países do Norte passou a ser "alívio da pobreza".

Na reunião do Conselho de Administração do PNUMA, em maio de 1989, acolheu-se oficialmente a última versão preliminar preparada pela IUCN e decidiu-se que o Grupo de Especialistas em Diversidade Biológica continuaria seus trabalhos por algumas sessões, unindo esforços com o grupo do ELC-IUCN.[27] Nessa mesma reunião do PNUMA, os Estados Unidos continuaram a apoiar a elaboração de uma convenção sistematizadora (*umbrella convention*) sobre diversidade biológica, mas resistiram a propostas de que a mesma deveria incluir questões relativas à biotecnologia, sendo que os países em desenvolvimento deixaram claro que iriam se opor a qualquer nova convenção, caso biotecnologia não fosse incluída (MCCONNELL, 1997, p. 48). De acordo com Porter e Brown (1991, p. 130), durante a Conferência de Estocolmo, 1972, um dos temas que evidenciou a divisão entre países industrializados e países em desenvolvimento foi o referente aos termos de acesso para países pobres aos resultados biotecnológicos do uso de espécies selvagens encontradas nos trópicos. Desde então, esses países têm pressionado por uma convenção que assegurasse transferência de biotecnologia vinculada ao acesso dos países desenvolvidos a espécies selvagens nos seus territórios. Assim, embora todos os países concordem com a necessidade de esforços globais para conservar os recursos genéticos mundiais, um elemento-chave na política (*politics*) da biodiversidade têm sido as demandas conflitantes entre os países detentores da maior parte da riqueza biológica do mundo (em sua maioria concentrada em 13 países com florestas tropicais) e os países com capacidade para transformar essa riqueza em produtos comerciais.

McConnell (1997, p. 48) afirma que os países em desenvolvimento, durante essa reunião de 1989, colocaram o argumento, que seria desenvolvido habilmente nas negociações subseqüentes, de que a grande maioria dos recursos genéticos que fornecem matéria prima para biotecnologia em agricultura e farmacêuticos eram provenientes de seus territórios, porém eles praticamente não recebiam nada em troca. Se esses recursos deveriam ser conservados, deveria haver uma *distribuição mais equitativa dos seus benefícios*,[28] sendo que aqueles que defendiam que os recursos vivos do planeta eram "patrimônio comum" estavam pregando uma nova forma de colonialismo, pois tais recursos pertenciam aos países onde esses se encontravam. Embora os experts científicos tivessem feito pouco progresso em preparar um estudo amplo sobre biodiversidade, o Conselho de Administração acabou decidindo que se deveria trabalhar em um instrumento internacional para conservação da diversidade biológica do planeta,[29] o qual deveria considerar também todas as implicações das novas biotecnologias e a criação de um mecanismo para transferências financeiras daqueles que se beneficiavam da exploração da diversidade biológica para os proprietários e gestores dos recursos biológicos.

---

[27] O Diretor Geral do PNUMA ficou responsável em estabelecer um "Grupo *ad hoc* de Especialistas Jurídicos e Técnicos", com um mandato para negociar um instrumento jurídico para a conservação da diversidade biológica do planeta, que expressasse "a necessidade da partilha de custos e benefícios entre países desenvolvidos e em desenvolvimento" e também procurasse "formas de apoiar as comunidades locais em políticas de conservação" (ALENCAR, 1995, p. 120).

[28] Grifo meu.

[29] De acordo com Alencar (1990, p. 120-121), em fevereiro de 1990, o Grupo de Especialistas em Diversidade Biológica concluiu que era necessária e urgente a elaboração de um tratado global para conservação da biodiversidade que teria o formato de uma convenção-quadro (*framework convention*), inovando no tratamento do tema, ao mesmo tempo em que levaria em consideração a experiência adquirida nas negociações e implementação dos tratados conservacionistas.

Desse modo, estava montado o cenário e definidos os principais argumentos e a agenda do processo negociador "oficial" da Convenção sobre Diversidade Biológica.

Segundo McConnell (1997, p. 48-49), houve uma demora considerável até que as negociações "reais" tivessem início.[30] Entretanto, o secretário-geral da UNCED, Maurice Strong, anunciou na primeira reunião preparatória da Conferência do Rio (UNCED Preparatory Committee-PrepCom), em agosto de 1990, que ele previa acordos em uma convenção legalmente vinculante sobre biodiversidade. Isso criou um fator de pressão para que fosse elaborada e concluída uma convenção sobre diversidade biológica para ser assinada durante a UNCED.

Elliot (1998, p. 75) afirma que as negociações oficiais começaram com o estabelecimento de um "Grupo de Trabalho *ad hoc* de Especialistas Técnicos e Legais", que foi, na sua terceira sessão, em fevereiro de 1991, transformado em "Comitê Intergovernamental para Negociação de uma Convenção sobre Diversidade Biológica".[31] Esse Comitê encontrou-se mais cinco vezes, até que a versão final ficasse pronta, em Nairóbi, maio de 1992 (ELLIOT 1998, p. 76).

A autora (ELLIOT, 1998, p. 76) argumenta que não foram as questões ligadas às estratégias de conservação, mas aquelas relativas à propriedade de recursos genéticos, à propriedade intelectual e à distribuição dos benefícios de exploração genética que causaram discussões mais duras durante o processo negociador da convenção, sendo que a clivagem se deu entre os países do Sul, ricos em recursos genéticos (*gene-rich South*), e os do Norte, ricos em biotecnologia (*(bio)technology-rich North*).[32]

Na visão de Alencar (1995, p. 121-122, 123), a Convenção de Biodiversidade foi concebida inicialmente como uma convenção conservacionista global, voltada para a proteção dos recursos biológicos, tendo sido denominada Convention on the Conservation of Biological Diversity. Sua dinâmica estava estabelecida no interior do mundo jurídico conservacionista, abrigada pela IUCN. A partir de 1991, ela foi transformada num acordo global sobre *desenvolvimento sustentável*, como decorrência da sua inclusão na agenda da Conferência do Rio, não somente por ser um dos documentos que seriam abertos para assinatura naquela ocasião, mas também por ser um tema abordado pela Agenda 21 (Capítulo 15). Assim, "converteu-se em um fórum de debates sobre questões sensíveis de clivagem Norte/Sul". Os EUA lideravam o G7 e outros países desenvolvidos (ex.: países escandinavos e Países Baixos) na defesa de uma posição conservacionista e globalista,

---

[30] A atenção internacional estava mais voltada para a convenção de mudança climática. Os expertos científicos do PNUMA somente apresentaram o relatório sobre o escopo proposto da CDB em 1990, sendo que ainda não tinham conseguido concordar se a mesma iria, ou não, incluir biotecnologia.

[31] Esse foi encarregado de elaborar um instrumento jurídico para dar suporte a políticas e ações de conservação e uso sustentável da biodiversidade, com atenção para o estabelecimento de termos de compromisso entre países desenvolvidos e em desenvolvimento (ALBAGLI, 1998, p. 115). Alencar (1995, p. 121) considera a instalação do Comitê Intergovernamental como o início do processo oficial de negociação da Convenção de Biodiversidade.

[32] Os recursos genéticos eram tratados tradicionalmente pelo Norte como "patrimônio comum", ou, quando não pertencentes a todos, pertencentes a ninguém. Empresas nos países desenvolvidos podiam usar as espécies e recursos genéticos gratuitamente. Durante as negociações, países em desenvolvimento passaram a argumentar que os recursos genéticos não eram um patrimônio comum, mas recursos nacionais soberanos (*sovereign national resources*) a serem utilizados por eles de acordo com as suas prioridades ambientais e de desenvolvimento. Na perspectiva desses países, a preocupação dos países industrializados com a proteção da biodiversidade do Sul, com ênfase em biodiversidade como questão global, era movida por preocupações eco-imperialistas e econômicas, aos invés de ambientais.

já que o interesse do Norte era manter a convenção o mais próximo possível da versão original, considerando os recursos da biodiversidade como patrimônio comum da humanidade e delineando políticas de conservação a serem incondicionalmente aceitas pelo Sul.[33] Esses países desejavam um acordo sobre parques e reservas. Do outro lado, Brasil, China, Índia lideravam o G77 com uma abordagem mais focalizada no desenvolvimento sustentável, combinando conservação, estudo e utilização sustentável, mas marcada por um forte apelo nacionalista. Buscavam a inclusão de questões relativas a acesso negociado aos recursos genéticos e à biotecnologia, regulamentação da liberação de organismos geneticamente modificados (biossegurança) e direito de propriedade intelectual. Tudo isso perturbava os negociadores do Norte, que achavam que significava um desvirtuamento do caráter do tratado, dando-lhe excessivos contornos econômico-políticos.

O processo de negociação da Convenção foi difícil e conflituoso. Havia temores de que não se chegaria a um texto definitivo até a Conferência do Rio. Ao final, Albagli (1998, p.177) considera que se conseguiu equilibrar os interesses, apesar dos esforços dos Estados Unidos em quebrar o consenso por um lado e da Malásia por outro, chegando-se a uma solução de compromisso, porém com o ônus de um texto que não estabelece obrigações, mas princípios a serem respeitados pelas partes. Alencar (1995, p. 123-124) argumenta que foi aproveitada a oportunidade rara oferecida pelo fato de que a participação do Sul era realmente decisiva para se ter um acordo global. Assim, incluiu-se o conceito inédito de que a proteção da biodiversidade era uma preocupação comum da humanidade. Entretanto, os recursos da biodiversidade não eram patrimônio comum, pois pertenciam a cada estado-nacional, onde existiam naturalmente.

De acordo com Albagli (1998, p. 117), muitos dos conservacionistas "mais puros" não consideram o texto final da Convenção adequado, pois deu um tratamento bem mais amplo e complexo à questão da biodiversidade do que pretendiam. Seu texto também não agradou àqueles que não queriam uma convenção ou qualquer instrumento regulador do acesso a recursos genéticos.[34]

2.4 ALGUMAS CONSIDERAÇÕES SOBRE A CONVENÇÃO SOBRE DIVERSIDADE BIOLÓGICA (CDB)

A Conferência do Rio foi um fator motivador para a conclusão do documento da CDB, dadas as dificuldades e conflitos que emergiram durante o processo negociador.

---

[33] Elliot (1998, p. 73-74) destaca que a biodiversidade não é distribuída uniformemente no mundo, estando concentrada nos países tropicais. Mais da metade de todas as espécies habitam 6% da superfície do planeta, coberta por florestas tropicais. Brasil, China, Colômbia, Equador, Índia, Indonésia, Madagáscar, Malásia, México, Peru e República do Congo estão entre os 12 países do grupo chamado de megadiverso. A Austrália é o único país desenvolvido desse grupo.

[34] A autora (ALBAGLI, 1998, p. 118) levanta outros pontos que provocaram descontentamento de alguns países em desenvolvimento e ONGs: 1) a Convenção não contempla adequadamente a proteção dos direitos e interesses das populações locais tradicionais; 2) não menciona os padrões de consumo dos países centrais e das elites dos países em desenvolvimento, que também são causadores da perda global de biodiversidade; 3) não aprofunda as relações entre biodiversidade e biotecnologia; 4) não tem validade retroativa quanto aos recuros genéticos retirados de seus países de origem antes de a Convenção entrar em vigor; e 5) é vulnerável em relação a outros fóruns internacionais, como a OMC. Elliot (1998, p. 76-77) também afirma que durante esse processo não se deu muita atenção à preocupação dos povos indígenas. A autora refere-se a Chatterjee e Finger (1994, p. 43 em ELLIOT, 1998, p. 77) que sugerem que não foram ouvidas as vozes das comunidades locais, que freqüentemente sustentam e dependem da biodiversidade para alimentos, remédios e forma de vida. Além disso, pouca atenção se deu à contribuição importante do conhecimento tradicional para a indústria de biotecnologia, nem se tratou em detalhes a questão de direitos de propriedade para povos indígenas.

Naquela ocasião, os Estados Unidos se recusaram a assiná-la, por discordarem dos pontos referentes à regulamentação do acesso a recursos genéticos, sendo favoráveis à manutenção do livre acesso a esses recursos e contrários à transferência de tecnologia para a conservação e o aproveitamento deles, alegando que a CDB poderia subverter o regime internacional de propriedade intelectual vigente (ALENCAR, 1995). A Malásia também não assinou, representando o outro extremo da clivagem, que marcou todo processo de negociação. Somente cerca de um ano depois, já no governo Clinton, os Estados Unidos aderiram ao acordo, em 4 de junho de 1993.[35] Até outubro de 2002, a Convenção possuía 186 partes, sendo 168 signatários. Os Estados Unidos ainda não a ratificaram (dados da página da Convenção, www.biodiv.org , em 31 de outubro de 2002). De acordo com Albagli (1998, p. 116), o balanço das adesões é positivo, embora sem a ratificação dos EUA. Este país tem participado ativamente e influído de fato nas deliberações da CDB, estando, na perspectiva da autora, tacitamente inserido no regime global da biodiversidade.

Conforme mencionado, os objetivos da Convenção são a conservação da biodiversidade, o uso sustentável dos seus componentes e a distribuição justa e equitativa dos benefícios advindos do uso dos recursos genéticos. Trata-se do primeiro acordo global que abrange todos os aspectos da diversidade biológica: genes, espécies e ecossistemas, reconhecendo que a conservação da biodiversidade é uma preocupação comum da humanidade e uma parte integral do processo de desenvolvimento. Alencar (1995, p. 133) afirma que a CDB trata com equilíbrio das preocupações da maioria dos países participantes, representando um avanço nas negociações Norte/Sul. Assim, decidiu-se pelo acesso regulamentado aos recursos naturais, com a condição de que os fornecedores do material genético participem dos benefícios oriundos da utilização comercial ou não desses recursos, em termos mutuamente acordados. Foi reconhecido o valor da propriedade intelectual e das patentes, mas também o direito dos países onde estão os recursos biológicos. Previu-se, ainda, a concessão, pelos países desenvolvidos, de recursos financeiros, novos e adicionais, necessários à cooperação internacional para promover a conservação e o uso sustentável da diversidade biológica.

Segundo Alencar (1995, p. 134), dois fatores podem ser apontados para caracterizar a CDB como uma convenção-quadro: 1) ela estabelece princípios, metas e compromissos globais, criando a *moldura*[36] para as políticas de proteção da biodiversidade global, não apresenta listas de espécies ameaçadas ou anexos de áreas protegidas, ficando a decisão, na maior parte dos casos, para ser tomada no interior dos estados nacionais e no nível administrativo local; e 2) tem a função de iniciar o processo de estabelecimento de novos atos internacionais, tratando de temas mais específicos.

Como a maioria dos outros tratados internacionais ambientais, a CDB estabeleceu mecanismos de implementação, que lhe conferem sua face organizacional. São eles: a Conferência das Partes (COP), o Secretariado, o Órgão Subsidiário de Assessoramento Científico, Técnico e Tecnológico (conhecido pela sigla em inglês SBSTTA – Subsidiary Body on Scientific, Technical, and Technological Advice), o Mecanismo de Facilitação (conhecido pela sigla CHM, para a expressão em inglês: *Clearing-House Mechanism*), o

---

[35] Segundo Alencar (1995), o presidente Bill Clinton assinou o tratado em 22 de abril de 1993, Dia da Terra.
[36] Grifo meu.

Mecanismo Financeiro que ainda não foi estabelecido. Por isso essa função tem sido exercida interinamente pelo Fundo para o Meio Ambiente Mundial (conhecido como GEF, sigla para a nomenclatura em inglês: Global Environmental Facility). Desse modo, a Convenção de Biodiversidade (CDB) se encaixa no conceito de instituição internacional desenvolvido por Haas, Keohane e Levy (1994), configurando um conjunto de regras e organizações.

De acordo com Prestre (2002, p. 93), o desenvolvimento institucional da CDB tem sido ao mesmo tempo significativo e limitado. Diferentemente da Convenção sobre Mudança Climática (UNFCCC), nenhum novo órgão subsidiário para implementação foi criado. Por outro lado, foi negociado e incorporado o protocolo sobre movimentos transfronteiriços de organismos vivos modificados (Protocolo de Cartagena – Biossegurança). O autor cita, ainda, diversos desdobramentos institucionais da Convenção: Open-ended *Ad Hoc* Working Group on Article 8 e também o *Ad Hoc* Open-ended Working Group on Access and Benefit-sharing. Além desses, vários painéis e grupos de assessoramento sobre questões específicas foram estabelecidos pelo Secretariado, pelo Órgão Subsidiário de Assessoramento Científico, Técnico e Tecnológico (SBSTTA), bem como pela COP. Outro ponto levantado por Prestre (2002, p. 93-94) é o nível de financiamento para o Secretariado e para as instituições das convenções que têm crescido substancialmente. No entanto, existem incertezas quanto ao papel do SBSTTA e o papel e interrelações dos vários grupos de assessoramento criados pela COP, pelo SBSTTA ou pelo Secretariado.

A CDB pode ser considerada um dos pilares mais importantes do regime global de biodiversidade. Segundo Pimbert (1997, p. 415), pela primeira vez um tratado internacional adota uma abordagem ampla, ao invés de setorial, sobre conservação e uso sustentável da diversidade biológica da Terra. Contudo, pouco progresso foi alcançado em desacelerar a perda da diversidade biológica ao redor do mundo. Se ela for avaliada em termos de efetividade, ou das respostas dos estados, refletindo na sua incorporação à legislação doméstica e às políticas públicas implementadas, os resultados ainda são pouco expressivos. As negociações são lentas e difíceis sempre que a COP se encontra buscando acordo sobre a sua implementação (PIMBERT, 1997, p. 415).

A COP não tem atuado como coordenadora das ações nacional-locais e de modo geral os estados nacionais têm sido lentos em responder aos desafios da CDB. Entre as perguntas do questionário enviado, constava uma sobre a efetividade da CDB em termos de proteção da biodiversidade. Numa escala de 5 (muito efetivo) até 1 (nada efetivo), os respondentes avaliaram que a CDB em relação à proteção da biodiversidade pode ser considerada razoavelmente efetiva. A média das respostas foi 2,68, que na escala pende mais para o 3 (razoavelmente efetivo). Isso porque a maioria dos respondentes (86,2%) colocou a CDB entre pouco e razoavelmente efetiva, ou seja, 44,8% dos respondentes a consideraram razoavelmente efetiva e 41,4% pouco efetiva, mas 10,3% a consideraram efetiva. John Robinson (entrevista por correio eletrônico, 08 de agosto de 2002) afirma que a Convenção "...tem imenso potencial, mas, até hoje, tem causado impacto relativamente pequeno".

Convenção sobre Diversidade Biológica

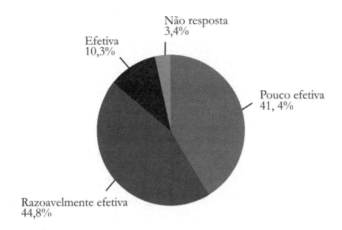

Entre os respondentes do questionário enviado, Adriana Ramos (ISA) fez um comentário interessante quanto ao papel dos instrumentos internacionais, que vai ao encontro do argumento desenvolvido neste trabalho.

> Com relação aos instrumentos internacionais, o fundamental não chega a ser a efetividade deles a partir de sua implementação, visto que os processos são muito lentos e que só farão realmente diferença no contexto global quando estiverem funcionando em um significativo volume de países. O ponto mais importante desses instrumentos, e especialmente das Conferências como a Rio 92, é publicizar um processo de discussão e estabelecer, mesmo que em termos teóricos, novos paradigmas.
>
> No Brasil é muito clara a distância existente entre a implementação formal (por meio de regulamentos, por exemplo) dos acordos, que muitas vezes não saem do papel; e o conjunto de experiências que, como Mamirauá, atua localmente para reverter quadros de degradação ambiental e exclusão social. É a melhor síntese do pensar global e agir local.

É importante ter em mente o papel dos estados nacionais. Entretanto ações locais nem sempre envolvem atuação direta dos mesmos. Existem pelo mundo experiências inovadoras em conservação e uso sustentável da biodiversidade, implementadas no nível local, que não são respostas dos estados, mas estão em sintonia com os objetivos da CDB.

Essas não são apreendidas pelo conceito de regime internacional, evidenciando a necessidade de se desenvolver uma abordagem mais ampla. No próximo capítulo, discuto alguns aspectos teórico-conceituais, constituindo uma base para a construção do conceito de regime global de biodiversidade.

Parte II | **ASPECTOS TEÓRICO-CONCEITUAIS**

Capítulo 3
DISCUSSÃO CONCEITUAL
INDIVÍDUOS COMO ATORES NA POLÍTICA MUNDIAL, REDES E COMUNIDADES EPISTÊMICAS, REGIMES INTERNACIONAIS E REGIMES GLOBAIS

Com vistas a construir o conceito de regime global de biodiversidade, apresento e discuto conceitos como redes transnacionais, comunidades epistêmicas e regimes internacionais. Além disso, ressalto a perspectiva de Rosenau (1990) e de Friedman (1999) de que os indivíduos podem ser considerados atores na política mundial. Contudo, esses indivíduos não são isolados, mas imersos em redes de relações que têm implicações nos rumos dos eventos. Tudo isso contribui para se compreender Mamirauá a partir de uma perspectiva de relações internacionais.

3.1 INDIVÍDUOS E REDES DE RELAÇÕES

As mudanças descritas no capítulo 1 sobre o final do século XX são explicadas por James N. Rosenau (1990), conhecido estudioso das relações internacionais. Segundo ele, foram cinco as forças que levaram a essas mudanças. A primeira envolve a passagem de uma ordem industrial para uma ordem pós-industrial e se baseia na dinâmica tecnológica que encurta a distância entre o social, o econômico e o político, acelera a circulação de idéias, imagens, moedas e informação e aumenta a interdependência entre pessoas e eventos. O segundo fator de mudança global é a emergência de assuntos como poluição atmosférica, terrorismo, tráfico de drogas, crise de moedas e AIDS, que são produtos diretos das novas tecnologias, da maior interdependência mundial, distintos dos assuntos tradicionais da política por serem transnacionais ao invés de nacionais ou locais em escopo. Uma terceira dinâmica é a capacidade reduzida dos estados e governos de prover soluções satisfatórias para as principais questões nas suas agendas políticas, em parte porque essas questões não estão totalmente nas suas jurisdições, em outra porque as questões antigas estão crescentemente entrelaçadas com componentes internacionais e, por último, porque a obediência de seus cidadãos já não pode ser desconsiderada. Quarto, com o enfraquecimento de sistemas inteiros, alguns subsistemas têm adquirido uma maior coerência e efetividade, forçando uma tendência à descentralização, que Rosenau chama de "subgrupismo". Finalmente o autor afirma que há um maior *feedback* das conseqüências das quatro dinâmicas anteriores sobre as habilidades e orientações dos adultos do mundo, os quais compõem os grupos, os estados e outras coletividades que têm lidado com as novas questões de interdependência e se ajustado às novas tecnologias da ordem pós-industrial. Por isso, os cidadãos comuns têm suas capacidades analíticas expandidas e suas orientações em relação à autoridade mais autoconscientes, sendo que deixaram de ser alheios, ignorantes e manipuláveis em relação às questões mundiais. Entre as cinco dinâmicas citadas, o autor defende que a mais importante é a última, ou seja, a *mudança nas micro capacidades e orientações dos indivíduos*[1] é considerada a mais poderosa e um requisito para a expansão e intensidade das outras quatro (ROSENAU, 1990, p.12-13).

Ao identificar as forças que levaram às mudanças, Rosenau (1990) argumenta que a estrutura de poder mundial estava passando por um processo de bifurcação, resultando num mundo "estatocêntrico" cujo poder está distribuído entre os estados nacionais e um mundo "multicêntrico", cujo poder está disperso entre vários centros. Friedman (1999) apresenta um argumento que vai ao encontro e complementa a perspectiva de Rosenau. De acordo com Friedman (1999, p. 35-37), o contínuo desenvolvimento do sistema da globalização gira em torno de três equilíbrios. Primeiramente, está o tradicional equilíbrio entre os estados nacionais. Os Estados Unidos têm *status* de superpotência dominante, única e exclusiva no *ranking* dos países do mundo, estando esses subordinados, em maior ou menor escala, ao país norte-americano. O equilíbrio de poder entre os Estados Unidos e os outros países precisa manter-se para a manutenção da estabilidade do sistema.

O segundo equilíbrio na globalização ocorre entre os países e os mercados globais. Segundo Thomas L. Friedman, os "supermercados" são esses mercados nos quais "milhões de investidores movimentam o dinheiro ao redor do mundo, a cliques de mouse" (1999, p. 36), a citar Wall Street, Hong Kong, Londres e Frankfurt. Os investidores são chamados ironicamente de "Rebanho Eletrônico". É certo que os Estados Unidos dominam a preservação do sistema da globalização, na sua qualidade de superpotência, sendo que suas ações são explícitas no que concerne ao seu poderio. Porém, a ação "invisível" dos "supermercados" também tem poder de precipitar a queda de governos, e é impossível entender o mundo atual sem inclui-los como elementos da análise. Seu poder de destruição "consiste no rebaixamento da classificação de risco dos títulos de crédito" (1999, p. 36). Ao passo que os Estados Unidos detêm as bombas.

O terceiro equilíbrio do sistema de globalização reflete a relação entre os indivíduos e os países. Segundo Friedman (1999, p. 36-37), a globalização atribuiu poderes aos indivíduos para influenciar os mercados e os países como nunca antes na história. Isso se deve à queda de muitos dos muros que restringiam o movimento e o alcance das pessoas e à interconexão do mundo em redes. Muitos indivíduos interconectados a esse novo sistema oferecido em larga escala acabam influenciando o mundo diretamente sem intervenção governamental ou institucional de qualquer espécie. São os "indivíduos com superpoderes" (1999, p. 36), a exemplo de Osama bin Laden, milionário saudita que, após ter atacado os Estados Unidos através da sua própria rede global, provocou o lançamento de um míssel contra si próprio, como se fosse um país. Outro exemplo é o de Jody Williams, ganhadora do Prêmio Nobel da Paz em 1997, por sua

---

[1] Grifo meu.

contribuição para a proibição internacional das minas terrestres. Isso foi conseguido sem muito apoio governamental e apesar da oposição das cinco grandes potências. Sua arma foi o correio eletrônico.

Importa ressaltar a superposição desses três equilíbrios, os quais influenciam-se mutuamente. Existem, portanto, o choque entre Estados, o choque entre Estados e "supermercados", e o choque de ambos com os "indivíduos com superpoderes", interações cuja falta de conhecimento impede a compreensão do sistema de globalização (FRIEDMAN, 1999, p. 37).

Rosenau (1990) distingue oito tipos de atores relevantes para o curso dos eventos na política mundial. Cinco pertencem ao nível macro, a saber: os Estados, os subgrupos (grupos formalmente subordinados à autoridade dos Estados), as organizações transnacionais, os movimentos sociais e o público em geral. Os outros três tipos pertencem ao nível micro. O primeiro corresponde aos indivíduos que pertencem a macrocoletividades e que como tal são "cidadãos" ou "membros" de uma organização, estando sujeitos a agregação, mobilização e controle. O segundo são os indivíduos que lideram macrocoletividades, isto é, os "oficiais governamentais" ou "líderes" de uma organização os quais agregam, mobilizam e controlam os cidadãos ou membros. O terceiro tipo são "atores privados", que se engajam na política mundial e que são capazes de desenvolver ações independentes na arena global que poderão ter conseqüências para o curso dos eventos (ROSENAU, 1990, p. 118-124).

O autor argumenta que a revolução tecnológica (informática, comunicação, transporte) tem conseqüências para os indivíduos como atores no cenário global, pois essa tem impacto em como eles percebem, compreendem, julgam, engajam-se, evitam e interagem com o mundo além da sua casa e do seu lugar de trabalho (ROSENAU, 1990, p. 15). Segundo o autor, as pessoas se engajam em ações a partir da combinação de experiências passadas, memórias, estilos cognitivos, crenças, personalidade, *prescrições normativas*,[2] pressões culturais e subculturais, expectativas em relação aos seus papéis e *scripts* por meio dos quais elas gerenciam e mantêm a continuidade de seus negócios e estão ligadas aos sistemas macro relevantes para as suas vidas (ROSENAU, 1990, p. 229).

Desse modo, Rosenau considera os indivíduos como atores na política mundial. Indivíduos em todo lugar compreendem a política mundial por meio de cenários. Alguns são capazes de uma complexidade cognitiva e podem descrevê-los de formas diversas. Por outro lado, outros são limitados pela sua experiência e educação a uma simplicidade cognitiva, resultando em cenários truncados. A capacidade de ir contra impulsos habituais e considerar alternativas adaptativas é uma habilidade variável que está suscetível ao aumento na era pós-industrial. Rosenau afirma que *cathexis* é a capacidade de agregar emoções a questões (*issues*) e de se interessar por soluções preferíveis. De acordo com o autor isso tem relevância óbvia na dinâmica das lealdades, nos processos de subgrupismo e na viabilidade dos estados como atores macro. A *cathexis* também pode ser vista como uma habilidade que varia de pessoa para pessoa e que pode expandir quando as oportunidades proporcionadas pelas tecnologias microeletrônicas permitem o crescimento. Assim, as habilidades dos cidadãos variam e essas variações não são prontamente controladas pelos macroatores. As tecnologias

---

[2] Grifo meu.

como telefone, imprensa, rádio, televisão e computadores aumentaram as condições para o desenvolvimento das habilidades entre os cidadãos não podendo ser plenamente controladas pelos governos. Isso tem ajudado os cidadãos a se tornarem mais efetivos em relação aos centros de autoridade[3] (ROSENAU, 1990, p. 238-239).

A abordagem de Rosenau (1990) é relevante neste trabalho por chamar a atenção para o fato de que, além dos estados e outras organizações, os indivíduos podem ser atores na política mundial, o que é semelhante à perspectiva de Friedman (1999). Rosenau aponta a revolução das habilidades pela qual eles estão passando e Friedman afirma que os "indivíduos com superpoderes" influenciam o mundo diretamente, sem intervenção governamental ou institucional. Esse autor avança ao ressaltar que esses são interconectados ao sistema de redes característico da globalização. Nesse sentido, chamo a atenção para o fato de que esse sistema expande as possibilidades de relacionamentos desses indivíduos.

Faz-se necessário, ainda, levar em consideração que os indivíduos estabelecem relações e interações que incentivam, facilitam e constrangem suas ações e, de certa forma, moldam suas percepções sobre o mundo, suas oportunidades e limites. Todavia, considerar a rede de relações dos indivíduos não é o mesmo que deduzir comportamentos a partir de pressupostos sobre relações entre papéis sociais.

Granovetter (1990, p. 100 e p. 105), um dos precursores da análise de *social networks*, aponta que a ação econômica pode ser vista como imersa em ação social, o que significa que a primeira é significativamente afetada por redes de relações sociais, sendo que umas das fraquezas da análise econômica tradicional (principalmente neoclássica) consiste em isolar os indivíduos que integram as organizações do contexto social em que estão inseridos. Desse modo, chama atenção para a análise de *social networks*. Esta ressalta que organizações são sempre compostas de indivíduos os quais assumem múltiplos papéis na sociedade e carregam consigo conjuntos específicos de relações sociais. Assim, as ações das próprias organizações e as configurações institucionais da economia seriam fortemente influenciadas pelas redes de relações sociais dos indivíduos mais proeminentes.

Mark Granovetter (1990) afirma que:

> as pessoas têm *relações particulares* e não apenas relações como aquelas proporcionadas por papéis estabelecidos, como mãe-filho, empregador-empregado e assim por diante. [grifo no original].
>
> "As pessoas têm, em geral, uma história particular em um relacionamento, e elas lidam umas com as outras de maneiras que são condicionadas pela história específica de suas interações. Uma estrutura de expectativa mútua emerge, a qual define quais são as expectativas em um relacionamento em particular. Dessa forma, minha posição é que o que temos são relações entre pessoas concretas específicas, e não entre pessoas abstratas como se encapsuladas por algum tipo de identificação baseada

---

[3] Segundo Rosenau (1990, p. 240-241), se as pessoas sentem-se longe do centro de poder e por isso estão inabilitadas de afetar as decisões publicas, ou se elas percebem que os eventos sobrepujam a habilidade coletiva de administrá-los, seu lócus de controle está distante. Em contraste, o lócus está próximo daqueles que acreditam que os eventos são controláveis e que podem contribuir para o exercício do controle a partir da participação em processos coletivos.

num papel social. Neste sentido, pode-se afirmar que o uso de algumas categorias, como empregador-empregado, marido-esposa, e assim por diante [...] é exemplo de uma visão "supersocializada"(*oversocialized*) das pessoas. Com essa expressão quero mostrar a tendência de tratar pessoas em uma certa categoria, como se elas todas se comportassem da mesma maneira, ou seja, da forma como se esperava que elas se comportassem em função dessa identificação [...] [Na literatura econômica tradicional] a identidade particular das pessoas não é muito levada em consideração."

"[...] O que é realmente crucial para muitos propósitos é a maneira como os pares são envolvidos em redes de relacionamento social, porque é isto que determina muitas das ações sociais e, também, muitos dos resultados institucionais (GRANOVETTER em SWEDBERG, 1990, p. 101).

De acordo com Pio (2001, p. 30), as críticas de Granovetter às análises de fenômenos econômicos podem ser estendidas àquelas feitas por cientistas políticos que tentam explicar os fenômenos partindo de suposições gerais a respeito das preferências individuais das pessoas derivadas dos papéis por elas desempenhados. O argumento de Pio vai além ao apontar a importância dos tipos de vínculos estabelecidos na configuração das redes de relações e suas implicações para o conteúdo das políticas (*policies*). Assim, é necessário conhecer quais as relações estabelecidas pelos indivíduos e com base em que se constituem os vínculos entre eles.

Esse argumento complementa a perspectiva de Rosenau (1990), principalmente no que diz respeito aos indivíduos que são capazes de ir contra "impulsos habituais e considerar alternativas adaptativas", ou seja, agem diferentemente do que está escrito no *script* do seu papel social por terem passado pelo que o autor denomina "revolução das habilidades". Por outro lado, Friedman (1999), ao chamar a atenção para o fato de que esses indivíduos estão interconectados ao sistema de redes do sistema globalizado, leva a visualizar as redes de relações além das fronteiras geográficas, o que é possível graças às novas tecnologias de informação e comunicação e de transporte que permitem vencer barreiras de tempo e espaço. Nesse sentido, argumento que é preciso considerar esses indivíduos com capacidades expandidas e suas redes de relações numa perspectiva global. Ressalto que essas redes podem se estabelecer através das fronteiras dos países, ou seja, são transnacionais. Em muitos casos, essas relações são constituídas com base em idéias, valores e/ou conhecimentos compartilhados. Isso tem conseqüências para a política mundial, pois as redes de relações influenciam as percepções dos indivíduos, podendo representar tanto oportunidades quanto limites.

Desse modo, indivíduos podem estabelecer redes de relações transnacionais baseadas em valores e/ou conhecimento compartilhados e em empreendimentos políticos comuns, influenciando, assim, os eventos da política mundial e mais especificamente a formação de regimes. Vale destacar que redes também podem se estabelecer com base em interesses de mercado, ou ainda, em interesses escusos, como é o caso das redes terroristas ou do narcotráfico. Essas também têm implicações políticas, entretanto não serão abordadas aqui.

Neste trabalho, os indivíduos são considerados atores, não estando, porém, isolados, mas sim imersos em redes de relações transnacionais cujos vínculos são construídos a partir de valores e/ou conhecimento comuns. Em seguida, apresento os conceitos de rede transnacional (KECK; SIKKINK, 1998) e de comunidade epistêmica (HAAS, 1992) que são úteis para se entender a formação e também a implementação do regime global de biodiversidade.

3.2 Redes transnacionais

Uma abordagem que deve ser mencionada, diz respeito a *redes de defesa de direitos*. As autoras (KECK e SIKKINK, 1998, p. 29) focalizam interações internacionais envolvendo atores não estatais e seguem a tradição de trabalhos anteriores sobre política transnacional, que assinalam a emergência de múltiplos canais de contato entre as sociedades e o conseqüente enfraquecimento das linhas que separam políticas doméstica e internacional.

Segundo Keck e Sikkink (1998, p. 3), redes são estruturas comunicativas. As autoras se referem a redes transnacionais como a dimensão estruturada e estruturante na ação de agentes complexos, que, simultaneamente, participam em novas arenas políticas e as moldam. A escolha do termo rede (*network*) foi ditada pela realidade ou pelos próprios atores. As autoras afirmam que nas duas últimas décadas do século XX indivíduos e organizações têm conscientemente formado e nomeado redes transnacionais, desenvolveram e compartilharam estratégias e técnicas de *networking* e avaliado as vantagens e limites desse tipo de atividade. Por fim, Keck e Sikkink (1998, p. 8) definem redes como formas de organização caracterizada por padrões voluntários, recíprocos e horizontais de comunicação e intercâmbio.

Entre as formas de redes transnacionais as autoras (KECK; SIKKINK, 1998, p. 30) distinguem três categorias diferentes baseadas nas suas motivações. (i) Existem aquelas que possuem objetivos essencialmente instrumentais, especialmente corporações transnacionais e bancos; (ii) outras são motivadas primordialmente por idéias causais compartilhadas, tais como grupos científicos ou comunidades epistêmicas; a terceira categoria compreende aquelas que são motivadas primordialmente por princípios, ou valores compartilhados. Essas últimas seriam as redes transnacionais de defesa de direitos. Kech e Sikkink (1998, p. 2) fazem um estudo sobre tais redes e afirmam que, embora haja diferenças entre elas, há aspectos similares importantes: a centralidade de valores, ou idéias baseadas em princípios, a crença de que indivíduos fazem diferença, o uso criativo de informação e a utilização por atores não governamentais de estratégias políticas sofisticadas ao mirar suas campanhas.

De acordo com Keck e Sikking (1998, p. 1), as redes de defesa de direitos são significativas doméstica e transnacionalmente. Construindo novas conexões entre atores nas sociedades civis, estados e organizações internacionais, elas multiplicam os canais de acesso ao sistema internacional. Embora essa afirmação das autoras seja dirigida a redes de defesa de direitos, penso que as redes baseadas em "crenças causais", ou seja, as comunidades epistêmicas também constroem novas conexões entre os atores e multiplicam canais de acesso ao sistema internacional. Além disso, elas compartilham alguns dos aspectos levantados pelas autoras (KECK; SIKKINK, 1998), como a crença de que indivíduos fazem diferença e o uso criativo da informação e do conhecimento.

As três categorias de redes transnacionais apresentadas por Keck e Sikkink (1998, p. 30) possuem diferentes dotes de recursos políticos e padrões de influência. Nas relações transnacionais entre atores com objetivos instrumentais (corporações e bancos), recursos econômicos têm o peso maior. Nas comunidades epistêmicas, a especialidade técnica e a habilidade de convencer os formuladores de políticas públicas é o que conta mais. Tal como as comunidades epistêmicas, as redes transnacionais de defesa de direitos dependem da informação, mas, para essas redes, é a interpretação e o uso estratégico da informação que é mais importante.

Para propósitos deste trabalho, considero redes como: formações sociopolíticas, com hierarquias flexíveis, que não possuem centro, mas "pontos focais", envolvem atores da sociedade civil (indivíduos, grupos, ONGs e comunidade científica), do mercado e do estado, que se relacionam sem levar em conta fronteiras geográficas ou geopolíticas. Suas bases não são territoriais e seus eixos de identificação coletiva não estão relacionados aos conceitos de classe ou nacionalidade, mas a temáticas ou *"political issues"*. Assim, são formações características da sociedade contemporânea. Sua existência está intrinsecamente ligada às dimensões comunicacional-cultural e científico-tecnológica do processo de globalização e a um certo compartilhamento de valores universais, ou universalizantes como democracia, direitos humanos, sustentabilidade, eqüidade, tolerância e respeito à diversidade cultural.

3.3 COMUNIDADES EPISTÊMICAS

Atores não-governamentais transnacionais se reúnem em novas coalizões e alinhamentos transnacionalizados, resultando em clivagens diversas e novos equilíbrios de poder na política mundial. Nesse contexto, a ciência e indivíduos especialistas em diversas questões também emergem como novas forças. De acordo com Peter Haas (1994), regimes podem emergir de comunidades de conhecimento compartilhado e não simplesmente de grupos de interesse domésticos ou transnacionais. Haas faz um estudo do processo de formação do *Med Plan* - Plano de Ação do Mediterrâneo – regime para controle de poluição marinha no mar Mediterrâneo e identifica o que denomina de comunidades epistêmicas.

Segundo o autor (HAAS, 1992, p. 3), uma *comunidade epistêmica* é uma rede de profissionais com reconhecida especialização e competência num domínio particular e com uma afirmação de autoridade sobre conhecimento politicamente relevante naquele domínio ou área. Embora uma comunidade possa consistir de profissionais de várias disciplinas e origens, esses compartilham (1) um conjunto comum de crenças normativas e de princípios, que provê uma *rationale* de base valorativa para ação social dos membros da comunidade; (2) crenças causais, ou seja, aceitam as mesmas relações causais para problemas, que são derivadas de suas análises de práticas, gerando ou contribuindo para um conjunto central de problemas no seu domínio e que servem, então, como base para elucidação de múltiplos laços entre ações políticas possíveis e resultados desejáveis; (3) noções compartilhadas de validação, isto é, critérios intersubjetivos, internamente definidos, para avaliar e validar conhecimento no domínio de sua especialidade; (4) um empreendimento político comum, isto é, um conjunto de práticas comuns associadas a um conjunto de problemas para os quais sua competência profissional é dirigida, presumivelmente resultante da convicção que o bem-estar humano será aumentado como uma conseqüência dessas práticas.

Haas (1994) defende que o sucesso do *Med Plan* se deve à emergência, durante o processo de formação do regime, de novos atores que influenciaram o comportamento nacional e contribuíram para o desenvolvimento de políticas convergentes e coordenadas nos estados mediterrâneos. Em face das incertezas, um grupo publicamente reconhecido e com um *unchallenged claim* de entendimento da natureza técnica de uma questão substantiva do regime foi capaz de reinterpretar para decisores tradicionais fatos ou eventos em novas formas, resultando em novas formas de comportamentos. Na perspectiva do autor, o processo de criação do regime teve um papel-chave na alteração do equilíbrio de poder no interior dos governos mediterrâneos, com o surgimento de um grupo de *experts* que adquiriram poder (*empowerment*) e que contribuíram depois para o desenvolvimento de políticas públicas convergentes em cumprimento do regime. Por sua vez, países em que esses novos atores conseguiram canais para influenciar o processo decisório tornaram-se os proponentes mais fortes do regime.

O caso do *Med Plan* é ilustrativo. O trabalho de Haas (1992, 1994) representou um novo desenvolvimento teórico na área de relações internacionais, que ofusca as linhas divisórias entre política doméstica e internacional e traz à luz o papel do conhecimento científico e de redes de especialistas na formação de regimes, por meio do relacionamento transnacional entre vários profissionais que, por sua vez, têm acesso a canais que os ligam aos processos decisórios domésticos e intergovernamentais. No caso em pauta, o Programa das Nações Unidas para o Meio Ambiente (UNEP) teve atuação-chave, sendo que relações entre o Programa (natureza intergovernamental) e os especialistas fizeram parte da dinâmica da rede, ou comunidade epistêmica, o que corrobora a visão defendida por Keohane, Haas e Levy (1994) no estudo, mencionado no próximo capítulo, o qual relaciona a efetividade das instituiçõs internacionais à sua atuação como catalizadoras de redes transnacionais de ONGs e como ligações transgovernamentais entre burocracias governamentais favoráveis.

As comunidades epistêmicas, ou redes de especialistas baseados em conhecimento, são forças transnacionais, sua atuação perpassa as fronteiras dos estados, sendo que possuem um papel importante na formação e consolidação de regimes, na área ambiental e outras, como demonstram estudiosos,[4] que trabalharam, por exemplo, com questões relacionadas à economia e comércio mundial. Como se pode depreender do estudo de P. Haas (1994), as comunidades epistêmicas também possuem um papel no desenvolvimento de políticas públicas convergentes no âmbito interno dos países.

Para P. Haas (1992), mais do que um conceito, trata-se de uma abordagem que enfatiza o "aprendizado internacional' (PORTER; BROWN, 1991, p. 24), ou uma das formas de articular teoricamente uma nova realidade, que é a formação e atuação de redes sociopolíticas, porém, não é a única, já que se trata de um modo específico de ação em rede baseada, principalmente, em conhecimento científico ou idéias causais compartilhadas (KECK; SIKKINK, 1998, p. 30). Embora reconheçam que a importância da evidência e da *expertise* científicas em algumas questões-chave da política ambiental global não possam ser ignoradas, Porter e Brown (1991, p. 25) questionam essa abordagem. Os autores afirmam que elites científicas podem desempenhar um papel de apoio e de facilitação em algumas negociações ambientais. No entanto, em outras questões, permaneceram divididos, ou mesmo foram capturados por certos governos ou interesses privados particulares. Em questões como banimento da pesca de baleias, comércio de resíduos perigosos, oceanos e despejo de resíduos radioativos os cientistas contribuíram pouco para a formação ou fortalecimento dos regimes. Nesses casos, ou as elites científicas não foram particularmente influentes, ou os achados científicos foram explicitamente rejeitados como base para decisão por alguns atores-chave.

---

[4] O artigo de Haas sobre comunidades epistêmicas é parte de um volume do periódico *International Organization* dedicado à questão das comunidades e o papel do conhecimento nos processos políticos (*International Organization*, 46, 1, inverno 1992). Outros autores, inspirados em Ernst Haas, escreveram artigos sobre o papel do conhecimento nas relações internacionais, articulando o conceito de *consensual knowledge*. (ROTHSTEIN, Robert L., "Consensual knowledge and international collaboration: some lessons from the commodity negotiations", *International Organizations*, 38, 4, outono 1984, p. 733-743).

Em relação ao argumento de Porter e Brown (1991) sobre comunidades epistêmicas e o surgimento de regimes, parece ser verdade que nem sempre se pode demonstrar a relação entre tais comunidades e regimes, conforme sugeriram os exemplos citados pelos autores. Todavia, entre eles foi citado o regime que regula a pesca internacional de baleias, estudado por M.J. Peterson (1992),[5] que utiliza a abordagem desenvolvida por P. Haas e aponta o papel dos cetólogos, que atuaram como uma comunidade epistêmica e influenciaram os rumos do regime em períodos históricos distintos. Na minha perspectiva, dois fatores devem ser levados em conta em relação ao argumento dos autores (PORTER; BROWN, 1991). Primeiro, na época em que o livro deles foi publicado, a abordagem das comunidades epistêmicas ainda era recente, assim como a globalização da questão ambiental. Segundo, o fato de haver casos em que ela não se aplica, não significa que não haja outros em que possa ser uma contribuição fundamental para o entendimento, como parece ser a questão da conservação da biodiversidade, em que os cientistas, especialmente os biólogos, têm desempenhado um papel-chave no estabelecimento da agenda, na formulação de políticas e na implementação de projetos ao redor do mundo.

Neste trabalho, o conceito de comunidade epistêmica é aplicado para identificar a rede transnacional de biólogos da conservação, que faz parte de uma rede maior conservacionista. O impacto no processo político será evidenciado pela implementação do Projeto Mamirauá, que resultou na incorporação da RDS como categoria de Unidade de Conservação e a criação do Instituto de Desenvolvimento Sustentável Mamirauá, como uma instituição privada de pesquisa vinculada ao Ministério de Ciência e Tecnologia. Trata-se de ampliar o foco para estender os efeitos da atuação de indivíduos que fazem parte da comunidade, incluindo outros níveis de atuação política. Isso é importante porque representa o elo entre iniciativas locais (projetos) e o regime global e contribui, em parte, para se compreender a relação entre aquelas e processos políticos globais (fluxos de recursos e conhecimento), bem como a sintonia entre os objetivos consolidados na CDB e o que se realiza no nível local.

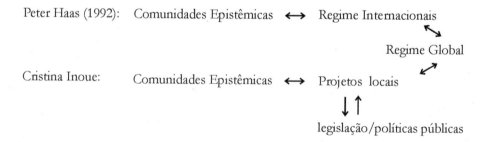

3.4 Papel das idéias

A discussão sobre o papel de redes/comunidades epistêmicas está relacionada a outra voltada para o papel das idéias na política. Goldstein e Keohane (1993, p. 3-4) fazem um estudo sobre como idéias ajudam a explicar resultados políticos, em particular

---

[5] Cf. Peterson, M. J. "Whaler, cetologists, environmentalists, and the international management of whaling", *International Organization* 46, 1, inverno 1992, p. 147-186.

de política externa, partindo do suposto que tanto idéias como interesses têm peso causal na explicação das ações humanas. Idéias são definidas como crenças, compartilhadas por um grande número de pessoas, que vão de princípios morais gerais a acordos sobre uma aplicação específica de conhecimento científico. Segundo os mesmos (GOLDSTEIN; KEOHANE, 1993), a noção de que o papel das idéias incorpora uma noção de interesses comuns, ou cooperação, é familiar aos teóricos de escolha racional, mas também tem papel importante em argumentos como de Ernst Haas, considerados por Goldstein e Keohane (1993, p. 204, nota 64) um dos principais estudiosos do papel das idéias na política.

Um dos conceitos centrais, desenvolvidos por Ernst Haas (1990, p. 21) para explicar processos de mudanças em organizações internacionais é o de "conhecimento consensual", ou seja, entendimentos aceitos de forma geral sobre ligações de causa-e-efeito sobre qualquer conjunto de fenômenos considerados importantes pela sociedade. Na perspectiva do autor (1990), a escolha política infusa com conhecimento consensual é diferente, mais pervasiva do que a escolha informada exclusivamente por cálculos de interesse material ou pela disponibilidade de poder superior. Seu argumento é permeado pela questão (ERNST HAAS, 1990, p. 20) de "como o conhecimento sobre a natureza e a sociedade[6] faz a viagem de salas de conferência, *think tanks*, bibliotecas e documentos para as mentes de atores políticos?(...) como o conhecimento, pela sua natureza debatível e debatido, torna-se suficientemente aceito para entrar no processo decisório?".

A perspectiva de que idéias, entendidas como crenças compartilhadas por um grande número de indivíduos, fazem diferença no processo político é fundamental para se entender a formação de um regime global.

3.5 REGIMES INTERNACIONAIS

De acordo com Porter e Brown (1991, p. 20-21), regime internacional é um conceito usado para comparar áreas temáticas em política internacional e tem sido definido de formas diferentes. Uma conceituação foi utilizada por Krasner (1982, p.185-186) que define regimes como conjuntos de princípios, normas, regras e procedimentos decisórios, implícitos ou explícitos, ao redor dos quais convergem as expectativas dos atores numa dada área das relações internacionais.[7] Essa definição é consistente com outras formulações que aparecem no volume editado por Krasner (KRASNER, 1982). Todas permitem considerar outros atores além dos estados nacionais como participantes dos regimes, entretanto nenhum dos autores desenvolve análises que levem em consideração essa possibilidade.

De acordo com Ernest B. Haas (1993) regimes são criações artificiais desenhadas para levar a um ordenamento particular de valores entre os atores,[8] sendo que o estudo de regimes é uma forma de entender também as interações do *homo politicus* com a

---

[6] Aqui o autor se refere principalmente ao conhecimento científico.

[7] Vários teóricos das relações internacionais têm trabalhado a noção de regimes. Para Keohane e Nye (1989) regimes são conjuntos de arranjos reguladores (*governing arrangements*), os quais incluem redes de regras, normas e procedimentos que regularizam comportamento e controlam seus efeitos. Segundo Haas (1982 em KRASNER), regimes reúnem procedimentos, regras e normas e, para Hedley Bull (1982 em KRASNER), regras e instituições.

[8] O termo ordem só pode ser usado quando se refere a coisas particulares como igualdade, eficiência, justiça, sobrevivência ou qualquer outro valor. Ordem, então, se refere aos benefícios de um regime e sistema se refere a um todo onde ocorre a colaboração em direção a uma ordem (E. HAAS, 1993, p. 27).

natureza e com a cultura. Isto se baseia na suposição de que nosso entendimento coletivo sobre nossas escolhas políticas está cada vez mais dependente de como pensamos a natureza e a cultura. (E. HAAS, 1993, p. 24-27). O autor argumenta que o crescimento do conhecimento humano, das leis ou das tendências físicas e biológicas, sugere políticas e escolhas para o futuro que se diferenciarão daquelas aceitas no passado. Isso resulta em políticas que atentam para os impactos da industrialização no meio ambiente, na quantidade de genes, na saúde e também que se considerem alternativas de desenvolvimento que sejam ecologicamente melhores. A aceitação de longas cadeias de causalidade e a sua inclusão no desenho dos meios para assegurar os fins relacionados constituem uma evolução cognitiva em direção a um reconhecimento da crescente complexidade. O conhecimento sobre economia, que vai além das variáveis costumeiras da disciplina, leva muito menos a um consenso que no caso da biologia e química. O comportamento internacional abre mais e mais instâncias de colaboração entre os estados em reconhecimento dessa crescente complexidade. Entretanto o autor reconhece que continuam a existir tendências a não colaboração (E. HAAS, 1993, p. 55). O argumento de E. Haas é importante para se compreender porque somente em algumas áreas da R.I. se conseguem construir arranjos cooperativos. Além disso, sua perspectiva é relevante para este trabalho pois se baseia no papel das idéias e do conhecimento no processo político. O autor também abre a possibilidade de considerar atores não-governamentais, porém sua análise se concentra ainda no papel dos estados.

Segundo Puchala e Hopkins (1993), regimes constrangem e regularizam o comportamento dos participantes, afetam a decisão dos protagonistas sobre quais assuntos vão entrar ou sair das agendas, determinam quais atividades são legítimas ou condenáveis e influenciam se, quando e como os conflitos são resolvidos. Além disso, pensar em termos de regime permite abranger e delimitar conjuntos de atividades que, de outra forma, poderiam ser organizados e entendidos diferentemente, e também nos alerta para os aspectos subjetivos do comportamento internacional que poderiam ser deixados de lado em pesquisas mais convencionais (PUCHALA; HOPKINS, 1993, p. 61-62). A perspectiva dos autores serve como uma base para se desenvolver o conceito de regime global de biodiversidade ao considerar conjuntos de atividades que, de outra forma, seriam excluídos das análises de relações internacionais.

Hurrell e Kingsbury (1992, p. 11-12) utilizam a definição de Krasner (1982)[9] ao apontar que a cooperação interestatal na área do meio ambiente tem sido direcionada para o estabelecimento e implementação de padrões legais internacionais. Padrões são necessários para definir princípios gerais de gerenciamento coletivo do ambiente global e para formular regras precisas de processo e de conduta obrigatória, permitida ou proibida. Os autores chamam a atenção que, no livro do qual são os editores, há visões que focalizam o direito internacional e mecanismos de estabelecimento de regras, implementação e imposição, e outras cujo foco se dirige ao papel dos regimes em gerenciar conflitos e solucionar problemas de ação coletiva ou de interesse comum. Hurrell e Kingsbury (1992) não se preocupam em distinguir as definições de regime, mas adotam um caminho que aponta para a complementariedade das visões. Segundo eles (Hurrell e Kingsbury, 1992), o direito internacional fornece o principal quadro de referência para aqueles envolvidos em negociações inter-estatais, sendo que, no nível

---

[9] Hurrell e Kingsbury utilizam como referência obra de 1983.

teórico, há um grau de complementariedade entre direito internacional e teorias de regimes. Os teóricos de regimes têm demonstrado a tendência de negligenciar o *status* particular de regras legais, subestimar as ligações entre conjuntos específicos de regras e a estrutura mais ampla do sistema legal internacional. Por outro lado, análises teóricas de direito internacional têm, freqüentemente, deixado de lado os processos políticos de barganha, que estão subjacentes à emergência de novas normas de direito ambiental internacional, o papel do poder e interesses nas negociações interestatais e a série de fatores que explicam se os estados vão, ou não respeitar as regras. Embora a perspectiva dos autores (HURRELL; KINGSBURY, 1992) seja abrangente, combinando direito internacional e teorias de regimes, ela não abre a possibilidade para se considerar as ações de outros atores nem outros níveis de relações.

Porter e Brown (1991, p. 20-21) afirmam que a definição ampla de regime pode ser aplicada a uma gama de arranjos internacionais, da coordenação de relações monetárias a relações de segurança entre superpotências. No entanto, embora possam existir normas ou regras, que regulem o comportamento internacional em algumas áreas na ausência de acordos formais internacionais, é difícil, na perspectiva dos autores, identificar normas ou regras na área ambiental global que não sejam definidas por um acordo explícito. Assim, Porter e Brown (1991, p. 20-21) definem regime internacional em termos de instrumentos legais multilaterais, utilizando, na sua obra, uma segunda definição: um sistema de normas e regras que são especificadas por um instrumento legal multilateral entre estados para regular ações nacionais numa determinada área. No caso dos problemas ambientais globais, esse instrumento legal tem tomado principalmente a forma da *convenção*, que pode conter todas as obrigações vinculantes a serem negociadas ou pode ser acompanhada de instrumentos mais detalhados que elaborem suas regras e regulações (os Protocolos). Uma *convenção quadro* é aquela negociada em antecipação a textos elaborados *a posteriori* e visa somente fornecer um conjunto de princípios, normas e objetivos relativos a essa área, impondo poucas, quando impõe, obrigações vinculantes específicas às partes. O instrumento legal (CDB) é um dos pilares do regime global de biodiversidade; entretanto, esse não se restringe àquele. Além disso, não se restringe às ações nacionais abrangendo também outras iniciativas por atores não governamentais em vários níveis de ação.

Porter e Brown (1991, p. 21) ressaltam que também há ambigüidades na definição de regimes internacionais em termos de instrumentos legais multilaterais. Um acordo pode conter regras e normas explícitas sem regular efetivamente ações nacionais numa determinada área. Entretanto, o conceito fornece um padrão mínimo para distinguir um regime de arranjos meramente administrativos ou políticos, tacitamente aceitos pelas partes. O mesmo sugere, ainda, critérios para julgar a sua efetividade, permite comparação de normas e regras vinculantes numa questão entre um momento histórico e outro, além de sugerir também a importância de fortalecer aquelas normas e regras que são muito fracas. O conceito de regime internacional utilizado por Porter e Brown (1991) se restringe a ações nacionais e focaliza relações interestatais, nesse sentido não serve neste trabalho, pois acaba deixando de lado as relações transgovernamentais e transnacionais, bem como as ações locais implementadas por outros atores.

Puchala e Hopkins (1993) classificam os regimes como formais ou informais. Regimes informais são criados e mantidos por convergência ou consenso em relação a objetivos entre os participantes, impostos mutuamente pelo interesse próprio e por "acordos de cavalheiros" e monitorados por vigilância mútua. Já os regimes formais são aqueles positivados por organizações internacionais, mantidos por conselhos, congressos ou outros órgãos e monitorados por burocracias internacionais (PUCHALA; HOPKINS, 1993, p. 65). Nesse sentido, pode-se dizer que o regime global de biodiversidade é um arranjo formal-informal. Além da existência do instrumento legal, ele é mantido pela convergência de objetivos entre os atores.

Os autores (PUCHALA; HOPKINS, 1993) afirmam que os regimes possuem cinco características importantes. Primeiro, é um fenômeno relativo a atitudes. O comportamento se segue da aderência de princípios normas e regras os quais, algumas vezes, são refletidos em instrumentos legais. Os regimes são subjetivos, ou seja, existem primeiramente como entendimentos, expectativas e convicções dos participantes sobre comportamentos considerados legítimos, próprios ou morais. Segundo, os regimes incluem crenças sobre procedimentos apropriados para a tomada de decisão. Terceiro, a descrição de um regime deve incluir uma caracterização dos princípios fundamentais os quais ele abrange, assim como as normas que prescrevem o comportamento ortodoxo e proíbem os desviantes. Quarto, cada regime possui um conjunto de elites que são os atores na prática. Os governos são normalmente os principais membros oficiais da maioria dos regimes embora organizações internacionais, transnacionais e, algumas vezes, subnacionais podem, legitimamente e na prática, e participar. Mais concretamente os participantes dos regimes são órgãos burocráticos ou indivíduos que operam, como parte da direção, um subsistema internacional por meio da criação, imposição ou cumprimento das normas. Finalmente, os regimes existem em todas as áreas de atuação das relações internacionais onde se possa identificar um padrão de comportamento. Onde exista regularidade de comportamento, alguns princípios, normas ou regras devem existir para explicá-los. Este padrão poderá refletir o domínio de um ator ou de uma oligarquia poderosa ao invés de refletir um consenso voluntário (PUCHALA; HOPKINS, 1993, p. 62-63).

A definição de regime internacional de Porter e Brown (1991) serve para constatar a existência de um regime internacional de biodiversidade, já que existe um instrumento legal multilateral (Convenção sobre Diversidade Biológica). Todavia, trata-se de uma perspectiva formalista que abrange somente as ações dos governos nacionais. Em contraste, a abordagem de Puchala e Hopkins (1993) é menos formalista e não implica necessariamente a existência de um instrumento legal. Os autores se concentram na identificação de padrões de comportamento explicados pela existência de princípios, normas e regras, abrindo a possibilidade de se considerar ações locais como parte de um regime. Ademais, consideram que os atores na prática são conjuntos de elites embora, segundo eles, os governos dos estados nacionais são os principais membros oficiais da maioria dos regimes. Desse modo, a análise de Puchala e Hopkins ainda se concentra nas relações interestatais, não abordando as transformações do cenário mundial a partir do final dos anos 1980, que resultaram na intensificação das relações transnacionais.

Young (1993) defende que a ocorrência de regularidades comportamentais leva algumas vezes a uma convergência de expectativas e vice-versa. A vontade mútua entre os atores leva à criação e manutenção dessas instituições. A existência de tal conjunção pode produzir comportamentos convencionalizados ou comportamentos baseados em convenções sociais reconhecidas. Visto dessa forma, os regimes podem ser diferenciados do campo mais amplo do comportamento internacional e identificados empiricamente por meio de uma análise das convenções sociais. Essa perspectiva sobre os regimes enfatiza que eles são artefatos humanos, não existindo ou não tendo sentido separados do comportamento individual ou de grupos de humanos. Nesse sentido, os regimes pertencem à esfera dos sistemas sociais ao invés dos naturais (YOUNG, 1993, p. 94-95).

De acordo com Young (1993), regimes são instituições sociais que governam as ações daqueles interessados em uma atividade específica. Como toda instituição social, eles são reconhecidos por padrões de comportamento ou prática em torno dos quais as expectativas convergem. Regimes internacionais são aqueles que pertencem a atividades de interesse dos membros do sistema internacional. Assim, extrapolando a visão de Young (1993, p. 93), argumento que regimes globais se relacionam a atividades dos atores do sistema globalizado, refletindo a convergência de expectativas e objetivos e podendo ser reconhecidos por regularidades comportamentais.

Para fins deste trabalho, não considero necessário entrar nesse debate conceitual em relação aos regimes. Parto da definição de Krasner (1983) e da perspectiva Puchala e Hopkins (1993) e de Young (1993), bem como da existência da Convenção sobre Diversidade Biológica para constatar a existência de *um regime global de biodiversidade* no contexto de um sistema internacional anárquico. Embora, não haja uma autoridade acima dos estados nacionais, que são soberanos e não se submetem a outras instâncias reguladoras, construir um regime global corresponde a tentativas de criar governança/governabilidade, regular e padronizar comportamentos, estabilizar as expectativas e aumentar a transparência, estabelecendo-se regras e procedimentos de tomada de decisão coletiva, envolvendo países diferentes e outros atores. Nesse sentido, normas e instituições podem relativizar a soberania e atenuar a anarquia internacional.

Keohane, Haas e Levy (1994, p. 5) chamam a atenção para o fato de que, na ação global efetiva para melhorar o meio ambiente, as instituições internacionais são necessárias, mas não são suficientes. Ademais, deve ser levando em conta que grande parte dos tratados multilaterais envolvendo a chamada "agenda global" (ELLIOT, 1998, p. 94): clima, biodiversidade, florestas, desertificação (eu acrescentaria a Agenda 21), são declaratórios, faltando concordância sobre metas específicas e sobre provisões efetivas para implementação, verificação e cumprimento. A Convenção sobre Diversidade Biológica resultou, por enquanto, em apenas um Protocolo (biossegurança), sendo que a perda de biodiversidade não foi desacelerada. A Convenção sobre Mudança Climática gerou o conhecido e controvertido Protocolo de Kyoto, o qual algumas das partes-chave, como os Estados Unidos, recusam-se a assinar, sendo que países como China, Índia e Brasil não aceitam metas de redução de emissões. Isso é tomado por muitos como uma evidência de que tais acordos vão fazer pouco para mitigar os problemas ambientais, os quais eles se propõem a resolver.

As dificuldades de se chegar a metas específicas, provisões para implementação e formas de verificação[10] estão relacionadas à própria natureza do sistema político anárquico, conforme mencionado, mas também ao fato de que as questões ambientais globais (HURELL; KINGSBURY, 1992, p. 13) são tipicamente caracterizadas por alto grau de incerteza na qual a definição e fronteiras do "problema", os custos de respostas políticas alternativas e a identidade dos atores estão longe de serem auto-evidentes. Além disso (ELLIOT, 1998, p. 96), acordos ambientais e procedimentos por meio dos quais esses são negociados devem levar em consideração interesses de uma gama de atores, que inclui ONGs ambientalistas,[11] movimentos

---

[10] Idealmente deveria haver sanções também.
[11] Nessa lista de *stakeholders* descrita por Elliot (1998, p. 94), pode-se fazer alguns acréscimos: ONGs não somente as ambientalistas, populações tradicionais e locais, setor produtivo em geral (agropecuária, madeireiras, etc.).

de base, populações indígenas, indústria, instituições financeiras, órgãos científicos e organizações intergovernamentais - OIs, bem como estados e governos.

Por outro lado, tais acordos e instituições ambientais, quando existentes, têm sido menos efetivos do que demandam os desafios a serem enfrentados, já que os estados são relutantes em lhes transferir competência formal e poder real. Assim, instituições existentes possuem poucos fundos com pouco poder político. Quanto a questões importantes transetoriais como transferência financeira e tecnológica, dívida, relações de comércio desiguais ou alívio de pobreza, tem havido apenas comprometimento retórico. O "grau de cooperação internacional e entendimento mútuo sem precedentes" (FAIRCLOUGH, 1991, p. 83, citado em ELLIOT, 1998, p. 94) requeridos não tem ocorrido. Apesar das declarações, resoluções, convenções e protocolos que têm sido adotados desde Estocolmo, o meio ambiente continua a se deteriorar. O ambiente global está pior. Em trinta anos desde 1972 e dez anos após a Conferência do Rio, o balanço que se faz é que se avançou pouco, ou quase nada, caso o referencial adotado sejam as expectativas que se tinha à época dessas Conferências.

Num estudo sobre a efetividade de instituições internacionais,[12] que incluem organizações e regras, codificadas em convenções e protocolos e que foram formalmente aceitas pelos estados, Keohane, Haas e Levy (1994, p. 3-6) afirmam que a Conferência do Rio foi a resposta organizada mais abrangente para a degradação ambiental internacional, sendo comum encontrar profundo ceticismo em relação à habilidade do sistema de estados nacionais de resolver os problemas da Agenda da UNCED. Os céticos estão corretos ao alertar que o ecossistema planetário está em perigo e que sua proteção requer modificações nas interpretações tradicionais de soberania estatal. Entretanto, a possibilidade de um "governo mundial" não está nem um pouco próxima e as respostas organizadas aos problemas ambientais compartilhados ocorrerão (deveriam ocorrer[13]) por meio da cooperação entre os estados, não da imposição de um governo sobre outro. Deve-se notar, na opinião dos autores (KEOHANE; HAAS; LEVY, 1994, p. 3-6), que houve sucessos da cooperação interestatal em questões que pareciam tão assustadoras quanto as da agenda do Rio: cólera, escravidão, teste atmosférico de armas nucleares, além do desenvolvimento e aplicação de instituições internacionais em atividades humanas, em que as taxas de emissões antropogênicas no ambiente têm desacelerado desde 1955 (enxofre, chumbo, tetraclorídeos de carbono).

Os autores (KEOHANE; HAAS; LEVY, 1994, p. 5, 7-8) buscam saber se as instituições internacionais (regras e organizações) promovem mudanças no comportamento nacional que sejam suficientemente substantivas para se ter um impacto positivo, eventualmente, na qualidade do ambiente natural. Ao focalizar em efeitos políticos observáveis das instituições, ao invés de diretamente no impacto ambiental, eles (KEOHANE; HASS; LEVY, 1994, p. 5, 7-8) argumentam que governos respondem a incentivos e pressões de instituições internacionais. Mesmo em questões que primariamente afetam e são causadas por indivíduos em países em desenvolvimento, governos

---

[12] Keohane, Haas, Levy (1994, p. 4-5) definem instituições internacionais como conjuntos persistentes e conectados de regras e práticas, que prescrevem comportamentos, constrangem atividades e conformam (*shape*) expectativas. Elas podem tomar a forma de organizações burocráticas, regimes (estruturas de regras que não têm necessariamente organizações vinculadas a si), ou convenções (práticas informais).
[13] Meu acréscimo.

são guiados por pressões dessas instituições. Assim, instituições efetivas podem afetar o processo político em três pontos-chave na seqüência de formulação e implementação da política ambiental: elas contribuem para (1) a formação de agendas que refletem a convergência do consenso político e técnico sobre a natureza das ameaças ambientais; (2) políticas internacionais mais compreensivas e específicas, concordadas por meio de um processo político cujo núcleo é a barganha intergovernamental; (3) políticas nacionais responsivas que controlam diretamente fontes de degradação ambiental. Efetividade em estabelecimento de agenda e formulação de política internacional são condições facilitadoras. Políticas nacionais constituem condições necessárias para melhorar a qualidade ambiental, pois elas afetam diretamente o comportamento de atores relevantes. Embora nenhuma dessas condições seja logicamente suficiente, entender como instituições afetam essas fases da atividade política facilita a realização de uma análise preliminar sobre se instituições internacionais podem ajudar a proteger o planeta em perigo. Ao apontar as políticas nacionais como condições necessárias na melhoria da qualidade ambiental, Keohane, Haas e Levy abrem espaço para se considerar também ações locais, ou seja, ir além da esfera estatal.

Keohane, Haas e Levy (1994, p. 23-24) concluem que a soberania estatal não é incompatível com o progresso internacional em resolver problemas difíceis. As instituições não precisam de poderes de imposição (*enforcement powers*) para terem sucesso e não é realista esperar que os governos lhes darão tais poderes. Contudo, ao mesmo tempo em que essas instituições devem respeitar a integridade legal dos estados nacionais, as instituições mais efetivas penetram o estado politicamente num alto grau, fazendo uso de aliados políticos fora do aparato institucional formal. As organizações intergovernamentais podem ser mais efetivas como catalizadoras de redes transnacionais de ONGs e como ligações transgovernamentais entre burocracias governamentais favoráveis do que como atores independentes. Desse modo, embora os autores não formulem o conceito de regime global, eles chamam a atenção para o fato de que as instituições internacionais podem penetrar os estados nacionais informalmente. Isso ocorre, por exemplo, quando princípios e normas de um acordo são implementados na forma de projetos conduzidos por ONGs, ou então por meio de redes transnacionais ou transgovernamentais como no caso do estabelecimento do *Med Plan*.[14]

Viola (1999, p. 7) afirma que a globalização da política na área ambiental é caracterizada por diversas dinâmicas. Entre essas, destaco, para fins deste trabalho: (i) a transnacionalização de atores nacionais em arenas ambientais nacionais (governo, empresas e ONGs), combinada com presença crescente de atores plenamente transnacionalizados (ONGs internacionais, corporações transnacionais, bancos multilaterais, comunidades científicas), produzindo clivagens e alinhamentos transnacionalizados; (ii) a expansão rápida de ONGs ambientalistas internacionais, cujo núcleo financeiro e organizacional está localizado em países desenvolvidos e que têm grande capacidade de configurar o ambientalismo nacional em países desenvolvidos, emergentes e estagnados; e (iii) a preocupação crescente com questões de governança global (formação de regimes e autoridades inter/transnacionais) entre todos os atores.

---

[14] Cf. Haas (1992) sobre estabelecimento do Med Plan.

3.6 Ampliando o foco: regime global como abordagem

O conceito de regime ambiental global não é desenvolvido na literatura teórica de relações internacionais. Entretanto, a expressão é utilizada de forma abrangente para se referir a questões globais que são objetos de tratados e acordos internacionais. Alguns autores, como Elliot (1998), distinguem entre temas transnacionais e globais. Essa distinção não é fundamental para Porter e Brown (1991), Held et alii (1999), Hurrel e Kingsbury (1992). A agenda ambiental é complexa, sendo que os autores tendem a considerar inúmeros aspectos que vão além de uma abordagem das relações interestatais e, genericamente, utilizam o termo "global" para caracterizar o envolvimento de múltiplos atores, o escopo das temáticas, as interconexões entre as causas da degradação ambiental e o sistema econômico, a extensão das suas conseqüências, o papel das redes transnacionais e transgovernamentais na identificação dos problemas e suas soluções.

Porter e Brown (1991, p. 21), embora não formulem um conceito de regimes ambientais globais, utilizam essa nomenclatura. Até 1991, os autores afirmam que eles foram negociados nas áreas de proteção de baleias, comércio internacional de espécies ameaçadas e de resíduos perigosos, poluição do ar transfronteiriça de longo alcance, proteção da camada de ozônio, poluição marinha proveniente de navios e despejamento de resíduos e outros materiais nos oceanos. Com exceção da proteção da camada de ozônio, Elliot (1998) considera essas questões como sendo transfronteiriças e trata como globais os assuntos: ozônio, mudança climática, biodiversidade, florestas e desertificação. Na perspectiva de Porter e Brown (1991, p. 22) dentre esses últimos tornaram-se regimes somente a biodiversidade, mudança climática e desertificação, considerando a necessidade de um instrumento legal multilateral negociado, assinado e ratificado pelo número requisitado de estados para entrar em vigor. Em resumo, os autores constatam que para haver um regime global basta a existência de um acordo interestatal sobre um tema considerado global. Porém, se a literatura teórica em relações internacionais for utilizada para o estudo dos regimes, o foco serão as relações interestatais, os processos no âmbito das Conferências das Partes (COPs), dos órgãos subsidiários e dos grupos de trabalho em torno dos instrumentos legais e seus desdobramentos, as posições e interesses dos grupos de países, a efetividade do ponto de vista das respostas dos estados à existência dos regimes e, quando se focaliza o papel de atores não-governamentais, dirige-se a atenção para sua atuação em relação a esses processos interestatais. Tudo isso é importante. No entanto, muitos dos aspectos levantados acima são deixados de lado. No caso específico da biodiversidade, em que as ações locais são fundamentais, deixa-se de contemplá-las como parte do regime.

Alguns autores reconhecem que o conceito de regime internacional no seu sentido estrito não cobre diversos fenômenos relativos a questões ambientais globais. Viola (2002, p. 27 e 28) afirma que existem duas concepções gerais sobre regimes: uma formal (sentido estrito), outra substantiva (sentido amplo). O autor opta por aquela mais abrangente. Assim, no seu artigo sobre "regime internacional de mudança climática e o Brasil", Viola (2002) não se restringe aos acordos interestatais sobre clima, considerando a necessidade de uma consciência pública favorável a sua estabilização e um vetor tecnológico que favoreça o investimento em tecnologias não-intensivas em carbono, além de chamar a atenção para o papel da comunidade epistêmica dos climatólogos.

Num estudo sobre a proibição do comércio de marfim e a CITES (Convention on International Trade in Endangered Species of Wild Fauna and Flora), Princen (1994, p.135-136) argumenta que o regime de biodiversidade – sua formação, criação normativa e o envolvimento de atores não estatais - é mais complexo do que um produto de relações interestatais e intergovernamentais. Onde surgem prescrições para melhorar essa instituição, suposições legalistas e estatocêntricas tendem a deixar de lado muito da política do regime, especialmente a política não-estatal e transnacional. Na perspectiva do autor, para se entender adequadamente e prescrever soluções internacionais para perda de espécies e para a degradação ambiental, é necessário conceituar um regime em termos de múltiplos atores e múltiplas atividades, sendo que a diplomacia tradicional entre governos nacionais é somente uma parte do quadro. Entretanto o autor não apresenta um conceito de regime global de biodiversidade.

Para desenvolver o conceito de regime global de biodiversidade, destaco a abordagem de Keohane e Nye (1989). Os autores afirmam que, num cenário de interdependência complexa, múltiplos canais conectam as sociedades, distinguindo três níveis de relações na política mundial: i) relações interestatais (internacionais) acontecem entre atores de países diferentes e ao menos um deles age em nome de um governo/estado nacional; ii) relações transgovernamentais existem entre agentes governamentais de países diferentes, porém não em nome dos estados nacionais a que estão vinculados; e iii) relações transnacionais[15] conectam indivíduos e grupos das sociedades, além das fronteiras nacionais. Para os autores (KEOHANE; NYE, 1989), no mundo da interdependência complexa, outros atores, além dos estados, participam diretamente da política mundial. Esses atores são importantes não somente devido a suas atividades em busca de seus interesses, mas porque atuam como *transmission belts*, tornando as políticas governamentais em vários países mais sensíveis entre si. Além disso, os múltiplos canais de contato propiciam a superposição de política doméstica e externa. Desse modo, num regime global, as relações entre os atores ocorrem nos três níveis definidos por Keohane e Nye (1989).

Embora os regimes sejam formalmente estabelecidos pelos estados nacionais e o instrumento legal seja fundamental na sua definição, sua formulação e implementação envolvem processos políticos domésticos, transnacionais, transgovernamentais e interestatais. Assim, a expressão regime global visa estender o conceito de regime internacional para incluir, além das relações interestatais, as transnacionais e transgovernamentais. Essa expressão não faz parte do vocabulário corrente da teoria das relações internacionais. No entanto, é mais apropriada para este estudo por abranger as interações e ações em todos os níveis da política mundial.

Obviamente, é importante que os estados se coordenem e que, além de assinar os tratados, implementem-nos, internalizando seus princípios, normas e objetivos por meio de suas políticas domésticas. Todavia, esse processo é longo e, como tem se observado, o abismo entre a retórica e a prática dos países ainda é profundo. Por outro lado, existem mudanças e inovações sendo implementadas localmente por atores não-governamentais e interações que ocorrem através das fronteiras nacionais no sentido da proteção do ambiente. Em conseqüência, há que se ampliar o foco e dirigi-lo a outras

---

[15] Risse-Kappen (1999, p. 3) considera relações transnacionais como interações regulares através de fronteiras nacionais, quando ao menos um ator é um agente não-estatal, ou não opera em nome de um governo nacional, ou uma organização intergovernamental.

direções. Isso permite constatar que existem diversas ações locais que podem ser enquadradas no âmbito dos regimes ambientais.

Tanto global como regionalmente, há dinâmicas que resultam na criação e consolidação de regimes, contribuindo para aumentar a governança/governabilidade. Isso é fundamental para se tentar encontrar soluções para os problemas ambientais que, pela sua natureza, demandam coordenação política além das fronteiras nacionais, sendo que várias dessas dinâmicas não correspondem a respostas estatais, a existência de um regime, nem podem ser enquadradas no âmbito da política interestatal. Nas questões ambientais, estão interrelacionadas as dimensões doméstica e internacional da política: regime internacional *strictu senso* (princípios, normas, regras e procedimentos, formais e informais, entre estados nacionais), legislações e políticas públicas nacionais, estaduais e municipais, bem como, programas e projetos implementados domesticamente, por organizações governamentais, ou não-governamentais, por meio de fundos nacionais ou internacionais. Os atores são múltiplos e as relações que compõem o processo político são intra e interestatais, transgovernamentais e transnacionais. Desse modo, a cooperação internacional e interinstitucional é uma condição necessária para a efetividade dos regimes e das políticas. É importante ressaltar, ainda, que há redes que permeiam os estados nacionais e atuam através de suas fronteiras, e que o conhecimento científico-tecnológico assume papel fundamental na identificação de problemas e proposição de soluções.

Da interação entre objetivos globais expressos na CDB em outros documentos e a atuação de indivíduos, ONGs, grupos, agências de cooperação, influenciadas ou movidas por redes transnacionais e transgovernamentais, resultam projetos locais de proteção da biodiversidade. Nesse contexto, o conceito de regime é útil para se articular iniciativas locais e processos globais. Serve ainda para comparar áreas temáticas em política internacional/global (PORTER; BROWN, 1991, p. 20-21), ou seja, para se "recortar" uma área específica das RI, no caso biodiversidade.

No próximo capítulo, apresento o conceito de regime global de biodiversidade em termos de elementos balizadores (moldura do regime), atores e suas interações e as dinâmicas de trocas de conhecimento e de recursos técnicos e financeiros. Os projetos e iniciativas locais de conservação e uso sustentável da biodiversidade são considerados resultantes desses processos e como tal fazem parte do regime global.

Regime global

Comunidades epistêmicas   Projetos locais

Capítulo 4
Regime global de biodiversidade

Neste capítulo, pretendo apresentar o conceito de regime global de biodiversidade, enfatizando os seus "elementos balizadores", atores, suas interações e as dinâmicas de trocas de recursos e de conhecimento. O objetivo é constituir um referencial analítico para estudar o caso Mamirauá. O caminho escolhido aqui é o de construir um conceito que permita articular iniciativas locais de conservação e uso sustentável com processos globais. Essas ocorrem onde se encontra de fato a biodiversidade e têm um foco restrito a uma localidade e uma situação específicas, distinguindo-se, assim, de ações nacionais. As ações locais se realizam, na sua maioria, por meio de projetos que envolvem cooperação internacional e interinstitucional e a atuação de ONGs, indivíduos e outros atores. Pode-se estabelecer conexões entre esses atores e essas ações por meio de redes transnacionais e comunidades epistêmicas.[1] Trata-se, assim, de uma abordagem global-local de proteção da biodiversidade.

4.1 Conceito

Regime global de biodiversidade consiste no conjunto de elementos balizadores normativos e cognitivos ao redor dos quais interagem os atores, produzindo, do global ao local, decisões, ações e dinâmicas de trocas de recursos e de conhecimento sintonizadas com a Convenção sobre Diversidade Biológica.

O conceito de regime global de biodiversidade somente faz sentido no atual contexto da globalização caracterizado pela interconectividade global e pelo surgimento de novos atores políticos, entre os quais se podem destacar indivíduos e ONGs que têm relevância particular nas questões relativas à biodiversidade. Suas diferenças quanto ao conceito de regime internacional consistem na incorporação dos elementos cognitivos que pautam as decisões e ações relativas à biodiversidade, na ênfase na existência de múltiplos atores e interações, além das interestatais, e no reconhecimento do nível local como relevante na implementação de alguns regimes, como é o caso do da biodiversidade.

---

[1] Isso é evidenciado na experiência de Mamirauá e outras semelhantes.

Os elementos balizadores são os parâmetros normativos e cognitivos que dizem respeito à biodiversidade. Os primeiros abrangem princípios, normas, regras e procedimentos decisórios, formais e informais, relativos à biodiversidade. Enquanto os segundos compreendem teorias, metodologias, conceitos e abordagens que se desenvolvem a partir de pesquisas e do avanço do conhecimento sobre a diversidade biológica e sobre as relações entre sistemas sociais e sistemas naturais. Os elementos cognitivos são fundamentais, pois compreendem os entendimentos comuns sobre biodiversidade e seu valor e sobre relações entre conservação e desenvolvimento preexistentes à CDB, que eram prevalecentes no âmbito das redes transnacionais, ajudando a entender porque certas ações anteriores ou contemporâneas à Convenção são sintonizadas com ela. Elementos normativos e cognitivos balizam a atuação dos atores que, além de estados nacionais, podem ser indivíduos, grupos, ONGs, OIs ou empresas. Em suas interações, esses atores produzem decisões e ações em vários níveis: internacional, transnacional, transgovernamental, nacional, regional e local e podem constituir redes transnacionais e comunidades epistêmicas. Desse processo, surgem dinâmicas de trocas de recursos técnicos e financeiros e de conhecimento. Essas decisões, ações e dinâmicas são sintonizadas com o espírito da CDB.

No âmbito do regime global de biodiversidade, podem resultar, por exemplo, projetos e experiências locais que visam conciliar a proteção da biodiversidade e o desenvolvimento sustentável. Esse conceito permite "capturar" essas ações de implementação do regime no nível local, ao redor do mundo, por parte de atores governamentais e não-governamentais, que seriam deixadas de lado caso fosse utilizado o conceito de regime internacional. Ademais, o mesmo abrange também relações entre os atores nos níveis transgovernamental, transnacional e no interior das fronteiras nacionais, sendo útil para se visualizar os efeitos das comunidades epistêmicas para além da formação dos regimes internacionais.

Neste trabalho, construo uma abordagem com base no conceito de regime global de biodiversidade. Essa se concentra na implementação dos objetivos de conservação e uso sustentável da diversidade biológica no nível local, ou seja, o foco se dirige apenas a um aspecto do regime. Assim, embora se trate de um conceito amplo que busca integrar as dimensões global e local, minha abordagem é restrita por focalizar somente uma das estratégias de implementação do regime.

4.2 Considerações iniciais

Um fator crucial da construção do regime foi a "mudança paradigmática" que ocorreu no pensamento e prática conservacionista a partir dos anos 1980. Antes da Convenção sobre Diversidade Biológica começar a ser elaborada já existiam sinais de que se estava em busca de formas para se incorporar as necessidades sociais às estratégias de conservação da natureza. O marco inicial foi a publicação da Estratégia Mundial de Conservação. Algumas abordagens refletindo essa mudança também foram desenvolvidas a partir desse período, por exemplo, aquela conhecida pela sigla ICDP para o inglês Integrated Conservation and Development Projects (Projetos Integrados de Conservação e Desenvolvimento).

Uma característica fundamental é o papel das redes transnacionais, comunidades epistêmicas e ONGs internacionais, que penetram o processo político e influenciam decisores, ou apóiam/promovem a realização de projetos locais de conservação da biodiversidade.

Utilizo o conceito de *regime global de biodiversidade* para fins deste estudo porque o de regime internacional (KRASNER, 1982; PORTER; BROWN, 1991; E. HAAS, 1993; PUCHALA; HOPKINS, 1993; YOUNG, 1993 e 2000) não permite analisar projetos locais que buscam conciliar a proteção da biodiversidade e desenvolvimento sustentável uma vez que seu foco se dirige para as relações interestatais (KRASNER, 1982) ou para ações governamentais de âmbito nacional (PORTER; BROWN, 1991). O regime global articula objetivos globais e a implementação local dos princípios relativos à proteção da biodiversidade, abrangendo, conforme mencionado, diversos níveis de relações entre os quais as interestatais, transgovernamentais, transnacionais e as interinstitucionais (no nível doméstico). O seu ápice e um dos seus pilares mais importantes é a Convenção sobre Diversidade Biológica (CDB), por ter sido o acordo que representou a convergência global de atores e movimentos diferentes (SWANSON, 1997). Isso se verifica na sua perspectiva "socioambiental", incorporando o objetivo do desenvolvimento sustentável, na sua abrangência em termos do número de temas tratados e no próprio conceito de biodiversidade. Entretanto, o regime começou a configurar-se antes da CDB com a publicação da Estratégia Mundial de Conservação, em 1980, que evidenciou o processo de mudança do pensamento conservacionista, o qual estava em curso e se consolidou na Convenção.

Alencar (1995, p. 134 e p. 138) levanta dois aspectos da CDB, que ajudam a construir a idéia de *regime global*. Ela afirma que 1) como uma convenção-quadro, a mesma cria uma *moldura* para as políticas de proteção da *biodiversidade global*, ao estabelecer princípios e objetivos gerais, sendo que as decisões devem ser tomadas no interior dos estados nacionais. Por outro lado, trata-se de 2) um tema de evidente simbiose *global e local*. A autora se refere à Convenção como sendo "global em seus objetivos, mas local-nacional em seus meios". Assim, cada estado deve desenvolver suas estratégias a partir da moldura e dos instrumentos oferecidos pela CDB, reconhecendo-se a impossibilidade de um processo decisório centralizado e vertical quanto à proteção da biodiversidade. Alencar ressalta que o papel da Conferência das Partes (COP) da Convenção deveria ser o de coordenar as ações nacional-locais. Albagli (1998, p. 156) afirma que talvez seja na escala local que se coloquem os mais sérios desafios à implementação da CDB, bem como estejam na prática concreta dos atores os caminhos a serem trilhados para se superarem, ou enfrentarem os conflitos que permeiam a questão da biodiversidade.

Existem alguns estudos sobre a CDB, mas o que se ressalta é o potencial e não propriamente os resultados concretos nacional-locais (PRESTRE, 2001; SWANSON, 1997). Por outro lado, literatura da área de biologia da conservação e publicações de ONGs (IIED, *Conservation Biology*) fazem avaliações/análises de projetos implementados localmente que podem ser colocados na moldura da CDB, embora não possam ser considerados uma resposta dos estados nacionais a ela. A separação entre esses dois conjuntos de literaturas, uma com foco nos aspectos internacionais-globais, outra nos aspectos locais-regionais, dificulta uma visão integrada sobre a questão da biodiversidade. Assim, nas tentativas de análise, as dimensões global e local acabam se separando, enquanto, na realidade, as duas são interrelacionadas. A proteção global da biodiversidade depende de ações locais; por outro lado, essas são, em parte, resultados de processos globais.

O regime global de biodiversidade abrange vários temas interrelacionados, considerando que a CDB representou a convergência de diversos grupos de movimentos que têm tratado de aspectos diferentes da biodiversidade, como áreas protegidas, recursos genéticos, biotecnologia, conhecimento tradicional, espécies domesticadas entre outros (SWANSON, 1997). Trata-se de um regime altamente politizado. Desde sua origem, uma dinâmica que o influencia tem sido a divisão Norte–Sul. De acordo com Albagli (1998, p. 72-73), a emergência da questão da biodiversidade teve origem na convergência de interesses relativa à importância de sua conservação. Entretanto, a diversidade biológica é atualmente objeto de conflitos acirrados, em que a variável científico-tecnológica ganha, cada vez mais, um papel de destaque, revelando-se mais claramente a sua dimensão geopolítica. O que está em jogo é o controle sobre a biodiversidade, particularmente sobre a informação contida nos recursos biogenéticos. Os debates sobre propriedade e o status legal dos recursos genéticos, e também dos conhecimentos tradicionais sobre a diversidade biológica e sobre a legislação de patentes nessa área, são expressões dessa disputa.

A autora (ALBAGLI, 1998, p. 72-73) afirma que não há dúvidas quanto à existência de um processo de acelerada erosão da biodiversidade, mas as divergências aparecem quando se considera a importância econômica dessa perda, sendo necessário observarem-se os interesses diretamente afetados. No plano internacional, os conflitos são menos perceptíveis. Potencialmente, existem diferenças que atingem as indústrias do Norte, de um lado, alguns segmentos interessados na conservação dos recursos genéticos como matéria-prima para seus desenvolvimentos futuros (por exemplo, indústrias biotecnológicas) e, de outro, segmentos como as madeireiras e mineradoras, que sobrevivem de um ganho mais imediato da exploração dos recursos naturais, com impactos negativos sobre a biodiversidade. As primeiras estariam implicitamente ligadas a segmentos conservacionistas do Norte e do Sul, enquanto as últimas teriam seus interesses mais associados a setores locais, também no Sul, que vivem da exploração predatória desses recursos.

Pimbert (1997) argumenta que, enquanto o bem-estar de todos claramente depende de como e para quem a biodiversidade é usada e conservada, a CDB e sua implementação permanecem como preocupações periféricas para a maioria das pessoas em todo o mundo. O autor destaca dois conjuntos de atores que tentam influenciar políticas nacionais e posições governamentais defendidas nas negociações internacionais da Convenção: a) a "Indústria da Vida" (*Life Industry*) com seu extraordinário poder econômico: inclui grandes corporações transnacionais que usam, compram, vendem e controlam uma porção crescente do mercado de produtos bioindustriais relacionados a alimentos, agricultura, saúde e energia. Por meio do uso de novas tecnologias genéticas, de uma vasta gama de materiais biológicos e de fusões e aquisições, as distinções entre setores industriais tradicionais foram ofuscadas e a indústria da vida está se consolidando rapidamente e integrando áreas como processamento de alimentos, produção de semente, cultivo de plantas, agroquímicos, farmacêuticos e remédios veterinários; b) organizações não-governamentais (ONGs) e populares: esse segundo conjunto compreende uma variedade de grupos grandes e pequenos representando povos indígenas organizados, fazendeiros, bem como ONGs lidando com questões de direitos humanos, desenvolvimento e meio ambiente, tanto de países desenvolvidos como em desenvolvimento. Embora disponham de recursos financeiros e técnicos limitados, esses atores sociais estão aprendendo a reforçar a sua efetividade em negociações nacionais e internacionais ao incentivar a cooperação e comunicação entre si mesmos.

Embora a proteção da biodiversidade seja um objetivo geral aceito pela maioria dos países e outros atores, as estratégias de implementação da CDB levantam muitas polêmicas (ALBAGLI, 1998, p. 74). Segundo a autora, a conservação *in situ* e *ex situ* são as principais estratégias existentes hoje. Além dessas, há medidas controladoras e reguladoras, algumas de caráter repressivo, ou inibidor, de atividades predatórias e outras de caráter incentivador de atividades benéficas à conservação e uso sustentável da biodiversidade. Deve-se considerar, ainda, os outros tratados internacionais conservacionistas mencionados, anteriormente, que tratam de dimensões transnacionais da proteção de espécies (ELLIOT, 1998), como migrações ou comércio internacional.

A conservação *in situ* ocorre no próprio ambiente onde estão localizadas as diferentes formas de vida. Envolve medidas de zoneamento territorial para delimitação de áreas a serem protegidas do impacto ambiental de atividades humanas, selecionadas por serem consideradas ecossistemas altamente relevantes, seja pela biodiversidade e/ ou presença de espécies endêmicas, ou ameaçadas de extinção (ALBAGLI 1998, p. 74).

Albagli (1998, p. 78-79) apresenta outra forma de proteção da biodiversidade que é a conservação *ex situ*, que se realiza fora dos locais onde ela ocorre naturalmente, por meio de jardins zoológicos e botânicos, importantes para conservações de espécies em extinção e para o estudo de espécies raras ou pouco conhecidas; coleções de microorganismos (bactérias, fungos, protozoários e vírus) em instituições de pesquisa; e bancos de sementes ou de germoplasma (material genético). Esses últimos, além da conservação de espécies pelo armazenamento de suas seqüências de DNA, têm atuado como fonte de matéria-prima para o melhoramento vegetal na agricultura e como entreposto para o intercâmbio internacional de sementes. Porém, existem grandes polêmicas em torno da conservação *ex situ* de germoplasma, devido às condições inadequadas que oferecem à conservação e reprodução de espécies, à pequena representatividade das coleções em termos genéticos ou ao isolamento da dinâmica e evolução do mundo exterior.

Na perspectiva de Albagli (1998, p. 79-80), a questão do controle sobre as coleções mantidas *ex situ* também é polêmica. A maioria dos centros de germoplasma existentes situa-se em países desenvolvidos ou está sob o controle de grandes grupos multinacionais. São centros de pesquisa, empresas privadas, instituições internacionais e governos de países que não são os fornecedores originais. Estima-se que mais de 90% das amostras de germoplasma armazenadas no mundo provêm de países em desenvolvimento, apenas 15% desse material está sob controle de seus governos, sendo que 55% do germoplasma coletado no mundo está armazenado em países do Norte (EUA: 22%). Estima-se ainda que 95% da produção global das 20 maiores safras alimentícias são baseadas em material genético de países em desenvolvimento. Europa e América do Norte satisfazem menos de 6% de suas necessidades de plantas e espécies animais em seus próprios territórios.

Algumas das dimensões do regime global de biodiversidade foram descritas brevemente. Os conflitos em relação ao controle sobre os recursos biológicos estão na ordem do dia, bem como questões relativas à manutenção de espécies domesticadas, biotecnologia, biossegurança, entre outras. No entanto, caso não se reverta a tendência de perda da diversidade, esses aspectos do regime perdem o sentido, sendo que as conseqüências para a espécie humana serão graves. Desse modo, a implementação de estratégias de conservação e uso sustentável da biodiversidade constituem o cerne do regime. São objetivos globais, mas, conforme Alencar (1995), os meios são nacionais-locais, considerando que grande parte das ações deve se realizar onde se localiza de fato a biodiversidade. Trata-se de locais ao redor do mundo ricos em diversidade biológica, em diferentes situações envolvendo populações humanas e ecossistemas diversos.

4.3 Elementos balizadores: a moldura do regime global. Conservação e uso sustentável da biodiversidade

Os elementos balizadores abrangem os princípios e objetivos da CDB e de outros tratados internacionais conservacionistas; além desses, fazem parte as normas informais, valores, visões e o conhecimento científico aplicado na forma de conceitos e metodologias, relativos a decisões e ações de conservação e uso sustentável da biodiversidade. Mais especificamente, os elementos balizadores fornecem alguns parâmetros e perímetros para a atuação dos atores. Esses influenciam e/ou pautam decisões e ações sendo parte da "moldura" do regime global de biodiversidade.

Embora o seu pilar seja a Convenção, outros tratados internacionais também fazem parte da moldura do regime global de biodiversidade, tais como CITES, Convenção de RAMSAR, Convenção de Bonn, Convenção sobre Patrimônio Comum entre outros. Outros elementos importantes são os conceitos, metodologias e sistematizações (ex.: Sistema Mundial de Áreas Protegidas, *Red Lists*, *hotspots*, *ecoregions*, ICDP), desenvolvidos ao longo da história do conservacionismo, principalmente por parte da IUCN e das ONGs internacionais.

Conforme mencionado, a "mudança paradigmática" (BROWN, 2001; LIMA, 1999, entrevista Pádua) na biologia da conservação foi fundamental e contribuiu para que a prática mudasse. Assim, incorporam-se fatores sócio econômicos e culturais à questão. Por outro lado, segundo alguns dos entrevistados (Ayres, 23 de julho de 2001, Bodmer 11 de novembro de 2002), foram as necessidades encontradas no local que impulsionaram a mudança, ou seja a prática levou às mudanças teóricas. A própria idéia de "uso sustentável" surgiu nesse contexto. De todo modo, a "nova" perspectiva resultante desse processo constitui-se num elemento balizador-chave nas ações locais de conservação e uso sustentável da biodiversidade espalhadas por vários países.

De acordo com Blaikie e Jeannrenaud (1996, p. 58), abordagens de conservação da biodiversidade orientada para as pessoas são mais ou menos aceitas universalmente. No entanto, a partir dos últimos anos da década de 1990, o clima institucional tem parecido menos favorável em relação a essa abordagem. Isso revela que ainda existe globalmente uma disputa ideológica entre "tradicionalistas" e "populistas",[2] sendo que essa divisão se repete no nível doméstico.[3]

4.3.1 Conservação da biodiversidade na perspectiva de um regime global. Sistema mundial de áreas protegidas, instituições internacionais relacionadas e elementos balizadores cognitivos (teorias, conceitos e metodologias)

Albagli afirma que, majoritariamente, se considera que a conservação *in situ* é a estratégia mais adequada, tanto do ponto de vista biológico, como político, para

---

[2] Por exemplo, os autores mencionam que o WWF é dividido por duas escolas de pensamento: os tradicionalistas, que acreditam que a conservação compreende somente animais, plantas e áreas protegidas; e um grupo que se alinha a filosofias mais holíticas orientadas para pessoas. Por outro lado, Blaikie e Jeannrenaud (1996, p. 59) afirmam que institucionalmente o WWF está comprometido com conservação baseada na comunidade (CBC) Embora alguns "tradicionalistas" permaneçam, poucos conservacionistas internacionais "ousariam" dar voz à *fortress mentality* de algumas décadas atrás.

[3] Entre os respondentes dos questionários que enviei, pude perceber essa divisão, principalmente no que concerne à questão da possibilidade de compatibilizar uso e conservação da biodiversidade (cf. capítulo 5 deste trabalho).

proteger a biodiversidade[4] (ALBAGLI, 1998, p. 80). Na CDB, ela é definida como "a conservação de ecossistemas e *habitats* naturais e a manutenção e recuperação de populações viáveis de espécies em seus meios naturais e, no caso de espécies domesticadas ou cultivadas, nos meios onde tenham desenvolvido suas propriedades características"(CDB, Artigo 2, Utilização de Termos).[5]

É importante notar que essa estratégia existia muito antes da CDB, sendo que o sistema mundial de áreas protegidas é anterior a ela. O enfoque tradicional era na "conservação da natureza" (ALBAGLI, 1998; KOZIELL, 2001), tendo passado, aos poucos, para conservação da biodiversidade, que foi assim incorporada ao conceito de áreas protegidas. O Sistema Nacional de Unidades de Conservação (SNUC), Lei nº 9.985, de 18 de julho de 2000, considera unidade de conservação "espaço territorial e seus recursos ambientais, incluindo as águas jurisdicionais, com características naturais relevantes, legalmente instituído pelo Poder Público com objetivos de conservação e limites definidos, sob regime especial de administração ao qual se aplicam garantias adequadas de proteção" (Artigo 2º, inciso I).

Em 1994, a IUCN – World Conservation Union – incorporou a diversidade biológica na sua definição de área protegida, durante o IV Congresso Mundial de Parques Nacionais e Áreas de Proteção (MILLER, 1997, p. 7).

A União Mundial define área protegida como (www.iucn.org, em 31 de outubro de 2002):

> uma área de terra, ou mar, especialmente dedicada à proteção e conservação da diversidade biológica e dos recursos naturais e culturais a ela associados e manejada por meios legais ou outros meios eficazes.

O tema *áreas protegidas*, ou unidades de conservação, como se usa no Brasil, faz parte do regime global de biodiversidade, sendo relacionado à própria gênese da Convenção. Vale lembrar que, embora a proposta original da CDB (uma convenção sobre parques e reservas) tenha sido alterada para incluir outros temas, tornando-se um acordo abrangente no âmbito do "desenvolvimento sustentável", o seu ponto de partida foi o documento básico, resultado das versões preparadas pela IUCN. Tradicionalmente, a União Mundial tem desempenhado papel-chave nas questões de conservação, atribuindo especial atenção para as áreas protegidas. Pode-se dizer também que antes do *regime global de biodiversidade*, já existia um *regime mundial sobre áreas protegidas*, o qual foi incorporado pelo primeiro, que é mais abrangente em escopo e muito mais complexo.

Barreto Filho (2001, p. 144-145) argumenta que dois conjuntos de iniciativas mantidas pela IUCN podem ser relacionados às articulações institucionais, sociológicas e ideológicas em torno das UCs como instrumentos de proteção da natureza globalmente. O primeiro está ligado ao esforço de sistematização de dados e experiências de conservação.

---

[4] Entretanto, segundo Albagli (1998, p. 80), concretamente se tem investido muito mais recursos nas coleções *ex-situ*, particularmente no caso da biodiversidade agrícola.
[5] No Brasil, o Sistema Nacional de Unidades de Conservação (SNUC) foi instituído em junho de 2000, já sob influência da CDB. O SNUC define conservação *in situ* (Lei nº 9.985, de 18 de junho de 2000, artigo 2º, inciso VII) da mesma forma que a Convenção.

Nesse sentido, a IUCN elaborou pela primeira vez e tem mantido atualizada a *listagem mundial dos parques nacionais e áreas protegidas.*[6]

O segundo conjunto de iniciativas da IUCN (BARRETO FILHO 2001, p. 145) compreende a promoção de reuniões de pessoas, que trabalham com proteção da natureza, em nível nacional (Assembléias Gerais estatutárias e reuniões técnicas) e mundial. O autor destaca os Congressos Mundiais sobre Parques Nacionais e Áreas Protegidas,[7] que têm ocorrido desde 1962, de dez em dez anos, com o objetivo de promover o desenvolvimento e o manejo mais efetivo dos *habitats* naturais do mundo, visando oferecer máxima contribuição para sustentar sociedade humana.

A Comissão Mundial sobre Áreas Protegidas (WCPA), uma das seis Comissões da IUCN, é "o único órgão que trabalha mundialmente para a proteção dessas áreas".[8] A WCPA é uma rede mundial de especialistas, sendo que o Programa sobre Áreas Protegidas (PPA) é o ponto focal na IUCN e o Secretariado para Áreas Protegidas também secretaria a Comissão. A missão internacional da WCPA é promover o estabelecimento e manejo efetivo de um rede representantiva mundial de áreas protegidas terrestres e marinhas, como uma contribuição à missão da IUCN (www.wcpa.iucn.org, acessado em 31 de outubro de 2002). Essa comissão coordenou a elaboração do sistema mundial de categoria de áreas protegidas aceito pela Assembléia Geral da IUCN em 1990.

Nesse sistema (MILLER, 1997, p. 8), as áreas são classificadas pelo seu propósito, ou pelos objetivos da sua gestão, codificados nas respectivas leis e políticas, e pelas práticas efetivamente aplicadas localmente. Entre as sete categorias de áreas protegidas, segundo a IUCN, os objetivos de gestão podem ser: pesquisa científica, proteção de áreas virgens, preservação de espécies e sua diversidade genética, manutenção de serviços ambientais, proteção de características naturais e culturais específicas, turismo e lazer, educação, uso sustentável de recursos dos ecossistemas, manutenção de atributos culturais/tradicionais. Esses podem ser considerados como objetivo principal, objetivo secundário, ou possível objetivo aplicável, ou não aplicável.

---

[6] A primeira edição foi publicada em 1962, sendo que a partir de 1982 passou a ser conhecida como United Nations List of National Parks and Protected Areas. Ela foi preparada a pedido da Assembléia Geral das Nações Unidas, por meio da Resolução de dezembro de 1962, sobre "Desenvolvimento Econômico e Conservação da Natureza", que endossou uma Resolução anterior (nº 713, da 27ª Sessão do ECOSOC, de 1959) e reconheceu os parques nacionais e reservas equivalentes como importante fator no uso racional (sábio) dos recursos naturais. Barreto Filho ressalta que, mais do que atender a uma demanda da ONU, a IUCN foi instrumental na preparação de ambas as Resoluções, o que ilustra a relação estreita entre as instituições.

[7] O primeiro foi realizado em Seattle, nos EUA, 1962, e contou com delegação brasileira (dois técnicos do Serviço Florestal do Ministério da Agricultura). Do Congresso de 1972 – no Parque Nacional de Yellowstone (que comemorava seu centenário) – participou uma delegação de três brasileiros: Alceo Magnanini, Divisão de Pesquisa e Proteção à Natureza do IBDF, Paulo Nogueira Neto, Serviço Florestal de SP, José Cândido Melo e Carvalho, FBCN. O terceiro congresso foi em Bali, 1982, tendo sido importante para a afirmação dos objetivos da Estratégia Mundial e para o reconhecimento dos direitos das populações locais e da necessidade de incluí-las nas ações relativas a áreas protegidas. Assim, o Congresso de Bali também foi um marco na mudança do pensamento sobre conservação e áreas protegidas, relacionando-as à questão do desenvolvimento. Em 1992, o Congresso Mundial foi realizado em Caracas.

[8] Anteriormente, a WCPA era chamada de Comissão de Parques Nacionais e Áreas de Proteção (CPNAP), tendo recebido a tarefa de desenvolver um sistema mundial de classificação de áreas protegidas. Nessa ocasião, Jean-Paul Harroy, presidente da então CPNAP, visitou e avaliou unidades de conservação no mundo todo, tendo encontrado 115 tipos diferentes. Após intensos e numerosos debates internacionais, várias modificações e versões, ficou pronta a versão final do sistema de categorias de áreas protegidas, aceito pela Assembléia Geral da IUCN em 1990, confirmado na Recomendação 17 do IV Congresso Mundial de Parques Nacionais em 1992 (MILLER, 1997, p. 7).

Desse modo, existem seis categorias de manejo (Anexo 6), de acordo com a IUCN,[9] que variam de áreas de proteção estrita (Categoria Ia) à de manejo de recursos/uso sustentável (Categoria VI). Deve-se notar, entretanto, que, de acordo com Brown (2002, p. 7), grande parte das áreas protegidas têm estritamente reforçado fronteiras e uso não consumptivo dos recursos biológicos, sendo que quatro (4) entre as seis (6) classificações da IUCN correspondem a *fences and fines* ou *classic fortress conservation.*

Outro conceito-chave é o de zona de amortecimento, ou tampão (*buffer zone*), ou de "áreas de transição", cuja finalidade é filtrar os impáctos negativos de atividades externas, tais como ruídos, poluição, espécies invasoras e outros efeitos marginais. Levar em consideração essas zonas se faz necessário principalmente quando a agricultura, a exploração de produtos da floresta, a colonização e infra-estrutura se aproximam do entorno das unidades de conservação. Essa área deve ser administrada também para proteger a vizinhança contra possíveis danos por animais selvagens e a transferência de doenças do meio silvestre para plantas e animais domésticos.[10]

De acordo com Albagli (1998, p. 74-75), há diferentes tipos de conservação *in situ*, abrangendo áreas sem qualquer intervenção humana, outras com manejo pequeno a moderado, até aquelas com manejo intensivo. A terminologia é variada em diferentes países para designar essas áreas.[11] No Brasil, o termo mais utilizado é "unidade de conservação", em outros, algumas das denominações são: área protegida, área silvestre e espaço protegido. A autora afirma que a conservação de *habitats* naturais passou a ser uma estratégia-chave para proteção da diversidade biológica[12] em âmbito global a partir da década de 1950. Em meados dos anos 1980, havia cerca de 3.500 grandes áreas de conservação dos mais variados tipos, ocupando aproximadamente 4,25 milhões de km² do planeta.[13]

Miller (1997, p. 7) constata que, até 1994, existiam quase 10.000 áreas de conservação, em 149 países. No ano 2000, segundo a página da WCPA,[14] as 30.000 áreas protegidas no mundo cobriam mais de 13.250.000 km² da superfície terrestre (aproximadamente o tamanho da Índia e China combinadas), sendo que uma proporção bem pequena dos mares (somente 1%) é protegida.[15]

---

[9] Earth Trends 2001, World Resources Institute, "Biodiversity and Protected Areas – Brazil", www.wri.org, acessado em 17 de outubro de 2002.

[10] No SNUC (Lei nº 9.985, de 18 de junho de 2000, artigo 2º, inciso XVIII), zona de amortecimento consiste em: o entorno de uma unidade de conservação, onde as atividades humanas estão sujeitas a normas e restrições específicas, com o propósito de minimizar os impactos negativos sobre a unidade.

[11] Albagli (1998, p. 76-78) aponta que o estabelecimento de áreas protegidas como solução para o problema da destruição da biodiversidade é objeto de várias controvérsias políticas e técnicas. Primeiro, questiona-se se o estabelecimento dessas áreas é condição suficiente para garantir a reprodução da variedade de espécies e ecossistemas. Segundo, existem dúvidas quanto aos critérios a serem utilizados para se estabelecer novas áreas de conservação. Terceiro, não existe consenso quanto ao tamanho mínimo dos ecossistemas e das populações animais e vegetais por meio do qual a biota pode se fazer perpetuar a longo prazo. Quarto, ainda há grandes discussões sobre qual o papel das populações humanas nessas áreas reservadas à conservação. Albagli (1998, p. 77) argumenta que essa questão tem sido levantada desde a década de 1970, particularmente quando o Programa Homem e Biosfera (MAB) da UNESCO recomendou a criação de "reservas da biosfera", em que se associam conservação, pesquisa e uso da biodiversidade. Alencar (1995) afirma que esse programa foi pioneiro em defender a conciliação entre proteção da natureza, a presença e o desenvolvimento socioeconômico de populações locais.

[12] Vale lembrar que a expressão "diversidade biológica" ainda não era utilizada, nem havia a noção de proteção em âmbito global.

[13] Nessas áreas, cerca de 178 das 193 províncias biogeográficas identificadas pela IUCN estavam representadas, significando "uma primeira aproximação da diversidade de tipos dos grandes *habitats* da Terra" (BRADY, 1988, citado em ALBAGLI, 1998, p. 75).

[14] (www.wcpa.iucn.org, acessada em 31 de outubro de 2002).

[15] Entretanto, a informação disponível não é suficiente para se saber se se trata de área efetivamente protegidas, ou se são "parques de papel".

O sistema mundial de categorias de áreas protegidas e a listagem mundial dos parques nacionais e áreas protegidas, mantidos pela IUCN, fornecem uma certa organicidade e contribuem para uma visão global das UCs no mundo. De modo geral, servem como parâmetros de comparação, seja para se saber os tipos de áreas protegidas existentes num país ou o número e a dimensão das mesmas em cada país e no mundo.

Algumas das convenções internacionais, assinadas nos anos 1970, representaram o reconhecimento do caráter transnacional da questão da conservação. Uma instituição internacional importante nesse contexto é a Convention on International Trade in Endangered Species of Wild Fauna and Flora, mais conhecida pela sua sigla CITES. Ela foi assinada em 1973 para proteger a vida selvagem contra superexploração e impedir o comércio internacional de espécies ameaçadas de extinção. A CITES entrou em vigor em 1º de julho de 1975, sendo considerada um dos maiores acordos conservacionistas existentes, com 151 estados-membros (dados de fevereiro de 2000, www.cites.org). Os membros se comprometem a eliminar o comércio internacional de espécies ameaçadas, presentes em listas acordadas por eles, bem como, monitorar o comércio em espécies que podem se tornar ameaçadas. Essas espécies são listadas em Anexos à CITES, com base no grau de raridade e de ameaça colocada pelo comércio.[16]

No universo da conservação da biodiversidade, outros conceitos e instrumentos foram desenvolvidos, que não estão diretamente relacionados à questão das áreas protegidas, mas que têm um papel nas políticas conservacionistas. Uma preocupação da IUCN tem sido a sobrevivência de espécies específicas de plantas e animais ameaçadas de extinção em todo o planeta. Internacionalmente, uma referência para ações de conservação são as listas (*red lists*) da IUCN de espécies categorizadas[17] como "criticamente ameaçadas", "ameaçadas" e "vulneráveis" para todos os países. Tais listas não cobrem espécies introduzidas, nem aquelas cujo *status* não é suficientemente conhecido, categorizadas como *data deficient* (DD), também não cobrem aquelas consideradas extintas e aquelas cujo *status* não foi avaliado, categorizadas pela IUCN como *not evaluated* (NE). Uma outra categoria é a de "espécies raras". A União publica a lista vermelha de animais ameaçados, ou *Red List of Threatened Animals* e a lista vermelha de plantas ameaçadas, ou *Red List of Threatened Plants*. Esses conceitos relativos a espécies servem muitas vezes como justificativas para a criação de unidades de conservação, ou para políticas de conservação *ex situ*.

---

[16] Assim, para comercializar espécies listadas nos anexos, ou produtos derivados dessas, requerem-se permissões e certificados de exportação, importação e reexportação. As espécies mais ameaçadas são listadas no Anexo I. Em geral, o comércio internacional é proibido para essas espécies. Outras em sério risco são incluídas no Anexo II. Aquelas listadas no Anexo III são identificadas pelas Partes como sendo sujeitas à regulação nas suas jurisdições, com o objetivo de evitar ou restringir a exploração. As Partes devem submeter relatórios anuais ao Secretariado da CITES. Esses registros são compilados pelo WCMC (World Conservation Monitoring Centre) num banco de dados (*CITES* Trade Database).

[17] As definições para categorias ameaçadas da IUCN: criticamente ameaçada, quando um taxon está enfrentando risco extremamente alto de extinção em seu próprio *habitat* (*in the wild*) no futuro imediato por qualquer um dos critérios de A até E; ameaçada, quando um taxon não está criticamente ameaçado, mas está enfrentando risco muito alto de extinção no seu *habitat* (*in wild*) no futuro próximo, conforme definido por qualquer um dos critérios A – E; vulnerável, quando um taxon não está criticamente ameaçado, nem ameaçado, mas está enfrentando um alto risco de extinção, no médio prazo, conforme definido por qualquer um dos critérios A - E. Os critérios são: A) taxa de população declinante; B) pequena população e declínio ou flutuação; C) pequena população e taxa em declínio; D) população muito pequena/distribuição muito restrita; E) análise quantitativa indicando a probabilidade de extinção *in the wild*.

De acordo com Redford et alii (2003), abordagens sobre conservação da biodiversidade cresceram em número, escopo e complexidade. Os autores identificaram uma mostra de 21 abordagens que têm sido implementadas por 13 organizações conservacionistas pelo mundo. Entre essas constam: *hotspots, ecoregions, landscape approach, Global Forest Watch* entre outras, baseadas em conceitos desenvolvidos por ONGs internacionais como CI, WWF, IUCN e WRI.

Miller (1997, p. 10) chama a atenção para programas e instrumentos internacionais, que se concentram em área protegidas e se valem do conceito de "valor internacional" de certos espaços espalhados pelo mundo: Convenção de Ramsar, pela qual os estados participantes designam áreas dos seus respectivos territórios e as inscrevem numa Lista de Áreas Úmidas de Importância Internacional, comprometendo-se com sua proteção a longo prazo; a Convenção Mundial sobre o Patrimônio Cultural e Natural (Convenção sobre Patrimônio Mundial), cujos signatários designam locais que são inscritos numa Lista Mundial, que serve como uma manifestação do compromisso do estado de proteger tais lugares; o Programa Homem e Biosfera, da UNESCO, iniciado em 1972 como um programa de cooperação internacional para apoiar a pesquisa científica e o monitoramento da natureza e dos fenômenos antropomórficos, visa melhorar e adaptar a utilização humana do meio ambiente. Dele faz parte a Rede de Reservas de Biosfera, que tem promovido a designação pelos governos de unidades de conservação e terras circundantes como Reservas de Biosfera, com a finalidade de concentração de pesquisas, intercâmbio de dados e fomento à cooperação científica internacional. Após 1995,[18] seu foco e alcance foi ampliado visando explicitamente equacionar os problemas de manejo de recursos nas regiões vizinhas às Reservas de Biosfera.

Considerações

Na perspectiva de Dourojeanni e Pádua (2001), a vinculação das UCs (áreas protegidas) ao problema da proteção da biodiversidade contribuiu para que elas se tornassem parte da preocupação global pelo meio ambiente, evidenciada pelo crescente número de convenções, tratados e acordos internacionais e binacionais. Os autores afirmam que o maior benefício desses instrumentos tem sido contribuir para a conscientização da opinião pública, em especial das classes políticas. A CDB, segundo Dourojeanni (1995, citado em DOUROJEANNI; PÁDUA, 2001), poderia ser um instrumento poderoso para as áreas protegidas, mas como não deu prioridade específica às UCs de uso indireto, até o momento, seu aporte é pouco significativo.

Alguns conservacionistas não concordaram com os rumos da CDB e talvez preferissem um acordo com ênfase numa visão tradicional de conservação. Provavelmente, a mesma traria um enfoque maior em áreas protegidas, se não tivesse se tornado parte da dinâmica da UNCED. Conforme mencionado por Alencar (1995, p. 121-122), ela nascera um acordo conservacionista global (Convention on the Conservation of Biological Diversity) e transformou-se num tratado global sobre desenvolvimento sustentável. Alencar cita descrição do processo negociador, feita pelo Embaixador do Chile, Vicente Sánchez, Presidente do Comitê Intergovernamental para a Negociação de uma Convenção sobre Diversidade Biológica. Na perspectiva do Embaixador, a Convenção teria sido "uma

---

[18] Segundo Congresso Mundial sobre Reservas de Biosfera, Sevilha, 1995.

convenção sobre parques e reservas". Essa era a posição inicial, particularmente entre países desenvolvidos. Somente, durante as negociações, entendeu-se que essa abordagem era incompleta e foram incluídos aspectos da interação complexa entre países desenvolvidos e em desenvolvimento, sendo que o caráter da convenção foi alterado.

O fato de a CDB ser mais abrangente do que o inicialmente proposto não exclui e nem enfraquece a estratégia de conservação *in situ*. De acordo com a IUCN, a importância das áreas protegidas foi reconhecida pela Convenção, tanto que incentiva as partes a adotarem sistemas de áreas protegidas (Artigo 8). Ademais, é positivo o fato de os países em desenvolvimento terem conseguido incluir suas perspectivas no acordo, relacionando conservação e uso sustentável à proteção da biodiversidade. Isso torna a questão das áreas protegidas mais próxima da realidade desses países e, conseqüentemente, aumenta a probabilidade dessa estratégia ser implementada efetivamente. Por outro lado, vale lembrar que a própria biologia da conservação havia mudado e incorporado as necessidades das populações locais aos seus conceitos.

Obviamente, existem muitas críticas e questionamentos, e tal estratégia isoladamente não é suficiente para proteger a biodiversidade, que é afetada por mudanças globais do clima, atmosfera, oceanos e águas doces. É importante salientar ainda que, se não houver mudanças nos padrões gerais de produção e consumo das sociedades e no modo de vida dos grandes centros urbanos, maiores consumidores dos recursos biológicos, não será possível conter a pressão destruidora da diversidade biológica no médio-longo prazo. No entanto, a conservação *in situ* é uma estratégia necessária para se manter a biodiversidade, tentando-se conter o impacto ambiental imediato das atividades humanas nos ecossistemas e para promover relações sustentáveis entre populações locais e natureza, contribuindo para manutenção dos seus modos de vida. Atualmente, tem se buscado integrar conservação *in situ* e desenvolvimento, o que impulsionou o surgimento de novas categorias de áreas protegidas e formas de zoneamento territorial, que combinam zonas de preservação permanente intocáveis com outras de uso sustentável e de uso mais intensivo, o que sinaliza parte das mudanças do "paradigma" do conservacionismo.

4.3.2 NOVA PERSPECTIVA CONSERVACIONISTA: CONSERVAÇÃO E DESENVOLVIMENTO

A CDB, as dinâmicas políticas e sociais em torno da sua elaboração e o próprio conceito de biodiversidade, resultando na incorporação de outros movimentos, reforçaram o caráter socioambiental da conservação, tornando-a um dos objetivos relacionados ao desenvolvimento sustentável. Contudo, não se pode ignorar mudanças precedentes no pensamento conservacionista, que têm influenciado as políticas e práticas relativas a áreas protegidas e conservação em geral a partir dos anos 1980. Um ponto a ser destacado foi a publicação da *Estratégia Mundial de Conservação (World Conservation Strategy)*,[19] em 1980, que foi o sinal claro da mudança de perspectiva que estava se configurando.

Segundo Keck e Sikkink (1998, p. 125), grande parte dos conservacionistas, na década pós-Estocolmo'72, dedicou-se a desenvolver uma resposta ao debate meio

---

[19] A *Estratégia* (IUCN, UNEP, WWF, 1980) considerava que entre os principais obstáculos a serem enfrentados estava o tratamento setorizado das questões de conservação, que prevalecia, ao invés de um processo transversal, perpassando todos os outros setores. Como conseqüência, havia a falha em integrar conservação com desenvolvimento.

ambiente *vs.* desenvolvimento.[20] Keck e Sikkink (1996, p. 126) afirmam que a Estratégia Mundial (IUCN; UNEP; WWF, 1980) incluiu sugestões para reformas de legislação nacional e objetivos de conservação.[21]

A *Estratégia* enfatizou, assim, que não se deve tratar conservação e desenvolvimento separadamente. Conservação e desenvolvimento raramente são combinados, de forma que, freqüentemente, são vistos como se fossem incompatíveis. Os próprios conservacionistas ajudaram, involuntariamente, a promoção dessa concepção errônea. (Introduction, item 9). Além disso, introduziu globalmente o conceito de desenvolvimento sustentável.[22] Desse modo, a IUCN, organizações multilaterais e ONGs ambientalistas foram tomando consciência da inadequação de políticas preservacionistas, sendo que, aos poucos, foi se formando um (quase) consenso de que a conservação tinha que ser buscada como uma parte integrante do desenvolvimento. A partir dos anos 1980, surgiram, então, novos conceitos buscando integrar conservação e desenvolvimento. O próprio sistema de categorias de áreas protegidas da IUCN refletiu isso, com a inclusão da categoria VI, descrita acima.

Brown afirma que (2001, p. 6) as áreas protegidas, em diferentes formas, continuarão a ter um papel crucial na conservação da biodiversidade ao redor do mundo no futuro próximo. Porém, a experiência tem demonstrado que abordagens tradicionais, *top-down*, excludentes de áreas protegidas conhecidas *fortress conservation*, ou cerca e multa freqüentemente não são efetivas para se alcançar objetivos de conservação. Segundo a autora (2001, p. 6-7)

> [...] em termos mais amplos, a literatura voltada para a conservação considera o desenvolvimento e o bem-estar da comunidade local diretamente conflitante com os objetivos e a prática da conservação biodiversidade. Na verdade, o desenvolvimento era freqüentemente identificado como um problema e a o principal agente causal da perda da biodiversidade. Nas últimas duas décadas, todavia, tem havido evidências de uma grande mudança de paradigma no pensamento conservacionista, resultando no que alguns pesquisadores passaram a chamar de "nova conservação"[...]

Brown (2001, p. 6) argumenta que a literatura que liga conservação e desenvolvimento apresenta um número de perspectivas diferentes na relação entre ambos, em termos de geração de riqueza, segurança de modo de vida. A autora se refere a Salafsky e Wollenberg (2000), que propuseram um quadro conceitual para integrar as necessidades humanas e a biodiversidade baseado em três entendimentos dessa ligação: o primeiro assume que não há ligação, o segundo que há uma ligação indireta e o terceiro que há ligações diretas. Brown (2001, p. 7-8) identifica estratégias de conservação baseadas nesses três entendimentos:

---

[20] Assim, em março de 1980, IUCN, WWF, FAO e UNEP (Programa das Nações Unidas para o Meio Ambiente) lançaram a *World Conservation Strategy* (Estratégia Mundial de Conservação), numa cerimônia realizada de forma simultânea em trinta países.

[21] Reconhecendo que "a separação ente conservação e desenvolvimento...[é] a causa dos atuais problemas (citação in KECK; SIKKINK, 1998, p. 125), na cerimônia de lançamento da *Estratégia*, Robert Allan, da IUCN, rechaça a suposição de que pessoas estão destruindo o meio ambiente por ignorância, quando de fato isso acontece porque não têm outra escolha (p. 126).

[22] Mais tarde popularizado no Relatório "Nosso Futuro Comum", da Comissão Mundial sobre Meio Ambiente e Desenvolvimento (WCED, 1986).

• a suposição de que não há ligação entre *livelihoods* e conservação resulta numa estratégia baseada em áreas protegidas, que exclui atividades de subsistência (*livelihood*), sendo que o conflito entre essas atividades e estratégias de biodiversidade compõem boa parte da base das práticas históricas tradicionais de conservação ao redor do mundo;

• a visão baseada no suposto de que há ligações indiretas entre conservação e desenvolvimento prescreve estratégias de conservação focalizadas no estabelecimento de fontes alternativas de renda, ou de subsistência, como um meio de substituir os recursos da biodiversidade, por exemplo, a criação de zonas de amortecimento e de reservas da biofera. Um problema identificado consiste em que práticas destrutivas podem ser aceleradas pelo crescimento das oportunidades de geração de renda;

• o suposto que reconhece ligações diretas entre conservação e desenvolvimento recomenda que se estabeleçam relações de dependência entre biodiversidade e pessoas ao redor de tal forma que os *stakeholders* se beneficiem diretamente da biodiversidade, provendo, assim, incentivos para conservação.

De acordo com a autora (BROWN, 2001, p. 7) a "nova conservação" enfatiza a complementariedades e os *trade-offs* ao invés de conflitos entre conservação e desenvolvimento. A autora (BROWN, 2001, p. 7) se refere a Hulme e Murphree (1999) para apresentar algumas características desse novo paradigma:

• mudança no locus societal da conservação do estado para o local, com um foco na participação de comunidades locais;

• adota inspirações recentes da ecologia concernentes ao entendimento da dinâmica e desequilíbrios de ecossistemas diferentes e rejeita noções simplistas de *wilderness* e ambientes pristinos ao reconhecer o papel da intervenção humana em moldar a biodiversidade;

• a nova conservação move-se da preservação da biodiversidade por meio de protecionismo para conservação por meio do uso, muito da sua retórica considera o mercado como salvação da biodiversidade.

Nem todos defendem essa visão voltada para o mercado. Redford et alii (2003, p. 117) argumentam que os esforços em conservação da biodiversidade podem ser enquadrados em duas categorias principais, aqueles baseados nos valores intrínsecos da natureza e aqueles baseados nos seus valores utilitários. De acordo com os autores (Redford et alii, 2003, p. 117), tem havido esforços de colaboração entre esses grupos conservacionistas, principalmente relativos às convenções internacionais. Entretanto esses ainda são limitados no presente, sendo que exemplos podem, todavia, ser considerados um sinal de que esforços colaborativos são possíveis.

Interessante notar o caráter conciliatório do argumento de Freese (1997, p. 2), que destaca que o debate entre os que defendem a abordagem *use it or lose it* [23] e os que argumentam pela criação de mais áreas de proteção integral pode injustamente sugerir um conjunto de visões altamente polarizados na comunidade de conservação. De acordo com o autor, a maioria dos conservacionsitas provavelmente defenderia que a melhor estratégia é uma *mistura das duas abordagens*,[24] com uma ou outra sendo favorecida

---

[23] No capítulo 5, esse debate será explorado com maior detalhe.
[24] Grifo meu.

dependendo das circunstâncias. No entanto, Freese argumenta que, não importando o que os conservacionistas pensam, a realidade é que muitos no mundo dependem de espécies silvestres para uma gama de produtos, seja para comida, fibras ou remédios. Assim, em muitos casos, a questão não é *se* deve-se usá-las, mas sim como mudar de um sistema de uso que é claramente insustentável para outro que seja melhor.

No contexto de "mudança paradigmática", surgiram as idéias de conservação baseada na comunidade (CBC), manejo comunitário de vida silvestre (CWM) e de projetos integrados de conservação e desenvolvimento (ICDP), que serão apresentadas no próximo capítulo. Trata-se de conceitos e abordagens que têm influenciado principalmente as práticas locais, visando incorporar as necessidades das populações humanas aos objetivos de conservação, ou vice-versa. O programa da UNESCO *Man and the Biosphere*, que incentiva a criação de reservas da biosfera é pioneiro nesse sentido. Essas iniciativas levantam a questão da inclusão das populações no estabelecimento de áreas protegidas, que continua gerando controvérsias. Em princípio, há uma corrente grande de conservacionistas que tem se empenhado em experiências de conservação com as comunidades e, hoje em dia, muitos ambientalistas rejeitam a idéia de simplesmente cercar para proteger.

4.4 ATORES E INTERAÇÕES

Os grupos de atores, principalmente ONGs, grupos de cientistas, as agências governamentais, intergovernamentais e também indivíduos dividem-se de acordo com as diferentes perspectivas sobre as ligações entre conservação e desenvolvimento. Se elas forem colocadas num espectro de cores, num extremo estaria o verde-escuro, ou posições que não levam em consideração fatores socioeconômicos e culturais e no outro estaria o vermelho-escuro, ou posições que consideram a natureza somente como algo socialmente construído, em que fatores e dinâmicas naturais não têm peso próprio. Como teve um caráter conciliatório, a CDB contemplou os dois lados da controvérsia. Durante o seu processo de negociação, as forças sociopolíticas se alinharam no sentido de produzir um documento "socioambiental" (ou numa Convenção sobre desenvolvimento sustentável, nas palavras de Alencar 1995), acabando por desagradar os dois extremos, mas reunindo uma gama ampla de interesses defendidos por diferentes grupos e tendências. Na minha perspectiva, os princípios da convenção reúnem grupos de tendências que variam do "verde-claro" (aqueles cuja origem é biológica e posteriormente as variáveis sociais foram incorporadas) ao "vermelho-verde" (cuja origem é social e o biológico e ecológico foram incorporados depois), ou seja, atualmente a maioria dos atores consideram fatores naturais e sociais, com diferenças de ênfase. Isso não significa ausência de conflitos entre os grupos, já que existem diferentes nuances e ênfases; todavia todos estão "abrigados" nos princípios e objetivos da CDB.

Conforme argumentado no capítulo 3, os indivíduos também são atores na política mundial sendo que suas ações são potencializadas por meio da construção de redes transnacionais. Isso se aplica particularmente às questões ambientais globais.

De acordo com Porter e Brown (1991, p. 35), estados nacionais não são os únicos atores que desempenham papéis importantes na política ambiental global. Organizações Internacionais (OIs) ajudam a estabelecer a agenda ambiental global, iniciar e mediar o processo de formação de regimes e cooperam com países em desenvolvimento em programas e projetos diretamente afetando o meio ambiente. ONGs participam no estabelecimento de agendas, influenciam negociações na formação de regimes, e influenciam na formatação das políticas ambientais de agências doadoras dirigidas a países em desenvolvimento. Corporações multinacionais, ou transnacionais, participam das barganhas na criação de regimes e realizam ações que afetam diretamente o meio ambiente global. Vale lembrar que ação das ONGs faz parte do próprio caráter da política ambiental global. Elliot (1998, p. 129) ressalta que uma das características da política ambiental pós-Estocolmo tem sido o crescimento de ONGs ambientalistas e movimentos de base, cujo foco passou das arena e questões nacionais para as transnacionais.

Porter e Brown (1991, p. 56) afirmam que as ONGs têm constituído uma força fundamental na política mundial, que emergiu particularmente durante os anos 1980. No início daqueles anos, foi estimado que havia aproximadamente 13 mil ONGs ambientalistas nos países desenvolvidos (30% das quais tinham se formado na década anterior) e acreditava-se que existia um número de ONGs estimado em 2.230 nos países em desenvolvimento (60% das quais tinham se organizado naquela mesma década). Todas essas diferem amplamente em estilo e estratégia, mas compartilham uma orientação comum dirigida ao "desenvolvimento sustentável". Os autores notam ainda que a incidência crescente de coalizões e alianças transnacionais e transregionais de ONGs sobre questões globais tem aumentado a influência de ONGs de países em desenvolvimento e desenvolvidos.

Três tipos de ONGs de países industrializados, segundo Porter e Brown (1991, p. 56-58), agem em política ambiental global: i) organizações grandes, de muitos membros, com amplos interesses ambientais, mas focalizadas principalmente em questões ambientais domésticas, tais como grandes ONGs norte-americanas (como exemplos pode-se citar: National Wildlife Federation, Audubon Society, Sierra Club); ii) organizações cuja orientação são as questões internacionais e são parte de redes internacionais mais amplas, ou organizações afiliadas. Trata-ses de ONGs internacionais, que podem ser uma federação flexível de afiliados nacionais, uma estrutura mais centralizada ou uma equipe que representa muitas organizações numa região geográfica específica (exemplos: Greenpeace, WWF, Friends of the Earth International); iii) ONGs *think tank*, cuja fonte primária de influência vem por meio de pesquisa, publicações e/ou ações legais, esse terceiro tipo de organização tem poucos ou nenhum membro. Esses grupos se valem de sua especialidade (*expertise*) técnica e legal e dos seus programas de pesquisa e de publicações (por exemplo, World Resources Institute-WRI, World Watch Institute, International Institute for Environment and Development-IIED).

Uma visão semelhante é expressa por Elliot (1998, p. 135). Segundo ela, ONGs são diversas em escopo, tamanho, atividade, filosofia, no grau de institucionalização e na escala de questões com as quais elas lidam. Isso torna difícil a sua categorização. Algumas ONGs se constituem primariamente como i) institutos de pesquisa, ou *think tanks*, ii) outras focalizam em *lobby* e atividade de grupo de pressão, iii) uma terceira categoria engloba ativistas no nível local, que enfatizam a gestão de projetos e atividade de base.

Porter e Brown (1991, p. 58-59) argumentam que as ONGs ambientalistas em países em desenvolvimento concentram suas energias primariamente em questões de políticas públicas locais e nacionais. Combinam objetivos de desenvolvimento e ambientais, em geral defendendo estratégias alternativas de desenvolvimento envolvendo reforma agrária, mudanças no uso da terra e redistribuição de poder sobre recursos naturais. No entanto, essas organizações têm se envolvido crescentemente em questões globais, como por exemplo o movimento em oposição aos projetos de bancos de desenvolvimento (Banco Mundial) e a políticas governamentais que ameaçavam as florestas tropicais. No final dos anos 1980, ganhou projeção a mobilização de povos indígenas da América Latina e do Sudeste da Ásia: Kayapo no Brasil e Penan na Malásia (*Sarawak*). Os autores notam também que ONGs de países em desenvolvimento freqüentemente formam coalizões no nível nacional, são essas que em geral se aliam a ONGs em países desenvolvidos.

Na perspectiva da Blaikie e Jeannrenaud (1996, p. 57), organizações internacionais de conservação influenciam a conservação e gestão da biodiversidade num nível ideal ou teórico por meio de prescrições de políticas de conservação, sendo que elas podem também afetá-las na prática, embora a barganha política no processo de formulação e a interpretação e implementação de políticas no campo ajam como filtros de suas idéias.

Barreto Filho (2001, p. 141) aponta o papel das redes ambientalistas na incorporação das dimensões ecológica e ambiental às políticas de desenvolvimento,[25] considerando desenvolvimento e conservação da natureza como temas globais coligados.

> via de regra negligenciada nas análises contemporâneas sobre o tema, a configuração de redes em torno da conservação de recursos naturais antecedeu e contribuiu para consolidar os fundamentos institucionais da política ambiental global, influenciando o esverdeamento dos organismos multilaterais e agências internacionais (BARRETO FILHO, 2001, p. 141).

Segundo Cadwell (1990, p. 23 em BARRETO FILHO, 2001, p. 142), a conservação da natureza foi se configurando como objeto de consideração em circuitos e redes de alcance variado. Entre os desenvolvimentos que se fizeram necessários para um movimento ambientalista internacional está a legitimação da política ambiental em nível nacional, sendo importante reconhecer o papel indispensável dos movimentos nacionais pela conservação e proteção da natureza como precursores da cooperação internacional. A proteção da natureza e da vida selvagem e a conservação dos recursos naturais são preocupações muito anteriores à CDB e já dividia os grupos ambientalistas entre preservacionistas, que consideravam a natureza como um valor em si mesmo e defendiam a criação de verdadeiros santuários naturais intocáveis, e conservacionistas, considerados mais pragmáticos por defenderem a proteção da natureza com base no seu valor enquanto recurso. Contudo, a mesma estratégia de criar áreas protegidas era defendida pelos diferentes grupos, que mantinham contatos entre si, atravessando fronteiras nacionais, formando ou participando de organizações internacionais (CADWELL, 1990, p. 28 e ss. em BARRETO FILHO, 2001, p. 143).

Barreto Filho (2001, p. 143) afirma que desses contatos resultaram as organizações e os esforços iniciais de cooperação entre os países em torno do estatuto jurídico, das práticas de gestão e das formas administrativas dos parques nacionais e áreas protegidas, o que o autor denomina a internacionalização do *national park movement*, que foi se ampliando e constituiu parte das bases conceituais e institucionais sobre as quais tem se apoiado a cooperação internacional ambiental atualmente. Um papel fundamental nesse contexto coube à IUCN.

---

[25] O argumento de Meyer, Frank, Hironaka, Schofer, Tuma (1997) mencionado na Introdução corrobora e elabora essa visão ao apontar ONGs e grupos de cientistas como atores que aproveitaram a existência de um espaço público internacional, representado pelo sistema das Nações Unidas, para fazer avançar uma agenda ambiental num contexto de uma cultura racionalista científica.

4.4.1 IUCN

A criação da IUCN – Internacional Union for the Conservation of Nature and Natural Resources (hoje The World Conservation Union[26]) – é considerada por Barreto Filho (2001, p. 143) como uma das evidências da internacionalização do movimento de parques nacionais. Na perspectiva de um regime global de biodiversidade, sua importância deve ser destacada na evolução da idéia de conciliar conservação e desenvolvimento a partir dos anos 1980. Anteriormente, já me referi ao seu papel no estabelecimento da CDB. Embora sua proposta de convenção não tenha sido adotada, a União Mundial contribuiu para que se aceitasse a idéia de um acordo global sobre biodiversidade.

Na perspectiva de Alencar (1995, p. 32), a IUCN pode ser considerada uma das principais organizações ambientalistas mundiais. Barreto Filho (2001, p. 143) afirma que se trata de um dos principais fóruns internacionais de discussão sobre os objetivos da proteção da natureza e da conservação dos recursos naturais e sobre o estatuto das áreas naturais protegidas como instrumento destes. Para o autor, a IUCN é primariamente uma organização não-governamental, ou uma parceria mundial que reúne uma rede de organizações governamentais, não-governamentais, científicas e de experts em conservação. No início dos anos 1960, reunia 20 governos e mais de 300 organizações nacionais de 60 países (ADAMS, 1962, p. 407, em BARRETO FILHO, 2001, p. 143). Quanto ao número atual de membros, Barreto Filho (2001, p. 143, baseado em KEPF, 1993) aponta que são 720 de 118 países. A página da IUCN (www.iucn.org, em 31 de outubro de 2002) afirma que são mais de 980 membros, espalhados por 140 países.

Keck e Sikkink (1998, p. 125) argumentam que a IUCN promoveu, durante os anos 1970 e início dos anos 1980, colaboração entre conservacionistas, coordenando troca de informação, por meio de publicações e conferências regulares, trabalhando em parceria estreita com WWF. Seu caráter híbrido (combinação de governos, ONGs e comunidade científica) deu acesso especial ao processo político internacional. As autoras (KECK; SIKKINK, 1998, p. 125) afirmam que 95% das delegações nacionais incluíam um membro ativo da IUCN na Conferência de Estocolmo. Assim, as organizações de cientistas e conservacionistas formaram uma "comunidade epistêmica" ao redor de uma variedade de questões ambientais, provendo muitos dos elos que uniram cientistas em conferências, pesquisa conjunta e cada vez mais em *policy advocacy*.

Um papel fundamental da IUCN foi, usando as palavras de Barreto Filho (2001, p. 145), sua ação catalisadora na transição de iniciativas conservacionistas quase que totalmente privadas e nacionais para a cooperação governamental e intersetorial de caráter internacional nessa esfera. Isso se deve a sua composição multisetorial e mundial, suas linhas de ação e seus vínculos com organismos do sistema ONU. Além disso, na visão do autor, é importante observar a sinergia entre os encontros periódicos promovidos pela IUCN e o "pequeno, porém influente, grupo de conservacionistas no Brasil" (BARRETO FILHO, 2001, p. 145).

---

[26] A World Conservation Union – IUCN (ou União Mundial para Conservação da Natureza, tradução encontrada nos *Anais* do Congresso Brasileiro de Unidades de Conservação, Curitiba, PR, 15 a 23 de novembro, 1997) constitui-se numa organização de caráter híbrido, por congregar representantes de governos, órgãos governamentais, ONGs e especialistas de diversas áreas e que conta com o trabalho de seis comissões internacionais compostas de mais de 3000 cientistas voluntários. Uma assembléia geral de delegados das suas organizações-membro se encontra a cada três anos e é responsável pela direção da organização. A IUCN tem sido uma fonte fundamental de influência em acordos globais relativos à conservação da vida selvagem e à perda de espécies (PORTER; BROWN, 1991, p. 58-59). Porter e Brown (1991, p. 58-59) apontam que ONGs têm influenciado a política ambiental também por meio da IUCN.

Em relação ao regime global de biodiversidade, deve-se destacar o papel da IUCN na publicação da Estratégia Mundial de conservação em 1980, na sua ação catalisadora em relação às áreas protegidas no mundo, e na sua atuação para colocar a questão da biodiversidade na agenda política internacional e para combinar conservação e desenvolvimento sustentável, principalmente até o final dos anos 1980. Entretanto, nos anos 1990 e nos primeiros anos do Século XXI, sua atuação tem perdido força. Alguns dos entrevistados apontaram que a IUCN tornou-se uma organização grande e burocratizada.

4.4.2 ONGs E CONEXÕES ENTRE O BIOFÍSICO E O POLÍTICO, O GLOBAL E O LOCAL

Coalizões amplas de ONGs trabalhando com questões ambientais específicas têm se tornado cada vez mais importantes.[27] Além das coalizões, Princen, Finger e Manno (1994, p. 226 e 227) enfatizam que ONGs formam conexões transnacionais que possuem duas dimensões, uma dinâmica e outra estática. A primeira é relativa a transformações institucionais e aprendizado social e a segunda compreende as ligações que ONGs fazem entre níveis de ação. Transformações institucionais são consideradas mudanças em organizações e regimes em resposta ao declínio ambiental. Os autores realizam quatro estudos de caso, sendo que, em todos, eles constatam que há mudança institucional, que ocorre formalmente por meio de diplomacia convencional e elaboração de leis internacionais. Na prática, essas transformações podem ser atribuídas à imposição normativa realizada por ONGs. Outro conceito que está relacionado à mudança em política mundial é o de aprendizado social. ONGs desempenham um papel específico que é o de mudar o relacionamento dos cidadãos com a política tradicional. Em parte, a transformação ocorre pelo aumento da consciência ambiental, mas a contribuição é mais do que educacional, consiste em *politizar o biofísico* e ligar o local e o global.[28]

As ONGs contribuem para transformação social de três modos. Primeiro, ao dar um novo enquadramento a questões, essas organizações ajudam a estabelecer uma linguagem e, algumas vezes, visões de mundo comuns. Segundo, as ONGs ambientais internacionais[29] contribuem para a transformação societal por meio do trabalho com o desenvolvimento comunitário. Outras constroem coalizões entre comunidades através de regiões e nações diferentes para fortalecer tais comunidades e torná-las mais autônomas *vis a vis* estruturas políticas existentes. Trata-se de desenvolver a capacidade de comunidades para desenhar economias auto-sustentáveis e resistir a forças políticas e econômicas intrusivas, substituindo a abordagem política tradicional que considera as comunidades como uma *constituency* mobilizável para propósitos políticos e econômicos definidos pelo estado.

---

[27] Como exemplos, os autores (PORTER; BROWN, 1991, p. 58-59) citam: Antartic and Southern Ocean Coalition (ASOC), Climate Action Network, Pesticides Action Network e International Nongovernmental Group on Indonesia. A aliança entre ONGs baseadas nos EUA e indígenas oponentes da destruição das florestas no Brasil teve um sucesso parcial ao chamar a atenção do mundo e, depois, do Brasil para a questão. ONGs norte-americanas conseguiram que o ecologista José Lutzenberger testemunhasse no Congresso Nacional em Washington contra o projeto POLONOROESTE do Banco Mundial (colonização e construção de estradas) em 1986. Isso resultou que, pela primeira vez, se tornasse uma questão nacional, dado que antes as autoridades brasileiras resistiam às pressões dessas coalizões de grupos locais e ONGs brasileiras e dos EUA.

[28] Grifo meu.

[29] Cabe observar que essa afirmação se aplica também a ONGs nacionais. Tanto as internacionais como as nacionais trabalham com organização de comunidades no nível local, envolvendo cidadãos em projetos concretos.

Entretanto, não é suficiente atuar apenas no nível local. Intervenções efetivas das ONGs fazem conexões entre os níveis local e global, colocando a questão ambiental como uma que não é singularmente local, nem singularmente global.

A terceira forma na qual ONGs ambientais internacionais contribuem para transformação societal é pelo estabelecimento de exemplos e substituição da ação governamental. Ao invés de demandar ação e mobilizar cidadãos para colocar pressão sobre os governos, as ONGs fazem, elas mesmas, o trabalho. Ao substituir ação governamental e estabelecer exemplos com atividades concretas, elas se engajam em processos de aprendizado criativos e inovadores cujos resultados acabam afetando a sociedade como um todo. Assim, transformação institucional e aprendizado social ajudam a explicar as dimensões dinâmicas das interações das ONGs (PRINCEN; FINGER; MANNO, 1994, p. 227-228).[30]

Ademais, Princen, Finger e Manno (1994, p. 217-221) argumentam que as ONGs ocupam um nicho político específico, que não está no topo, nem nas bases, mas que faz as ligações entre os níveis. Elas desempenham papéis-chave como negociadores independentes e como agentes de aprendizado social. A crise ecológica provê o espaço político, o nicho, em que as ONGs desempenham seus papéis. Os autores defendem que a contribuição específica das ONGs consiste em apontar as implicações políticas das tendências biofísicas nos níveis locais e globais e em desafiar as limitações do sistema estato-cêntrico. As características biofísicas dos problemas ambientais e seus impactos sociais demandam um novo tipo de política. A política da crise ambiental global é fundamentalmente diferente da política tradicional, tanto pelo número de atores envolvidos/interessados, como pela escala e impacto dos problemas, alguns são verdadeiramente globais, outros são relativos à escassez de recursos e de capacidade de sumidouro (*waste sink capability*). Biofisicamente, a crise ambiental global pode ser caracterizada pelo esgotamento da capacidade de suporte dos ecossistemas planetários. Essa característica desafia a ciência tradicional (disciplinar e fragmentada) e a dependência do estado nessa ciência para resolver o que não é estritamente técnico ou científico na questão. Assim, o caráter da crise e a necessidade de um novo tipo de política para lidar com o tipo de questões que estão surgindo, bem como, as inadequações da forma de lidar cientificamente com os problemas, desafiam as capacidades do sistema interestatal e abrem um nicho na política mundial. Esse não é satisfatoriamente preenchido por governos, ou organizações intergovernamentais, sendo preenchido por ONGs que fazem conexões críticas entre muitas das características da crise global, de formas provavelmente não encontradas na política tradicional ou em movimentos sociais. As ONGs têm contribuído simultaneamente para criar e preencher esse nicho a fim de influenciar ambos, estado e sociedade. Em resumo, as interações das ONGs na política ambiental mundial podem ser vistas como a construção de ligações (*linkages*) em duas dimensões: uma conecta o biofísico ao político, e a outra conecta o local ao global.

A construção de ligações é fundamental na política ambiental global. Os autores (PRINCEN; FINGER; MANNO, 1994, p. 21) argumentam que as condições biofísicas tornam-se crescentemente politizadas, já que a crise ambiental cria conflitos que

---

[30] Como se verá nos capítulo 6 e 7, a Sociedade Civil Mamirauá (SCM), ONG que foi responsável pela implementação do Projeto Mamirauá, atuou substituindo ou complementando a ação do governo ao propor e estabelecer uma Unidade de Conservação e contribuir no provimento de serviços na área de saúde e educação para os ribeirinhos que habitam a Reserva. Além disso, atuou no sentido da construção de ligações nas duas dimensões mencionadas: a biofísica e a política, o local e o global.

transcendem as fronteiras e vão além das capacidades institucionais. Segundo, soluções globais requerem abordagens locais quando os problemas resultam de ambos: do agregado de decisões sobre recursos locais e do impacto da economia política global sobre comunidades locais. Eles defendem ainda que, considerando que abordagens locais aproximam as condições para economias sustentáveis, soluções globais devem necessariamente[31] ser localmente baseadas. Porém, dado que as abordagens locais não podem escapar de processos globais, soluções políticas ou econômicas vão requerer conexões entre os dois níveis que facilitem a elaboração local e encorajem localmente experimentos nativos (*indigenous*).

Quanto às coalizões transnacionais ambientais (ETCs),[32] Princen (1999, p. 230-231) argumenta que existem duas categorias: as profissionais e as de opinião pública. As primeiras são majoritariamente compostas por profissionais, cientistas e especialistas em programas, se caracterizam pela presença de longo prazo nos países "alvo". Trabalham primariamente com o estado para criar e manejar áreas protegidas, fazer pesquisa, monitoramento, educação pública, financiamento de projetos especiais.[33] Tais coalizões também trabalham fora dos países "alvo", seus membros estão freqüentemente baseados nos países do Norte, onde realizam *fund raising*, conduzem pesquisa, educam públicos. Além disso, as ETCs profissionais trabalham freqüentemente com OIs e buscam fundos de governos, fundações e corporações. As ETCs profissionais (PRINCEN, 1999, p. 230-231) são altamente integradas, seus membros compartilham equipes de trabalho e espaço de escritório e frequentam as mesmas reuniões.[34]

---

[31] Não concordo com o necessariamente, pois há uma diversidade de soluções que aproximam condições de uma economia sustentável. A maioria combina abordagens locais/tradicionais e globais/científico-técnico-tecnológicas.

[32] Pricen utiliza o conceito de coalizão transnacional desenvolvido por Risse-Kappen (1999, p. 8-10). Esta se caracteriza por interações transnacionais, que ocorrem com regularidade no tempo, operando com base em regras implícitas e explícitas fundamentadas em entendimentos informais, bem como em acordos formais. Como essa definição compreende uma gama ampla de interações, o autor focaliza apenas os impactos políticos de relações transnacionais por atores ou grupo de atores claramente identificáveis e que ligam pelo menos duas sociedades ou subunidades de governos nacionais (relações transgovernamentais). Além disso, as coalizões e atores transnacionais possuem intenções, no sentido de que eles tentam alcançar objetivos políticos específicos no estado "alvo" das suas atividades. O autor (1999, p. 10) diferencia coalizões de alianças tácitas. Redes informais incluem a maioria das comunidades epistêmicas e coalizões transgovernamentais, sendo que formas altamente institucionalizadas de relações transnacionais são as ONGs internacionais e corporações multinacionais. Em resumo, Risse-Kappen sugere que relações transnacionais com impacto político (*policy*) incluem aquelas produzidas por comunidades epistêmicas, coalizões transnacionais, coalizões transgovernamentais e ONGs internacionais.

[33] No caso estudado pelo autor, referente à proteção de elefantes e a extração de marfim na África (Kênia e Zimbábue), as coalizões ambientais (ETCs) profissionais têm uma história longa, desde a época colonial.

[34] O autor (PRINCEN, 1999, p. 31 nota 10) fornece quatro exemplos interessantes da natureza de integração existente entre as ETCs profissionais. O WWF-International compartilha escritório com a IUCN em Gland, Suíça. Embora a TRAFFIC tenha *status* de ONG independente nas reuniões CITES, é considerada um braço do WWF e está localizada nos escritórios WWF mundo afora. Em 1989, na Conferência das Partes (COP) da CITES, foi passada uma resolução para criar um painel de expertos para rever propostas de *downlist* o elefante. A resolução estipulava que o painel seria estabelecido com recomendações de TRAFFIC, IUCN e PNUMA. Para assistir os governos africanos na preservação das populações de elefantes, a African Wildlife Foundation, a Comunidade Econômica Européia (European Economic Community), IUCN, TRAFFIC, US Fish and Wildlife Service, o Secretariado da CITES, Wildlife Conservation International, Wildlife Conservation Monitoring Centre e WWF formaram o African Elephant Conservation Coordinating Group para desenvolver um Plano de Ação (African Elephant Conservation Coordinating Group, African Elephant Action Plan, Março 1990, 4. ed.), que se tornou o documento-chave no prosseguimento da "uplisting" de outubro de 1989. A Unidade de Marfim dirigida pela CITES (CITES-run Ivory Unit) foi inicialmente financiada pela divisão de marfim do Japan General Merchandise Importers Association. Esses fundos foram canalizados para o Secretariado da CITES via WWF Japão e WWF Internacional (CITES Secretariat, "Interpretation and Implementation of the Convention: Trade in Ivory from African Elephants, Operation of the Ivory Trade Control System ", documento 7.21, Lausanne, Suíça, 9 a 20 de outubro 1989, p. 1-20, citado em PRINCEN 1999). Esses exemplos ilustram bem como se dão as interações entre as ONGs e as organizações intergovernamentais, contribuindo para a construção e consolidação de redes, ou coalizões transnacionais.

De acordo com Princen (1999, p. 231), as ETCs tipo "opinião pública" possuem uma composição mais fluida e difusa, mas não são necessariamente menos influentes. Compõem-se de organizações de preservação e direitos de animais, que se unem numa determinada campanha (*salve as focas, salve os elefantes*), mas operam independentemente na maior parte do tempo. Elas se valem de campanhas de alta visibilidade, desenhadas para capturar a opinião pública, e se especializam em animais ou ecossistemas específicos, porém adotam prontamente outras causas quando ganham (ou têm potencial de ganhar) a atenção do público. Em geral, buscam vitórias imediatas, não se organizam para promover, muito menos para implementar, soluções de longo prazo. Procuram alvejar públicos que respondam a apelos emocionais, ou que possam afetar decisões governamentais chaves. Fazem pouco quanto à utilização do recurso a ser protegido no nível local, também não agem tanto em relação a organizações intergovernamentais (embora muitos freqüentem reuniões bienais da CITES), quanto as ETCs profissionais e são mais dependentes dos seus membros para obter fundos e de doações para campanhas.

CONSIDERAÇÕES

A politização da biodiversidade pode ser considerada em grande medida um resultado da atuação das grandes ONGs internacionais e nacionais. O conceito de biodiversidade surgiu no âmbito acadêmico e foi transferido por meio de redes e comunidades epistêmicas para IUCN, ONGs, OIs, que levaram a questão para fóruns nacionais e internacionais, tornando-se parte das agendas políticas dos governos e, em menor medida, uma preocupação da opinião pública. Desse processo resultou a elaboração e assinatura da CDB, ou conforme argumenta Swanson, a convergência de diversos movimentos ligados à questão da biodiversidade.

A perspectiva de Princen, Finger e Manno (1994, p. 217-236) expressa o otimismo quanto à atuação das ONGs e o papel das comunidades locais existentes no final dos anos 1980 até meados dos anos 1990. Hoje se reconhecem os limites de sua atuação, que não substitui os governos, os quais são eleitos para lidar com a coisa pública. Por outro lado, é verdade que essas organizações representaram uma inovação na política tradicional partidária, politizaram várias questões e ampliaram o escopo da ação da cidadania em relação ao bem público. Seu papel é complementar ao dos governos. Considero fundamental e concordo com os autores quanto ao nicho político específico dessas organizações e seu papel de criar conexões/ligações entre dimensões: a biofísica e a política e entre a global e a local. Além disso, é importante reconhecer as suas contribuições para transformações institucionais (mudanças em organizações e regimes) e para o aprendizado social, ao trabalhar com desenvolvimento de comunidades no nível local, ao dar novos enquadramentos a questões, ao politizar o biofísico e ao estabelecer exemplos, agindo em espaços onde os governos não chegam, ou demoram a chegar, como aconteceu no caso Mamirauá.

4.4.3 COMUNIDADE EPISTÊMICA CONSERVACIONISTA E O PAPEL DOS BIÓLOGOS DA CONSERVAÇÃO

Conforme argumentado, as organizações são compostas por indivíduos. Em geral os líderes das ONGs são pessoas articuladas, cujas redes de relações são transnacionais baseadas em valores e objetivos comuns. Entre as ONGs ambientalistas, órgãos governamentais e intergovernamentais, podem se formar ligações construídas por indivíduos que, além de compartilharem valores e objetivos, possuem crenças causais semelhantes, formando comunidades epistêmicas.

Os biólogos têm atuado em questões de conservação e preservação da natureza, principalmente no estabelecimento de áreas protegidas ao redor do mundo desde o final da II Guerra Mundial e mesmo antes disso nas colônias britânicas na África. No entanto, foi a partir dos anos 1980 que um grande número se envolveu em questões de conservação e se popularizou a expressão biodiversidade. Nesse período a preocupação com a destruição de *habitats*, florestas tropicais e extinções cresceu entre cientistas e opinião pública em geral.

Nos anos 1980, surgiu, nos países anglófonos, a "biologia da conservação". Um marco foi a publicação do livro, editado por Michael E. Soulé, *Conservation Biology: An Evolutionary Ecological Perspective*, em 1980. Posteriormente, foi publicado como *Conservation Biology. The Science of Scarcity and Diversity* (1986). No prefácio, afirma-se que o propósito do livro é tornar mais informado e efetivo o membro da *comunidade da biologia da conservação*,[35] observando que crescera a preocupação entre biólogos com a "diversidade biológica, recursos genéticos e extinção" (Paul Erlich e Thomas Lovejoy). A biologia da conservação tornou-se um campo de estudos distinto, com base na biologia, mas com caráter multidisciplinar e uma perspectiva de ciência aplicada, cujos estudiosos têm sido partes ativas do movimento conservacionista transnacional. Quando se considera a atuação política dos membros da "comunidade da biologia da conservação", pode-se pensar em termos de uma comunidade epistêmica ou uma rede de especialistas que compartilham uma base de conhecimento e um empreendimento político.

> Creio que há consenso quanto a alguma coisa ter que ser feita, e os cientistas podem e devem ter um papel importante na prevenção da destruição da memória biológica do planeta [...]" (SOULÉ, 1986, p. ix).

Neste sentido, vale lembrar o papel da Universidade da Flórida, Gainesville,[36] como um centro que atraiu alguns pesquisadores importantes para o conservacionismo e onde nasceu, "de fato", a biologia da conservação[37] (Cláudio V. Pádua, entrevista pessoal, Brasília, 09 de janeiro de 2003). Por essa universidade passaram alunos de pós-graduação de vários países que, após concluída sua formação, se envolveram em política de conservação em órgãos governamentais, em agências bilaterais e multilaterais e em ONGs. Esse exemplo *não* é único e parece se repetir em outras instituições. Ele evidencia a relação entre alguns indivíduos, uma instituição e a formação de redes.

Chamo a atenção para o papel dos centros de pesquisa e de formação acadêmica na área de biologia da conservação e sua influência política. Entretanto, é importante salientar que não se trata de algo homogêneo, ou de um "pensamento único", porque

---

[35] Grifo meu.

[36] Alguns integrantes da equipe do Mamirauá fizeram pós-graduação em Gainesville, embora não diretamente ligados ao Programa mencionado (João Paulo, ex-coordenador do grupo de pescado; Míriam Marmontel, coordenadora da pesquisa sobre peixe-boi), mas acabaram conhecendo e estabelecendo contatos com pessoas como Kent Redford (João Paulo, entrevista pessoal, Tefé, 20 de agosto de 2001). Esses, de alguma forma, foram influenciados pela formação que obtiveram nesse Centro. Outro exemplo na área de primatologia é a Universidade de Cambridge, Inglaterra. Além do próprio Márcio Ayres (Mamirauá) e Richard Bodmer, vários primatólogos renomados estudaram lá e envolveram-se em questões de conservação. Richard Bodmer está ligado ao estabelecimento da RCTT – Reserva Comunal Tamshiyacu-Tahuayo, no Peru, 1986, e à elaboração do Projeto Mamirauá, 1991 (Cf. capítulos 5, 6 e 7 deste trabalho).

[37] Segundo David Western (2003, p. 14) a ciência da conservação nasceu na África Oriental e Meridional entre as décadas de 1960 e 1970, antes da biologia da conservação ter se tornado uma disciplina coerente nos Estados Unidos no final da década de 1970. Cf. capítulo 2.

isso não existe no processo de construção do conhecimento. Por outro lado, a "bagagem" – visão de mundo, valores e conhecimento científico – de cada um e cada uma é parcialmente formada na convivência entre pós-graduandos e professores de diversos países. Dessa maneira, acabam levando consigo a visão e o conhecimento sobre biologia da conservação desenvolvidos nesses centros (e.g. Gainesville) e na troca/ intercâmbio de idéias. Assim, o que pretendo ressaltar é o *processo e o papel* que algumas instituições acadêmicas têm na formação da comunidade epistêmica da biologia da conservação e nas mudanças ocorridas no pensamento conservacionista durante os anos 1980. Nesse período, as instituições acadêmicas e as ONGs contribuíram para atrair a atenção do público em questões relacionadas à biodiversidade e a problemas da conservação internacional. De acordo com Wilson (1986, p. v) e descrito no capítulo 2, isso era evidente em 1980 e foi crescendo, tendo alcançado um *momentum* na época do Fórum Nacional de BioDiversidade,[38] 1986.

Western (2003, p. 14) comenta que a biologia da conservação tem desempenhado um papel chave na elaboração convenções globais, políticas nacionais, e práticas de manejo. Vale lembrar que essa ciência é relativamente nova ou, nas palavras de Western (2003, p. 13); "um recém-chegado ao movimento conservacionista moderno que se originou, essencialmente, de uma filosofia utilitarista e estética de um século atrás." Sua importância, porém, é fundamental na definição da rede de biólogos da conservação como uma comunidade epistêmica, já que não basta compatilhar os valores do conservacionismo, sendo necessário ainda possuir uma base comum de conhecimento científico (crenças causais). Por outro lado, não se trata de uma comunidade científica *strictu senso*, já que compartilham princípios do movimento conservacionista moderno e também empreendimentos políticos comuns, agindo principalmente por meio de ONGs ou de instituições acadêmicas.

Aplicando o conceito de Haas (1992), pode-se dizer que a comunidade epistêmica da biologia da conservação é formada de profissionais de várias disciplinas, embora a maioria seja de biólogos. No espectro verde-vermelho mencionado anteriormente estão entre o verde-claro e verde-vermelho. Esses compartilham:

(1) valor de uso e não-uso da biodiversidade, conservação e preservação das espécies e dos seus *habitats*, sendo que foram incorporados posteriormente valores relativos à justiça social/desenvolvimento sustentável, como provisão das necessidades, ou melhoria da qualidade de vida, das populações que vivem no interior ou no entorno de áreas consideradas prioritárias para fins de conservação – correspondendo ao conjunto de crenças normativas e de princípios que provê uma "rationale" de base valorativa para ação social dos membros da comunidade;

(2) ciência da biologia da conservação/ciência da conservação enfatiza a diversidade

---

[38] Conforme descrito no capítulo 3, um evento importante foi a realização do Fórum Nacional de BioDiversidade, em Washington, 1986. Nessa época, diversidade biológica era um conceito novo e restrito ao meio acadêmico (ALENCAR, 1985, p. 115), sendo que o Fórum contribuiu para que divulgá-lo. Participaram mais de 60 importantes (leading) biólogos, economistas, especialistas em agricultura, filósofos e representantes de agências de ajuda e de financiamento[38]. Um resultado do Fórum foi a publicação do livro Biodiversity (1988), editado por Edward Wilson, que evidencia a existência de uma comunidade epistêmica na área de conservação da biodiversidade. Wilson (1988, p. vi) afirma que o livro documenta uma nova aliança entre forças científicas, governamentais e comerciais, que pode dar uma novo formato ao movimento conservacionista internacional nas próximas décadas. Também em 1986 foi criada a Society for Conservation Biology. Wilson (1988) afirma que sua criação não foi uma coincidência, mas uma outra evidência do crescimento da preocupação com as questões de conservação.

da vida e os processos evolutivos (Richard Dawkins: *selfish gene*, William Hamilton: *narrow roads of gene land*), baseia-se ainda na biogeografia (relação espécie/área), biologia de populações (taxa de reprodução, áreas-fontes), taxonomia, ecologia, economia ambiental, conhecimentos de antropologia – o que corresponde às suas crenças causais, isto é, aceitação das mesmas relações causais para questões, gerando, ou contribuindo, para que identifiquem um conjunto central de problemas (por exemplo, extinção de espécies causada pela destruição de *habitats*), que servem, então, como base para elucidação de múltiplos laços entre ações políticas possíveis (ex.: áreas protegidas, participação das populações locais na conservação da biodiveridade) e resultados desejáveis (conter a extinção de determinadas espécies, proteger a diversidade biológica);

(3) por serem, na sua maioria parte, da mesma comunidade científica (biólogos), compartilham noções de validação, principalmente considerando que parte de suas ações políticas são tomadas com base em pesquisas de campo;

(4) da preocupação com extinção de espécies e com a perda da biodiversidade (biodiversidade como diversidade de espécies e ecossistemas) demandam e agem pela criação de áreas protegidas, áreas de amortecimento e corredores ecológicos, proibição de caça de determinadas espécies, estabelecimento de períodos de defeso na pesca, proibição do comércio internacional de espécies ameaçadas – isso corresponde ao que Haas (1992) denomina de um empreendimento político comum, isto é, um conjunto de práticas comuns associadas com um conjunto de problemas para os quais sua competência profissional é dirigida.

4.5 DINÂMICAS DE TROCAS DE RECURSOS E CONHECIMENTO. CONEXÕES GLOBAL-LOCAIS

Em ações envolvendo conservação e/ou uso sustentável da biodiversidade, por exemplo, o estabelecimento de áreas protegidas/unidades de conservação e projetos CBC, ICDP, CWM, os atores transnacionais como ONGs e cientistas desempenham um papel-chave ao propor e implementar projetos, muitas vezes, sem a participação direta dos estados nacionais. Essas iniciativas se enquadram na *moldura* da Convenção e obedecem a princípios dos outros acordos conservacionistas, mas não representam uma resposta direta dos estados nacionais a essas instituições internacionais, sendo financiadas por ONGs internacionais, organizações intergovernamentais (OIs) e mesmo por governos dos países do Norte.

O fluxo de recursos financeiros e técnicos e de conhecimento para países em desenvolvimento é outro aspecto do regime global. Vale mencionar o papel do Fundo Ambiental Global, mais conhecido pela sigla em inglês: GEF (Global Environemntal Facility). De acordo com Prestre (2002, p. 93-94), os recursos do GEF para biodiversidade têm crescido e correspondem atualmente ao maior *portfolio* do Fundo. No período fiscal de 1995-2000, o GEF aprovou 339 projetos no valor total de mais de US$ 884 milhões. Em 2001, apoiou mais de 130 países em desenvolvimento na elaboração das estratégias nacionais de biodiversidade. O GEF é o mecanismo de financiamento da CDB e de outras convenções globais. Em dez anos, o Fundo canalizou US$ 4,1 bilhões provenientes dos EUA, Europa Ocidental e Japão para mais de mil projetos em 150 países do Sul e ex-comunistas. Todavia, isso significa menos de 1% do total do fluxo de ajuda internacional (international aid) e equivale aos gastos globais de defesa de um dia para cada ano de proteção do ambiente global (YOUNG, 2002, p. 8).

A dinâmica dos recursos para biodiversidade deve ser compreendida numa perspectiva que vai além da CDB. O fluxo de recursos depende da região do planeta e o grau de atenção que essa consegue captar da opinião pública e países doadores do Norte. Por sua vez, isso é influenciado grandemente pela atuação de redes transnacionais, em particular comunidades epistêmicas. Seus membros são pesquisadores/cientistas, ligados a instituições acadêmicas e/ou ONGs, que se mobilizam para dar publicidade a suas pesquisas, conscientizar a opinião pública por meio de ONGs e OIs e influenciar a formação de agendas políticas e política públicas, o que, por sua vez, influencia a direção dos recursos de cooperação.

Segundo Pádua (entrevista pessoal, Brasília, 9 de janeiro de 2003), um fator propulsor na circulação das idéias sobre conservação (elementos balizadores) e na sua implementação tem sido a incorporação dessa idéias pelas grandes ONGs conservacionistas internacionais, como WWF e Conservation International, WCS, TNC. Isso influencia a direção dos fluxos de recursos, seja quando as ONGs canalizam os fundos próprios, seja por meio de sua influência junto a organismos internacionais como Banco Mundial e outros, o que, por sua vez, influencia a adesão de outras ONGs menores e de órgãos ambientais nos países, criando certas "modas", caracterizadas pelos jargões das organizações internacionais: e.g. CBC, ICDP, CBNRM. Nesse sentido, de acordo com Pádua (Cláudio V. Pádua, entrevista pessoal, Brasília, 9 de janeiro de 2003), quem muda realmente os "paradigmas de conservação" são as grandes ONGs internacionais (multinacionais do verde) ao incorporar os novos conhecimentos e idéias que vão se desenvolvendo. São elas que influenciam o dia-a-dia de quem trabalha com a questão. Por exemplo, o Banco Mundial acabou de criar um programa baseado em *hotspots*, um conceito desenvolvido pela CI; a USAID tem trabalhado há muito tempo com "ecorregiões", perspectiva desenvolvida pelo WWF.[39]

Em relação às florestas tropicais e à questão da extinção de espécies, Wilson afirma (1988) que a preocupação estava presente desde 1980, tendo atingido seu *momentum* na época do Fórum Nacional de BioDiversidade (1986). Conforma mencionado, isso se deu devido (1) ao acúmulo de dados suficientes sobre desflorestamento, extinção de espécies e biologia tropical, que lançou luz nos problemas globais e garantiram exposição pública mais ampla; e (2) à consciência crescente das ligações próximas entre conservação da biodiversidade e desenvolvimento econômico. Nesse contexto, o fluxo de recursos de cooperação técnica e financeira para países detentores de florestas tropicais começou a aumentar.

A questão amazônica passou a se destacar a partir de meados dos anos 1980 e, segundo Hurrel (1992, p. 402-403), consiste num exemplo do papel da mídia no estabelecimento de agendas de política externa de estados e na formatação das respostas políticas a questões ambientais.

Hurrell (1992, p. 414) relaciona a politização da questão da Amazônia às redes transnacionais de ONGs e cientistas e suas ligações com grupos locais (vítimas da destruição da floresta), sendo que a densidade e alcance dessas ligações transnacionais têm sido uma característica importante dessa politização.[40] O autor (1992, p. 416) afirma,

---

[39] Essa discussão foi aprofundada no Capítulo 2. A perspectiva de Pádua corrobora a existência de um regime global que vai além da CDB.
[40] Por exemplo, cita o Conselho Nacional de Seringueiros (CNS) que recebeu fundos significativos de ONGs internacionais, como Survival International, OXFAM, Amnisty International. Além disso, o autor menciona a participação direta de grupos indígenas, sindicatos rurais, ambientalistas brasileiros (José Lutzemberger) em processos de lobby nos Estados Unidos e Europa, que foram uma parte central das Campanhas de ONGs pró-floresta tropical.

ainda, que a formação de coalizões transnacionais de ecologistas e economistas e a publicidade internacional dada ao desflorestamento na Amazônia por ONGs e cientistas no mundo industrializado provêem alguma evidência do argumento de Peter Haas sobre a importância de comunidades epistêmicas. No caso amazônico, a formação de laços transnacionais entre cientistas, *policy-markers* e grupos de pressão ajudou a desenvolver consenso sobre a natureza do problema do desflorestamento e sobre as principais reformas que tiveram de ser feitas para lidar com o fenômeno.[41]

Tudo isso foi importante para direcionar parte dos recursos da cooperação internacional dos governos do Norte, ONGs internacionais e OIs para a Amazônia. Em relação à natureza das iniciativas apoiadas, a "mudança de paradigma" mencionada anteriormente, também influenciou a direção dos recursos no sentido de projetos de caráter socioambiental.[42] Segundo Pádua e Dourojeanni (2001), a opção pela conservação baseada na comunidade virou moda na segunda metade dos anos 1980 e uma "verdadeira epidemia" nos anos 1990, pois a maior parte das ONGs internacionais e nacionais e muitas organizações bilaterais e multilaterais a adotaram.[43] Como exemplo, citam o DFID (agência de cooperação técnica do governo britânico), que eliminou o apoio a operações ambientais sem forte conteúdo social, mais concretamente aquelas que não aplicavam o conceito de "conservação baseada na comunidade".

Quanto ao fluxo de recursos técnicos e financeiros e a atuação das agências de cooperação bilaterais e multilaterais, deve-se observar ainda que a questão da formação da agenda é complexa pois, devido à atuação de redes transnacionais, não se pode dizer que são os países do Norte que impõem uma agenda aos países do Sul. No entanto, é necessário identificar qual a coalizão "vencedora", ou seja que comunidades epistêmicas, redes de ativistas, grupos de interesses, etc., penetraram as ONGs internacionais e agências de cooperação e quais os temas, abordagens e ordem de prioridades que se estabeleceram.[44]

---

[41] O argumento de Hurrell (1992) enfatiza a mudança da política doméstica em relação à Amazônia. Nesse sentido, o autor afirma que a abordagem das comunidades epistêmicas é insuficiente para explicar a mudança da política amazônica por parte do governo brasileiro.

[42] Pádua e Dourojeanni (2001) apontam que uma mudança importante das duas últimas décadas do século XX foi o surgimento da "conservação baseada na comunidade" (*community-based conservation-CBC*), apresentado como "panacéia" para proteger a natureza e curar as UCs, principalmente as de uso indireto.

[43] Pádua e Dourojeanni (2001) apontam que os investimentos do Banco Mundial e GEF revelam grandes somas para "conservação baseada na comunidade" (CBC) ou para temas puramente sociais. O WWF, em 1995 gastou 8 milhões de francos suíços para "desenvolvimento sustentável" e apenas metade disso para áreas protegidas, onde também existiam iniciativas de CBC. Em 2000, a mesma organização investiu apenas 0,2 milhões de francos suíços para proteger espécies, sendo que o apoio para as UCs caiu de 4,3 milhões de francos suíços em 1995 para 2,1 milhões em 1997. Dourojeanni e Pádua (2001) ressaltam, ainda, que qualquer análise da maioria das ONGs internacionais, com exceção da The Nature Conservancy (TNC) e em menor grau da Conservation International (CI) mostra essa tendência.

[44] Outro problema apontado por Western (2003, p. 15) se refere ao continente africano, porém podendo ocorrer na América Latina e na Ásia também. O autor afirma que o estado deplorável da formação universitária naquele continente reflete-se em instituições governamentais e serviços falidos e a falta de alternativas do setor privado. De acordo com o autor, numa virada irônica, as organizações internacionais de conservação, que antes ofereciam alternativas de formação para conservacionistas nativos, têm crescido atualmente por meio de grandes recursos financeiros de agências bilaterais e multilaterais. Assim, freqüentemente escolhem fazer conservação por elas mesmas, ao invés de treinar estudantes e instituições africanos para fazer o trabalho, sendo que o estímulo intelectual e os recursos para a nova geração de cientistas conservacionistas da África estão desaparecendo.

Da época da Conferência do Rio (fim dos anos 1980) até o final dos anos 1990, a questão ambiental estava em alta e predominava uma visão "verde-vermelha" e "verde-clara" de tentativa de integração do ambiental ao social e vice-versa. Desde os primeiros anos do século XXI, parece que a ênfase está mudando e a agenda da redução/alívio da pobreza está se colocando, muitas vezes em detrimento ou oposição à agenda ambiental.

Observar a direção do fluxo de recursos financeiros e técnicos e da produção do conhecimento contribui para se identificar as macrotendências quanto às iniciativas locais, que recebem apoios inter e transnacionais. No entanto, Prestre (2002, p. 94) chama a atenção para duas questões: 1) o nível real de fundos para biodiversidade e em que medida recursos adicionais foram alocados permanecem desconhecidos, devido à dificuldade em monitorar as transferências de programas de ajuda bilaterais e multilaterais e de investimentos privados, dado a falta de padronização nos procedimentos de elaboração de relatórios por parte dessas instituições (*funding institutions*). Por isso, é difícil saber com precisão o volume dos recursos, mas pode-se conhecer a sua direção. Desse modo, enquanto Mamirauá foi uma iniciativa inovadora, também refletiu uma tendência transnacional e internacional de projetos locais, que visavam conciliar conservação e desenvolvimento, com participação das populações locais.[45]

No Brasil, tem funcionado o maior programa multilateral de proteção a florestas tropicais do mundo, que é o PP-G7 (Programa Piloto de Proteção a Florestas Tropicais do Brasil, financiado pelos países do G7). No âmbito desse Programa,[46] financiam-se vários tipos de iniciativas, entre os quais também aqueles que promovem a conservação e uso sustentável da biodiversidade.[47]

Outra dinâmica que se estabelece no âmbito do regime global é relativa aos fluxos de conhecimento sobre biodiversidade. Esses ocorrem do local para o global e vice-versa. Nesse sentido, além de proteger, os países do Norte, as ONGs, os cientistas e o setor privado pretendem conhecer a biodiversidade. Ao apoiar iniciativas no sul, vários desses atores estão, ainda, interessados no aproveitamento dos recursos biológicos para a "indústria da vida". Desse modo, é importante observar o fluxo de conhecimentos que se estabelece em várias direções. Pode-se considerar o conhecimento sobre a biodiversidade como uma contrapartida obtida pelas ONGs internacionais e agências de cooperação ao oferecerem recursos para iniciativas em países em desenvolvimento.

---

[45] No próximo capítulo apresentarei algumas experiências que possuem aspectos semelhantes a Mamirauá. Entre essas estão o apoio de ONGs internacionais e agências de cooperação e o papel de redes transnacionais e comunidades epistêmicas, resultando em fluxos de recursos financeiros e técnicos e de conhecimento do global para o local.

[46] Em relação ao volume de recursos, no relatório da sua 17ª Reunião, 15 a 26 de julho de 2002, o IAG comenta "O volume de recursos de aproximadamente US$ 50 – 90 milhões anuais do Programa Piloto, que é gasto principalmente com salários, equipamento e estudos, parece muito modesto quando comparado às transferências para o novo Fundo de Desenvolvimento da Amazônia (FDA), ligado à nova agência de desenvolvimento regional para a Amazônia (ADA), que terá um orçamento anual estimado de R$ 400 milhões. Estes mecanismos poderiam ser usados para financiar mais iniciativas de desenvolvimento sustentável do que tradicionalmente tem sido o caso da SUDAM e do FINAM".

[47] O PP-G7 funciona por meio de grandes projetos "guarda-chuva". Deve-se destacar aqui o Projeto de Corredores Ecológicos, anteriormente denominado Parques e Reservas, o PROMANEJO e o PROVÁRZEA, por meio dos quais recursos também fluem para Mamirauá.

4.6 Iniciativas locais e regime global

Da interação dos atores em torno dos elementos balizadores, podem surgir iniciativas locais de conservação da biodiversidade e desenvolvimento sustentável. A perspectiva de um regime global permite capturar essas iniciativas, desenvolvidas por diversos atores conectados por redes transnacionais e apoiados por recursos de ONGs internacionais e agências de cooperação bilaterais ou multilaterais. Projetos de conservação da biodiversidade e desenvolvimento sustentável, que acontecem no nível local, usando recursos nacionais e internacionais, governamentais e não-governamentais, muitas vezes não podem ser considerados uma resposta direta do estado nacional à Convenção sobre Diversidade Biológica (CDB). No entanto, estão em sintonia com os objetivos e princípios da CDB, podendo ser enquadrados no âmbito do regime global de biodiversidade. São resultantes das interações que se estabelecem no âmbito do regime.

Do ponto de vista global, Mamirauá não é uma iniciativa local isolada, mas representa uma tendência transnacional e internacional, no que diz respeito à integração dos objetivos de conservação da biodiversidade e desenvolvimento sustentável. Existem, espalhadas pelo mundo, diversas experiências semelhantes, que evidenciam transferência de recursos do nível global para o local e também a existência de uma rede transnacional de biólogos conservacionistas, que incorporaram questões socioeconômicas ao objetivo de proteger a diversidade biológica. Essa rede, ou mais precisamente comunidade epistêmica, faz a ponte/elo entre desenvolvimentos conceituais globais e realidades locais, bem como contribui para que o fluxo de recursos de cooperação e de conhecimento se direcione para determinados locais, representando o caráter dinâmico do regime global de biodiversidade.

Regime global de biodiversidade

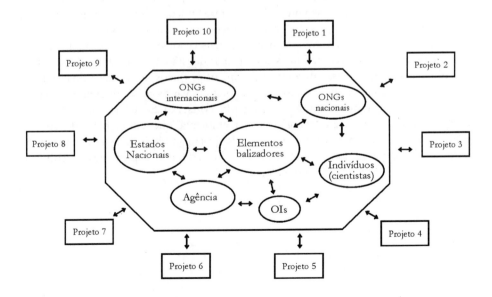

4.7 Considerações finais

O *Regime Global de Biodiversidade* compreende princípios, normas, regras e procedimentos decisórios, formais e informais, principalmente aqueles definidos pela CDB (regime internacional *strictu senso)*, sua estrutura organizacional e mecanismo de financiamento, bem como pelas outras convenções conservacionistas e seus desdobramentos e estrutura institucional: Secretariado da Convenção, Conferência dos Estados-Partes (COPs). Além da CDB, o regime global de biodiversidade abrange as instituições internacionais (regras e organizações): CITES, Convenção de Paris (Patrimônio Natural e Cultural), Convenção de Rãmsar (áreas alagadas) e Convenção de Bonn (espécies migratórias), outros tratados e acordos bi ou multilaterais conservacionistas, o Protocolo de Biossegurança e outros documentos originados da própria CDB. Essas instituições fornecem ao regime a base normativa e organizacional do ponto de vista global. Outro conjunto de elementos balizadores do regime é o sistema mundial de categorias de áreas protegidas e os conceitos e metodologias desenvolvidos no âmbito das organizações conservacionistas, como ICDP, *community based conservation, community based wildlife management, hotspots*, as *red lists* (listas de espécies ameaçadas), ecorregiões etc. O regime abrange, ainda, elementos cognitivos relativos à evolução do conhecimento sobre a diversidade biológica, na forma de entendimentos compartilhados. Consistem no arcabouço intelectual do regime, que está em constante evolução, por resultar das pesquisas e debates majoritariamente entre e no interior das comunidades epistêmicas, redes e organizações não-governamentais e em menor medida nas agências de cooperação bi e multilaterais. Os elementos balizadores pautam as práticas locais e influenciam as políticas ambientais no mundo todo.

A abordagem do regime global de biodiversidade incorpora também dimensões interrelacionadas de política doméstica e internacional, como as legislações e políticas públicas nacionais, estaduais e municipais que estão sintonizados com os princípios e objetivos da CDB, além de programas e projetos implementados domesticamente, por organizações governamentais, ou não-governamentais, por meio de fundos nacionais ou internacionais. Os atores são múltiplos e compreendem indivíduos, grupos, ONGs, OIs, agências de cooperação, sendo que as relações que compõem o processo político são intra e interestatais, transgovernamentais e transnacionais. Assim, formam-se redes transnacionais e transgovernamentais em torno da questão da biodiversidade, resultando em circulação de idéias, valores e conhecimentos, fluxos de recursos financeiros e técnicos e no surgimento de projetos semelhantes em vários países diferentes. No próximo capítulo discuto questões envolvendo conservação e uso sustentável da biodiversidade e ressalto a convergência socioambiental que tem se formado. Em seguida, apresento algumas experiências locais de conservação e uso sustentável da biodiversidade, que também são consideradas inovadoras e importantes no contexto da proteção global da diversidade biológica.

Parte III | **DO GLOBAL AO LOCAL**

Capítulo 5

AÇÃO GLOBAL PARA CONSERVAÇÃO DA BIODIVERSIDADE

CONSERVAÇÃO E USO DA BIODIVERSIDADE, CONVERGÊNCIA SOCIOAMBIENTAL
E ABORDAGENS QUE INTEGRAM CONSERVAÇÃO E DESENVOLVIMENTO

No capítulo anterior, apresentei o conceito de regime global de biodiversidade juntamente com o que considero os seus componentes, embora, como mencionado, tal conceito não seja elaborado na literatura teórica de relações internacionais. O regime compreende elementos normativos e cognitivos que balizam as práticas locais e que influenciam as políticas ambientais no mundo todo. Além disso, abrange atores estatais e não-estatais e suas interações em vários níveis. Desse modo, essa perspectiva auxilia, entre outras coisas, na análise e entendimento de experiências no nível local, que estão em sintonia com os objetivos da Convenção sobre Diversidade Biológica, mas que, muitas vezes, não podem ser consideradas respostas diretas dos estados nacionais à CDB, podendo ser enquadradas no quadro mais amplo do regime global.

Pretendo, neste capítulo, discutir questões relativas à implementação dos objetivos de conservação e uso sustentável da biodiversidade por meio de iniciativas locais. O foco serão as experiências em andamento em áreas consideradas ricas em biodiversidade, os atores envolvidos e a os arranjos de cooperação internacional e interinstitucional feitos para viabilizá-las. A ênfase será em projetos integrados de conservação e desenvolvimento (ICDP) e iniciativas de conservação baseada em comunidades (CBC) e de manejo comunitário de vida selvagem (CWM). Assim, abordo brevemente os debates que ocorrem em torno da implementação da conservação e uso sustentável da diversidade biológica e as dificuldades de se chegar a um consenso quanto à possibilidade de conciliar proteção da biodiversidade e desenvolvimento. Esses debates envolvem atores diversos e posições diferenciadas quanto ao uso de espécies silvestres e às unidades de conservação, ou áreas protegidas. Todavia, existe uma tendência à convergência socioambiental, que tem sido observada nas duas últimas décadas.

Em seguida, apresento algumas abordagens que surgiram no contexto da "mudança paradigmática" do conservacionismo (ICDP, CBC, CWM). Por último, descrevo e discuto algumas ações locais, procurando relacioná-las ao regime global de biodiversidade. Ressalto, ainda, que estou tratando apenas de alguns aspectos do regime, que obviamente é mais amplo. No entanto, é necessário focalizar para aprofundar. É importante lembrar que existem outras questões não tratadas, relativas à biodiversidade (propriedade intelectual, direitos das populações tradicionais, biotecnologia, bioprospecção, acesso) e a outros aspectos ambientais (mudança climática, bacias hidrográficas) e econômicos (comércio, investimento), que influenciam o que acontece localmente. No entanto, é impossível levar todos esses fatores em consideração. Desse modo, a linha divisória traçada é somente um artifício usado para a análise.

Para elaborar este capítulo, revisei literatura sobre conservação e uso da biodiversidade, unidades de conservação e populações, bem como documentos de ONGs e organizações internacionais, com destaque para alguns anais e relatórios de seminários sobre UCs e populações, que aconteceram por ocasião da discussão do SNUC. As consultas de páginas da IUCN, WWF, WCS, CI e outras organizações conservacionistas na rede mundial de computadores foram fundamentais. Além disso, as entrevistas que realizei, principalmente com pessoas envolvidas em conservação e desenvolvimento sustentável, ajudaram a ter uma visão global da questão.

5.1 O DESENVOLVIMENTO SUSTENTÁVEL E A CONSERVAÇÃO DA BIODIVERSIDADE

De acordo com Barreto Filho (2001, p. 141), desenvolvimento e conservação da natureza são temas globais coligados. O marco inicial pode ser considerado a Estratégia Mundial de Conservação, em 1980, que propôs, pela primeira vez, o conceito de desenvolvimento sustentável, conforme mencionado no capítulo anterior. A Estratégia foi uma resposta dos conservacionistas ao debate meio ambiente *vs.* desenvolvimento.

McCormick (1992, p. 151) afirma que até a Conferência de Estocolmo muitos ambientalistas vinham questionando o crescimento econômico, que era, na sua visão, suspeito e inimigo de uma administração ambiental racional e correta. Uma década após, as atitudes eram mais conciliadoras, passando a prevalecer a visão de compatitilidade entre desenvolvimento e meio ambiente e o consenso generalizado de que uma assimilação dos objetivos de ambos era necessária para criar uma sociedade sustentável. Assim, em dez anos, da posição pré-Estocolomo de rejeição aos padrões econômicos e sociais da sociedade capitalista e busca de mudanças *fora* das instituições estabelecidas, passou-se para uma política de conciliação: usar os sistemas econômicos, sociais e políticos para realizar as mudanças *dentro* desses sistemas. O novo mote ambiental tornou-se o "desenvolvimento sustentável".

Na perspectiva de McCormick (1992, p. 151), não havia muita novidade no conceito de desenvolvimento sustentável, tal como ocorre em muitos outros "novos" conceitos ambientais anteriores. Ele já havia sido adotado por especialistas florestais alemães e indianos e por Roosevelt e Pinchot. A necessidade de administrar os recursos naturais racionalmente foi colocada em 1949, Lake Success, e, em 1952, em Bukavu, sendo que em 1956 a IUCN sugerira a reconciliação entre políticas de conservação e desenvolvimento. Contudo, McCormick (1992, p. 152) afirma que não existe uma definição consensual de desenvolvimento sustentável. O IIED, em 1982, definiu como "o processo de melhorar as condições de vida da maioria pobre da humanidade e ao mesmo tempo evitar a destruição dos recursos naturais e de sustentação da vida, de modo que os aumentos de produção e as melhorias das condições de vida possam ser sustentados a longo prazo" (International Institute for Environment and Development, IIED *Annual Report* 1981-1982, Londres: IIED, 1982, p. 7). Isso deve ser igualmente aplicável aos países mais desenvolvidos. Assim, para McCormick (1992, p. 152), uma definição mais apropriada é o desenvolvimento, que ocorre dentro da capacidade de sustentação do meio ambiente natural e humano.

A Comissão Mundial sobre Meio Ambiente e Desenvolvimento, coordenada por Gro Brundtland, primeira-ministra da Noruega, preparou e publicou o relatório *Nosso Futuro Comum*, trabalhando durante um período de 900 dias (outubro de 1984 a 1987). O Relatório Brundtland, como ficou conhecido, consistiu um marco, principalmente por relacionar em definitivo meio ambiente e desenvolvimento (ecologia e economia), popularizando o conceito de desenvolvimento sustentável. De acordo com o Relatório, desenvolvimento sustentável é aquele que supre as necessidades do presente sem comprometer a habilidade de futuras gerações de suprir as próprias necessidades. Reconhece-se, ainda, que se deve buscar a eliminação da pobreza. "Um mundo em que a pobreza é endêmica corre sempre o risco de catástrofes ecológicas e outras". A Conferência do Rio, em 1992, serviu para colocar o desenvolvimento sustentável nas agendas dos países, organizações bilaterais e multilaterais e ONGs.

Adams (1991) relaciona a idéia contemporânea de desenvolvimento sustentável ao esverdamento da teoria de desenvolvimento e aponta que essa idéia incorpora diferentes correntes do ambientalismo. Na sua perspectiva, o desenvolvimento sustentável contém elementos de correntes ambientalistas radicais e reformistas, ou uma mistura de ecocentrismo e tecnocentrismo, mas é *open ended*, flexível e diverso, sendo que "barcos de várias lealdades estão cautelosamente sob a mesma bandeira e a destinação é raramente debatida". A incerteza resultante é de considerável importância política e prática e se reflete nas tentativas de implementar projetos de desenvolvimento sustentável. O autor aponta promessas baseadas em populismo agrário e no alto grau de liderança de equipes internacionais. No entanto, pode haver confusão entre microprojetos sustentáveis, buscando o bem-estar de grupos específicos de pobres rurais, e tentativas de usar tais projetos para compensar pessoas por recursos perdidos no interesse de conservação de vida selvagem. Como uma ideologia, essa idéia provê um caminho atraente para se desenvolver políticas, prometendo uma fuga da destruição resultante da aplicação dos paradigmas dominantes de desenvolvimento. Todavia, na visão do autor, a falta de uma ideologia única e coerente e de um entendimento sobre a economia política do processo de desenvolvimento e sobre as estruturas da economia mundial coloca sob risco de fracasso aqueles que buscam implementar o conceito de desenvolvimento sustentável e expõe aqueles envolvidos nas áreas rurais dos países do Sul às falhas já conhecidas do processo de desenvolvimento.

O conceito de desenvolvimento sustentável é elusivo. Retoricamente, o seu significado é conhecido e ninguém se posiciona contra. Ele se tornou objetivo declarado de todos os países e organizações internacionais governamentais e não-governamentais. Entretanto, na prática, não se sabe bem como aplicá-lo. Quais são as estratégias? Como mudar valores e atitudes sociais que comprometem a sustentabilidade? Como formular e implementar novas políticas que realmente promovam melhoria da qualidade de vida para todos, em termos de renda, educação, saúde, liberdade, igualdade de oportunidades, enfim, supram as necessidades presentes e, ao mesmo tempo, não comprometam a capacidade das gerações futuras de suprir suas próprias necessidades?

Embora essa imprecisão possa ser considerada uma fraqueza, um aspecto positivo é, sem dúvida, o fato de ter reunido num objetivo global único o ambiental, o natural e ecológico e o socioeconômico e cultural. Obviamente, é um conceito que necessita ser problematizado e os *trade-offs* existentes ainda não foram bem trabalhados. Contudo, de certa forma, essa união "forçou" os diferentes atores a buscar alternativas que respondessem ao "novo" mote. Isso reforçou entre os conservacionistas a idéia defendida pela Estratégia Global de Conservação (1980) da necessidade de se considerar as populações e da impossibilidade de se proteger a biodiversidade sem incorporar a questão controversa do seu uso. Porém, isso ainda é objeto de debates entre ambientalistas.

5.2 CONSERVAÇÃO E USO SUSTENTÁVEL

A falta de um consenso científico global sobre diversas facetas do problema da biodiversidade é uma dificuldade concreta, apontada por Swanson (1997), que tem reflexos na escolha das estratégias de conservação. Entre os diferentes atores, não se chegou a um acordo sobre qual o peso dos fatores sociais/culturais e naturais na configuração dos chamados ecossistemas naturais, ou das paisagens ecológicas. Por exemplo, Barreto Filho (2001, p. 30) afirma que embora haja um consenso quanto à importância das florestas tropicais úmidas[1] (ex.: Amazônia) como celeiros de megadiversidade biológica e como pilares na regulação do clima do planeta, a ampliação e a diversificação de conhecimento sobre diferentes ecossistemas dessas florestas e as especificidades socioculturais dos povos que neles habitaram e habitam, contribuíram para tornar mais complexa a definição de biodiversidade. Isso inaugurou um período de controvérsia quanto ao peso dos fatores naturais e socioculturais na determinação da diversidade biológica das florestas tropicais e, conseqüentemente, quanto às estratégias mais adequadas para a sua conservação.

Desse modo, conforme argumenta Barreto Filho (2001, p. 30-31), um lado defende que todas as florestas e *grasslands* do planeta teriam sido afetadas por padrões culturais de uso humano. A paisagem resultante seria a de um mosaico em permanente mudança de fragmentos de *habitats* manejados e não-manejados, cuja diversidade se reflete em seu tamanho, forma e arranjo (MCNEELY, 1993, p. 252 em BARRETO FILHO, 2001, p. 30). É, pois, incorreto falar-se em florestas e/ou áreas "naturais", quando se pensa na criação de UC de proteção integral, sendo mais adequado falar-se em "florestas culturais" (BALÉE, 1989 em BARRETO FILHO, 2001, p. 30). Dessa perspectiva, partem propostas que dão peso fundamental às populações locais. Por exemplo, McNeely (MCNEELY, 1993, p. 252 em BARRETO FILHO) afirma que, ao se decidir que um atributo ecológico particular é digno de proteção, deve-se considerar as necessidades e desejos daqueles que contribuíram para moldar a paisagem e que precisarão se adaptar às suas mudanças. Por outro lado, Barreto Filho (2001, p. 30-31) lembra que, para conservacionistas que têm outra orientação, essas proposições causam confusão e imprecisão em torno do conceito de biodiversidade. Como exemplo, o autor cita a declaração de

---

[1] Com relação a florestas tropicais, Barreto Filho (2001, p. 30) aponta que não existe consenso entre os cientistas sobre qual o peso de diferentes elementos na sua atual configuração, havendo uma oscilação entre a ênfase nos fatores estritamente naturais (paleoclimatologia, geomorfologia, relevo), ou nos fatores socioculturais (diferentes ondas de ocupação humana e presença mais ou menos contínua de grupos humanos em determinados sítios).

especialistas e técnicos do programa Parks in Peril da ONG The Nature Conservancy (TNC) de que a inclusão da gestão da diversidade cultural nos propósitos biológicos e ambientais introduz mais conflitos na busca dos objetivos de conservação da biodiversidade (BRANDON; REDFORD; SANDERSON, 1998, p. 7 em BARRETO FILHO, 2001, p. 31).

Segundo Alencar (1995, p. 137), a CDB diferencia conservação e uso sustentável da biodiversidade para atender aos países em desenvolvimento, que sentiam a necessidade de deixar claro que conservar e utilizar sustentavelmente os recursos biológicos eram objetivos distintos e, ao mesmo tempo, complementares. Por isso, evitou-se utilizar o conceito amplo de conservação, que inclui a noção de uso sustentável dos recursos biológicos. Em todo caso, Alencar ressalta que a Convenção incorporou o conceito de *conservação em sua acepção moderna e ampla*,[2] o qual admite e estimula a coexistência de áreas prioritárias para conservação com áreas de estudo e uso sustentável, manejadas com o apoio e a participação das comunidades envolvidas. Vale lembrar que essa acepção de conservação foi se desenvolvendo, principalmente, a partir dos debates que se estabeleceram entre conservacionistas nos anos pós-Estocolmo.

Por outro lado, Redford e Richter (2001) argumentam que, enquanto a conservação da biodiversidade se tornou um objetivo comum de convenções internacionais, governos, agências, ONGs, comunidades locais, clubes escolares e indivíduos, o significado real de conservação da biodiversidade foi retirado das suas raízes nas ciências biológicas, tornando-se um conceito político com tantos significados quantos são os seus defensores. A confusão de significados é avaliada negativamente pelo autores, porque pode frustrar esforços para mobilizar ações de conservação, já que estas, para serem efetivas, dependem de metas claras, estabelecidas a partir de definições e supostos específicos e comumente entendidos. Embora os autores sustentem que a compatibilidade entre uso humano e conservação da biodiversidade não seja uma questão de "sim", ou "não", eles ressaltam que todo uso tem conseqüências e as decisões sociais e individuais sobre qual impacto é aceitável, ou o que é "compatível", dependem de valores sociais.

Além de considerar que a compatibilidade entre uso humano e conservação da biodiversidade não é uma questão de sim ou não, é fundamental levar em conta as complexas interações que as populações locais têm estabelecido com os ecossistemas, para não cair no "mito da natureza intocada" (DIEGUES, 1994). Bensusan e Gonçalves (*CORREIO BRAZILIENSE*, 17 de abril de 2001) constatam que não existe uma natureza selvagem apartada da humanidade e que os pressupostos do modelo ocidental tradicional de conservação da natureza, que exige sacrificar populações humanas, removendo-as de ambientes que ocupam historicamente, não é eficiente para a proteção da biodiversidade. O problema central desse modelo é tentar preservar paisagens, como se elas fossem uma fotografia, sem perceber que fundamental é a conservação dos processos que geram e mantêm essas paisagens

Robinson e Redford (1991, p. 3) destacam que o uso de animais silvestres pelos seres humanos tem sido debatido nos níveis éticos e pragmáticos. Em termos simples, o debate ético se dá em torno da preocupação se os humanos têm, ou não, o direito de usar a vida silvestre para seus próprios objetivos e benefícios, ou se essas espécies têm

---

[2] Grifo meu.

direitos próprios e inalienáveis. Os autores editam um livro sobre uso da vida silvestre no neotrópico (Américas), intitulado *Neotropical Wildlife Use and Conservation*. O debate pragmático está preocupado em saber se o uso da vida selvagem avança ou prejudica a sua conservação. Segundo os autores, talvez seja ousado ligar as palavras uso e conservação, como foi feito no título do livro, mas expressam a opinião que essa forma de vida tem sido e vai ser sempre usada pelas pessoas, e aqueles que defendem a conservação de espécies selvagens e comunidades biológicas devem incorporar o uso na suas estratégias de conservação. Isso se baseia na visão de que se a vida silvestre não tiver algum uso para as pessoas, ela não vai ter valor e, se não tiver valor, vai ser destruída, junto com seus *habitats* para dar lugar a outros usos da terra. Robinson e Redford (1991, p. 3) definem que esse uso pode ser consumptivo, ou não. Pessoas podem dar valor à vida selvagem por razões comerciais, recreativas, científicas, estéticas ou espirituais. Os autores (ROBINSON; REDFORD, 1991, p. 4) defendem, ainda, que é correto dizer que se a vida selvagem tem um uso, ou se ela é utilizada para algum propósito, ela vai ser valorizada, mas isso não significa que esse valor será econômico. Aceitar o uso como um meio para conservar a vida selvagem não é o mesmo que prover justificativas econômicas para conservá-la, já que nem todo valor pode ser mensurado em índices econômicos.

De acordo com Robinson e Redford (1991, p. 4-5) existem cinco categorias de uso de vida selvagem, cujas linhas demarcatórias são tênues, mas que possibilitam um visão panorâmica da questão: 1) uso de subsistência, restrito a situações em que pessoas caçam vida selvagem para seu próprio consumo; 2) usos no mercado local, em que pessoas exploram a vida selvagem para vender em mercados locais, com investimento mínimo de capital; 3) plantação e cultivo de vida selvagem envolvem a criação em propriedades privadas; 4) caça esportiva – categoria auto-evidente; e 5) usos comerciais – diferente de usos no mercado local, pela sua escala muito maior e pela sua necessidade de investimento de capital significativo. Todavia, ainda não está claro quais desses usos vão contribuir para melhorar a conservação.

Os autores afirmam (ROBINSON; REDFORD, 1991, p. 4-5) que, especialmente no neotrópico, há um grande número de pesquisadores e conservacionistas ativos, mas existe pouco acordo sobre como e se as populações devem usar a vida selvagem. A abrangência do universo neotropical, do México até ponta do continente sul americano, com seus diversos *habitats*, dificulta conclusões gerais. No entanto, um padrão emerge dos estudos relatados: a exploração comercial e consumptiva de espécies não deve ser tratada igualmente em todos ecossistemas. Ecossistemas altamente sazonais, com baixa diversidade de espécies, são mais propícios a conterem espécies de tamanho grande com altas densidades e taxas intrínsecas de crescimento populacional. Essas espécies têm sido tradicionalmente exploradas comercialmente – por exemplo, capivaras e jacarés ocorrem em savanas abertas e têm o potencial de ser manejadas sustentavelmente. Guanacos e vicuñas também são duas espécies de importância comercial. Em contraste, os *habitats* que têm mais diversidade de espécies, tais como as florestas tropicais, parecem não conter espécies com densidades e taxas de crescimento populacional suficientemente altas para serem comercialmente exploradas, sendo mais importantes para caça de subsistência, que extrai uma diversidade de espécies.

As "diferenças metodológicas" e as divergências baseadas nas visões sobre a sustentabilidade de práticas de conservação baseada no uso da biodiversidade continuam alimentando os debates. Na perspectiva de Freese (1997, p. 1-2), o uso consumptivo, comercial, de espécies selvagens concentra grande parte do debate atual sobre a relação entre desenvolvimento sustentável e conservação da biodiversidade. No centro, estão dois pontos de vista sobre a melhor estratégia para esforços futuros de conservação. Um lado defende o mote *use it or lose it* (usá-la ou perdê-la), enquanto o outro vê o motivação de lucro como algo que vai inevitavelmente resultar em superexploração e empobrecimento biótico. O que está em jogo é a forma como a sociedade vai manejar a porção do planeta terrestre e aquática que ainda não foi totalmente convertida em áreas urbanas e em formas domésticas de produção, ou o que está assegurada em áreas protegidas. Assim, uma visão se baseia na premissa de que o uso comercial de espécies silvestres em *wildlands* (incluindo sistemas aquáticos) ainda não provou ser uma opção de uso sustentável, capaz de realmente manter a biodiversidade e outros valores como *wilderness*. Sustenta que mais progresso será feito em direção à manutenção da biodiversidade nessa porção remanescente ao incluir uma parte majoritária dela sob o status de área protegida integral. O lado do *use it or lose* it considera que, em comparação com a proposta de criar maior número de áreas protegidas, mais *wildlands* e biodiversidade serão conservadas ao se fazer uso dos recursos vivos naquelas áreas que não são estritamente protegidas. Essa proposição se fundamenta na suposição de que, ao gerar lucros, o uso consumptivo, comercial, das espécies selvagens vai prover incentivos econômicos para o manejo adequado das populações exploradas. Isso implica que os *habitats* das populações-alvo serão protegidos, beneficiando os objetivos mais amplos de conservação da biodiversidade.

Freese (1997, p. 2) cita os números apresentados por Janzen (1994) relativos a *habitats* tropicais. O autor defende que a estratégia *use it or lose it* prevê 80% a 90% de biodiversidade tropical terrestre conservada em 5% a 15% dos trópicos, enquanto a abordagem tradicional de áreas protegidas proporcionaria 10% a 30% de conservação em 1% a 2% dos trópicos. Segundo Freese (1997, p. 2) aqueles que defendem essa estratégia não acreditam necessariamente que a abordagem baseada em parques nacionais falhou, mas que ganhos de conservação adicionais significativos, usando essa abordagem, não são possíveis em boa parte do mundo.

Para se saber a viabilidade de iniciativas que combinam conservação e uso necessita-se de pesquisas e monitoramento constante, pois essas dependem de uma série de fatores como o tipo de ecossistema, quais as espécies que se pretende usar, tamanho das populações humanas e não-humanas, as atividades econômicas, contexto social e cultural. É necessário cautela na defesa dessa estratégia. Redford e Richter (2001) afirmam que

> Entre todos os conceitos confusos associados à conservação da biodiversidade, poucos exigem definição e escrutínio mais precisos que "conservação pelo uso", às vezes conhecido como uso "compatível" ou "sustentável". Em princípio, esses termos sugerem que certos tipos ou níveis de uso humano são ecologicamente benignos, resultando em pouca ou nenhuma perda da biodiversidade. De fato, foi a promessa de que este uso humano serviria de base para a conservação que levou diferentes grupos de interesses a concordar com a importância da conservação da biodiversidade. Defensores do uso compatível argumentam que substituir o uso incompatível por um compatível, ou colaborar no sentido de preservar um uso existente considerado compatível é uma estratégia aceitável para a conservação da biodiversidade. Entretanto, sérias advertências têm sido feitas por biólogos como Freese (1998): "A intervenção humana em um ecossistema com propósitos comerciais vai, inevitavelmente, alterar – e, geralmente, simplificar – em alguma escala, a estrutura, composição e função do ecossistema".

Na análise de Redford e Richter (2001), a biodiversidade na sua integridade pode ser conservada somente em áreas com uso humano muito limitado, ou nenhum, sendo que não se pode conservar inteiramente a biodiversidade do planeta por meio, somente, de uso compatível ou sustentável dos recursos. Desse modo, todas as estratégias abrangentes e compreensivas de conservação devem estar enraizadas em grandes áreas protegidas tanto no universo terrestre como marinho. Entretando, os autores reconhecem que *vivemos num mundo de uso*, a vasta maioria dos ecossistemas terrestres e aquáticos têm sido, e vão continuar a ser fontes vitais para a população humana. Redford e Richter (2001) defendem que

> É hora de os biólogos conservacionistas superarem suas diferenças metodológicas e as limitações de seus dados e se unirem para buscar respostas e abordagens para uma das maiores questões com as quais se confrontam os humanos e os outros habitantes de nosso planeta: como preservar toda a diversidade de vida em um mundo de consumo.

A compatibilidade entre uso e conservação da biodiversidade foi uma das perguntas do questionário enviado. Numa escala de 5 (sempre) a 1 (nunca), os respondentes consideram que a conservação e o uso da biodiversidade são algumas vezes compatíveis (média = 3,48). Dentre eles, 10,3% consideram que ambos são sempre compatíveis, 34,5% que são muitas vezes, 41,4% que são algumas vezes e 6,9% que são raramente compatíveis, sendo que ninguém considerou que não são compatíveis. Assim, embora não haja posições contrárias ao uso, a maioria dos respondentes é cautelosa.

Acrescento alguns comentários dos respondentes, que refletem essas diferentes perspectivas:

• Conservação e uso são raramente compatíveis
Comentário de Ibsen Câmara

> [...] Há efetivamente uma linha de pensamento que tenta convencer quanto à possibilidade de se compatibilizar uso com conservação. Isto é, em parte verdadeiro. Acentuo, em parte. A conservação, a longo prazo, é incompatível com o uso, pelo menos para parte da biota. Por exemplo, jamais se conseguirá uma convivência pacífica de grandes predadores com o homem; e sem eles todo o ecossistema é seriamente afetado. No final, sempre a natureza perde, porque o homem sempre altera os ecossistemas naturais, quando mais não seja alterando a seleção natural. Mamirauá é uma experiência válida, mas só o tempo - muito tempo - dirá se é viável estendê-la para amplas regiões. A meu ver, não será.

• Conservação e uso são algumas vezes compatíveis
Comentário de Angela Tresinari, TNC

> Existem situações / projetos que são classificados como sendo de desenvolvimento sustentável – ou que praticam o uso "racional dos recursos", mas que carecem muitas vezes de maior embasamento científico sobre a "sustentabilidade" de longo prazo desses recursos. Muitas vezes o conceito de conservação da biodiversidade e utilização racional está direcionado para os resultados imediatos, ou de médio prazo. Desta forma, em muitas situações não se conhecem as implicações que o uso de uma determinada espécie – mesmo que de forma sustentável — pode representar, em longo prazo, para os sistemas ecológicos.

- Conservação e uso são sempre compatíveis
Paulo Moutinho - IPAM

> [...] sob uma abordagem de conservação mais ecossistêmica ou de paisagens, a presença humana (ou o uso da biodiversidade) deixa de ser ameaça. Não há, por exemplo, na Amazônia, indícios de que a presença humana em unidades de conservação, ou terras indígenas, comparada a reservas biológicas vazias de pessoas, provoque maior perda de cobertura vegetal, um indicador importante da integridade de uma floresta; [...] biodiversidade por si só não desenvolve nenhuma região – a falta de reconhecimento de que a preservação da biodiversidade não pode ser garantida somente por seu uso sustentável impõe barreiras aos projetos de preservação. É necessário que o uso seja combinado com usos da terra tradicionais os quais, muitas vezes, promove perdas de espécies ou destruição de *habitats* [...] Além disto, a justificativa de conservação da biodiversidade exclusivamente através de um argumento utilitarista (plantas medicinais, remédios, fonte de fibras, etc) é pouco convincente. A população humana é sustentada pelo uso de pouco mais de 100 espécies, a maior parte domesticada. Portanto, há muita necessidade de convencimento de que o uso da biodiversidade seja incorporado nas ações de conservação e que seja encarada como um complemento a atividade econômica local e uma garantia a mais de prosperidade social.

Ainda há muita controvérsia quanto à relação entre conservação e uso sustentável, mas o reconhecimento de que "vivemos num mundo de uso" pela maioria dos biólogos da conservação possibilita pensar-se em estratégias realistas de proteção da biodiversidade, baseadas em fatores econômicos e sociais, ao invés de princípios éticos de valorização da vida em si mesma, que, *infelizmente*, não são suficientes para mobilizar as pessoas e levá-las a mudanças de atitudes. Desse modo, há que se pensar em estratégias que garantam melhoria da qualidade de vida **e** proteção da biodiversidade. Um dos comentários em relação às perguntas do questionário enviado reflete essa perspectiva.

> Se o "preço" da conservação da biodiversidade for uma limitação drástica às atividades produtivas "destrutivas", para que as populacões escapem de um ciclo vicioso de pobreza considero necessário complementar os projetos "tradicionais" de conservação com algum esquema de subsídios, incentivos fiscais, incentivos de mercado, compensações ou royalties, ou baseado numa combinação de dois ou mais desses instrumentos. (José Augusto Drummond)

5.3 CONVERGÊNCIA SOCIOAMBIENTAL

Embora haja divergências, existe uma tendência geral de convergência entre as dimensões social e ambiental. Numa publicação do WWF-Brasil sobre educação ambiental no âmbito de quatorze projetos de conservação e desenvolvimento em várias regiões do Brasil, afirma-se que é possível identificar tal convergência. Assim, projetos que tiveram origem conservacionista passaram a considerar os desafios do campo social, enquanto iniciativas que partiram da luta de movimentos populares e da busca do desenvolvimento comunitário incorporaram a questão ambiental (WWF 2000). As diferenças são de ênfase e têm a ver com as origens das pessoas e instituições envolvidas.

No contexto da Amazônia, Lima (1999, p. 247) argumenta que são encontrados dois movimentos sociais: i) a mobilização de populações locais para defender recursos naturais, que são essenciais para seus modos de vida e ii) o crescente número de ONG, que trabalham para preservação do meio ambiente. A autora nota que esses dois movimentos freqüentemente formam alianças, como no caso do movimento de seringueiros e do movimento de preservação de lagos. Lima (1999, p. 247) cita Hall (1994) que denominou essas parcerias como "movimentos socioambientais". Em alguns casos, esses movimentos têm obtido sucesso em sua pressão política e ganho apoio governamental para legalizar suas propostas. Um dos mecanismos usados tem sido a criação de novas categorias de unidade de conservação,[3] ou a revisão das existentes. Segundo a autora (1999, p. 247), o estabelecimento de diversas unidades de conservação na Amazônia está baseada em alianças desse tipo, incluindo a RDS Mamirauá, 11 reservas extrativistas federais e estaduais, o Parque Nacional do Jaú e a Floresta Nacional do Tapajós.

Lima (1999, p. 247-248) afirma que a maioria dos projetos, que envolvem parcerias ecológicas foram iniciados no final dos anos 1980 e começo dos anos 1990, quando mudanças no cenário socioeconômico da Amazônia e o desenvolvimento de novos conceitos teóricos em biologia da conservação contribuíram para a formação de um contexto favorável para sua implementação.

Sobre o "setor" das ONGs na Amazônia, o International Advisory Group (IAG) do PP-G7 (Relatório da 17ª Reunião, 15 a 26 de julho de 2002) afirma que ele é altamente diverso, mas como regra geral tem sido inspirador e apoiador de modelos de desenvolvimento que colocam uma prioridade mais alta na conservação de recursos, o que incorpora o fortalecimento de modos de vida de populações locais. Tanto as ONGs internacionais como as brasileiras têm sido instrumentais em incentivar a visão de uma opção mais "sustentável" para a Amazônia, entrando em conflito freqüentemente com o setor corporativo e com estratégias oficiais.

O WWF-Brasil em conjunto com o ISER, uma ONG brasileira, realizou uma pesquisa de opinião com lideranças e população da Amazônia sobre a relação entre conservação do meio ambiente e desenvolvimento socioeconômico, buscando saber até que ponto a questão da sustentabilidade está presente nas agendas e no elenco de prioridades desses segmentos (WWF, 2001). Segundo se constatou, nas entrevistas com lideranças e nos grupos focais (WWF, 2001, p. 14), o papel e a atuação das ONGs não-"xiitas", que "não preferem macaquinho a índio", foram valorizados. O prestígio das organizações está relacionado à associação de questões sociais com as ambientais. Tal associação foi reivindicada como uma característica do ambientalismo amazônida, chamado de "socioambiental". Outra constatação (WWF, 2001, p. 17-18) é o crescimento do ambientalismo na Amazônia, tanto em número de adeptos e de organizações, como em importância, sendo que as lideranças preferem falar em movimento socioambiental, expressão mais ampla e inclusiva. Uma declaração citada no texto expressa bem essa realidade (WWF 2001, p. 18).

---

[3] O Sistema Nacional de Unidades de Conservação (SNUC), Lei nº 9.985, de 18 de junho de 2000, estabelece critérios e normas para a criação, implantação e gestão das unidades de conservação e as divide em dois tipos principais: aquele de uso direto, formado por categorias que permitem formas de manejo sustentável (florestas nacionais e estaduais, áreas de proteção ambiental-APAs, reservas extrativistas-Resex e reservas de desenvolvimento sustentável-RDS); e o de uso indireto, que compreende as unidades de conservação de proteção integral, áreas totalmente preservadas (parques nacionais, reservas biológicas, estações ecológicas).

Foi na Amazônia que, com muita força, foi cunhada a visão do socio-ambientalismo. Para nós foi colocado o desafio de não podermos devastar, mas também não podermos abdicar de sobrevivermos, de termos qualidade de vida. Então, todo aquele ambientalismo de certa forma romântico, contemplativo, foi questionado a partir das necessidades impostas pela realidade da Amazônia [...]

Outro ponto levantado pela pesquisa do WWF (2001, p. 19) é o amadurecimento do ambientalismo, evidenciado em dois elementos: primeiro, o marco teórico que orienta a ação é socioambiental; segundo, a maioria das organizações assumiram o discurso do desenvolvimento sustentável.[4] O significado disso está na aproximação da agenda social e da agenda ambiental e no "casamento" entre ecologia e economia. Sociologicamente, isso significou o abandono de postura de grupo de interesse, passando a situar-se como movimento histórico, capaz de se expressar em várias esferas da vida social e política. De acordo com a pesquisa, um terceiro sinal de amadurecimento seria a substituição do denuncismo por uma atitude mais propositiva e pragmática. O fato de os ambientalistas terem se voltado mais para questões sociais também levantou questionamentos relativos ao foco, alguns apontam a dispersão e uma pauta excessivamente ampla.

Embora essa pesquisa se refira à Amazônia, tendência de reunir o ambiental ao social não se restringe àquela região. Conforme descrito, vários autores constatam essa tendência (FREESE, 1997; SONGORWA, 1999; LIMA, 1999; BROWN, 2002) e existem projetos ao redor do mundo em que se procura conciliar conservação e desenvolvimento. Várias correntes do ambientalismo e do desenvolvimento/movimentos populares têm concordado sobre a impossibilidade de se tratar um sem o outro.

Do ponto de vista da conservação da biodiversidade, é importante considerar o ecossistema como um todo e as formas de interação dos seres humanos com os ciclos naturais. Por outro lado, a perda da biodiversidade, com certeza, afeta as populações humanas, principalmente aquelas mais dependentes dos recursos biológicos para sua sobrevivência. Uma outra relação essencial existe entre pobreza e degradação ambiental. Assim, embora ainda gere conflitos, essa tendência à convergência de objetivos é positiva.

Um outro argumento é defendido por Ayres (1996), que afirma que a participação dos grupos de interesse é vital para o sucesso das iniciativas de conservação, sendo que qualquer medida nesse sentido, para ser efetiva, deve ser socialmente aceita. Além disso, iniciativas que excluem as populações tendem a não funcionar, ou tornar-se caras demais devido à necessidade de se manter um sistema pesado de vigilância. No texto apresentado em um seminário sobre presença humana em unidades de conservação, Ferreira Neto (1996, p. 81) cita a declaração do professor Virgílio Viana que "não é possível manter processos tecnocráticos e autoritários de tomada de decisão, não por uma questão ideológica, mas por uma questão muito pragmática, porque não funciona".

---

[4] Segundo a pesquisa do WWF (2001), o conceito de desenvolvimento sustentável faz parte do léxico das elites amazônicas, tendo se tornado discurso de consenso para quem lida com meio ambiente e desenvolvimento, independente do credo e do partido.

Uma questão levantada por Lima (1996, p. 77) deve ser levada em consideração nessa discussão. A autora ressalta que, do ponto de vista conservacionista, a permanência de populações humans é um benefício oferecido a essas populações, uma concessão de risco, que se troca pela aceitação política da UC e pela adoção das regras do plano de manejo ou as normas de uso sustentável dos recursos, que servem para amortecer o contato do entorno das áreas de preservação total com as áreas não conservadas ao seu redor. Lima lembra que a inclusão das populações locais nessas áreas protegidas envolve sacrifícios que não são divididos igualmente com o resto da sociedade.

Eu acrescentaria que não é justo impor os custos da conservação/preservação somente às pessoas que vivem em áreas que são consideradas ricas em biodiversidade, as chamadas áreas prioritárias para conservação (muitas delas acabam se tornando UCs), qualquer que seja a estratégia defendida: uso sustentável ou área totalmente protegida. Inversamente, pode-se pensar que a conservação/preservação da biodiversidade resulta em benefícios para a sociedade como um todo, seja do ponto de vista regional, nacional, ou global, isto é, gera uma externalidade positiva. Daí a necessidade de se compartilhar os custos dessa iniciativa e não simplesmente impor que esses sejam pagos por quem vive na área bio-rica e no seu entorno. De todo modo, a convergência socioambiental vem se estabelecendo, sendo que iniciativas que visam conciliar conservação e desenvolvimento são um ponto de partida e estão relacionadas às mudanças do paradigma conservacionista a partir dos anos 1980 e também à maior disponibilidade de fundos das agências de cooperação e ONGs internacionais para esse tipo de ação. Esses fatores permitem incorporar essas experiências locais ao regime global de biodiversidade, sendo que essa abordagem da questão permite considerar a repartição do custos da conservação da biodiversiade em termos mais amplos.

5.4 ALGUMAS ABORDAGENS QUE BUSCAM CONCILIAR CONSERVAÇÃO E DESENVOLVIMENTO NAS PRÁTICAS LOCAIS

De acordo com Lima (1999, p. 250), o surgimento de projetos conhecidos na literatura como *integrated conservation and development programs* (ICDPs) e *community-based conservation* (CBC) iniciou uma série de discussões sobre as implicações da integração de populações humanas aos objetivos de preservação da biodiversidade. Todos esses projetos têm utilizado o conceito de *sustentabilidade*. Porém, gerou muita controvérsia a associação do conceito de conservação com a noção de desenvolvimento, pois mesmo desenvolvimento sustentável implica crescimento constante, que parece uma contradição em termos. Assim, a expressão preferida tem sido "uso sustentável dos recursos naturais". A autora ressalta que, embora seja controverso, continuou-se a perseguir o objetivo de promover o desenvolvimento, entendido como melhoria das condições de vida das populações pobres, que habitam as áreas onde esses projetos têm sido implementados. Isso sem abandonar os objetivos de conservação.

Os conceitos de sustentabilidade e desenvolvimento, na perspectiva de Lima (1999, p. 250), são processos cuja integração decorre do fato de que a condição de pobreza é o alvo que ambos devem atacar. O desenvolvimento é visto como condição para eliminar a pobreza, que, por sua vez, é considerada agente de degradação ambiental. Lima (1999, p. 250-251) argumenta que projetos integrados empregam o conceito de sustentabilidade como manutenção, no decorrer do tempo, de duas formas: 1) para denotar a sustentabilidade dos processos biológicos e evolutivos, que são baseados na não-interferência por seres humanos em áreas específicas, designadas para preservação total da biodiversidade; e 2) para se referir à sustentabilidade dos recursos explorados pela população humana. Nesse sentido, esses projetos apresentam diversas estratégias para integrar populações humanas: integração total sem zoneamento; integração com zoneamento de áreas núcleo de preservação (*core areas*) e definição de zonas de amortecimento, onde atividades humanas são permitidas; ou parcelas de áreas com diferentes categorias de uso, que representam um zoneamento múltiplo de áreas núcleo de preservação com sobreposições ocasionais. Idealmente, as populações locais deveriam assegurar os dois princípios de sustentabilidade. Para tal, adotariam regras de manejo para promover o uso sustentável e assumiriam o papel de guarda-parques (*guards*) para garantir a sustentabilidade dos processos evolutivos e a manutenção da biodiversidade nas áreas intocáveis.

Marcus (2001, p. 383) considera os Projetos Integrados de Conservação e Desenvolvimento (ICDP – Integrated Conservation and Development Projects) como uma nova abordagem de conservação. De acordo com o autor, a idéia se originou em 1980, quando a Estratégia Mundial de Conservação (*World Conservation Strategy*) enfatizou a importância de ligar manejo de áreas protegidas com as atividades econômicas de comunidades locais.

O conceito de ICDP, criado pelo Banco Mundial, pelo Fundo Mundial para Natureza (WWF) e por outras organizações do sudeste asiático, é considerado uma resposta ao desafio de conciliar as necessidades de desenvolvimento local como parte das estratégias de conservação da biodiversidade, tendo como objetivo proporcionar, em geral, às comunidades vizinhas das UCs, mecanismos para estabelecer atividades econômicas fora das áreas de proteção integral. Inicialmente, eram conhecidos como Buffer Zone Projects, hoje, ICDP, pode ser considerada uma abordagem, discutida amplamente em congressos internacionais e publicações. Todavia, poucas avaliações têm sido feitas, especialmente em termos comparativos. Assim, não se sabe ainda se abordagens ICDPs são custo efetivas, sustentáveis e replicáveis para conservação da biodiversidade (WELLS, 1992; MILLER, 1997, p. 9 em MARCUS, 2001).

Marcus (2001, p. 383) refere-se a Wells (1992), afirmando que ICDPs consistem em tentativas de assegurar a conservação da diversidade biológica ao reconciliar o manejo de áreas protegidas com as necessidade socioeconômicas da população local. Na sua visão, trata-se de um mecanismo institucional que reconhece que a conservação é impossível se as pessoas localmente não percebem que suas necessidades econômicas estão sendo satisfeitas primeiro. A abordagem ICDP institucionaliza atividades alternativas de geração de renda como um *trade-off* necessário para os objetivos de conservação serem alcançados.

Na perspectiva de Brown (2002, p. 9-10), projetos integrados de conservação e desenvolvimento (ICDPs) têm sido implementados ao redor de áreas protegidas desde o início dos anos 1980. Esses supõem ligações diretas e indiretas entre conservação e desenvolvimento, considerando ambos complementares. Trata-se de um conceito orientado para as pessoas, ou para a necessidade de conseguir com que elas se "envolvam" em áreas protegidas, mas que visa a conservação baseando-se nessas áreas.

Community-based conservation (CBC), ou conservação baseada na comunidade, inclui, num extremo, proteção de zonas de amortecimento de parques e reservas; no outro, uso de recursos naturais e conservação da biodiversidade em áreas rurais. O termo cobre métodos novos e tradicionais de conservação, bem como esforços que se originam numa comunidade, ou fora dela, desde que o resultado beneficie a comunidade.

A abordagem CBC procura reverter estratégias de conservação de cima para baixo, ou centralizadoras, focalizando na população, que sofre os custos da conservação. Nesse sentido, essa abordagem conservacionista implica proteção de recursos naturais, ou da biodiversidade, pela, para e com a comunidade local, tornando a natureza e os seus produtos significativos para essas comunidades, que readquirem o controle sobre os recursos e por meio de práticas de conservação melhoram seu bem estar econômico (DAVID WESTERN; R. MICHAEL WRIGHT, 1994).

Segundo Brown (2002, p. 9-10), CBC e/ou iniciativas comunitárias de conservação surgiram nos anos 1990 e são baseadas no entendimento de que existem ligações diretas entre conservação e desenvolvimento, sendo que se recomenda que as ações devam ser desenvolvidas de tal forma que os atores se beneficiem diretamente da biodiversidade, o que proveria os incentivos para conservação. A autora ressalta que essas iniciativas refletiram discursos populistas de desenvolvimento e conservação, princípios de participação como um processo chave e abordagens *bottom-up* e *grassroots*. Por outro lado, existem dificuldades advindas de uma visão simplista de comunidade homogênea, quem participa e como? Além disso, não se consideram as causas fundamentais da perda de biodiversidade.

Brown (2001, p. 9-10) menciona ainda outras abordagens que relacionam conservação e biodiversidade diretamente. Trata-se dos projetos de utilização de vida selvagem e das reservas extrativistas (Resex), que surgiram nos anos 1990s, sendo inspirados, segundo a autora, na idéia do *use it or lose it*, em agendas neoliberais *making biodiversity pay* e também na idéia de empoderamento. Além disso, são baseados em princípios que reconhecem os direitos das comunidades à partilha dos benefícios. As dificuldades dessas abordagens consistem em que para serem implementadas se requerem esclarecimentos explícitos de direitos de propriedade. Por outro lado, a viabilidade econômica dos projetos freqüentemente é suspeita. Outra dificuldade está na definição de *sustainable offtake*, ou níveis de caça e extração, que são realmente sustentáveis.

As abordagens que visam conciliar conservação e dsenvolvimento em ações locais apareceram como a "solução lógica" para problemas enfrentados pelos conservacionistas, principalmente considerando que a perspectiva tradicional de "cercas e multas" vinha falhando na maioria dos casos. Além disso, essas abordagens surgiram como uma forma de compensar as populações locais pelas perdas geradas pelas restrições impostas quanto ao uso dos recursos naturais. Todavia, uma série de dificuldades foram identificadas nas formas como essas conceituam "comunidades", existindo críticas quanto à forma simplista de como esses projetos as percebem: pequenas, homogêneas e sem conflitos internos e quanto ao pressuposto de que podem agir como unidades democráticas e consensuais. Além disso, muitos projetos falham ao considerar apenas as populações locais ou vizinhas como atores-chave. Em muitos casos, atores muito poderosos não estão na vizinhança imediata e podem influenciar significativamente a forma como os recursos são usados (BROWN, 2002, p. 9-10).

Além de comunidades, Brown (2002, p. 9-12) problematiza outros conceitos usados nessas abordagens como participação, empoderamento e sustentabilidade. Esses não são simples de serem aplicados. Participação em si mesma não corrige a distribuição desigual de poder e as formas equivocadas de se considerar comunidades dificultam a participação efetiva de todos os atores-chave. Empoderamento é entendido como processo pelo qual as pessoas, especialmente os pobres, adquirem mais controle sobre suas próprias vidas e asseguram um melhor modo de vida com a propriedade de meios de produção/recursos produtivos como elemento-chave. Porém, suposições de que os atores podem ser empoderados por meio de projetos sem mudar fatores políticos e econômicos mais fundamentais são equivocadas, sendo que o contexto mais amplo deve ser avaliado e entendido. Sustentabilidade é outra questão complicada. Em relação à conservação da biodiversidade, existem dificuldades em definir a chamada utilização sustentável e em desenhar calendários de coleta/caça compatíveis com as flutuações nas populações de vida selvagem e variação ambiental. Outros limites são econômicos, sendo difícil comprovar a habilidade desses projetos em contribuir significativamente para modos de vida sustentáveis. Assim, tanto a sustentabilidade ecológica como a econômica e social, além de pouco entendidas, não são asseguradas.

Brown (2002) argumenta que a simplificação exagerada desses aspectos importantes das abordagens integradas de conservação e desenvolvimento tem levado à falha dos projetos em engajar efetivamente os atores e em lidar com os processos que resultam em má gestão dos recursos naturais, incluindo a biodiversidade.

Segundo Roe et alii (2000, p. iii), manejo comunitário de vida selvagem (CWM-*Community-Based Wildlife Management*) pode ser interpretado como o uso regulado de populações de vida selvagem e ecossistemas por populações locais, que podem ser uma comunidade, ou grupo de comunidades, um indivíduo, ou grupo de indivíduos, que compartilham um interesse no recurso.

Songorwa (1999, p. 2061 e 2063) faz um estudo sobre manejo comunitário de vida selvagem (*Community-Based Wildlife Management* – CWM) na Tanzânia, que também é uma abordagem que visa integrar conservação e desenvolvimento. O autor (SONGORWA, 1999, p. 2061 e 2063) afirma que, na percepção de muitos conservacionistas, a abordagem convencional das cercas e multa para proteção da vida selvagem falhou na África. Assim, a CWM[5] é uma abordagem alternativa, em que as comunidades rurais recebem direitos de propriedade, ou de custódia e responsabilidades de manejo pelos recursos. Existem dois tipos de CWM. Um se baseia numa área protegida existente, sendo implementado dentro ou ao redor (zona de amortecimento). O outro não é associado a áreas protegidas, sendo estabelecidos longe delas. Porém, suspeita-se que programas CWM baseados em zonas de amortecimento são propostos não para oferecer alternativas de modos de vida sustentáveis para as populações locais, mas para reduzir a sua oposição às áreas protegidas.

Embora, as avaliações não sejam totalmente positivas, é importante observar o número de iniciativas que existem no continente africano. Além dos projetos na Tânzania, Songorwa (1999, p. 2062) menciona sete programas, em países diferentes: Lupande Development Project (LDP), Administrative Management Design for Game Management Areas (ADMADE), Luangwa Integrated Rural Development Project *(LIRDP)*, and Zambia Wetlands Project (ZWP), todos na Zâmbia; Wildlife Industries New Development for All (Operation WINDFALL) e Communal Area Management Programme for Indigenous Resources(CAMPFIRE), ambos no Zimbábue, e o Nazing Wildlife Utilization Project em Burkina Faso.

O autor (SONGORWA, 1999, p. 2062) comenta, a partir da análise desses programas CWM, que eles registraram alguns ganhos, porém enfrentaram um número de dificuldades,

---

[5] Songorwa (1999) considera CWM como sinônimo de conservação baseada na comunidade – CBC).

incluindo a falha em implementar o objetivos pretendidos de participação, *bottom-up*, atender às necessidades básicas das populações e interessar os membros das comunidades.

Os argumentos de Brown (2002) e Songorwa (1999) são fundamentais no sentido de que chamam a atenção para a complexidade das abordagens integradas de desenvolvimento e conservação e para as dificuldades de se colocar em prática princípios como participação comunitária, *empowerment* e sustentabilidade. Enquanto é verdade que a maioria das ONGs internacionais, agências de cooperação, governos, grupos de conservacionistas, movimentos de base têm se comprometido retoricamente com esses princípios, ainda não se sabe quanto se conseguiu avançar realmente. Existem poucas avaliações e estudos comparativos. Ademais, faltam metodologias de avaliação e de monitoramento que integrem fatores naturais, sociais e econômicos, criando novos tipos de indicadores para monitorar e avaliar experiências que tentam aplicar essas abordagens. Ademais, essas experiências tendem a demorar mais para apresentar resultados, os processos são lentos, pois se trata de mudar atitudes e comportamentos quanto à utilização dos recursos naturais e à própria relação com a natureza. Por último, elas são, de início, mais caras do que iniciativas que não integram conservação e desenvolvimento. Desse modo, é difícil concluir que essas abordagens falharam. Fazem-se necessárias pesquisas biológicas (espécies e ecossistemas), antropológicas e socioeconômica de caráter inter/transdisciplinar. Todavia, o conhecimento na área de estudos ambientais ainda precisa avançar, já que muito se fala sobre intertransdisciplinariedade, contudo, ainda não há epistemologia e metodologias que dêem conta de integrar o social e o natural/ambiental.

Por outro lado, principalmente no final dos anos 1990 e primeiras décadas de 2000, outros conservacionistas (mais ligados à idéia de preservação da natureza) começaram a questionar esses conceitos. Para Dourojeanni e Pádua (2001), conservação baseada na comunidade (CBC) se fundamenta no princípio de que não é possível proteger a natureza, mais especificamente, uma UC, sem providenciar condições de vida digna e oportunidades de crescimento econômico às populações do entorno, isto é, promover o desenvolvimento social e econômico no entorno da UC para garantir sua segurança. Enquanto aceitam esse princípio em teoria, na prática os autores o questionam porque, segundo eles, depois de quase 20 anos de experiência, não se conseguiu demonstrar que ele funciona. Não se encontrou nenhuma correlação positiva entre a melhoria da qualidade de vida das populações locais, que em muitos casos foi alcançada, e a melhoria da proteção da UC. Dourojeanni e Pádua (2001) argumentam que a aplicação da CBC traz diversos problemas para UCs, tais como (i) redução proporcional dos aportes da comunidade internacional para o seu estabelecimento e manejo; (ii) agravamento das relações entre a população local e as autoridades das UCs; e (iii) incremento, em muitos casos, das agressões contra os recursos naturais dentro das unidades. No entanto, os próprios autores ressaltam que há casos "raros" de resultados positivos.

Aparentemente, a posição crítica de Dourojeanni e Pádua, (2001) se deve ao fato de que boa parte dos recursos da área de biodiversidade tem se dirigido para projetos de CBC e outros similares. Na perspectiva dos autores, nada há de errado em lutar contra a fome e a pobreza, porém, não faz sentido empregar os "recursos escassos" da proteção da natureza para resolver esses problemas, que deveriam ser o alvo dos bancos multilaterais, ou nacionais, de desenvolvimento econômico e social que dispõem de quantias "enormes" para isso. Os autores questionam a ação do WWF que se voltou para projetos CBC, pois "o WWF foi criado para proteger as espécies e os ecossistemas".

O argumento dos autores reflete uma visão que privilegia o conflito entre meio ambiente e desenvolvimento, parecendo, ainda, tratar-se de um problema de competição por recursos. Falta nesse argumento uma visão integrada de natureza e sociedade, o que levaria a refletir sobre as relações entre conservação e desenvolvimento.

Os questionamentos sobre a relação entre conservação e desenvolvimento e sobre a possibilidade e conciliar os dois objetivos em iniciativas locais baseadas em abordagens como ICDP, CBC, CWM, manejo comunitário, etc., fazem parte das dinâmicas políticas. Os atores estão constantemente competindo por recursos ou prestígio. Por outro lado, novas idéias surgem constantemente, fruto do avanço das pesquisa e conhecimento científico e das próprias práticas locais. Enquanto é fundamental problematizarem-se os princípios da "nova" conservação (ligação entre conservação e desenvolvimento, *people-oriented*), como participação das comunidades, empoderamento, sustentabilidade, etc., outros caminhos não parecem possíveis. Correr-se-ia o risco de voltar a cercas e multas, ou ao desenvolvimento (econômico-social) sem considerar os limites e dinâmicas da natureza. Ambas alternativas não se sustentam social ou ambientalmente.

Do ponto de vista do regime global de biodiversidade, é importante notar que experiências locais de conservação e desenvolvimento existem ao redor do mundo e têm se estabelecido por influência de redes transnacionais e comunidades epistêmicas, com apoio de recursos técnicos e financeiros de agências de cooperação.

5.5 AÇÕES LOCAIS: TENTATIVAS DE INTEGRAR CONSERVAÇÃO DA BIODIVERSIDADE E DESENVOLVIMENTO

Embora os estados nacionais não venham respondendo à CDB com a rapidez necessária e a conservação da biodiversidade ainda seja um objetivo marginal nas políticas governamentais, existem ações importantes no nível local espalhadas pelo mundo. Trata-se de iniciativas de diversos grupos, que possuem visões diferentes, mas convergem na tentativa de conciliar manutenção da diversidade biológica e desenvolvimento. Existem críticas vindas do lado mais "verde-escuro" de que ainda não se conseguiu provar que há uma correlação positiva entre melhoria da qualidade de vida das populações e conservação da biodiversidade, defendendo a idéia de que não se deve desviar os poucos recursos da conservação para o desenvolvimento socioeconômico e eliminação da pobreza (DOUROJEANNI; PÁDUA, 2001). Do lado mais "vermelho escuro", considera-se que toda discussão em torno do desenvolvimento sustentável e, conseqüentemente, da busca de conciliar conservação e uso da biodiversidade, visando melhorias da qualidade de vida das populações locais, faz parte da ideologia dominante de desenvolvimento, que não teoriza e não desafia as estruturas da economia mundial, ou seja, trata-se de um embrulho verde defendido por doadores (provedores de ajuda) e por negócios/empresas internacionais, um *slogan* de organizações ambientalistas do norte (ADAMS, 1991).

O consenso está longe de ser alcançado e tenho dúvidas de que isso ocorra e que seja mesmo desejável. É fundamental notar, porém, que, quando necessário e em processos de negociação longos e conflitivos, esses grupos chegam a soluções de compromisso e posições comuns, refletidas em documentos legais como a própria Convenção ou, no caso brasileiro, o SNUC. Além disso, em certas ocasiões, raras, há uma grande coalizão que vai do verde-escuro ao verde-vermelho-escuro, como foi a questão da proposta de alteração do Código Florestal brasileiro por um deputado ruralista, que reduzia as percentagens de reserva legais nas propriedades.[6]

Para fins deste capítulo, o fundamental é notar que há uma série de iniciativas locais de conservação e uso sustentável da biodiversidade que se diferenciam na ênfase em fatores socioeconômicos e culturais ou nos ambientais-biológicos. Entretanto, podem ser consideradas convergentes, pois buscam, simultaneamente, objetivos ambientais e sociais. Expressam o que, na Amazônia brasileira, convencionou-se chamar de socioambientalismo. Essa expressão foi cunhada naquela região, todavia, aplica-se a várias outras partes do mundo. Uma outra consideração se refere às coalizões transnacionais ambientais – ETCs para *environmental transnational coalitions* (PRINCEN, 1999). Boa parte dessas ações locais são resultados de iniciativas das ETCs "profissionais".[7] Interessante notar, por outro lado, que a maioria das organizações que fazem parte das ETCs de "opinião pública", podem ser colocadas na ponta mais "verde-escura" do espectro, como as ONGs de direitos dos animais, que têm seus méritos e virtudes nas suas mobilizações, mas muitas vezes falham ao não fazer análises mais aprofundadas e acabam por prejudicar as populações locais, como no caso da proibição irrestrita do comércio de marfim (PRINCEN, 1999), ou quando fazem pressão contra países em desenvolvimento, que exportam peles, sem saber sua origem ou se esse comércio é realmente lesivo do ponto de vista da sustentabilidade da espécie (Bodmer, aula sobre caça e sustentabilidade, Teodoro Sampaio, Parque Estadual Morro do Diabo, 11 de novembro de 2002).

Uma pergunta do questionário enviado foi sobre experiências ao redor do mundo, que visam conciliar conservação da biodiversidade e desenvolvimento no nível local. Em média (3,68), os respondentes conhecem várias (entre 49 e 21) experiências ao redor do mundo. Assim, 17,2% deles afirmam conhecer muitas (mais de 50), 34,5% conhecem várias (entre 49 e 21), e 41,4% deles dizem conhecer algumas (entre 20 e 11) experiências. Pode-se dizer, então, que a maioria dos respondentes conhece pelo menos 21 iniciativas locais no Brasil e no mundo que têm como objetivo integrar conservação e desenvolvimento. Em termos de proteção da biodiversidade, eles consideram que tais iniciativas são razoavelmente relevantes (média 3,89). 27,6% as consideram muito relevantes e para 41,4% dos respondentes essas são razoavelmente relevantes (em termos), 10,3% não têm opinião formada sobre elas e 13,8% as consideram pouco relevantes.

Existem diversos trabalhos que avaliam projetos CBC/CWM (SONGORWA, 1999, IIED-Evaluating Eden Series), ou ICDP (BROWN, 2002), ou que refletem sobre questões de parques e populações (PIMBERT; GHIMIRE, 1997). Conforme mencionado, existem questionamentos fundamentais quanto às noções de comunidade, vida selvagem, manejo, (ROE et alii, 2000) participação, empoderamento, sustentabilidade (BROWN, 2002).

---

[6] *Informativo Biodiversitas*, Ano 1, n° 2, dezembro de 1999. Entrevistas com vários ambientalistas confirmaram isso, afirmando que foi a primeira vez que tantos ambientalistas convergiram tão rapidamente (Luiz Paulo Pinto, CI, Belo Horizonte, julho de 2000; Cristina, Renata, Cláudia, PROBIO/SP, julho de 2000).
[7] Cf. capítulo 4 deste trabalho para conceito de coalizão transnacional e coalizões transnacionais ambientais (ETCs).

O projeto Evaluating Eden do IIED (International Institute for Environment and Development – IIED), uma ONG baseada em Londres, avaliou iniciativas CWM em diversos países: na África Ocidental e Central (cinco), Oriental (três) e Meridional (sete), Américas do Sul (quatro) e Central (dois), no Sul (sete) e no Sudeste (quatro)da Ásia, Canadá e Austrália.

De acordo com Roe et alii (2000), o pressuposto do projeto do IIED é que abordagens tradicionais de conservação da vida selvagem falharam e, por isso, alternativas têm sido buscadas. Entre essas, está a abordagem CWM, que tem sido percebida como enviada pelos deuses e tem seduzido governos e doadores, prometendo melhorar os modos de vida rurais, conservar o meio ambiente e promover o crescimento econômico, tudo num único pacote. Porém, os autores ressaltam que ainda há muita confusão, e tanto cientistas como aqueles que atuam mais diretamente no local (*practioners*) falham nos aspectos práticos de como tornar noções vagas de comunidades, vida selvagem e manejo em realidade. Existe o risco de que uma abordagem dominante, mas simplista, seja superada por uma outra. Daí a necessidade de se avaliar em termos dos resultados para a vida selvagem e para as pessoas, fatores que influenciam sua eficácia e as características-chave dos projetos bem sucedidos. A pergunta não é se tal abordagem funciona, mas como/em que condições ela funciona. A conclusão dos estudos é que ela pode funcionar, já que há exemplos de sucesso. Contudo, pode falhar redondamente. Trata-se de uma noção ampla a partir da qual podem ser encontrados bons ou maus exemplos.

Parte do meu projeto de pesquisa para esta tese envolveu a orientação de um plano de trabalho realizado por Tauana Siqueira no âmbito do PIBIC. Por meio deste, identificamos 29 experiências que buscam conciliar conservação da biodiversidade e desenvolvimento sustentável em 12 países: África do Sul, Quênia, Zimbábue, Brasil, Costa Rica, Equador, Peru, Guatemala, Índia, Malásia, Tailândia e Papua Nova Guiné.

Não é meu objetivo avaliar as abordagens que conciliam conservação e desenvolvimento (ICDP, CBC, CWM), ou se a aplicação de noções como comunidade, participação, *empoderamento, sustentabilidade*, etc., vai além da retórica. No caso Mamirauá, há avanços em relação a esses conceitos, de acordo com vários documentos, entrevistas e questionários enviados. Entretanto, há limites, justamente porque as comunidades não são homogêneas e são espalhadas por toda a RDSM, algumas participam mais e se organizam melhor do que outras. Empoderamento é difícil de se medir, e há variações entre comunidades, gênero e gerações. A sustentabilidade é outra questão complexa, dado o número de indicadores necessários para se saber se uma iniciativa é sustentável social, cultural, econômica e ecologicamente. Além disso, o tempo decorrido desde o início do projeto não é suficiente para se aferir quão sustentável ele é no longo prazo. Assim, meu objetivo é somente articular ações locais como Mamirauá a processos mais amplos, por meio da noção de regime global de biodiversidade.

Ao estudar o Projeto Mamirauá, pude observar fatores internacionais e transnacionais agindo localmente. Foram estabelecidas relações interinstitucionais, trans e internacionais que contribuíram para viabilizar a iniciativa. Ao que parece, arranjos que reúnem uma gama complexa de interação entre indivíduos e organizações de países diferente não são exclusivos ao projeto. Além disso, a idéia, inovadora no contexto brasileiro possui semelhanças com outras experiências ao redor do mundo, que também visam conciliar conservação da biodiversidade e desenvolvimento sustentável em áreas protegidas ou não. Na época em que o projeto foi proposto, algumas pessoas o relacionaram a iniciativas como RCTT – Peru (Richard Bodmer) e Parque Nacional do *Korup* – Congo (Gordon Armstrong).[8] Desse modo, essas experiências estão sintonizadas com as novas idéias conservacionistas, que foram se desenvolvendo a partir dos anos 1980 no nível transnacional (IUCN, rede de biólogos da conservação) e foram sendo assimiladas por grandes ONGs internacionais como WWF e agências de cooperação bilateriais e multilaterais que, por sua vez, começaram a apoiar iniciativas locais semelhantes. Não se trata de um caminho de mão única, pois o que ocorre no local (entrevistas Bodmer e Ayres) também tem impacto no mundo das idéias e teorias. Por outro lado, as ONGs internacionais e OIs influenciam as políticas globais de conservação da biodiversidade no nível ideal e teórico, podendo influenciar sua aplicação. Entretanto, o processo de barganha age como filtro na interpretação e implementação das políticas (BLAIKE; JEANRENAUD, 1997).

Importante lembrar que a Convenção sobre Diversidade Biológica (CDB) incorporou os princípios da "nova conservação". A noção de regime global de biodiversidade contribui para articular experiências locais de conservação e desenvolvimento, sintonizadas com os objetivos e princípios da CDB e que são influenciadas, em grande medida, por fatores internacionais e transnacionais, dados os atores e arranjos de relações interinstitucionais, transnacionais e internacionais envolvidos.

Descrevo algumas experiências locais em áreas consideradas ricas em diversidade biológica, que podem ser consideradas parte do regime global de biodiversidade. Elas ilustram tentativas de conciliar conservação e desenvolvimento e, também, a convergência socioambiental mencionada. Escolhi a RCTT (Reserva Comunal Tamshiyacu-Tahuayo*)*, iniciada em 1986, porque um dos seus idealizadores, Richard Bodmer, também contribuiu na elaboração da primeira proposta do Projeto Mamirauá. CAMFIRE foi escolhido porque é uma iniciativa conhecida e citada (PIMBERT; KRISHNA 1997; PRINCEN, 1999; ROE et alii, 2000; BROWN, 2002). Conforme mencionado, existem projetos CWM, CBC, ICDP em Zâmbia, Tânzania, Burkina Faso e em outras partes do mundo. No Brasil, as ações da Fundação Vitória Amazônica (FVA) no Parque Nacional do Jaú (BARRETO FILHO, 2001), do Instituto de Pesquisas Ecológicas (IPE) no Pontal do Paranapanema (PÁDUA et alii, 2002), do Centro de Tecnologias Alternativas da Zona da Mata (MG) no Parque Estadual da Serra do Brigadeiro (FERREIRA NETO, 1996) podem ser consideradas exemplos de projetos integrados de conservação e desenvolvimento (ICDPs).

5.5.1 CAMPFIRE (COMMUNAL AREAS MANAGEMENT PROGRAMME FOR INDIGENOUS RESOURCES), ZIMBÁBUE

É necessário se ter uma noção geral do contexto africano de políticas de conservação, principalmente dos países de língua inglesa, para se compreender a importância do Communal Areas Management Programme for Indigenous Resources (CAMPFIRE), que é um programa de uso sustentável de vida selvagem existente no Zimbábue desde 1989, e compreende diversas iniciativas locais.

---

[8] Aliás, Korup foi mencionado também por John Robinson e Sandra Charity por ser um projeto conhecido que conciliava o social e o ambiental em que estavam envolvidos WWF-UK, DFID e WCS.

Na maioria dos países africanos (PRINCEN, 1999, p. 232), os parques e reservas foram produtos das políticas européias na era colonial e políticas de desenvolvimento estatais na era pós-independência. Isso tem implicado uma tendência de passagem do controle dos recursos ambientais das comunidades rurais para os governos centrais coloniais a partir dos anos 1940.[9] Muito do financiamento e do ímpeto político veio de grupos privados não-governamentais, predecessores das ETCs (coalizões ambientais transnacionais) de hoje. Após o período de descolonização e com a crescente preocupação ambiental nos anos 1970, houve uma renovação da intervenção estatal nessa esfera, em grande parte financiado por agentes de fora da África.

Princen (1999, p. 233) ressalta que as práticas de caça representaram um dos fatores principais no declínio da *wildlife* pelo continente. Entretanto, europeus tenderam a culpar as práticas nativas e, sendo ativos vocal e politicamente, fizeram *lobby* nos seus próprios governos para leis de caça e áreas protegidas. A Society for the Preservation of the Fauna of the Empire (SPFE) tinha como objetivo primeiro melhorar a caça para europeus e seu meio primário foi a exclusão de africanos nativos, pelo estabelecimento de parques nacionais e reservas de caçar. A SPFE alcançou seu *momentum* nos anos 1930. Por exemplo, o famoso Parque Nacional do Serengeti tem suas raízes num relatório da Sociedade, que propôs nove parques nacionais para cinco colônias britânicas. Vale observar que também havia oposição, por exemplo, dos colonizadores europeus que possuíam fazendas e viam seus interesses de expansão prejudicados.

De acordo com Princen (1999, p. 234), nos anos 1950, o Serengeti se tornou um foco principal para estudo, para expansão e para atenção internacional promovido por conservacionistas que buscavam excluir povos nativos inteiramente, sendo que esses esforços se tornaram padrão pelo resto do século, incluindo a destruição de áreas de conservação de múltiplos usos, onde residentes nativos teriam uma parte na gestão e nos benefícios do uso da vida selvagem. Naturalistas, caçadores, grupos privados e indivíduos representando interesses científicos, naturalistas e de caça foram atores significativos na evolução das políticas domésticas de conservação na África oriental britânica. Nativos e nem colonizadores foram capazes de se opor à criação de reservas de caçar e parques nacionais, embora esses representassem ameaças ao modo de vida. Assim, a ênfase na Proteção e Exclusão foi comum nas colônias.

No Zimbábue, as coisas foram um pouco diferentes. Princen (1999, p. 239) afirma que, nesse país, os colonizadores brancos desempenharam um papel societário dominante nos períodos colonial e de independência, estando em número maior do que no Quênia. Assim, o Zimbábue foi governado por esses colonizadores brancos por mais de um século, tendo permanecido no controle porque foram para ficar e construir uma nova sociedade, trazendo uma longa tradição de gerenciamento científico. Isso foi

---

[9] Segundo Princen (1999, p. 233), a preocupação com a vida silvestre e a com a proteção das áreas de *wilderness* é bem anterior a 1940. A Society for the Preservation of the Fauna of the Empire (SPFE) foi formada na virada do século XIX – XX para reunir oficiais coloniais, caçadores, naturalistas e *gentry* para pressionar governo britânico. Caçadores, conservacionistas e amantes da natureza compartilhavam base comum e freqüentemente estavam representados na mesma pessoa. Por exemplo, Theodore Roosevelt foi um caçador em safaris e defensor da conservação da vida selvagem. A primeira lei que tentou regular a caça foi introduzida pelo governo britânico em 1822. Esse grupo também fez *lobby* para proteção internacional da vida selvagem. O primeiro acordo tentado foi a Convention for the Preservation of Wild Animals, Birds, and Fish in Africa. A maioria das partes não ratificou, mas o *lobby* preservacionista crescente na Inglaterra teve sucesso em promover reservas de caça nas colônias.

diferente das colônias na África Oriental (Quênia), onde a maioria era composta por fazendeiros pobres e aventureiros. Embora a política de conservação no Zimbábue tenha seguido o padrão comum da África colonial britânica (exclusão e controle das pessoas locais), ela foi capaz de se adaptar a condições peculiares desse país, incluindo o impulso para *self-reliance*. Outra diferença foi o isolamento experimentado, durante o período de governo branco e guerra civil, e de certa forma, como um estado autoproclamado marxista. Nessas condições, desenvolveu infra-estrutura própria e meios próprios de desenvolvimento econômico. Um exemplo citado por Princen (1999, p. 239) é a estratégia nacional de conservação desenvolvida por *Zimbabweans*, com apoio local privado e público. Isso contrasta com outros países em desenvolvimento, onde tipicamente organizações conservacionistas internacionais e agências de assistência, com consultores externos, financiam e escrevem tais planos.

Assim, segundo Princen (1999, p. 240), esse país seguiu um caminho duplo em relação ao manejo de vida silvestre. Um similar ao do Quênia: *law enforcement*, fortalecimento de áreas protegidas para encorajar caça e turismo, bem como o incentivo a operações comerciais privada para criar animais selvagens para *safari hunting*, carne, peles e troféus. O outro foi incorporar povos locais não somente como guias turísticos e guarda-parques, mas como *guardiãos* das áreas de vida silvestre. O primeiro método retém autoridade com o estado, porém retorna lucros para comunidades, que incorrem nos custos de viver e proteger a vida selvagem. Trata-se de um programa dirigido pelo estado: "Programa de Manejo de Ranchos para Elefantes", em que água e *habitat* são protegidos, quando a população excede a capacidade de suporte, *rangers* selecionam e matam rebanhos inteiros e animais são processados para carne, marfim e pele, sendo que uma proporção dos lucros é canalizada para comunidades locais. Princen (1999, p. 240) afirma que, como resultado, a população de elefantes cresceu de quatro a cinco mil indivíduos, no final do século XIX, para cerca de 50 mil atualmente.

O segundo método, descrito por Princen (1999, p. 241), deu origem ao Programa CAMPFIRE - Communal Areas Management Programme for Indigenous Resources, se baseia na transferência de direitos de propriedade sobre a vida selvagem e na incorporação dos povos locais no seu manejo. De acordo com a CAMPFIRE Association (2002), CAMPFIRE é o pioneiro de todos os programas de manejo comunitário de recursos naturais (Community Based Natural Resources Management – CBNRM) no sul da África. A comunidade Mahenye, em Chipinge, foi a primeira a se inserir, em 1982. Anteriormente, o Departamento de Parques Nacionais e Manejo de Vida Selvagem (Department of National Parks and Wildlife Management) vivia em "guerra" com *poachers* no Parque Nacional Gonarezhou e outros parques que, tradicionalmente, eram as terras de povos locais, não conseguindo dissuadi-los de caçar ilegalmente (*poaching*). Essa era uma forma de retaliação das comunidades pela destruição de seus cultivos por animais selvagens e em resposta à perda do seus modos de vida, resultante da designação de suas terras como parques nacionais (CAMPFIRE Association, 2002, p. 2).

Princen (1999, p. 241) aponta que um antecedente foi o Parks and Wildlife Act de 1975, emendado em 1982. Por meio desse, os proprietários de terra tinham o direto de explorar vida selvagem na sua terra para seu próprio benefício. O alvo principal eram fazendeiros comerciais. Todavia, teve um impacto nas terras comunais (*communally owned land*), que representavam cerca de 45% do Zimbábue e eram lar de boa parte da vida selvagem do país, já que cada um dos 16 conselhos distritais – órgãos de planejamento com autoridade sobre cerca de 100 comunidades – poderia ser designado proprietário sob o Ato. De acordo com a CAMPFIRE Association (2002, p. 2), inicialmente o Ato não era aplicado às terras das comunidades. Porém (CAMPFIRE Association, 2002, p. 2), afirma-se que

> [...] Graças à ajuda de pesquisadores e de conservacionistas locais inovadores,[10] o departamento foi capaz de iniciar e manter um processo de conservação baseado na comunidade no qual foram preservados os direitos tradicionais das comunidades locais de utilizarem a vida selvagem fora as áreas protegidas pelo estado.

De acordo com Princen (1999, p. 241) em 1988, dois conselhos distritais ganharam autoridade para manejar sua própria vida selvagem por meio do Programa. Um documento produzido pela CAMPFIRE Association (2002) relata que o Departamento Nacional de Parques e Manejo da Vida Selvagem (Government of Zimbabwe (GoZ)'s Department of National Parks and Wildlife Management) iniciou um processo de devolução de "autoridade adequada" (Appropriate Authority – AA) para os conselhos rurais e distritais (Rural District Councils – RDCs). Esses responderam positivamente, levando à formação da CAMPFIRE Association (CA), que é a agência implementadora para o Programa CAMPFIRE e representa diversas comunidades em distritos onde o é implementado.

Segundo o Relatório da Associação (CAMPFIRE Association, 2002, p. 3), desde 1989, 28 RDCs solicitaram e receberam *status* de AA em nome das comunidades que convivem com vida silvestre, sendo que os principais sucessos do programa são encontrados em 16 distritos, cujas comunidades manejam vida selvagem. Entretanto, nominalmente, CAMPFIRE cobre atualmente 52 RDCs organizados em cinco regiões do Zimbábue, sendo a maioria deles relativamente novos no programa. Esses têm recebido doações, que apóiam várias iniciativas de CBNRM (*community-based natural resource management*) e de geração de renda, principalmente por meio da USAID (United State Agency for International Development). Ainda de acordo com o documento mencionado, aproximadamente 40% desses projetos focalizam o estabelecimento de empreendimentos de ecoturismo baseado na comunidade, 20% correspondem à produção e venda de produtos derivados de recursos nativos: apicultura, artesanato, *edible mopane worms*, etc. Outros projetos envolvem instalação de cercas elétricas para reduzir conflitos humano-animais, manejo de incêndios nos campos abertos (*veld fires*) e pesca comercial.

Os 16 distritos mencionados são os menos desenvolvidos no contexto do Zimbábue. Tipicamente, os distritos que possuem vida selvagem são localizados em direção às margens do país e todos, com exceção de um, são adjacentes a áreas protegidas pelo estado. Em todos os casos, as comunidades locais separaram voluntariamente porções grandes de terra virgem e adotaram sistemas de produção de vida selvagem, consumptivos e não-consumptivos, nas suas áreas baseados em *free ranging game* (CAMPFIRE Association, 2002, p. 3).

Como se pode depreender da leitura (CAMPFIRE Association, 2002, p. 5), o Programa compreende diversas iniciativas e projetos, envolvendo comunidades e localidades diferentes. Vale observar que a situação da vida selvagem em cada uma dessas não é a mesma. Caracteristicamente, há bastante variação num mesmo distrito e entre

---

[10] Grifo meu.

distritos. Em alguns, localizados no *Zambezi Valley*, *habitats* de vida selvagem continuam a ser ameaçados por atividades agropastoris e assentamentos.

O Relatório (CAMPFIRE Association, 2002, p. 3-4) avalia que um dos aspectos positivos do Programa tem sido permitir e encorajar a diversidade. Isso permitiu que as comunidades experimentassem, modificassem e desenvolvessem seus próprios entendimentos operacionais de CBNRM. Um complemento essencial nesse sentido tem sido o componente de pesquisa[11] de CAMPFIRE. permitindo que acadêmicos internos e externos monitorem e avaliem o desempenho num amplo espectro de condições biofísicas, sociais, políticas e econômicas.

Do ponto de vista da conservação da biodiversidade, observa-se que um dos objetivos de CAMPFIRE tem sido a criação de incentivos adequados para o manejo de vida selvagem e seus *habitats* nas áreas comunais do Zimbábue. Isso se baseia em duas suposições: 1) nas áreas semi-áridas do país, sistemas de produção de vida selvagem no longo prazo são mais ecológica e economicamente viáveis do que sistemas de produção agropastoris; 2) a manutenção de *habitats* de vida selvagem e o manejo de sistemas de produção de vida selvagem são a única opção para manter a biodiversidade numa escala macro (CAMPFIRE Association, 2002, p. 4). Em termos teóricos, essas suposições parecem se encaixar na estratégia *use or lose it* (FREESE, 1997), exposta anteriormente. Vale lembrar que a política geral do Zimbábue nessa área é uma mistura das duas visões sobre conservação, já que os parques nacionais continuam a existir e as áreas cobertas pelo CAMPFIRE são complementares. Segundo a Associação CAMPFIRE (2002), no Zimbábue, 17% do território, ou cerca de 65.000 km², são separados para operações de safari. Dessa total, 30 mil km² são propriedade privada, 13.895 km² terra comunal, 4 105 km² área florestada e 16 945 km² de áreas de safari em parques nacionais e *Wildlife Estate*, sendo que os distritos que produzem vida selvagem e que são cobertos pelo CAMPFIRE se encontram em regiões naturais, que são consideradas marginais para agricultura.

Além da Associação CAMPFIRE, dos RDCs (conselhos distritais) e das comunidades, os atores envolvidos no processo de criação e implementação do Programa são: a USAID, agência de cooperação internacional norte-americana, e as instituições, que formam o CAMPFIRE Collaborative Group: Department of National Parks & Wildlife Management, Ministry of Local Government, Public Works & National Housing, Zimbabwe Trust, Centre for Applied Social Sciences, da Universidade do Zimbabwe, WWF - World Wide Fund for Nature Programme Office Zimbabwe e Southern Alliance for Indigenous Resources. Além desses, a ONG ACTION aparece listada na página do CAMPFIRE (www.campfire-zimbabwe.org, acessada em 15 de novembro de 2002).

Embora CAMPFIRE seja anterior à Convenção sobre Diversidade Biológica (CDB), existe a preocupação em responder a ela. No Relatório mencionado (CAMPFIRE Association 2002, p. 4-5), escreve-se

> [...] Há suficientes evidências qualitativas para dar suporte à hipótese segundo a qual os incentivos positivos derivados de CAMPFIRE contribuíram diretamente para a manutenção do *habitat* da vida selvagem no cumprimento da decisão V1/15 do sexto

---

[11] Grifo meu.

encontro da Conferência de Partes da Convenção sobre Diversidade Biológica, ao incentivar medidas [...]

Na perspectiva de Princen (1999, p. 241), CAMPFIRE teve seus problemas, mas aponta para abordagens alternativas em conservação internacional, incluindo o papel das ETCs profissionais. Como exemplo, menciona que o WWF trabalha com uma ONG local Zimbabwe Trust e com o Centro para Ciências Sociais Aplicadas da Universidade do Zimbábue, em Harare, que tem estudado por longo tempo o papel das comunidades rurais em conservação da vida selvagem. Neste caso, o WWF atua de modo diferente do que no Kênia, pois, ao invés de simplesmente financiar e treinar guarda-parques, a ONG começou a treinar os conselhos distritais em negociação de contratos com operadores comerciais de vida selvagem.

Princen (1999, p. 242) cita Rowan Martin, na época, vice-diretor de vida selvagem do CAMPFIRE, que explica que programas de conservação podem ter sucesso se a população que possui a terra adquirir controle sobre ela. Se são terras comunais, como em grande parte da África rural, devem existir instituições que permitam que essas comunidades utilizem seus mercados: A burocracia governamental vai acabar a conservação fora dos parques, tanto quanto as restrições internacionais. Isso contribui para evitar interrupções nas relações ecológicas (ex.: padrões migratórios) e normas culturais (ex.: uso comunal da terra) e, mesmo assim, explorar a renda e o potencial alimentar da terra e sua vida selvagem.

No caso de CAMPFIRE, pode-se observar que há o encontro da dimensão global e a local, que se expressa na participação de atores internacionais governamentais, como a USAID, e não-governamentais, como WWF, bem como atores regionais, como os conselhos rurais (RDCs) e nacionais, governamentais e não-governamentais. Importante ressaltar que houve uma coordenação cooperativa entre níveis administrativos diferentes, observada na concessão da Appropriate Authority – AA para os RDCs (Rural District Councils), por parte do governo nacional (Department of National Parks and Wildlife Management). O programa busca conciliar conservação da biodiversidade e atendimento das necessidades das populações locais, que antes agiam de forma contrária aos objetivos conservacionistas e, atualmente, se tornaram aliadas. Trata-se de um caso de convergência socioambiental que, até o momento, parece funcionar.

5.5.2 RCTT (Reserva Comunal Tamshiyacu-Tahuayo), Peru

Bodmer et alii (1997, p. 315) descrevem a experiência da Reserva Comunal Tamshiyacu-Tahuayo (RCTT) como uma tentativa de implementar o conceito de que o manejo de recursos naturais pode formar uma ponte entre conservação de biodiversidade e modos de vida da população local, usando uma abordagem baseada na comunidade. Os autores afirmam que a importância disso está no fato de que as florestas fora de áreas totalmente protegidas dominam a paisagem no nordeste do Peru, como em boa parte da Amazônia, sendo usadas pela população local para subsistência e para retirada de produtos vendidos no mercado. Assim, programas de conservação têm sido implementados nessa região peruana, buscando conservar florestas tropicais, por meio de abordagens baseadas em comunidades. Tais abordagens somente funcionam se os recursos não são superexplorados e se aspirações econômicas, sociais e políticas da população local são incluídas. Nesse sentido, não bastam informações sobre os sistemas naturais (dados biológicos, geológicos, hidrológicos), é necessário conhecimento socioeconômico e antropológico. Programas de manejo de recursos naturais requerem informação adequada não somente sobre populações de espécies e ecossistemas, mas também sobre a população humana que utiliza os recursos.

Tamshiyacu-Tahuayo[12] foi decretada reserva comunal em 1990 e criada em 19 de junho de 1991, Resolución Ejecutiva Regional Nº (080-91-CR-GRA-P). Está localizada no estado de Loreto, nordeste da Amazônia peruana, entre os rios Tamshiyacu, Tahuayo e Yavari-Miri.[13] Este último é um afluente do rio Javari (Yavari), situado na fronteira com o Brasil. Trata-se de uma área de 322.500 hectares de floresta de terra firme, de alta riqueza biológica, em termos de fauna e flora, incluindo 14 espécies de primatas, dois dos quais não encontrados, até o momento, em outras áreas. Trata-se da maior diversidade de primatas reportada em áreas protegidas no Peru. Do ponto de vista ecossistêmico, complementa a floresta inundável (várzea) da reserva vizinha de Pacaya-Samiria.

Fazendo referência a Castro (1991) e Puertas e Bodmer (1993), os autores (BODMER et alii, 1997, p. 319) apontam que a alta diversidade de grupos de fauna e flora da reserva é, em parte, devida ao fato de a RCTT combinar *habitats* de terra firme e de várzea. Ademais, ela é parte do padrão biogeográfico de alta diversidade de espécies da Amazônia ocidental. Segundo Bodmer et alii (1997, p. 317), a RCTT e terras adjacentes estão divididas em três zonas distintas de uso da terra, o que compreende (1) uma área-núcleo de cerca de 160 mil hectares, (2) uma zona de amortecimento de uso de subsistência, com aproximadamente a mesma área, (3) uma área de assentamento permanente, que não tem fronteiras definidas e está fora da área oficialmente demarcada da reserva. Nas outras duas zonas, não há assentamentos humanos.

A zona de assentamento da RCTT é habitada por uma população conhecida em Loreto como *ribereños*. Há 32 comunidades, com uma população total de cerca de seis mil habitantes, que usam os recursos da reserva em graus variados. Virtualmente 100 % dos pesquisados na bacia de Tahuayo praticam algum tipo de agricultura, 42% estão envolvidos na pesca como atividade financeira principal, 19% em caça de espécies selvagens, 23% em extração comercial de plantas não-madeireiras, e 6% na extração de madeira (BODMER et alii, 1997, p. 320). Pela descrição de Bodmer et alii (1997, p. 319), esses habitantes guardam muitas semelhanças com os ribeirinhos da Amazônia brasileira, possuindo diversas origens e incluindo indíos destribalizados e uma variedade de misturas de etnias indígenas, europeus e africanos. O processo de mudança de grupos tribais para *ribereños* começou com as primeiras imigrações européias e continuou com a destribalização imposta pelos missionários, expansão de tráfico de escravos e influxo de imigrantes durante a era da borracha. Como os indígenas amazônicos, esses *ribereños* têm um grande conhecimento das plantas da floresta, técnicas agrícolas e métodos de caça e pesca, diferindo daqueles devido ao seu envolvimento intrincado com a economia de mercado, sendo reconhecidos pela sua habilidade de trocar de produto explorado conforme o mercado muda, que é uma razão da sua ampla mobilidade geográfica.

---

[12] Os dados descritos estão baseados no artigo de Bodmer et alii (1997) e outros coletados em páginas na rede mundial de computadores: arquivo PDF "Ejemplos de la Categoria VI", página do PNUMA e página referente a RCTT mantida por Richard Bodmer (www. ukc.ac.uk).

[13] Mais precisamente, a reserva está situada nas florestas de terra alta que dividem o vale do Amazonas do vale do Javari. Sua fronteira ocidental são os rios Alto Tahuayo e o Quebrada (Qb) Blanco. Ao sul, ela é margeada pelo Rio Alto Yarapa, ao leste pelo rio Alto Yavari Miri, e ao norte pelo rio Alto Tamshiyacu. A cidade mais próxima é Iquitos, a aproximadamente 100 quilômetros, noroeste da reserva, com cerca de 300 mil habitantes.

Da descrição acima, vale ressaltar que se trata de uma população rural pobre, como em grande parte da Amazônia brasileira, que depende em larga medida dos recursos naturais da floresta. Assim, um programa de conservação da biodiversidade para ser efetivo deve levar em conta essa relação, conhecer as espécies, ecossistemas e ciclos naturais e, também, como os humanos interagem com esses. Isso permite promover o uso sustentável via manejo baseado na comunidade, ou outra estratégia que, embora não permita usos, ofereça alternativas econômicas para as populações.

Bodmer et alii (1997, p. 321) argumentam que as ações ambientais das comunidades do alto Tahuayo constituíram um fator fundamental na criação legal da RCTT. Durante os anos 1980, comunidades tomaram consciência do tamanho da degradação ocorrendo nas florestas. Havia um processo de declínio rápido de recursos naturais e um descontentamento em relação à pesca por grandes peixeiros, extração de madeira por madeireiras da cidade e caça por mercadores de Iquitos. Isso levou-os a começarem iniciativas comunitárias para proteger esses recursos. Uma das causas principais da degradação constatada era o sistema de acesso livre, que começou com abolição das propriedades, depois da lei agrária de 1969, e estimulou a extração descontrolada de recursos naturais. A área que hoje compreende a RCTT era explorada extensivamente para madeira, caça, palmito e pesca por residentes locais e pequenas operações empresariais da cidade de Iquitos. Esses recursos serviam às necessidades financeiras e de subsistência dos habitantes locais, sendo que, em meados dos anos 1980, o declínio desses levou a que as comunidades organizassem um sistema de controles, que começou a proibir a extração de recursos naturais por não-residentes.

A população mais próxima da área que viria a ser a RCTT iniciou, nesse período, uma discussão sobre *fair natural resource use* e continuou a estabelecer regulações comunitárias entre eles. As comunidades do Alto Tahuayo começaram a manejar cinco lagos próximos e impor "impostos" sobre a carne de caça, peixe e recursos da flora enviados para o mercado por residentes. Empresários de Iquitos e da área do rio Amazonas continuaram a entrar na área, mas foram forçados a negociar diretamente com habitantes locais de Tahuayo (BODMER et alii, 1997, p. 321-322).

Outros atores foram tomando parte no processo de criação da RCTT. Durante esse período, já havia cientistas e extensionistas trabalhando na área, por exemplo, biólogos do Peruvian Primate Project, San Marcos, Peru; da Wildlife Conservation Society e da University of Cambridge, Department of Zoology (Richard Bodmer, pergunta respondida por correio eletrônico, 22 de outubro de 2002). Assim, em 1986, representantes das comunidades se aproximaram do Ministério da Agricultura e dos cientistas, buscando apoio para suas iniciativas comunitárias de conservação. Interessante que foi algo que realmente partiu das comunidades, levadas pela preocupação com a redução dos recursos naturais disponíveis para sua subsistência, embora já estivessem lá os cientistas e extensionistas (Richard Bodmer, entrevista pessoal, Teodoro Sampaio, SP, 11 de novembro de 2002).

Bodmer et alii (1997, p. 322-323) afirmam que a partir desse período, comunidades, cientistas, extensionistas e governo, agindo juntos, começaram ações legais para criar a reserva. Coincidentemente, o governo peruano tinha estabelecido uma nova categoria de área protegida, denominada *Reserva Comunal* (Categoria VI da IUCN), que coincidia com os requerimentos das comunidades e com ambições de conservação do Ministério Regional de Agricultura. Assim, funcionários do governo fizeram reuniões com comunidades na área toda entre 1988 e 1990, com a presença freqüente de cientistas nacionais e estrangeiros. Os principais tópicos de discussão eram a importância das pesquisas socioeconômicas e científicas e a criação da reserva. Havia uma certa cautela e alguma desconfiança em relação ao envolvimento do governo, devido aos conflitos e migrações gerados por programas de crédito e de terra patrocinados pelo governo em meados dos anos 1980. Por outro lado, houve algumas reações negativas por parte da população local, que temia que a criação da reserva causasse a expulsão de suas terras, como havia acontecido no caso da vizinha Reserva Nacional Pacaya-Samiria. A *Propuesta Técnica* 1991 para a reserva, compilada pelo governo regional de Loreto, resolveu parte das preocupações e discordâncias da população local, relativas à demarcação dos limites geográficos da reserva e a concessões de terra, requerendo, ainda, que as autoridades auxilissem as comunidades com seus sistemas locais de vigilância.

Na perspectiva de Bodmer et alii (1997, p. 323), outro fator fundamental na criação da RCTT é sua biodiversidade única e inigualável (*unique*), que levou agências governamentais e grupos não governamentais (ONGs e cientistas) a ter um interesse particular na área, dominada por florestas de terra-firme (*upland* terra-firme). Por exemplo, somente essa unidade de conservação no Peru inclui o macaco uacari-vermelho (*Cacajao calvus*), um espécie bem rara no país e considerada vulnerável à extinção. Conforme mencionado, havia interesse na área também porque essa complementaria a reserva vizinha de Pacaya-Samiria, formada por ecossistemas alagados, aumentando a diversidade de tipos de ecossistemas sob proteção na Amazônia do nordeste peruano (DOUROJEANNI; PONCE, 1978, em BODMER et alii, 1997, p. 323).

Bodmer et alii (1997, p. 323) apontam, ainda, que foi importante para o estabelecimento da RCTT a quantidade crescente de informação disponível sobre história natural e extração de recursos na área, o que inclui mais de 50 artigos e relatórios publicados e 11 teses.

Em resumo, a combinação de interesses das comunidades, agências governamentais, ONGs e pesquisadores levou à criação da RCTT. A população local precisava manter os recursos naturais dos quais dependia para sua sobrevivência. Os outros atores consideravam importante conservar a biodiversidade única da área e seu caráter complementar à Reserva Nacional Pacaya-Saimiria, levando a uma maior representatividade de ecossistemas em áreas protegidas. Um fator facilitador foi a disponibilidade de conhecimento científico, que contribuiu para sua demarcação e tem contribuído para que o sistema de manejo comunitário se construa com base nas necessidades da população e nos limites biológicos das espécies.

Segundo Bodmer et alii (1997, p. 323-324), quatro grupos têm se envolvido com decisões de manejo na RCTT: 1) comunidades locais, 2) agências governamentais, 3) ONGs, 4) pesquisadores. Tais grupos coordenam suas atividades, mas freqüentemente têm abordagens diferentes sobre *manejo baseado na comunidade*, dependendo dos interesses do grupo e do recurso em pauta. Assim, os autores descrevem alguns conflitos que ocorreram, por exemplo, entre posições governamentais e demandas dos ribeirinhos por acesso mais limitado à Reserva. Na minha perspectiva, conflitos fazem parte desse tipo de processo em que interesses, valores e visões de mundo são, por natureza, diferentes. No universo da conservação da biodiversidade, isso sempre ocorre, pois a diversidade biológica que se quer proteger envolve atores diversos, do nível local ao global. Daí ser necessário um processo de negociação constante, que incorpore diferentes visões, interesses e necessidades, e da combinação de conhecimento técnico-científico e conhecimento tradicional, para se alcançar os objetivos de conservação.

De acordo com Richard Bodmer (pergunta respondida por correio eletrônico, 22 de outubro de 2002), os atores envolvidos no processo de implementação da RCTT, além das comunidades locais e das agências governamentais regionais e nacionais, têm sido: cientistas ligados ao Peruvian Primate Project, San Marcos, Peru; Wildlife Conservation Society (WCS); University of Cambridge, Department of Zoology e

University of Kent, Canterbury; as ONGs: WCS – EUA, Amazon Conservation Fund – Peru, Rainforest Conservation Fund – EUA, CARE – Peru; instituições financiadoras: Chicago Zoological Society, Wildlife Conservation Society, Rainforest Conservation Fund.

Em conclusão, Bodmer et alii (1997, p. 352) apontam que a RCTT está tentando ligar as necessidades socioeconômicas da população local e a conservação da biodiversidade por meio do uso sustentável dos recursos naturais, numa abordagem de manejo de recursos baseado na comunidade. O sistema de zoneamento de uso da terra, varia do uso intensivo à proteção total, ajustando-se às necessidades das comunidades e ajudando a conservar a biodiversidade. Bodmer et alii (1997, p. 352) afirmam que a sustentabilidade ecológica na Amazônia não pode ser atingida sem que sejam estabelecidas zonas diferentes de uso da terra, incluindo áreas totalmente protegidas. Por outro lado, o desenvolvimento econômico não pode ser realizado sem uso da terra e extração de recursos naturais intensivos. Na perspectiva dos autores (BODMER et alii 1997, p. 353), o caso da RCTT demonstra que o uso sustentável de recurso é uma possibilidade real na Amazônia peruana e que mais uso sustentável vai ajudar a conservar a biodiversidade. Porém, considerações econômicas e sociais devem ser cuidadosamente incorporadas nos programas de manejo. Além disso (BODMER et alii 1997, p. 352), deve-se ter em mente que a Amazônia é um ambiente delicado e pode suportar somente uma quantidade limitada de uso de recurso natural, se esse deve ser sustentável. Assim, a RCTT é semelhante a outras áreas, onde o uso sustentável somente é possível em áreas de baixa densidade de população humana.

Do ponto de vista de uma ação global para biodiversidade, o caso RCTT ilustra que é preciso encontrar formas de canalizar fundos da comunidade internacional para apoiar as populações locais nos seus esforços de conservação. Bodmer et alii (1997, p. 347, 350-351) lembram que implantar um sistema de uso sustentável implica custos de curto prazo para a população. Na RCTT, esses foram estimados em 21% da renda financeira anual recebida, se o sistema não-sustentável for mantido. Vale lembrar que a maioria é pobre e que esses custos afetariam significativamente sua sobrevivência, porém, sem um sistema de uso sustentável a pobreza eventualmente cresceria ainda mais, conforme os recursos fossem destruídos. Disso decorre a necessidade de se encontrarem estratégias para superar os custos financeiros de curto prazo. Um outro ponto levantado por Bodmer et alii (1997, p. 352) é que programas de ajuda deveriam reconhecer que iniciar sistemas mais sustentáveis de uso de recursos e aumentar a renda no curto prazo da população local são freqüentemente incompatíveis. Em contraste, estabelecer usos mais sustentáveis de recurso vai gerar benefícios financeiros e econômicos de longo prazo, no caso, estimados em 25% acima da atual renda anual.

Pela descrição da RCTT, fica claro que se trata de uma experiência em que há convergência socioambiental. Um exemplo é a diversidade de atores que tem participado desse processo, como CARE que é uma ONG social e WCS que é uma ONG conservacionista. O biólogo Richard Bodmer (entrevista pessoal, Teodoro Sampaio, SP, 11 de novembro de 2002) deixa claro que não há como se fazer conservação da biodiversidade sem levar em consideração questões socioeconômicas e os limites biológicos. Uma semelhança clara com Mamirauá é o papel importante do conhecimento científico, mencionado no artigo de Bodmer et alii (1997).

5.6 CONCLUSÃO

Os projetos relatados se iniciaram anteriormente à CDB entrar em vigor. Não podem ser consideradas respostas de um estado nacional à Convenção e não podem servir de indicadores de que a mesma é efetiva, considerando o conceito de efetividade de um regime internacional de Young (1999). Contudo, eles estão sintonizados com os objetivos de conservação e uso sustentável da biodiversidade e com o caráter socio-ambiental da CDB. Provavelmente isso se deve ao fato de que a partir dos anos 1980 ocorreram mudanças na visão de muitos conservacionistas, que se refletiram em proje-tos que têm buscado integrar as necessidades das populações locais. Nesse sentido, a Convenção também refletiu essas mudanças nas perspectivas sobre conservação.

Somam-se à mudança no campo das idéias as imposições do mundo real (Richard Bodmer, entrevista pessoal, Teodoro Sampaio, 11/11/2002). No caso da RCTT, as pró-prias comunidades deram início ao processo e o grupo de pesquisadores e ONGs perce-beram que o único caminho possível era o do uso sustentável, combinado a áreas de proteção total, onde o uso não seria permitido. CAMPFIRE é um programa de manejo sustentável de recursos naturais baseado na comunidade, não se trata de áreas protegidas. No entanto, os distritos que cobre são todos adjacentes a parques nacionais e outras áreas de proteção. Assim, por meio do Programa, as populações, que antes eram contrárias à conservação e não aceitavam os parques e áreas protegidas, tornaram-se aliadas.

Pode-se dizer que as abordagens dos projetos estão em sintonia com a realidade local e também com os desenvolvimentos intelectuais do conservacionismo e com a CDB. Assim, constata-se a presença dos elementos balizadores do regime global de biodiversidade. Ademais, participam agências governamentais, ONGs internacionais e nacionais, pesquisadores e comunidades locais.

Os casos têm outras semelhanças entre si, resultado, em parte, dos diversos atores e suas interações, reunindo a dimensão global à local, via cooperação internacional e transnacional e fluxo de recursos e conhecimento. Além disso, esses projetos envolvem arranjos interinstitucionais, que unem níveis governamentais nacionais, regionais e lo-cais e refletem a convergência de movimentos sociais e ambientais.

Conforme elaborado nos capítulos 3 e 4 e como mostram as experiências descritas, a perspectiva de um regime global de biodiversidade pode ser útil para abarcar essa complexi-dade de iniciativas locais, sintonizadas com princípios e objetivos, aceitos globalmente, e envolvendo uma gama ampla de atores e arranjos interinstitucionais, internacionais e transnacionais. Essa perspectiva também ajuda a compreender a necessidade de transferên-cias de fundos do nível global para o local, pois torna evidente a questão dos custos e benefícios da conservação da biodiversidade, que devem ser compartilhados por todos. Entretanto, se não existe um mecanismo de transferência, os custos tendem a ser pagos localmente, sendo os benefícios de caráter global. Os casos ilustram possíveis mecanismos de transferência de recursos do nível global para o local e evidenciam, embora não mencio-nado por todos os autores, a existência de uma rede transnacional de conservacionistas, que incorporaram questões socioeconômicas ao objetivo de proteger a diversidade biológica. É essa rede que faz a ponte entre os desenvolvimentos conceituais globais e realidades locais e representa o caráter dinâmico do regime global de biodiversidade.

REGIME GLOBAL DE BIODIVERSIDADE				
Nível internacional e transnacional		Nível transnacional		Nível local
Atores e interações				
Elementos balizadores		Redes transnacionais comunidades epistêmicas		Projetos
Recursos das agências bilaterais e multilaterais e das ONGs				
Conhecimento científico				

Capítulo 6

A RESERVA DE DESENVOLVIMENTO SUSTENTÁVEL E O PROJETO MAMIRAUÁ

A RESERVA DE DESENVOLVIMENTO SUSTENTÁVEL (RDSM), A ELABORAÇÃO DO PROJETO E A CRIAÇÃO DA ONG SOCIEDADE CIVIL MAMIRAUÁ (SCM)

A história desse projeto pode ser dividida, por uma questão meramente didática, em quatro períodos, com algumas sobreposições, pois os marcos não são estabelecidos segundo a passagem do tempo, mas de acordo com o sentido que certos eventos dão a cada período. O primeiro se refere às origens da idéia e elaboração do Projeto Mamirauá e à criação da SCM, correspondendo a meados dos anos 1970 (1977) até final dos anos 1980 (1989) e início dos anos 1990.

O segundo é a fase de negociação do projeto, formação da rede de relações de cooperação, indo de 1990 a 1992. No terceiro período, que vai de 1991 a 1997, começa a implementação do projeto, o plano de manejo é elaborado e configura-se a Reserva Mamirauá, que é reconhecida legalmente como uma RDS, estabelecendo um novo modelo de UC. O último período vai até junho de 2002, término da cooperação com o DFID,[1] agência de cooperação do governo britânico, e é marcado pela consolidação do modelo e expansão do quadro de pessoal e de trabalhos, culminando com a criação do IDSM em 1999. Esses períodos serão descritos no capítulo seguinte.

Neste capítulo, faço uma descrição do histórico da concepção do Projeto Mamirauá. Um fator crucial foi o papel da pesquisa e dos pesquisadores e a existência de uma rede transnacional de conservacionistas/biólogos da conservação. Essa rede parece se enquadrar no conceito de comunidade epistêmica[2] de Peter Haas (1992), mencionado no capítulo 3, sendo que se atribui a ela o desenvolvimento da idéia de conciliar conservação e uso da diversidade biológica, incorporando as necessidades das populações locais aos objetivos de proteção da biodiversidade. Um dos fóruns de discussão dessa idéia foi a IUCN, nos anos 1980.

---

[1] Antes de 1997, a agência de cooperação britânica era conhecida como ODA (Overseas Development Administration).

[2] Uma rede de profissionais com um conhecimento especializado e reconhecida competência num domínio particular e com afirmação de autoridade sobre conhecimento politicamente relevante nesse domínio ou área.

Como um caso de cooperação interinstitucional e de criação de um modelo diferente de conservação de biodiversidade, a experiência de Mamirauá é uma novidade entre as políticas públicas ambientais brasileiras. Contudo, pode ser considerada uma tendência, se visualizada entre os exemplos de cooperação trans e internacional existentes em vários países em desenvolvimento, conforme mostra a literatura sobre conservação baseada na comunidade (CBC), projetos integrados de conservação e desenvolvimento (ICDP) e conservação e manejo sustentável de vida selvagem (CWM), bem como os exemplos relatados no capítulo anterior.

Mamirauá evoca, hoje, várias realidades institucionais: a própria Reserva de Desenvolvimento Sustentável Mamirauá (RDSM), a SCM (uma ONG), o IDSM (uma Organização Social – OS), vinculado ao Ministério de Ciência e Tecnologia (MCT), e o Projeto Mamirauá. Esse projeto viabilizou até junho de 2002 as atividades para implantação da RDSM, sendo enquadrado no âmbito da cooperação técnica internacional, parte do Programa de Cooperação Bilateral Brasil-Reino Unido. Além do DFID, agência de cooperação do governo britânico e do CNPq, as ONGs internacionais WCS, WWF-UK, CI (Conservation International) e outras organizações apoiaram o projeto na Fase I de criação da reserva e elaboração do Plano de Manejo. Na Fase II, "Implementação do Plano", WWF-UK e CI deixaram de apoiar. Porém, DFID, União Européia (UE) e WCS continuaram. Além disso, recursos do PP-G7 também contribuíram. A partir de junho de 2002, o Projeto Mamirauá deixou de existir como uma iniciativa de cooperação técnica bilateral. Entretanto, as atividades continuam no âmbito do IDSM, com apoio de órgãos governamentais como MCT e recursos internacionais provenientes do WCS, UE, PP-G7 entre outros. As atividades de pesquisa e extensão continuam, visando a conservação e o uso sustentável da biodiversidade da várzea e a melhoria da qualidade de vida das populações locais, por meio de um sistema participativo. Esse período recente não será coberto neste trabalho.

Diversos fatores tornam Mamirauá um caso interessante para se estudar. Um deles é o caráter pioneiro da proposta de conciliar conservação da biodiversidade e desenvolvimento sustentável numa área protegida, de onde a população não foi removida. Pode-se considerá-lo um projeto integrado do tipo ICDP, o que implica ainda abordagens participativas (conservação baseada na comunidade – CBC/CWM). Outro é a complexidade, que resulta do número de atores envolvidos e dos próprios objetivos estabelecidos: conservar a diversidade biológica e promover a melhoria da qualidade de vida. Trata-se de uma experiência implementada localmente, mas que mobiliza indivíduos e instituições do nível local ao global. Assim, dois aspectos inovadores são ressaltados: (i) a combinação de objetivos de pesquisa, conservação de biodiversidade e desenvolvimento sustentável; (ii) os complexos arranjos institucionais, sociais, políticos, legais e financeiros para apoiar tais objetivos.

Para elaborar este capítulo e o próximo, pesquisei os documentos e publicações relativos ao Projeto Mamirauá e às atividades da Sociedade Civil Mamirauá (SCM), disponíveis nos seus escritórios em Tefé e em Belém. Entrevistei as pessoas com responsabilidade de direção e coordenação da SCM e Instituto de Desenvolvimento Sustentável Mamirauá (IDSM) e outras que não têm mais uma relação formal, mas que fizeram parte da história da criação da reserva e do Projeto Mamirauá (ver anexo 4 – lista de entrevistados). Conversei, ainda, com vários líderes comunitários, funcionários do Instituto de Proteção Ambiental do Estado do Amazonas (IPAAM), do Department of International Development (DFID), com o ex-presidente do CNPq, José Galizia

Tundisi, com Sandra Charity do World Wide Fund for Nature, do Reino Unido (WWF-UK), e com os fundadores: Márcio Ayres e Déborah Lima. Ademais, entrevistei pessoas do Ministério de Ciência e Tecnologia (MCT), da Agência Brasileira de Cooperação (ABC), Programa Piloto para a Proteção das Florestas Tropicais do Brasil (PP-G7), Fundação Vitória Amazônica (FVA), Grupo de Trabalho Amazônico (GTA), International Institute for Environment and Development do Reino Unido (IIED), que me ajudaram a visualizar o contexto mais amplo. Além disso, participei, como observadora, de algumas atividades na Reserva de Desenvolvimento Sustentável Mamirauá (RDSM) e na RDS Amanã (RDSA). Por último, enviei questionários a 69 especialistas com vistas a ter uma avaliação geral dos mesmos sobre os fatores-chave na viabilização do projeto e sobre os seus resultados.

O caminho escolhido foi o da reconstituição do processo de criação do Projeto Mamirauá, com foco nas relações que se estabeleceram entre os atores envolvidos, a concepção da idéia, o papel do conhecimento científico e a rede transnacional de conservacionistas. Tudo isso foi feito a partir de uma perspectiva que busca relacionar a dimensão global à local, no contexto da política ambiental mundial dos anos 1980/90.

Este capítulo será dividido em quatro partes. A primeira traz uma descrição dos aspectos ambientais e socioeconômicos da RDSM. A segunda, corresponde às origens do projeto e foi escrita com base em textos sobre a RDSM e em entrevistas com os atores envolvidos. Esses me remeteram para alguns artigos de periódicos que traziam algumas sementes da idéia de criar uma UC na área de Mamirauá. A terceira se refere à criação da SCM, tendo sido elaborada a partir de documentos, cartas e entrevistas com os atores envolvidos. A última parte traz algumas considerações sobre o período inicial do Projeto Mamirauá.

6.1 A RESERVA DE DESENVOLVIMENTO SUSTENTÁVEL MAMIRAUÁ

Mamirauá é a primeira Reserva de Desenvolvimento Sustentável (RDSM) criada no Brasil. O nome vem do lago localizado no coração da reserva e significa filhote de peixe-boi. Trata-se de um lugar singular no planeta, que permanece de 7 a 15 metros sob a água por seis meses do ano (AYRES et alii, 1999, p. 203). Sua área total é 11.240 quilômetros quadrados, inteiramente localizados na várzea,[3] floresta alagada periodicamente por águas brancas. Segundo Ayres (1995, p. 7), referindo-se a Furch (1984), os rios de águas brancas carregam muito sedimento, que é depositado nas terras baixas, criando extensas planícies inundáveis e formando um complexo ecossistema de lagos, lagoas, ilhas, restingas, chavascais, paranás e muitas outras formações.

As várzeas são áreas biologicamente significativas, devido ao alto grau de endemismo de espécies adaptadas às estações de cheia e seca anuais. Além disso, têm um significado socioeconômico e cultural. Sendo altamente produtivas, têm sido usadas intensivamente por populações humanas para pesca, retirada de madeira e agricultura sazonal.

---

[3] As florestas alagáveis são localmente conhecidas como igapós ou várzeas. As primeiras são formadas por águas negras, pobres em nutrientes, na sua maior parte originárias da bacia amazônica, enquanto áreas de várzea são associadas com águas brancas que fluem dos Andes e que carregam grande quantidade de sedimentos (AYRES et alii, 1999, p. 203). O ecossistema de várzea representa 60 a 100 mil quilômetros, ou cerca de 5% de toda a extensão da bacia amazônica (PIRES, 1974 em SCM, 1996).

Estima-se que cerca de 80-90% da população na bacia Amazônica viva perto de áreas inundáveis, na sua maior parte nas margens dos grandes rios (AYRES et alii, 1999, p. 203). Relatos da expedição do espanhol Francisco Orellana, que descobriu o rio Amazonas há mais de 450 anos, descrevem grupos grandes de ameríndios vivendo e explorando a várzea ao longo de quase toda a bacia do rio (CARVAJAL em MEDINA, 1988, em AYRES et alii, 1999, p. 203).

A RDSM é a única unidade de conservação (UC) criada para proteger o ecossistema de várzea amazônica no Brasil e a maior formada por florestas alagáveis, tendo sido incluída na lista de áreas úmidas de importância mundial da Convenção de Ramsar. Além da sua relevância biológica, há o pioneirismo da tentativa de conciliar a conservação da biodiversidade com o desenvolvimento sustentável numa UC habitada também por populações humanas (SCM, 1996).

Trata-se de uma nova categoria de unidade de conservação, Reserva de Desenvolvimento Sustentável (RDS), cujo estabelecimento e sustentação podem ser relacionados ao Projeto Mamirauá. Ela foi fruto de arranjos político-institucionais complexos, envolvendo pessoas e instituições não-governamentais e governamentais, brasileiras e estrangeiras, de abrangência local, regional, nacional ou global, o que resultou, inclusive, na incorporação da RDS como uma nova categoria ao Sistema Nacional de Unidades de Conservação (SNUC, Lei nº 9.985, 18 de julho de 2000, Artigo 20). Um destaque tem sido o papel da pesquisa e dos pesquisadores nesse processo, que foi iniciado por um grupo de biólogos e antropólogos, que fizeram os seus primeiros trabalhos no local como pesquisadores.

A RDSM é uma UC pertencente ao Estado do Amazonas, sob responsabilidade do IPAAM, que transferiu a gestão da Reserva, num primeiro momento, para a SCM, por meio de um convênio com o CNPq. Atualmente, ela está a cargo do IDSM.

6.1.1 RDSM – CENÁRIO AMBIENTAL

A RDSM localiza-se a cerca de 600 quilômetros a oeste de Manaus, próxima à cidade de Tefé, no Estado do Amazonas (ver Anexo 7 – mapa). Antes de ser uma RDS, foi criada como Estação Ecológica Mamirauá (EEM) pelo governo estadual, englobando a mesma área de 11.240 km², ou 1.240.000 hectares, que corresponde a todas as terras baixas de várzea situadas no triângulo delimitado pelo Auati-paraná, rio Solimões e rio Japurá (AYRES, 1995, p. 20). Ela é uma área coberta por florestas e outras formações vegetais sazonalmente alagadas devido à variação do nível das águas. Nos anos em que as cheias são grandes (geralmente maio e junho), toda a reserva fica sob as águas (SCM, 1996).

De acordo com Ayres (1995, p. 20), o rio Japurá carrega os sedimentos que formam a várzea da RDSM. Esse rio nasce na Colômbia, onde é chamado Caquetá, e recebe as águas de vários tributários antes de cruzar a fronteira do Brasil. A partir desse ponto, onde passa a ser chamado Japurá, percorre quase 700 km antes de desaguar na margem esquerda do médio rio Solimões. O Auati-Paraná[4] deságua do médio Japurá, pouco acima da cidade de Maraã, trazendo uma grande quantidade de sedimentos do rio Solimões. Mais abaixo, o rio Japurá recebe as águas do Solimões trazendo mais

---

[4] Paranás são braços de rios, ou canais, que ligam dois rios entre si.

sedimentos, através do Paraná do Aranapu. Essa quantidade de sedimentos se deposita rapidamente, resultando nas extensas várzeas da margem direita do baixo Japurá. São essas terras periodicamente inundáveis que constitutem a RDSM e coincidem com a distribuição geográfica conhecida dos macacos uacaris-brancos (*Cacajao calvus calvus*). Todo os terrenos de várzea são de origem quaternária (SCM, 1996, p. 20). Ayres (1995, p. 20-24) afirma que as várzeas da RDSM podem ser divididas em dois tipos: a) as áreas localizadas entre o Auati-paraná e o Aranapu, que constituem cerca de 85% de toda a reserva, cujas terras são predominantemente de origem pleistocênica, com mais de 100 mil anos de idade; b) as mais recentes, na sua maioria de origem holocênica, com menos de 5 mil anos de idade, onde a várzea pode ter cerca de 90 km de largura sem qualquer interrupção por terra firme.

O ecossistema de várzea é marcado por uma dinâmica intensa, devida à forte influência do regime de águas, que afeta a flora e também a fauna. Esse regime de enchentes e vazantes anuais cria e destrói terrenos de forma veloz. Esses terrenos são colonizados na mesma estação pelas gramíneas e pequenos arbustos e, caso o regime de águas dos próximos anos assim o permita, em pouco tempo as primeiras árvores estarão estabelecidas. O regime das águas também causa perturbações naturais no interior dos *habitats* terrestres mais definidos e desenvolvidos, com formação contínua de clareiras rapidamente recolonizadas. Além da alteração da paisagem, essa dinâmica causa mudanças bruscas em vários aspectos bióticos e abióticos que definem o ambiente de várzea. Por isso, a vida nesse ambiente deve estar mais adaptada às alternâncias do que às condições extremas de cada pico sazonal de cheia ou seca (SCM, 1996, p. 19-20).

As diferenças de relevo, decorrentes da deposição diferenciada dos sedimentos trazidos pelas cheias, determinam os dois principais *habitats* terrestres do ecossistema de várzea. As restingas, como são localmente chamadas, correspondem aos pontos que sofreram maior deposição e que possuem uma alta granulometria e, sendo mais elevados, permanecem alagados por 4 a 5 meses por ano. As depressões, que se interpõem entre as faixas de restingas, são conhecidas como chavascais e permanecem sob as águas por 8 ou 9 meses. O relevo dos terrenos é o fator determinante dos outros tipos ou subtipos de *habitats* terrestres que ocorrem. Ele determina a suscetibilidade à dinâmica das águas, componente que domina toda a vida do ecossistema de várzea (SCM, 1996, p. 21).

Os *habitats* aquáticos existem também em grande número e são definidos por sua estrutura física. Além dos *habitats* de água aberta como os rios, braços, paranás, canais (ou canos) e lagos, há alguns outros *habitats* perenes como as ressacas, ou temporários como os furos, as poças d'água nas praias de areia, ou de lama, e as próprias formações florestadas sazonalmente alagadas (SCM, 1996, p. 21).

Os solos amostrados até 1996 na Reserva são bastante similares, independendo da sua procedência. Têm de três a quatro camadas, ou horizontes, com colorações distintas devido aos processos de hidromorfismo (gleização) e mosqueamento (oxidação) com matizes cinzentas e brunadas, vermelhas e amarelas, sendo mais propriamente solos hidromórficos que aluviais (SCM, 1996, p. 21).

O clima e a variação do nível dos corpos d'água são também componentes importantes no ecossistema de várzea. As estações do ano, para toda a região onde se insere a RDSM, se baseiam no regime de cheias e secas, enchentes e vazantes (QUEIROZ, 1995 em SCM, 1996, p. 23). A "enchente" (dezembro a abril) e a "cheia" (maio e junho) são as estações com maior média de precipitação mensal e menor amplitude térmica. Na "vazante" (julho a setembro), a amplitude aumenta com menores temperaturas mínimas e maiores temperaturas máximas. A menor preciptação média mensal ocorre durante a "seca" (outubro e novembro). A pluviosidade local e o nível de águas são os componentes abióticos mais relevantes da Reserva (SCM, 1996, p. 23).

Desse modo, uma característica fundamental da RDSM é a sua diversidade de *habitats* aquáticos e terrestres, que sofrem intensas e contínuas modificações, definidas pela dinâmica das águas na região. A variação sazonal de seca e de cheia é determinante para a flora e fauna e toda a vida na várzea, que deve se adaptar a essa variação. São as águas, em última análise, o componente mais importante e mais dramaticamente dinâmico desse ecossistema (SCM, 1996, p. 21).

A diversidade vegetal da RDSM é menor que a diversidade de plantas superiores encontradas em outras áreas de floresta de terra-firme (AYRES, 1993 em SCM, 1996, p. 27). Matas altas de terra firme podem apresentar quase o dobro do número de espécies de árvores e cipós por hectare do que aquele registrado para várzeas, em geral, e para a RDSM, em particular. Isso é determinado pelo regime das águas. Por se tratar de um ambiente alagável por tanto tempo, é praticamente impossível distinguir uma flora terrestre e uma flora áquatica. As diferenças no período de alagamento, decorrentes das diferenças de relevo, levaram ao desenvolvimento de fitofisionomias distintas nos terrenos da várzea do Mamirauá. Aproximadamente, 10,2% da Reserva está representada por corpos d'água enquanto os 89,8% restantes são formados por restingas (44,3%), chavascais (31,3%) e outras coberturas de palhais, campos, roças e praias. As restingas têm florestas altas postadas ao longo das margens. Os chavascais apresentam uma floresta esparsa, de menor porte e maior espaçamento entre as árvores, com ocorrência de muitos cipós, espinheiros e arbustos, ou podem ser exclusivamente dominadas por gramíneas ou por arboretas e árvores de espécies colonizadoras (SCM, 1996, p. 27-28).

Nas restingas, encontra-se a maior diversidade de plantas. Existem duas tipologias na comunidade vegetal das restingas, evidenciadas pela nomenclatura local: restingas altas e restingas baixas. As altas são alagadas em até 2,5 metros, a contar da superfície do solo, e suportam uma comunidade vegetal mais alta, de maior área basal por hectare, com muitos indivíduos, apresentando raízes tabulares e com menor número de indivíduos por hectare. Têm a maior diversidade de espécies botânicas. Algumas das maiores árvores da Amazônia são lá encontradas, como a samaumeira (*Ceiba petandra*), o assacu (*Hura crepitans*) e a isqueira (*Parinari excelsa*). As restingas baixas, alagadas em mais de 2,5 metros em média, suportam uma comunidade vegetal de menor porte, menor área basal por hectare, maior número de indivíduos por hectare e menor número de indivíduos com raízes tabulares. Até 1996, eram conhecidas na RDSM quase 200 espécies de árvores e cipós, sendo as palmeiras raras em ambos *habitats* (AYRES, 1993, em SCM, 1996, p. 30). Nenhum estudo mais pormenorizado de epífitas e herbáceas havia sido desenvolvido até então (SCM, 1996, p. 28-30).

Uma alta taxa de endemismos – e não uma diversidade elevada de espécies – caracteriza a fauna encontrada na RDSM. Dentre os principais grupos conhecidos, a diversidade registrada é menor ou, no máximo, igual à diversidade encontrada nos ecossistemas externos à Reserva. A única exceção talvez seja a ictiofauna, pois os trechos de rios que delimitam a RDSM parecem ter uma quantidade de espécies menor do que aquela encontrada no seu interior, ou em outros grandes lagos externos, como o lago de Tefé, ou o lago de Amanã (SCM, 1996, p. 31).

Do ponto de vista conservacionista, vários fatores devem ser notados. A RDSM corresponde à distribuição geográfica conhecida de dois primatas: uacari-branco (*Cacajao calvus calvus*) e o macaco-de-cheiro-de-cabeça-preta (*Saimiri vanzolinii*). O uacari-branco é considerada uma espécie vulnerável na lista vermelha da IUCN e está no Anexo I da CITES. A várzea da reserva é possivelmente importante para algumas outras espécies de distribuição restrita, como o mutum-piuri (*Crax globulosa*) e para várias aves aquáticas, que já são raras em outras áreas, como os alencornes (*Anhima cornuta*). A ocorrência de espécies ameaçadas, ou não, mas que são alvo de exploração de caça pela população humana, como os jacarés-açus (*Melanosuchus niger*), Anexo I da CITES (*Melanosuchus niger***-111), jacaretingas (*Caiman crocodilus*) e quelônios aquáticos (*Podocnemis expansa, P. unifilis* e *P. sextuberculata*), ou ainda os felinos (*Felix spp.* e *Panthera onca*). São animais cujas áreas de distribuição geográfica vêm sofrendo crescente degradação e fragmentação de *habitats* em toda a Amazônia (SCM, 1996, p. 31-32).

Nas várzeas do Mamirauá também se encontra uma pequena gama de mamíferos de água doce pertencentes a três ordens. O peixe-boi (*Trichechus inungis*), ameaçado de extinção, e o boto-vermelho (*Inea geoffrensis*) são duas espécies consideradas endêmicas da região amazônica. Além desses, podem ser encontrados os tucuxis (*Sotalia fluviatilis*), Anexo I da CITES, as ariranhas (*Pteronura brasiliensis*) e as lontras (*Lutra sp*) (SCM, 1996, p. 32).

A fauna de vertebrados de médio e grande porte da área focal da RDSM (onde se concentrou a maior parte das atividades do Projeto Mamirauá) é basicamente idêntica à da floresta de terra firme circundante, embora menos diversa, já que apenas animais arborícolas, ou capazes de nadar bem podem sobreviver na floresta alagável durante as cheias. Assim, não ocorrem na reserva mamíferos como a anta, a paca, as cotias e os tatus. Entretanto, animais marcadamente terrestres como os jabutis (*Geochelone denticulata*) podem ser encontrados na RDSM ao longo de todo o ano, pois, aparentemente, encontraram na várzea um local bastante favorável. Dependendo do nível da cheia anual, animais de grandes dimensões podem chegar à área, aproveitando-se de seus recursos alimentares, como ocorre em outras áreas de várzea (BODMER, 1990, em SCM, 1996, p. 32), como os queixadas (*Tayassu pecari*) e, provavelmente, alguns veados (*Mazam sp.*) (SCM 1996, p. 32).

Quanto à herpetofauna da RDSM inventariada até 1996, a diversidade é baixa se comparada às outras áreas amazônicas, devido, principalmente, à ausência de terra firme. Por outro lado, cerca de 300 espécies de peixes haviam sido registradas até 1996 na Reserva e nos corpos d'água adjacentes. Há poucas dúvidas de que se trata de uma ictiofauna excepcionalmente diversa, sendo o maior número de espécies já registrado num ambiente de várzea. As espécies de aves encontradas somam até o momento cerca de 340. A avifauna da RDSM se contextualiza naquela da Alta Amazônia, sob o domínio das florestas em ambientes de influência aquática. Os *habitats* aquáticos abrigam fauna diversa de invertebrados, variando conforme os *habitats* (SCM, 1996, p. 32-33).

A área da RDSM foi subdvidida em duas partes para fins de execução do projeto. A área focal, com 260.000 hectares, ou 2.600 km², cerca de um sexto do total, está separada da área subsidiária complementar pelo paraná do Aranapu. As principais atividades do Projeto Mamirauá foram desenvolvidas na área focal, cujas várzeas são todas de origem holocênica e são percorridas por vários paranás, além de inúmeros pequenos canais, chamados regionalmente de lagos. Eles podem ficar muito largos em alguns trechos, permanecem isolados uns dos outros nos períodos mais secos, ou interligados pela água da enchente, que cobre toda a mata interfluvial na época das chuvas. Até 1996, haviam sido identificados, mapeados e registrados 616 lagos na área focal da reserva (SCM, 1996, p. 20-21).

6.1.2 RDSM – CENÁRIO SOCIOECONÔMICO

A reserva está localizada nos limites dos municípios de Alvarães, Uarini e Maraã, porém o principal centro urbano é a cidade de Tefé, tanto para comercialização de produtos como para o acesso aos principais serviços de saúde (MOURA, 2001, disponível em www.mamiraua.org). A ocupação humana moderna de Mamirauá, como em toda região do Médio Solimões, data do início do século XX, promovida em grande medida pela queda da borracha. Os assentamentos foram fundados, principalmente, por comerciantes e trabalhadores que tinham abandonado as regiões de extração da seringa localizadas a oeste (SCM, 1996, p. 35). Antes dessa ocupação, a região era habitada por diversos grupos indígenas, dentre os quais predominavam os Omágua (MEDINA, 1988, p. 102, em SCM, 1996, p. 35). Como é sabido, as populações indígenas foram dizimadas por guerras, escravidão e doenças introduzidas por colonizadores. Os sobreviventes foram incorporados à sociedade colonial pelo processo de miscigenação induzido pelo governo português (MOREIRA NETO, 1988, em SCM, 1996, p. 35). Assim, as poucas comunidades indígenas existentes, duas delas na área focal, têm forte grau de miscigenação, tanto cultural como biológica (SCM, 1996, p. 35).

Na várzea, os primeiros assentamentos modernos produziam lenha para os navios a vapor da época, além de fornecerem pirarucus, peixes-bois e tartarugas, concentrando-se em torno das feitorias e barracões e "patrões", como eram chamados os comerciantes que controlavam o sistema de aviamento, baseado na troca de produtos extrativos por manufaturados, sem a mediação do dinheiro, mas respeitando seus respectivos valores monetários (SCM, 1996, p. 35). O aviamento tradicional envolvia ainda o crédito e relações pessoais de dominação baseadas na dívida (SANTOS, 1993, em SCM, 1996, p. 35). A decadência desse sistema nos anos 1960 acelerou o processo de urbanização na região, reduzindo o número de assentamentos localizados na área focal da reserva (LIMA; AYRES; ALENCAR, 1993, em SCM, 1996, p. 35).

Dados de 2001 (MOURA, 2001, disponível em *www.mamiraua.org*) apontam a existência de 21 assentamentos humanos[5] localizados na área focal da RDSM, com um total de 1.585 habitantes. Em torno dessa área, existem 42 assentamentos com uma população de 4.401 pessoas, identificadas como sendo usuárias, em diferentes graus de intensidade, da Reserva, principalmente para a pesca e para a extração de madeira. No total são 6.306 pessoas em 63 assentamentos, que dependem da várzea da zona focal de Mamirauá[6] (SCM, 1996, p. 36; MOURA, 2001, em www.mamiraua.org).

De acordo com Moura (2001, disponível em www.mamiraua.org), na área da várzea de Mamirauá, as variações geomorfológicas afetam intensamente a forma de ocupação humana. Os assentamentos têm em média 40 anos de idade. No período de 1991 a 2001, foram extintos dois assentamentos dentro da reserva: um desmembrou-se em

---

[5] Na publicação do Plano de Manejo (SCM 1996), havia 23 assentamentos na área focal, sendo 17 comunidades, seis sítios e 46 casas isoladas. Trinte e sete assentamentos eram identificados como usuários: 16 no rio Solimões, 17 no Japurá e 4 no Aranapu e Pananuã.

[6] Moura (2001) afirma que os dados populacionais para a área subsidiária da RDSM (864.000ha, ou 8.640 km²) foram registrados pela primeira vez em 2001, somente para os assentamentos dentro da Reserva, tendo sido cadastrados 60 comunidades, 17 sítios e 91 casas isoladas. Cada comunidade tem em média 9 domicílios, com 6 pessoas cada. No total, são 4.244 moradores. A maior parte da população reside ao longo do rio Solimões.

dois e um outro foi deslocado. Os dados censitários indicam a predominância da ocupação humana ao longo do rio Solimões.

A maioria dos assentamentos da região se auto-identifica como "comunidade". Esse termo refere-se às localidades que adotaram a proposta da Igreja Católica, seguindo o modelo de comunidades de base, num trabalho de estruturação social dos assentamentos iniciado nos anos 1970 e posteriormente apoiado por diversas instituições de extensão rural. Cada comunidade tem uma liderança política eleita pelos moradores. O "movimento de preservação dos lagos comunitários", iniciado em 1980, consolidou o processo de estruturação política dos assentamentos ao definir um papel político para as lideranças comunitárias (SCM, 1996, p. 35-36).

Os assentamentos, tanto de moradores como de usuários, da área focal, têm participado do processo de implantação da RDSM desde o início dos trabalhos do Projeto Mamirauá. Foram os próprios moradores e usuários que escolheram o modelo de participação comunitária, a partir de um processo de consultas. Decidiu-se que cada comunidade (correspondente a um assentamento) teria dois representantes e grupos de assentamentos vizinhos estariam organizados em setores, o que significa, em média oito comunidades perfazendo um setor. Esses representantes comunitários se encontrariam bimestralmente nas reuniões de setor. No total, são nove setores, sendo que cada um tem um coordenador. As assembléias gerais se realizam anualmente e constituem o fórum deliberativo mais abrangente, nos quais as decisões de manejo são discutidas e votadas (SCM, 1996, p. 36-37; MOURA, 2001).

A economia dos moradores e usuários da RDSM pode ser caracterizada como "camponesa" e se baseia na combinação de uma produção de subsistência de itens básicos da alimentação (peixe e farinha de mandioca) e uma produção, pouco intensiva, para venda, composta pelos mesmos itens e, em menor escala, carne de jacaré. Isso gera uma renda média anual para os domicílios em torno de 900 dólares. A "cesta básica" tem um custo mensal médio de 50 dólares e compõe-se de artigos essenciais como açúcar, café, sabão em barra, óleo de cozinha, leite em pó e sal (SCM, 1996, p. 43-44).

As principais atividades econômicas da população de Mamirauá têm sido agricultura, pesca e extração de madeira, cada uma adaptada à sazonalidade da várzea, bem como à composição dos grupos domésticos, que são as unidades básicas de produção e consumo (AYRES et alii, 1999, p. 208). Assim, o calendário dessas atividades é definido pela variação do nível d'água. Na agricultura (predomínio da mandioca), o plantio de roçados é feito na vazante e a colheita é feita um pouco antes da enchente. Como as águas atingem a maior parte das plantações, a atividade se limita à metade do ano. Na cheia, a população se mantém com a produção de farinha armazenada ou, o mais comum, compra farinha, em geral, dos recursos da venda da madeira. Um fator limitante é a própria área agricultável, que se restringe às restingas, que são estreitas. A variação do nível d'água também limita o tamanho das roças, porque a enchente força uma colheita rápida, que depende da mão-de-obra familiar disponível. Quanto à extração de madeiras, as árvores são derrubadas no final da seca e no início da enchente ("verão"). As toras são reunidas durante o final da enchente e o seu transporte é feito através da água dos rios na cheia ("inverno"), época em que é feita a comercialização da madeira. A pesca é realizada com maior intensidade no "verão", quando as águas baixas facilitam a atividade devido à concentração maior dos peixes. A sazonalidade da produção se reflete na renda mensal dos domicílios. Como a pesca é atividade mais lucrativa, no período de águas baixas, ou "verão", a renda média é mais alta do que na cheia ("inverno"), época de recursos escassos (SCM, 1996, p. 44-45). Durante a seca, principalmente, ocorre também a coleta de produtos florestais não-madeireiros como frutos silvestres, folhas para cobertura de casa, fibras para cordas, hastes de gramíneas para confecção de arpões de pesca, etc. (SCM, 1996, p. 44). Como a RDSM é totalmente localizada numa área de várzea, os moradores não têm acesso às terras altas e, por isso, não extraem látex ou coletam castanha.

O peixe é a principal fonte de proteína animal da população humana da área focal da reserva. O seu consumo *per capita* é muito alto, estimado em 500g/dia, o que soma um consumo anual em torno de 240-300 toneladas. Equivale a mais de 12% de todo o consumo de peixe da cidade de Tefé, sendo que a população da reserva representa somente 5% da população de Tefé (AYRES, et alii, 1999, p. 208). Na RDSM, encontram-se espécies de alto valor comercial como o pirarucu (*Arapaima gigas*) e o tambaqui (*Colossoma macropomum*).

6.1.3 RDSM – ZONEAMENTO

O sistema de zoneamento da RDSM proposto pelo Projeto Mamirauá se baseia em três categorias de zonas: 1) zona de assentamento permanente, 2) zona de uso sustentado, 3) zona de preservação total.[7] Esse sistema se aplica à área focal, mas os mesmos princípios serão estendidos à área subsidiária. Ao longo do processo de negociação do Plano de Manejo com as comunidades, várias mudanças foram introduzidas visando adequar-se ao contexto social local e ao contexto de conservação da Amazônia (SCM, 1996, p. 53).

Zona ou Área de Proteção é aquela dedicada à proteção integral da biodiversidade local e dos recursos genéticos. Trata-se de uma zona em que a natureza permanece intacta e intocável, não se tolerando quaisquer alterações humanas, inclusive visitações. Funciona como matriz para o repovoamento de zonas contíguas, onde são permitidas atividades regulamentadas. As únicas atividades permitidas na zona de proteção total são as pesquisas científicas, com regras definidas, e a fiscalização (SCM, 1996, p. 54).

Zona ou Área de Uso Sustentado é aquela na qual os recursos estão disponíveis para a exploração por parte de moradores e usuários da RDSM, subordinada ao conceito de uso sustentável e regulada pelas normas de uso integrado do Plano de Manejo. Essas áreas servem como zonas de amortecimento das consequências ambientais da superexploração realizada fora dos limites da reserva. Os direitos de uso e as definições dos usuários são determinados nas instâncias de representação política das comunidades (SCM, 1996, p. 54).

Zonas de Assentamento Permanente ou Zonas Habitadas são consideradas subcategorias das zonas de uso sustentado. Nelas estão localizadas as comunidades e são desenvolvidas atividades mais imediatas de manutenção dos moradores da reserva.

Por último, as Zonas de Manejo Especial são aquelas em que o uso sustentável de um determinado recurso, ou de um pequeno número deles, será limitado por normas

---

[7] A título de comparação, relembro o sistema de zoneamento utilizado na Reserva Comunal Tamshiyacu-Tahuayo e terras adjacentes. A RCTT e as terras adjacentes são divididas em três zonas de uso da terra distintas. Elas compreendem (1) área focal totalmente protegida com aproximadamente 160 ha. (2) uma zona de amortecimento de uso para subsistência de aproximadamente 160 ha, e (3) uma área de assentamentos permanentes que não tem limites definidos. (BODMER et alii, 1997, p. 317). A principal diferença em relação ao zoneamento da RDSM é que a área de assentamento permanente está fora dos limites da reserva. Cf. cap. 5.

diferenciadas daquelas estabelecidas nas zonas de uso sustentado como um todo, embora também sejam consideradas subcategorias dessas zonas (SCM, 1996, p. 55).

O sistema de zoneamento decorre de estudos feitos sobre a biologia, ecologia e exploração dos mais importantes recursos naturais da RDSM. Cada pesquisador apresentou a sua proposta para garantir a proteção efetiva do recurso estudado e foram analisados os mapas de distribuição espacial do uso dos recursos, freqüência e proveniência da produção. Considerou-se que não seria vantajoso tentar proteger áreas de uso freqüente e relevante, devido aos altos custos sociopolíticos e ao possível fracasso, com exceção para os casos de áreas de importância estratégica para a sobrevivência do recurso. Ao final, as zonas de proteção definidas somaram cerca de 650 km², ou 26,4% da área focal. Foram criadas, ainda, várias zonas de manejo especial: para ecoturismo, para passarais, para tambaquis e peixes-bois, para quelônios e para jacarés. No total, as duas zonas somaram aproximadamente 730 km², ou 30% da superfície da área focal (SCM, 1996, p. 55-56).

Como a pesca é considerada a atividade econômica mais lucrativa da reserva, foram definidas e aprovadas em assembléias-gerais categorias de zoneamento para utilização do recurso pesqueiro, as quais coexistem e estão em conformidade com o zoneamento. Essas categorias de lagos já existiam antes da criação da reserva e foram adotados pelo Movimento de Preservação de Lagos, iniciado pela Igreja Católica.

Os lagos de preservação ou lagos de procriação são aqueles onde nenhuma atividade pesqueira é desenvolvida em nenhum momento, com o objetivo de servirem aos propósitos de reprodução das espécies de peixes e, por conseqüência, de repovoamento dos lagos explorados das zonas adjacentes. Esses lagos estão delimitados na zona de proteção, ou, em alguns casos, fora dela, dependendo do encaminhamento dado pelos próprios usuários desses lagos. Lagos de manutenção ou subsistência são aqueles onde a pesca é direcionada unicamente à alimentação dos membros das comunidades que têm acesso a eles. Os lagos de comercialização e manutenção são aqueles em que se pode pescar para alimentação e para a venda do pescado. Lagos de reserva são definidos como os que estão passando por um período de pousio e que têm recursos pesqueiros para serem explorados num momento indefinido do futuro, ou para fazerem face a despesas em momentos difíceis das comunidades nos casos em que os lagos em uso rotineiro se mostrarem insuficientes. Por último, lagos de sedes são aqueles em que é permitida a entrada e pesca por parte de pescadores oriundos das cidades vizinhas: Maraã, Uarini, Alvarães e Tefé (SCM, 1996, p. 53-54).

Uma consideração importante quanto ao uso dos lagos é que, além das categorias de manejo definidas, cada lago, ou conjunto deles, "pertence" a uma ou mais comunidades. Isso significa que uma das conquistas relativas à criação da RDSM foi a de garantir o direito de uso somente às comunidades de moradores e usuários, restringindo o acesso de pescadores que habitam as adjacências e as cidades vizinhas. Eles podem ter acesso somente mediante negociações com as comunidades. Ficou proibida a entrada dos grandes barcos de pesca comercial, anteriormente comuns na área, vindos de cidades mais distantes, como Manaus e Manacapuru.

Quanto ao uso sustentável dos recursos em geral, foram estabelecidas ainda diversas normas para a utilização da fauna e flora. Existem regras específicas para os recursos pesqueiros, recursos madeireiros, animais de caça, quelônios aquáticos, bem como para certas espécies: peixes-bois, pirarucus, tambaquis, peixes ornamentais e jacarés. Essas regras são aplicáveis no âmbito do sistema de zoneamento, ou seja, somente nas zonas onde é permitido o uso. Além disso, vale lembrar que somente os moradores e usuários da RDSM têm acesso garantido à área da reserva. Pescadores de Tefé, Alvarães, Uarini e Maraã precisam negociar com as comunidades.

Em resumo, a conservação e o uso sustentável da biodiversidade na RDSM se realizam com base na restrição do acesso à área da reserva a todos que não são moradores nem usuários, que, por sua vez, devem respeitar o sistema de zoneamento e as regras de uso. Esse processo de estabelecimento de normas e regras está em andamento e tem levado em consideração fatores biológicos, ecológicos e socioeconômicos, bem como o contexto das políticas de conservação regional e nacional, num processo negociado entre pesquisadores, extensionistas, comunidades e agências governamentais.

6.2 O PROCESSO DE CONCEPÇÃO DO PROJETO MAMIRAUÁ

A criação da RDSM, bem como a elaboração e implementação do seu Plano de Manejo, é resultado de um projeto (Projeto Mamirauá), iniciado por um grupo de biólogos e antropólogos brasileiros e estrangeiros liderados por José Márcio Ayres, que, neste trabalho, por uma razão didática, vou chamar de "Grupo de Belém".[8] São indivíduos que, em diferentes momentos, ligaram-se por laços pessoais e profissionais para se envolver com ações para conservação da biodiversidade e desenvolvimento sustentável. Tal projeto nasceu em sintonia com o contexto local e com mudanças teóricas na área de biologia da conservação (LIMA, 1996a, p. 76), que alguns (estudiosos e pessoas que trabalham na área ambiental[9]) percebem como uma mudança paradigmática. Assim, está fundamentado nas experiências de pesquisas das pessoas desse grupo e apoiada no conhecimento compartilhado de uma rede transnacional de conservacionistas. Como resultado desse processo, o nome Mamirauá se tornou maior do que sua denotação inicial. Além de um lindo lago de várzea, trata-se de uma unidade de conservação, de uma ONG, de um Instituto de Pesquisa (O.S.) e de um experimento de construção de novo modelo de UC que combina conservação e desenvolvimento, isto é, uma tentativa de conservar a biodiversidade sem excluir as populações locais.

6.2.1 ORIGENS: ATUAÇÃO DE PESQUISADORES NOS ANOS 1970

A primeira proposta de transformar parte da área que hoje corresponde à Reserva de Desenvolvimento Sustentável Mamirauá (RDSM) em uma unidade de conservação foi elaborada em 1984 pelo biólogo José Márcio Ayres e pelo fotógrafo Luis Cláudio Marigo. Foi submetida à Secretaria Especial do Meio Ambiente da Presidência da República (SEMA-PR) para se tornar uma estação ecológica federal. De acordo com Lima (1996b), tratava-se de uma área menor, de 712 km², destinada principalmente a preservar duas espécies de primatas: o uacari-branco e o macaco-de-cheiro-de-cabeça-preta (*Cacajao calvus calvus e Saimiri vanzolinii*). É importante observar que pesquisas biológicas haviam sido realizadas anteriormente no local. Dois artigos em especial chamam atenção para a sua importância e parecem corroborar o argumento de que a criação da RDSM está relacionada ao trabalho de pesquisadores na região.

---

[8] Essa expressão foi usada por Helder Queiroz, Sociedade Civil Mamirauá-SCM, numa de nossas conversas. Eu me apropriei dela por considerar que remete ao núcleo original da "rede Mamirauá", ou seja, um grupo de pessoas, na sua maioria, biólogos (primatólogos) e antropólogos, vinculados a instituições de pesquisa de Belém, que conceberam, negociaram e têm implementado o Projeto Mamirauá. O Grupo de Belém criou a ONG Sociedade Civil Mamirauá.
[9] Cf. capítulos 2 e 4 deste trabalho.

Mittermeier (1977), conhecido primatólogo, apontou a região do Lago Mamirauá como área[10] de distribuição restrita do macaco uacari-branco (*Cacajao calvus calvus*). Ayres e Best, em 1979, publicaram um artigo, numa edição especial da *Acta Amazonia*, em que defendiam novas estratégias de conservação para a fauna amazônica. Neste, constavam os locais de Mamirauá, assim como de Amanã. O uacari-branco já era considerado pelos autores uma espécie vulnerável, justamente devido a sua distribuição restrita. Os autores afirmavam que, como a área de ocorrência geográfica era relativamente pequena, qualquer alteração do *habitat* poderia trazer problemas para essa subespécie; daí a necessidade de uma unidade de conservação (AYRES; BEST, 1979, p. 94).

No mesmo artigo, além de identificarem áreas consideradas prioritárias para serem colocadas sob proteção governamental, os autores questionam o modelo do sistema brasileiro de parques nacionais na Amazônia da época. Baseado no conceito de refúgios, o modelo cria um isolamento geográfico, sem levar em consideração a variabilidade das raças geográficas, nem os ecossistemas aquáticos. Propunham, então, um modelo mais abrangente, baseado em doze regiões biogeográficas distintas,[11] nas quais os rios funcionam como barreiras de isolamento geográfico. Assim, entre essas regiões biogeográficas propostas na estratégia de conservação, encontrava-se a área de Mamirauá (bio-região demarcada pelos rios Solimões, Japurá e Auati-Paranã). Além disso, é interessante observar que, no mesmo artigo, os autores já esboçam o conceito de corredores ecológicos, que somente vieram a ser criados no Brasil no final dos anos 1990.[12] Esse artigo foi mais tarde retomado como uma das bases teóricas para identificação de áreas prioritárias de conservação na Amazônia (FERREIRA et alii, 2001).[13] Os corredores serviriam para evitar o isolamento e formação de ilhas genéticas, ou refúgios artificiais, e seriam como "cinturões verdes", que permitiriam um fluxo genético entre as populações das espécies de cada uma dessas áreas (AYRES; BEST, 1979, p. 86-87). Mamirauá e Amanã seriam parte de um desses "cinturões". Por último, os autores ressaltam a necessidade de se planejar a localização das reservas legais nas propriedades privadas como uma

---

[10] Ou seja, área entre os rios Solimões, Japurá e o Auati-paraná, alto da bacia amazônica, que corresponde exatamente à atual àrea da RDSM. (MITTERMEIER; COIMBRA FILHO, 1977, citado em BEST; AYRES, 1979, p. 94).

[11] Segundo os autores, para que seja representativo da imensa diversidade o sistema de parques deveria incluir áreas biogeográficas distintas, cujos componentes apresentassem diferenças funcionais, morfológicas e genéticas significativas. Citam autores como Hershkovitz (1963), Fooden (1965), Sick (1967), Ávila-Pires (1974), Hershkovitz (1978), que chamam a atenção para a importância dos grandes rios como barreiras de isolamento geográfico para os componentes faunísticos da bacia amazônica. Assim, o modelo proposto pelos autores é baseado em 12 regiões biogeográficas distintas, sendo que, dentro de cada uma das áreas selecionadas, os biótopos deveriam ser protegidos de maneira que as populações endêmicas fossem genética e ecologicamente viáveis. Tais áreas deveriam ser proporcionais à quantidade da fauna e flora que contêm. Nesse sentido, dez por cento, ou mais, em áreas contínuas da bacia amazônica deveriam ser transformados em Parques Nacionais, e dez por cento seriam divididos em unidades de conservação menores, tais como Reservas Biológicas, Estações Ecológicas e Parques Estaduais. Para evitar o isolamento e a formação de ilhas genéticas, ou refúgios artificiais, deveria haver uma continuidade entre as unidades menores de cada província biogeográfica e entre os parques nacionais, formando cinturões verdes, o que corresponde, de certo modo, ao conceito atual de corredor ecológico.

[12] O projeto Corredores Ecológicos, que estabelece dois corredores, um na Mata Atlântica e outro na Amazônia, foi assinado no final de 2000, sendo que o Corredor Centro Amazônico abrange a área da RDS Mamirauá, da RDS Amanã e do Parque Nacional do Jaú.

[13] Cf. resultados do Seminário de Consulta, Avaliação e Identificação de Ações Prioritárias para a Conservação, Utilização Sustentável e Repartição dos Benefícios da Biodiversidade da Amazônia Brasileira, Macapá, 20 a 25 de setembro de 1999.

forma de contribuir para a circulação genética, bem como de se pensar em alternativas de uso racional da biota.

Chamo a atenção para esse artigo de 1979 de Ayres e Best, porque ele evidencia uma relação entre conhecimento científico e políticas de conservação. Tanto a idéia de proteger a área de distribuição geográfica conhecida dos uacaris-brancos como a idéia dos corredores (ou "cinturões verdes") foram incorporados no âmbito político. Foram criadas as unidades de conservação (RDSM e RDSA), bem como o Corredor Ecológico Centro-Amazônico, por meio de um projeto do PP-G7. Por outro lado, embora haja menção a "uso racional" dos recursos naturais, ainda não se toca na questão das populações humanas. O artigo não demonstra uma visão diferente em relação à presença dessas populações nas unidades de conservação, mencionando somente as categorias de UCs existentes na época. Ao que parece, Márcio Ayres foi mudando a sua visão nesse sentido durante os anos 1980.

6.2.2 Concepção da idéia, elaboração de um projeto e os contextos local e global

Os anos que antecederam o início do Projeto Mamirauá e a criação da unidade de conservação pelo estado do Amazonas foram muito importantes para o seu processo de implementação e consolidação. Márcio Ayres iniciou a sua pesquisa de campo sobre os uacaris-brancos em 1983 e morou na região. Nesse período, além de desenvolver profundo conhecimento do ecossistema de várzea, Ayres levou várias pessoas para realizar trabalhos na área, inclusive pesquisadores ilustres como Paulo Vanzolini. Além disso, alunos de pós-graduação de várias universidades (p. ex.: UnB, UFPA) realizaram cursos e pesquisa de campo. Desses saíram alguns cientistas (Ana Albernaz, Andréa Pires, Helder Queiroz) que vieram compor a equipe do Projeto Mamirauá nos anos 1990. Além disso, entre 1987 e 1988, foi feito um filme sobre a área pela BBC de Londres para divulgar a importância da região e ajudar a levantar recursos (Márcio Ayres e Helder Queiroz, entrevista pessoal, Belém, 23 de julho de 2001).

Nesse período, Déborah Lima, antropóloga, também se transferiu para a região, tendo morado com a sua família na cidade de Tefé entre 1983 e 1984. Durante esse tempo, visitou comunidades do lago Tefé e dos rios Japurá e Solimões. A partir da convivência com os moradores locais, ela começou os estudos que deram origem à sua tese de doutorado sobre caboclos como categoria social, defendida na Universidade de Cambridge. Essa pesquisa de campo foi realizada por sete meses em 1986 e um mês em 1988 (AYRES; LIMA, 1992). O trabalho antropológico de Lima, retratando as relações de parentesco e as dinâmicas socioeconômicas e políticas da população ribeirinha serviu como subsídio para a elaboração do Projeto Mamirauá e para as atividades de extensão com as comunidades locais.

Além desses, outros fatores desse período devem ser mencionados pois também foram importantes para o processo de implantação da RDSM e a formação da rede Mamirauá. Houve o estabelecimento de contatos e conhecimento mais aprofundados com a realidade e pessoas do local. Essas, de modo geral, receberam bem os pesquisadores. Houve cordialidade, mas também problemas, desconfianças, antipatias e algumas atitudes hostis. Por exemplo, enquanto realizava a sua pesquisa na área do lago Mamirauá, Márcio Ayres muitas vezes foi confundido com fiscal e, por isso, teve o seu barco invadido e os seus equipamentos destruídos. Ayres pressionou o IBDF-Manaus por uma portaria que proibisse o acesso ao lago, que estava ameaçado pela pesca predatória e pela caça clandestina de jacarés.[14] Em 1983, essa portaria foi emitida. O lago Mamirauá ficou fechado durante o período da pesquisa de Ayres sobre os uacaris-brancos. Como conseqüência, houve aumento dos estoques de peixes, o que não passou despercebido aos moradores locais. Porém, as invasões recomeçaram quando ele deixou a área para concluir o seu doutorado na Inglaterra. Na sua volta, algumas pessoas começaram a lhe dizer que "era bom como estava (lago fechado), porque havia mais peixes" (Márcio Ayres, entrevista pessoal, Belém, 23 de julho de 2001).

Durante esse período, esteve também em ação o Movimento de Preservação de Lagos, liderado por um missionário católico da Prelazia de Tefé, conhecido como Irmão Falco. Ele iniciou o Movimento em 1979, depois de ter conhecido um habitante (Seu Onorato) da região de Jutaí, (Amazonas), que "cuidava de seus lagos", o que, na visão dele, parecia fazer uma diferença com relação à quantidade de peixes naquela região. Assim, o missionário resolveu levar para a Prelazia a idéia de separar os lagos em três categorias: procriação, onde não se podia pescar; manutenção, onde se pescava somente para consumo próprio; e comercialização, onde se podia pescar para vender. O Movimento começou no âmbito da Igreja Católica e o seu trabalho era baseado principalmente nos assentamentos rurais, que viviam nas margens dos rios e lagos da região (D. Oscarina, liderança local, Núcleo de Integração Política, entrevista pessoal, RDSM, Setor Horizonte, 10 de agosto de 2001).

Não existem estudos aprofundados sobre o impacto das atividades do Movimento de Preservação de Lagos, mas há evidências, colhidas em várias das entrevistas que realizei e nos próprios textos do projeto, de que elas contribuíram para implantação da RDSM e também da RDSA, pois a palavra "preservação" como idéia e ação não era estranha a várias pessoas e lideranças locais, principalmente aquelas ligadas à Igreja. Isso, de certa forma, ajudou no processo de aceitação da Reserva. Por outro lado, a percepção de alguns ex-líderes do Movimento, hoje envolvidos com o Projeto Mamirauá, é de que ele tem contribuído para concretizar algo pelo qual eles já ansiavam, ou seja, o seu papel foi o de ter trazido recursos financeiros, conhecimento e instrumentos legais e institucionais para realizar alguns dos objetivos que eles já tinham no Movimento (D. Oscarina, liderança local, Núcleo de Integração Política, entrevista pessoal, Setor Horizonte, 10 de agosto de 2001).

Além disso, o modelo de organização comunitária, desenvolvido pelo Movimento de Educação de Base (MEB), foi incorporado pelo Projeto Mamirauá.[15] A organização comunitária era um dos principais objetivos do Grupo de Preservação e Desenvolvimento (GPD), que também promovia a "proteção e gestão de lagos de pesca pela comunidade da várzea", inspirado pelo Movimento iniciado pelo Irmão Falco. A iniciativa esmoreceu em 1986, com a morte de Falco, mas se fortaleceu entre 1989/90, depois que o direito de preservar os lagos foi incorporado como uma lei municipal. Contudo, enfraqueceu-se novamente devido à falta de apoio do IBAMA.

Lembro, ainda, que a idéia de preservação de lagos é anterior a essa experiência da Igreja Católica na Prelazia de Tefé. A iniciativa não existia somente em Jutaí. Há relatos

---

[14] Ayres testemunhou vários casos de caça ilegal de jacarés no lago Mamirauá. Em um deles chegou a ver uma quantidade de cerca de uma tonelada de jacarés mortos.
[15] As comunidades são agrupadas em setores de acordo com a sua proximidade geográfica.

de outras pessoas, além de Seu Onorato, que faziam isso em tempos anteriores. Os índios também preocupavam-se em guardar os lagos. De acordo com Helder Queiroz (entrevista pessoal, Belém, 23 de julho de 2001), que se baseia num argumento construído por David McGrath, a diferença está na forma de realizar essa idéia, que pode ser coletiva, ou privada, o que define o acesso aos recursos. No caso dos índios, do Movimento liderado por Falco e da atual experiência na RDSM, trata-se de uma ação coletiva, em benefício do grupo. No que se refere a indivíduos, o benefício de reservar lagos é privado. Márcio Ayres (entrevista pessoal, Belém, 23 de julho de 2001) enfatiza, assim, que a idéia de preservar lagos não é de ninguém e não é novidade pois, historicamente, esteve sempre presente, seja por iniciativa de indivíduos, seja de grupos, como tribos indígenas, que faziam isso quando os espanhóis vieram para essa região da Amazônia.[16] Ele afirma que isso faz parte da história do "homem amazônico", sendo que a Igreja, ao encampar essa idéia, mudou de papel, já que, nos primórdios, estava muito mais ligada aos interesses dos colonizadores (no caso, espanhóis).

A Estação Ecológica Mamirauá (EEM) chegou a ser criada pela SEMA-PR em 1987, durante a gestão de Paulo Nogueira Neto, mas nunca foi implantada como unidade federal. Com a criação do IBAMA em 1989, muitas áreas passaram para a responsabilidade dos órgãos estaduais do meio ambiente (OEMAs), inclusive aquela correspondente a Mamirauá. Contudo, somente em 1990 (Decreto n.º 12.836, de 9 de março de 1990) a EEM foi estabelecida pelo Governo do Estado do Amazonas, como uma unidade de conservação estadual.

Embora sendo um dos maiores interessados, Ayres foi surpreendido pela notícia que leu no jornal sobre a criação da EEM com uma área bem maior do que a da proposta original (Márcio Ayres, entrevista pessoal, Belém, 23 de julho de 2001). O contexto era favorável: a questão ambiental passara a ocupar lugar importante na agenda política internacional e nacional, houve realização de um encontro de cúpula dos países do Tratado de Cooperação Amazônico (TCA), iniciou-se a preparação para a Conferência do Rio e havia pressão dos ambientalistas. Assim, por "razões políticas", o governador do Amazonas, Amazonino Mendes, viu-se na obrigação de "fazer algo". Decidiu criar unidades de conservação e, para tal, levou em consideração todas as propostas existentes, entre elas a de Mamirauá (Márcio Ayres, entrevista pessoal, Belém, 23 de julho de 2001).

Vale observar, não houve envolvimento direto do grupo liderado por Ayres no sentido de pressionar o governo estadual para criar a Estação Ecológica. O contexto político pró-ambiente do início da década desempenhou papel-chave nesse caso. No entanto, houve influência indireta, já que a EEM federal, que existira no papel, havia sido proposta por Ayres e Marigo. Além disso, o tamanho maior se deveu a uma outra proposta de Ayres, que seria apresentada num *workshop* (Workshop 90),[17] em Manaus, sobre áreas prioritárias para conservação na Amazônia, que abrangia toda a área conhecida de distribuição geográfica dos uacaris-brancos (Márcio Ayres, entrevista pessoal, Belém, 23 de julho de 2001).

---

[16] Durante a entrevista (Belém, 23 de julho de 2001), Márcio Ayres e Helder Queiroz lembraram que em 1542, quando Orellana navegou pelos rios amazônicos e tentou pescar no Panaminho, defronte a área que hoje faz parte da RDS Mamirauá, os indíos Omágua o atacaram para defender os seus próprios recursos.
[17] IBAMA/INPA/CI. Workshop 1990: *Biological Priorities for Conservation in Amazonia.*

Os eventos ocorridos nos anos que antecederam o projeto representaram uma preparação para sua proposição e implementação. As atividades de pesquisa no campo possibilitaram um conhecimento do local, tanto do ponto de vista biológico e ecológico, como antropológico e socioeconômico. Os cursos realizados em Mamirauá foram importantes para atrair jovens pesquisadores, que acabaram realizando as suas pesquisas de campo na área como parte dos seus mestrados e doutorados, o que se "encaixou" bem com a fase inicial do projeto, que correspondeu à elaboração do Plano de Manejo da RDSM. Os anos 1980 também representaram para a população local o contato com idéias ambientalistas e uma maior organização política dos assentamentos como "comunidades", com líderes eleitos e uma "causa" que era a "preservação dos lagos".

Um fator-chave desse período foi o estabelecimento das relações entre Márcio Ayres e outras pessoas envolvidas com conservação – inicialmente, a maioria deles era de biólogos e, mais especificamente, primatólogos, nos EUA e Reino Unido. Entre esses, pode-se citar Russel Mittermeier, conhecido primatólogo e fundador da Conservation International (CI); John Robinson,[18] da Wildlife Conservation Society (WCS); Kent Redford (na época estava na Universidade da Flórida, em Gainesville, e em seguida trabalhou na The Nature Conservancy - TNC), na WCS; e colegas do programa de doutorado de Cambridge, como Richard Bodmer e outros biólogos renomados, como William Hamilton. Esse grupo, que tinha em comum o interesse pela pesquisa e pela conservação, faz parte de uma rede maior, transnacional e conservacionista. É importante lembrar que nos anos 1980 aconteceram vários encontros no âmbito da IUCN, que reuniram conservacionistas de vários países. Os primatólogos se reuniam no Primate Specialist Group[19]da Species Survival Commission da IUCN.

A idéia de elaborar um projeto para obter recursos e intervir com ações de conservação surgiu, no final dos anos 1980, a partir do trabalho de pesquisa em curso na área de Mamirauá. Os primeiros contatos com WWF-UK foram realizados por volta de 1989 (Déborah Lima, entrevista pessoal, Rio de Janeiro, 08 de outubro de 2001). Pensava-se em formar um fundo, reunindo WCS, WWF, DFID e outros, para apoiar um grupo de pesquisadores brasileiros e britânicos que fariam levantamentos na Amazônia Ocidental para identificação de áreas potenciais para a criação de UCs. Além de Márcio Ayres, havia Bill Hamilton, Peter Henderson, Déborah Lima, Richard Bodmer e outros. A WCS estava disposta a apoiar esse grupo desde 1987 (Márcio Ayres, correio eletrônico, 27 de janeiro de 2003).

Interessante observar que, para os atores envolvidos, essa idéia foi quase uma decorrência natural da experiência do grupo de pessoas, entre os quais Márcio Ayres e Déborah Lima, e não algo premeditado ou planejado desde o início. De acordo com Ayres, as primeiras conversas foram iniciadas por um grupo ligado por laços de amizade e relações

---

[18] Robinson afirma que conheceu Márcio Ayres em 1980 ou 1981, "quando eu era professor da Universidade da Flórida e coordenava um programa de educação para conservação voltado para estudantes de países tropicais." (questão respondida por correio eletrônico em 08 de agosto de 2002).

[19] O Grupo lançou, em 1977, a *Global Strategy for Primate Conservation*. Pretendia-se formar uma visão geral no nível mundial dos problemas da conservação de primatas e também tornar real o objetivo do Grupo de manter a diversidade da ordem dos primatas. A ênfase era dupla: assegurar a sobrevivência de espécies ameaçadas onde elas ocorrem e prover proteção efetiva para grandes números de primatas em áreas de alta diversidade ou abundância de primatas.

acadêmicas enquanto estavam na Inglaterra, como pós-graduandos e pesquisadores de Cambrigde e Oxford. Quando a Estação Ecológica Mamirauá – EEM foi criada em 1990, pelo governo do estado do Amazonas, decidiu-se que seria mais viável implementar a reserva e propor a criação de Amanã como passo seguinte (Márcio Ayres, entrevista pessoal, Belém, 23 de julho de 2001 e correio eletrônico 27 de janeiro de 2003).

Déborah Lima tem uma visão semelhante

> "(...) o que quero enfatizar é que mais do que uma idéia de alguém, foi uma conclu-
> são lógica do momento, das pessoas, que estavam reunidas em Cambridge e em
> Belém, e no círculo de amigos – isso se deu no final dos anos 1980 (...)."
> (Déborah Lima, entrevista por correio eletrônico, 22 de outubro de 2001).

Desse modo, na perspectiva dos indivíduos envolvidos, o objetivo de conservar a biodiversidade numa unidade de conservação com presença humana, buscando também a melhoria da qualidade de vida da população e uma forma participativa de gestão, resultou do "bom senso". Sabia-se que seria "politicamente inviável" implantar uma estação ecológica, pois se teria que remover os moradores locais. Por outro lado, não era desejável "recortar" as áreas com presença humana, ou seja, excluir as restingas altas, pois era justamente onde havia maior diversidade de espécies, inclusive os uacaris-brancos (Márcio Ayres, entrevista pessoal, Belém, 23 de julho de 2001).

As declarações de alguns moradores de que "era bom como estava" (quando o acesso ao lago Mamirauá estava proibido) porque "os peixes aumentaram" foram indícios de que havia uma vontade de proteger os recursos. Assim, o grupo ligado a Ayres percebeu a possibilidade de se combinar os interesses. Enquanto os biólogos estavam interessados em fazer as suas pesquisas e na conservação da biodiversidade, as pessoas locais estavam pensando em proteger a "comida do dia-a-dia". Embora "mais trabalhoso", pois se precisaria gerir uma "população inteira", era mais viável deixar os moradores permanecerem, ao mesmo tempo em que se protegia as áreas de maior biodiversidade. Havia no grupo a consciência de que "o método simplista de tirar todo mundo" não poderia funcionar. Trabalhar com as pessoas do local era o único caminho. Além disso, questões relativas aos direitos dos moradores e à eqüidade também devem ter sido consideradas, como se pode depreender de artigos de Déborah Lima[20] e de alguns textos relatando discussões da época. Nesse sentido, embora não se tivesse ainda uma idéia clara de como estabelecer uma unidade de conservação com moradores, desde o início sabia-se que não seria possível[21] implantar uma estação ecológica nos moldes estabelecidos pela legislação (Márcio Ayres, entrevista, Belém, 23 de julho de 2001).

---

[20] Cf. LIMA, Déborah de Magalhães, "Equity, Sustainable Development, and Biodiversity Preservation: Some Questions about Ecological Partnership in Brazilian Amazon". In: Padoch, Christine; Ayres, J. Márcio; Pinedo-Vasquez, Miguel; Henderson, Andrew (Ed.). *Várzea. Diversity, Development, and Conservation of Amazonia's Whitewater Floodplains, Advances in Economic Botany*, Volume 13, NY: The New York Botanical Garden Press, 1999, p. 247-263; ou LIMA, Deborah de Magalhães, "O Envolvimento de Populações Humanas em Unidades de Conservação. A Experiência de Mamirauá", em RAMOS, Adriana e CAPOBIANCO, João Paulo (Org.), *Unidades de Conservação no Brasil: aspectos gerais, experiências inovadoras e nova legislação* (SNUC), Documentos do ISA nº 1, 1996b.

[21] E nem socialmente justo (Déborah Lima, entrevista, Rio de Janeiro, 8 de outubro de 2001).

Lima (1996b) aponta que um novo modelo de conservação da natureza, que reconhece a importância de conciliar proteção da biodiversidade e desenvolvimento social, tornou-se uma orientação especialmente válida para a várzea, um ecossistema de grande riqueza biológica e importância econômica. Nessa região do médio Solimões, a várzea é fonte de recursos pesqueiros, madeireiros e agrícolas. O fechamento total de uma área dessa extensão afetaria não somente a população de pequenos produtores, que lá habita, mas também a economia regional,[22] gerando forte oposição política e demandando grande esforço de fiscalização, o que provavelmente inviabilizaria a sua implementação. Ademais, para Lima e os seus colegas do Departamento de Antropologia da UFPA (Universidade Federal do Pará), o projeto era uma oportunidade de realizar um trabalho de extensão e de pesquisas no campo (Ana Rita Alves, entrevista pessoal, Belém, 19 de julho de 2001).

A primeira versão do Projeto Mamirauá foi escrita por Márcio Ayres, Richard Bodmer[23] (ambos do Núcleo de Primatologia do Museu Paraense Emílio Goeldi) e Déborah Lima, antropóloga, ligada à Universidade Federal do Pará, em 1990. Posteriormente, outros pesquisadores se envolveram na elaboração da versão final do projeto e na sua implementação. Uma confirmação dos relatos orais de que as idéias de um projeto começaram a ser gestadas no final da década de 1980 (1989) encontra-se numa carta[24] ao presidente do CNPq, de 23 de julho de 1991, em que Ayres afirma "temos trabalhado intensivamente na elaboração do projeto nos últimos dois anos".

Durante 1990, várias reuniões foram realizadas. Já havia uma manifestação positiva da ODA *(Overseas Development Administration)*, agência de cooperação do governo britânico (hoje DFID), em apoiar o projeto. Assim, o grupo começou a elaborar a proposta a ser submetida à ODA. Bodmer (entrevista pessoal, Teodoro Sampaio, 11 de novembro de 2002) afirma "todos nós trouxemos coisas diferentes – Márcio, sua experiência na área e com a vida selvagem; Déborah, sua experiência com as pessoas... eu, por ter desenvolvido uma proposta similar para a reserva de Tamshiyacu Tahauyo" (RCTT).

A participação de Richard Bodmer representou uma conexão com experiências inovadoras em conservação desenvolvidas em outras partes do mundo. A RCTT, conforme descrito no capítulo anterior, tem similaridades com Mamirauá por se tratar de uma iniciativa que busca conservação da biodiversidade por meio de manejo comunitário sustentável dos recursos. Além disso, tanto Márcio Ayres como Déborah Lima tinham conhecimento da experiência iniciada na RCTT, na qual Bodmer estava envolvido desde 1986. Bodmer afirma que, quando começaram a elaborar a proposta do Projeto Mamirauá, a RCTT foi usada como "modelo", sendo que depois Mamirauá

---

[22] Lima (1996b) constata que os recursos extraídos da área focal da RDSM geram anualmente 2 (dois) milhões de dólares, o que é significativo se comparado, por exemplo, à produção anual pesqueira de toda a região de Tefé (valor médio de R$ 1.429.063,20), cf. nota 8 do próximo capítulo.

[23] Richard Bodmer também fez doutorado em Cambridge e veio para o Brasil, a convite de Ayres, como pesquisador associado do Museu Goeldi, Belém (jan. 1990 - dez. 1992, *Post-Doctoral Fellowship*). Bodmer trabalhava desde 1986 na Reserva Comunal Tamshiyacu Tahuayo - RCTT (capítulo 5), e segundo ele, a sua experiência na Amazônia peruana foi importante para a elaboração das primeiras propostas do Projeto Mamirauá para o DFID.

[24] Interessante observar que, nessa carta de 1991, Ayres já tinha conhecimento do PP-G7, que ainda estava em fase de concepção. Na mesma carta, ele comenta que Mamirauá "está entre os 12 projetos demonstrativos do Brasil apontados para o programa do G7".

seguiu sua própria direção (Richard Bodmer, questão respondida por correio eletrônico, em 22 de outubro de 2002).

A idéia de se fazer conservação da biodiversidade considerando as necessidades das populações locais foi se desenvolvendo a partir da publicação da Estratégia Mundial de Conservação, 1980, no âmbito da IUCN e das grandes ONGs internacionais, como WWF. Contudo, nenhum dos entrevistados[25] aponta uma influência direta de novas teorias, ou paradigmas de conservação, ou das idéias discutidas nas reuniões da IUCN, na elaboração do Projeto Mamirauá.[26] Segundo eles, tanto em Mamirauá como na Reserva Comunal Tamshiacu-Tahuayo (RCTT), foi o contato com a realidade local que contribuiu para que eles concluíssem que não havia outro caminho possível para conservar a biodiversidade que não fosse a inclusão das populações locais. Bodmer[27] lembra, por outro lado, que a IUCN teve um papel na concepção da RCTT. Várias reuniões foram realizadas com a IUCN no Peru e na Suiça para discutir o caso. Discutiu-se muito sobre (conservação baseada na comunidade) CBC, o que, na visão de Bodmer, influenciou a idéia da Reserva Comunal e outras no mundo.

O título da primeira proposta foi "Projeto de Implementação da Estação Ecológica do Mamirauá". Desde o início, tratou-se de um projeto multidisciplinar, com pesquisadores e conservacionistas de vários instituições nacionais e do exterior. Havia a consciência de que consistia a "primeira tentativa de implantação de unidade de conservação na Amazônia sem a retirada dos moradores locais" (carta de Márcio Ayres ao presidente do CNPq, 23 de julho de 1991). Assim, pode-se dizer que a o caráter inusitado aparece logo na elaboração da proposta pois, legalmente, uma Estação Ecológica não pode ser habitada. Isso era motivo de resistências por parte de órgãos governamentais e não-governamentais brasileiros da área de conservação.

O objetivo, descrito na proposta, consistia na manutenção da EEM como base para pesquisa sobre florestas inundáveis, que resultasse na conservação, por meio de programa de manejo e de estudo da biodiversidade. Observa-se, pelos resultados esperados do projeto, que já existia a concepção de um sistema de zoneamento, garantindo áreas de assentamento permanente, áreas de subsistência e áreas completamente protegidas, combinando, assim, pesquisa, extensão e conservação. Outros resultados esperados eram garantir o programa de proteção de vida silvestre nas áreas completamente protegidas, viabilizar a manutenção da infra-estrutura para pesquisas e implantar uma coordenação da reserva.

6.3 A CRIAÇÃO DA ONG SOCIEDADE CIVIL MAMIRAUÁ

Durante o processo de estabelecimento da rede de relações de cooperação (descrito no próximo capítulo), percebeu-se a necessidade de se criar uma ONG para administrar o projeto. Como se pode depreender da leitura dos documentos e relatos das pessoas envolvidas, a criação da Sociedade Civil Mamirauá (SCM) também não foi planejada. Primeiro se pensou no Projeto Mamirauá, a institucionalização foi uma

---

[25] Márcio Ayes (entrevista pessoal, Belém, 23 de julho de 2001), Déborah Lima, (entrevista pessoal, 8 de outubro de 2001), Richard Bodmer (entrevista pessoal, Teodoro Sampaio, 11 de novembro de 2002).

[26] Lima menciona em seus artigos (1996b, 1999) a importância das mudanças teóricas da Biologia da Conservação (cf. capítulos 2 e 4) para a concepção do Projeto Mamirauá e a idéia de uma UC habitada por populações humanas.

[27] Bodmer realizou a sua pesquisa de campo sobre ungulados na área da RCTT, Amazônia peruana.

decorrência do momento, bastante debatida internamente pelo Grupo de Belém por envolver formalidades e "questões burocráticas" que pesquisadores em geral tentam evitar. O interesse primordial era realizar pesquisas e conservar a biodiversidade da área. A institucionalização, embora considerada importante hoje, na época não era percebida como tal, e acabou acontecendo muito mais por pressão das circunstâncias.

Quando se começou a desenhar a proposta, já se sabia que o governo britânico apoiava alguns projetos ambientais no âmbito do Museu Goeldi e que poderia vir a apoiar outros. Porém, havia acusações de corrupção envolvendo pessoas ligadas ao Museu, que, supostamente, haviam desviado recursos de um projeto apoiado pela agência britânica em Caxiuanã. Por isso, o Grupo de Belém tinha receio de vincular o Projeto Mamirauá a essa instituição. Além disso, as ONGs internacionais (WCS, WWF) manifestaram que "prefeririam outro arranjo institucional" e que a agência britânica também teria dificuldades em aceitar que o projeto fosse vinculado ao Museu. Desse modo, a criação da SCM aconteceu em parte para responder a exigências formais das agências doadoras.

Por outro lado, parece ter havido resistência por parte do pessoal do Museu Goeldi em abrir mão do Projeto Mamirauá. Numa nota ao diretor geral do museu, datada de 08 de julho de 1991, Antônio Albuquerque dos Santos, coordenador de Desenvolvimento Científico e Projetos Institucionais, relata missão à Boca do Mamirauá que avaliou os aspectos técnicos do projeto, mas, em essência, o objetivo foi avaliar a disposição das partes envolvidas em articular a base institucional do projeto. Na nota, há uma menção discreta, nas entrelinhas, de que a coordenação deveria ficar a cargo do museu. Nesse sentido, Albuquerque destaca para o diretor do museu a necessidade de uma "definição explícita, inequívoca da base institucional do projeto" e ressalta que a *agenda de projetos institucionais* (grifado por ele) foi definida pelo CNPq/Museu Goeldi, Agência Brasileira de Cooperação-ABC e ODA e que Mamirauá foi incluído como quarto projeto da agenda.

Com base num relatório sobre a missão de *Appraisal*, realizada de 30 de junho a 12 de julho de 1991, incluindo visita à boca do Mamirauá (comunidade/assentamento localizada dentro da reserva), constata-se o grande número de instituições envolvidas desde o início: SEMAM e Secretaria de Estado do M.A, C&T do Amazonas (SEMACT), DFID (ex-ODA-Reino Unido), WWF - UK, WCS (ex-WCI), CI, ABC. Ademais, o documento trazia a lista[28] de participantes da visita à Boca do Mamirauá:

- Márcio Ayres (coordenador)
- Ronaldo Barthem (CNPq/Museu)
- Débora Lima (UFPA)
- Richard Bodmer (CNPq/Pesquisador visitante)
- Gordon Armstrong (ODA)
- Ian Pane (ODA)
- Anthony Raw (ODA)
- R.Moberly (ODA)
- Sue Fleming (ODA)
- Sandra Charity (WWF-UK)
- John Robinson (WCI-US)

---

[28] Eduardo Martins (SEMA-PR) teria participado, mas cancelou. O IBAMA-Tefé enviou dois agentes. Houve uma breve reunião sobre aspectos relativos à fiscalização.

As instituições estrangeiras se reuniram no museu depois da visita ao Mamirauá para uma "avaliação" (9 a 12 de julho de 1991), na qual se discutiram questões sobre a estrutura institucional do projeto.

Pela leitura dos documentos, percebe-se que a idéia do Projeto Mamirauá foi bem aceita, embora houvesse um certo impasse com relação ao seu arranjo institucional. De um lado, a administração do Museu Goeldi tinha interesse em manter o projeto na sua Agenda. Do outro, os doadores reivindicavam outro tipo de arranjo. A preocupação com o repasse dos recursos e com uma estrutura institucional adequada para gerir o projeto aparece numa carta de John Robinson (WCS) a Clive Wicks (WWF-UK), de 20 de dezembro de 1990 (enviada por fax), que se referia ao apoio do WWF ao Projeto Mamirauá, via o *Joint Funding Scheme* ODA-WWF.

Numa carta para Gehard Jacob, presidente do CNPq, de 22 de julho de 1991, John Robinson (Wildlife Conservation International, hoje WCS) menciona que teria havido uma conversa prévia entre Márcio Ayres e o presidente do CNPq (Jacob) sobre a "gestão/administração e financiamento do Projeto Mamirauá" e que o seu objetivo seria então analisar a situação e fazer comentários "construtivos". Escreve, ainda, que revisou o projeto e que iria recomendá-lo para continuar sendo financiado. Na sua visão, esse projeto de conservação prometia fazer uma contribuição significativa para conservação e uso sustentável de longo prazo do sistema fluvial amazônico, pois "Dr. Ayres reuniu uma equipe *top flight* de pesquisadores e conservacionistas". Além disso, ressalta que dados preliminares tinham sido coletados, evidenciando um real entendimento do ecossistema. Por tudo isso, Robinson demonstra confiança nos resultados que seriam alcançados, contudo *sua única preocupação é com a estrutura institucional.*[29] Para ele, tratava-se de um desafio devido ao grande número de instituições doadoras (WCI, CI-US, WWF-UK e British ODA), sendo que o desafio específico seria estabelecer uma única estrutura institucional, que pudesse gerenciar os fundos e administrar o projeto. No final, Robinson se torna mais explícito e escreve que

> O Museu foi considerado, mas concluiu-se que WCI, WWF-UK e CI não aceitariam. As organizações internacionais gostariam de uma estrutura exclusivamente dedicada ao Mamirauá e apóiam o estabelecimento de uma fundação independente que geriria os fundos da ODA, WCI, WWF-UK, CI.

Além da proposta de se criar uma organização totalmente independente, outra possibilidade foi mencionada por Robinson (carta de 22 de julho de 1991): a gestão dos fundos seria feita por uma divisão, ou departamento do CNPq, sendo que os doadores internacionais canalizariam os recursos por meio do CNPq para o Projeto Mamirauá. John Robinson (carta de 22 de julho de 1991) argumenta, ainda, que caso não fosse possível uma única estrutura institucional, o resultado seria uma fragmentação do esforço de conservação, com diversas organizações envolvidas em diferentes aspectos do projeto. Ademais, isso seria ineficiente do ponto de vista administrativo e afetaria a busca de fundos.

---

[29] Grifo meu.

Sobre o mesmo assunto, Márcio Ayres também escreveu uma carta a Gehard Jacob, presidente do CNPq, datada em Belém, 23 de julho de 1991, relatando a impossibilidade de realizar o projeto no Museu Goeldi, tanto pela interdisciplinariedade como pela multi-institucionalidade (participação de pesquisadores ligados a diferentes instituições como UFPA, CNPq, Museu Goeldi, INPA, Universidade de Oxford, de Cambridge). Na carta, Ayres demonstra que tinha conhecimento do teor da comunicação de John Robinson (22/07/1991) e solicita apoio do CNPq para solucionar o impasse quanto à estrutura institucional e à não-aceitação por parte das ONGs da vinculação direta do projeto ao museu, já que a participação dessas organizações internacionais no projeto é fundamental para seu sucesso. Assim, sugere que

- o projeto fique sob responsabilidade do CNPq (como programa), ligado diretamente a presidência ou uma de suas diretorias
- os recursos sejam administrados pelo CNPq
- o CNPq aponte um coordenador-geral para o projeto que trabalhará principalmente em Tefé e um administrador no CNPq Brasília.

Houve outros contatos e trocas de correspondências informais até que se chegasse a um arranjo institucional aceitável a todas as partes. Ayres mencionou que o contato pessoal com o presidente do CNPq contribuiu para que o Projeto Mamirauá fosse "puxado para dentro" do órgão e o impasse com o Museu Goeldi fosse resolvido (Márcio Ayres, entrevista pessoal, Belém, 23 de julho de 2001). Vale lembrar que, naquela época, o museu era vinculado diretamente ao CNPq.[30]

Mamirauá tornou-se, assim, um dos projetos sob responsabilidade do CNPq, ligado à mesma diretoria em que estavam as unidades de pesquisa como o INPA e o próprio Museu. Uma ONG seria criada para gerir os recursos internacionais. O CNPq, inicialmente, aportou poucos fundos. Além de solucionar o impasse com o Museu Goeldi, tratava-se de cumprir uma exigência formal do Programa de Cooperação Técnica Bilateral Brasil-Reino Unido (Memorando de Entendimento Brasil-Reino Unido, 1989), que exigia uma instituição governamental como signatária do documento de cooperação.

Nesse contexto, foi criada a Sociedade Civil Mamirauá - SCM, uma ONG que seria responsável por gerir os recursos do governo britânico, WWF-Reino Unido, WCS e CI, conforme essas mesmas organizações propuseram, e coordenar e implementar as atividades no campo. O seu Estatuto[31] data de 13 de fevereiro de 1992, com sede na cidade de Tefé (AM) e estabelece que a SCM pode constituir agências e escritórios em outras cidades do estado do Amazonas e demais unidades da federação. Além disso, define o objetivo geral da organização:

... de contribuir para conservação e preservação dos recursos renováveis da Amazônia, em especial nas áreas de florestas inundadas. Para tal, compromete-se a:
- promover a identificação, mapeamento, monitoramento, análise e seleção, articular

---

[30] Atualmente o Museu Goeldi está vinculado ao MCT.
[31] Instituição ambientalista, civil, de direito privado, ONG, sem fins lucrativos, dotada de personalidade jurídica autônoma.

procedimentos metodológicos e operacionais para as áreas possíveis de uso auto-sustentável dos recursos naturais;

• desenvolver, incentivar, coordenar, executar e administrar projetos... conservação e preservação das florestas inundadas, sua diversidade biológica e genética e o meio ambiente, elaborar programas de conscientização ecológica das populações que ali habitam e as dos centros urbanos, com relação àqueles ambientes naturais.

6.4 CONSIDERAÇÕES SOBRE O PERÍODO INICIAL DO PROJETO MAMIRAUÁ

Um ponto a ser ressaltado nesse período diz respeito ao caminho da proposta: a semente já estava nos artigos publicados em revistas acadêmicas, depois foi se adequando à realidade, mas em sintonia com as idéias, os valores e as crenças da rede de conservacionistas (biologia da conservação). Como os atores centrais pertenciam ao mundo científico, pode-se perceber um paralelo entre o processo de produção de conhecimento científico (pesquisa de campo, idéias, publicação) e o processo político de implementação de uma política (proposta, aceitação, obtenção de recursos, implementação). As pessoas que produziram o conhecimento científico num primeiro momento e se conheciam por meio da dinâmica da ciência tornaram-se atores políticos em outro. O fato de serem membros de diferentes instituições propiciou a formação de uma rede. No caso, que envolveu biólogos da conservação, pode-se caracterizar essa rede como uma comunidade epistêmica, conforme conceituado por Peter Haas (1992, p. 3).[32]

Para o Projeto Mamirauá deslanchar existiram algumas condições facilitadoras. Havia um contexto favorável, nacional e internacionalmente. No nível doméstico, a redemocratização favoreceu a ascensão das ONGs no cenário político nacional, as quais, por sua vez, contribuíram para colocar mais peso nas questões ambientais. Havia também pressões externas de governos, indivíduos e ONGs preocupadas com a floresta amazônica. Por outro lado, deve-se notar que indivíduos e ONGs de vários países, inclusive Brasil, estavam conectados por redes ambientalistas transnacionais, que foram fundamentais para a questão ambiental ganhar força globalmente.

No início dos anos 1990, o cenário mundial do final da Guerra Fria e de aceleração do processo de globalização, em suas várias dimensões, era marcado pelo crescimento da economia de mercado, expansão das novas tecnologias de comunicação e informação, o barateamento das passagens aéreas internacionais, a ascensão das ONGs na arena política e o início da fase das grandes conferências mundiais, aberta justamente com a Conferência das Nações Unidas sobre Meio Ambiente e Desenvolvimento, em 1992, no Rio de Janeiro. A questão do meio ambiente havia sido colocada no topo da agenda política internacional, o que se refletia na oferta de fundos para projetos na área ambiental. Assim, as agências de cooperação técnica internacional de vários países do Norte, bem como aquelas vinculadas às Nações Unidas, aumentaram ou reestruturaram os seus programas na área ambiental. Além disso, as ONGs internacionais ganharam maior projeção e capacidade de financiamento de projetos.

---

[32] Uma rede de profissionais com reconhecida especialização e competência num domínio particular e com uma afirmação de autoridade sobre conhecimento politicamente) relevante naquele domínio ou área. Cf. cap. 3.

A disponibilidade de financiamento internacional a fundo perdido para área ambiental, com certeza, facilitou a iniciativa do Grupo de Belém, liderado por Ayre. A decisão de recorrer à cooperação do governo britânico pode ser relacionada à experiência de Ayres no Reino Unido, aos contatos com WWF-UK e ao conhecimento do funcionamento da ODA, que já apoiava ações em várias partes da Amazônia,[33] no âmbito da Coordenação de Desenvolvimento Científico e Projetos Institucionais do Museu Goeldi (Projeto de Cooperação Brasil-Reino Unido, CNPq/MPEG). Além disso, havia o interesse do governo do Reino Unido em financiar outros projetos, já que os fundos haviam sido disponibilizados para fortalecer o programa ambiental da ODA. Por isso, os próprios britânicos estavam procurando novas iniciativas nas quais investir (Gordon Armstrong, entrevista pessoal, Tefé-AM, 21 de março de 2001; Márcio Ayres, entrevista pessoal, Belém, 23 de julho de 2001).

A iniciativa de propor e implementar um projeto envolvendo uma unidade de conservação que mantém as populações na área conhecida como Mamirauá partiu do Grupo de Belém, cujo núcleo inicial era a primatologia. Porém, não se restringia a essa disciplina, pois a presença de antropólogos e sociólogos também foi crucial. Pode-se atribuir à presença desses o "enraizamento" da idéia de conservação levada pelo projeto por meio do trabalho de extensão. Além disso, o desenho do componente social da proposta foi de Déborah Lima, antropóloga. Assim, tratava-se de um grupo multidisciplinar de pesquisadores ligados principalmente a instituições de pesquisa amazônicas (Museu Goeldi, UFPA e INPA). A presença de primatólogos, como Márcio Ayres, conectou-os a uma comunidade epistêmica e a uma rede mais ampla de conservacionistas. Isso foi chave para dar projeção e atrair recursos internacionais sem os quais Mamirauá não teria sua atual dimensão.

Mamirauá tem projeção nacional, inter e transnacional. Trata-se de uma experiência bem conhecida no âmbito da rede transnacional de conservacionistas. Por outro lado, foi a especificidade do contexto, que "forçou" a geração do novo modelo de UC (Mamirauá como modelo). Assim, o processo histórico e o contexto local têm seu papel. Isso fica mais claro ao se observar aspectos das fases de implementação. Importante observar a consolidação do apoio por parte de pessoas e instituições da rede transnacional e a construção de vínculos com redes locais, bem como o papel dos indivíduos. No próximo capítulo, vou tratar do estabelecimento da rede de relações de cooperação e das fases de implementação.

---

[33] Entre as quais havia o projeto da Floresta Nacional de Caxiuanã, em que se descobriu casos de corrupção, que foi um dos fatores que afastou o Projeto Mamirauá da administração direta do Museu Goeldi.

Capítulo 7

A REDE DE RELAÇÕES E A IMPLEMENTAÇÃO DO PROJETO MAMIRAUÁ
O ESTABELECIMENTO DA RESERVA DE DESENVOLVIMENTO SUSTENTÁVEL MAMIRAUÁ (RDSM)

Meu objetivo consiste em descrever e discutir o processo de formação da rede de relações de cooperação e a implementação do Projeto Mamirauá, que resultaram na criação da RDSM e do IDSM, marcando a consolidação institucional da experiência. Isso corresponde a três períodos da história do projeto, num intervalo de tempo que vai de 1991 a junho de 2002. Chamo a atenção para o fato de que se trata de um processo dinâmico, ainda em andamento.

Dividi este capítulo em quatro seções. A primeira baseou-se em entrevistas e consultas a cartas e documentos, e se refere ao segundo período da história do projeto, relatando a fase de negociação com as agências financiadoras, com as comunidades locais e com órgãos governamentais brasileiros, formando-se, assim, a rede de relações de cooperação. Na seção correspondente ao terceiro período (1991-1997), descrevo e comento a implementação da Fase I do projeto, usando os "Relatórios de Progresso". Não faço um resumo de cada um deles, mas uma apresentação geral, destacando os pontos que considero mais importantes, por serem aqueles que vão constituir uma "face" para Mamirauá. Para se ter uma noção da gama de atores envolvidos e das questões tratadas, foram incluídos nomes das instituições, dos indivíduos e dos programas temáticos, os quais aparecem nos relatórios iniciais e depois se repetem nos posteriores. A terceira seção cobre o período de consolidação e expansão da iniciativa. Foi escrita com base em relatórios e outros documentos referentes ao projeto, bem como em entrevistas com pessoas envolvidas, principalmente membros da atual equipe do IDSM em Tefé. A quarta corresponde às considerações finais.

7.1 RELAÇÕES DO GLOBAL AO LOCAL, COOPERAÇÃO INTERNACIONAL E ARRANJOS INSTITUCIONAIS

Para viabilizar o Projeto Mamirauá e o estabelecimento da unidade de conservação, foram e têm sido construídas relações em diversos níveis: transnacional, ternacional, nacional, regional e local. Vários convênios de cooperação foram stabelecidos nacional e internacionalmente. De acordo com vários relatos orais, o processo de elaboração, negociação e aprovação final do Projeto Mamirauá foi difícil. Passaram-se mais de dois anos até o seu início formal. O fato de Ayres ser parte de uma comunidade epistêmica e de uma rede conservacionista transnacional foi fundamental, tanto para tornar a iniciativa conhecida como para atrair recursos. A existência dessa rede contribuiu para "puxar os doadores para dentro" (Márcio Ayres, entrevista pessoal, Belém, 23 de julho de 2001). Essa visão de Ayres é compartilhada pelo Grupo de Belém e por várias pessoas que trabalham, ou trabalharam, para a implantar a RDSM. Na percepção dessas pessoas, são os "contatos do Márcio, que é muito conhecido" nacional e internacionalmente, que têm ajudado a divulgar e trazer recursos. Ayres sabia a importância dessas articulações para atrair mais apoios. Em carta ao presidente do CNPq (23 de julho de 1991), por exemplo, menciona que o projeto foi "avaliado e tecnicamente aprovado por quatro instituições internacionais:

- Overseas Development Agency
- Wildlife Conservation International (WCI, que depois se tornou WCS)
- World Wide Fund for Nature-UK
- Conservation International
- e oficialmente aprovado pela ABC"

As parcerias são ressaltadas em vários documentos (cartas e relatórios), talvez como uma forma de legitimar a proposta, pois os propositores tinham consciência do seu caráter pioneiro e necessitavam demonstrar que ela era aceita por várias instituições. Assim, nos documentos sempre havia menção a um número de instituições que apoiavam o projeto. Importante notar que, com exceção da ODA/DFID, vinculada ao governo britânico, as outras são ONGs da qual faziam parte indivíduos que conheciam Ayres pessoalmente, como Mittermeier ou Robinson. Com essas organizações, foram os contatos profissionais e pessoais que levaram à formação das parcerias institucionais. Obviamente, o mérito da proposta teve o peso maior. Contudo a escolha das instituições às quais submetê-la se explica pelos vínculos entre as pessoas.

7.1.1 Cooperação Grupo de Belém/SCM e WWF-UK

Como lembra Lima (entrevista, Rio de Janeiro, 8 de outubro de 2001), os primeiros contatos entre Ayres e WWF-UK (Reino Unido) foram realizados por volta de 1989 (quando ele realizava o seu pós-doutorado em Cambridge). Conforme mencionado, a idéia era realizar um projeto conjunto WWF, DFID (nessa época a agência britânica era denominada ODA), WCS, envolvendo pesquisadores brasileiros e britânicos, para identificar áreas potenciais para conservação na Amazônia Ocidental. Com a criação da EEM, em março de 1990, decidiu-se, ao invés da idéia anterior, propor um outro projeto para implementar a estação ecológica.

Deve ser ressaltado o papel do WWF-UK nessa fase inicial. A organização se manifestou favoravelmente à idéia do Grupo de Belém, antes mesmo da elaboração da proposta do projeto. As negociações do projeto e a sua elaboração se iniciaram em 1990, sendo que se decidiu submetê-lo também à cooperação bilateral britânica.

O Fundo Mundial começou a apoiar via um esquema de apoio conjunto, *Joint Funding Scheme* (JFS)[1] do governo britânico (DFID) a partir de 1991, independente do fundo bilateral. Por meio desse esquema o WWF entrava com 50% dos recursos e a agência britânica com os outros 50%. Os recursos JFS foram importantes no início da implementação do Projeto. Entretanto, mais significativo, em termos do processo, foi a atuação do WWF-UK ao apoiar politicamente o projeto. Nesse período, estava em negociação a proposta de projeto junto à cooperação bilateral britânica, que era totalmente separada do JFS (gerido pelo escritório na Escócia), com outras regras e procedimentos mais rígidos para aprovação. O pessoal da sede da agência de cooperação britânica em Londres tinha interesse na idéia, porém era muito reticente, dado que a mesma não tinha o suporte de uma instituição, mas apenas de um grupo liderado por Ayres (a SCM ainda nem tinha sido criada).

Sandra Charity do WWF-UK (entrevista pessoal, Goldaming-UK, 25 de abril de 2003) lembra que houve várias comunicações informais entre WWF e DFID-bilateral, sendo que Clive Wicks e ela procuravam "desanuviar os medos". Por exemplo, numa reunião com todos os consultores da cooperação bilateral, parte das perguntas girava em torno da competência/capacidade e qualidade do grupo. Segundo Charity, os britânicos são *time-oriented* e os latinos *event-oriented*, sendo que os primeiros não conseguiam entender essa dinâmica. Assim, o papel do WWF-UK foi dar o "aval" em relação à equipe do Projeto e "tranqüilizar" os funcionários britânicos de Londres.

Sobre o papel do WWF-UK e a sua atuação junto ao DFID-Londres, Márcio Ayres afirma [...] Acho que eles trabalharam nesse assunto mas nunca de forma que eu soubesse os detalhes[...] tenho a impressão de que o papel do WWF-UK foi importante nesse sentido[...] (entrevista por correio eletrônico, 27 de janeiro de 2003).

Até o término do processo de formalização do projeto perante a agência britânica foi criado um "Fundo Interino", viabilizado por meio de um acordo com o WWF. Os recursos eram do governo britânico e da própria ONG e foram liberados para as "atividades que não poderiam ser atrasadas, com risco de comprometer o projeto" (WWF Projeto: 4706, Jan 1º de janeiro a 31 de maio de 1992, Community Extension, Socioeconomic Surveys and Fisheries Surveys at the Estação Ecológica do Lago Mamiraua and Nearby Urban Areas, Amazonas, Brasil). Após a assinatura do Memorando do Projeto, o WWF-UK continuou a participar até o final da Fase I do *ODA/ WWF Joint Funding Scheme* (JFS),[2] com um total de cerca de 1 milhão de dólares. Pela documentação do WWF, a denominação do Projeto era *WWF Project BR 0043* Preparation of a Management Plan for the Ecological Station of Mamirauá.

Desse modo, o WWF-UK atuou em conjunto com o DFID, o que já acontecia em outros projetos ao redor do mundo. Ao que parece, o apoio do WWF contribuiu para que a agência britânica aceitasse "correr o risco" e apoiasse uma proposta que, em última análise, vinha de um grupo de indivíduos, e não de uma instituição governamental brasileira. O fato de Márcio Ayres ser conhecido por pessoas que eram do WWF e outros conservacionistas, com certeza, teve um peso, pois as ONGs internacionais

---

[1] O JFS foi substituído pelo Civil Society Challenge Fund, que hoje é financiado diretamente pelo DFID sede. Seus fundos não são alocados por país, mas por projeto, cada um avaliado segundo seu mérito relativo.
[2] A partir de 2000, o DFID estabeleceu com o WWF-UK um Partnership Programme Agreement (PPA). Esse programa de acordos de parceria engloba organizações da sociedade civil com os quais o DFID tem relações significativas de trabalho e objetivos compartilhados.

formam parcerias e redes entre si. Nos arquivos do WWF-UK (Goldaming), encontrei carta de John Robinson/WCS para Clive Wicks/WWF-UK, que evidencia parcerias entre essas duas organizações em outros países. Um dia desses eu gostaria de sentar-me com você e tratar de estratégias amplas de conservação. WWF-UK e WCI parecem estar aumentando seu envolvimento em projetos colaborativos. (John Robinson/WCS – ex-WCI, 20 de dezembro de 1990).

A participação do WWF-UK no Projeto Mamirauá terminou em 1996. A forma como se deu esse encerramento foi considerada abrupta na percepção dos representantes do WWF-UK, pois foi decidida entre a SCM e o DFID, sem o conhecimento do WWF. A SCM considerava que os recursos da cooperação bilateral eram suficientes e não necessitava mais dos fundos do JFS pois a quantia, em comparação, era relativamente pequena e as exigências de relatórios e prestação de contas eram trabalhosas (entrevista com Sandra Charity, Goldaming, 25 de abril de 2003). Por outro lado, para o DFID-bilateral talvez não fosse desejável manter a parceria com uma ONG ambientalista, considerando as mudanças internas que começaram em 1997, ou, então, tratava-se de uma competição entre agências. De todo modo, essa decisão, considerada unilateral, não agradou o WWF-UK, que manifestou o seu descontentamento por carta (privada e confidencial) a Andrew Bennett, do DFID-Londres (Carta de Clive Wicks, WWF-UK, 9 de dezembro de 1996).

Nesse período, foi criado o WWF-Brasil, que, mesmo com o fim do JFS, manteve algumas parcerias com o Projeto Mamirauá nas áreas de educação ambiental e ecoturismo. Para o WWF, não participar mais do Projeto, como na Fase I, representou uma perda significativa, pois Mamirauá havia se tornado uma espécie de "bandeira", uma iniciativa que agradava os doadores/membros do WWF-UK, pois reunia aspectos ambientais e sociais, numa área atraente pela sua beleza.

7.1.2 Cooperação internacional DFID (ex-ODA) e SCM, no âmbito do Programa de Cooperação Técnica Bilateral Brasil–Reino Unido

A agência de cooperação técnica internacional do governo britânico na época da elaboração do Projeto Mamirauá era a ODA (Overseas Development Administration), vinculada à Secretaria de Assuntos Estrangeiros. Posteriormente, ela passou a ser o Department for International Development (DFID), um órgão autônomo com *status* de ministério. A ODA já cooperava em projetos ambientais na Amazônia e em particular com o Museu Goeldi. Embora a ODA estivesse buscando novos projetos para investir na área de meio ambiente, a negociação do Projeto Mamirauá foi difícil porque a proposta de Márcio Ayres e sua equipe era considerada arriscada. Tratava-se de um grupo de indivíduos que elaborara um projeto e buscava recursos para implementá-lo. No âmbito de um programa de cooperação técnica entre governos, isso não era usual, pois sempre se exigia que uma agência governamental brasileira se responsabilizasse. De acordo com o oficial de programas na época, a ODA tomou uma decisão muito arriscada, considerava-se o projeto de "alto risco" porque não existia, de fato, uma instituição governamental responsável pelo projeto. "Era o Márcio Ayres e um grupo de amigos" (Gordon Armstrong, entrevista pessoal, Tefé-AM, 15 de agosto de 2001). Contudo, como afirmou ele "[...] nós acreditamos que esse grupo de pessoas tinha capacidade e motivação[...] decidimos investir [...]". Ademais, Armstrong (Gordon Armstrong, entrevista pessoal, Tefé-AM, 15 de agosto de 2001) relembra que se tratava de uma proposta bem escrita e que impressionava pela sua qualidade "técnica", mas foram necessários acertos e muita negociação até a sua aprovação final. Deve-se ressaltar, ainda, que, além da falta de uma instituição responsável, a proposta em si era inusitada, já que visava implantar uma Estação Ecológica com moradores, o que legalmente não era possível. Desse modo, foi necessário um esforço negociador extraordinário para conseguir todos os apoios necessários. Nesse período, como descrito acima, foi criada uma ONG (SCM) e foi obtido o apoio formal do CNPq.

Vale destacar que internacionalmente o contexto era favorável, pois a questão ambiental passara a ocupar uma posição de destaque na agenda. Nesse período, vivia-se o clima da Conferência do Rio, que se realizaria em 1992. Em 1990, o governo alemão havia proposto, numa reunião do G7 em Houston, EUA, um programa para conservar as florestas tropicais úmidas, sendo que o alvo principal era a floresta amazônica. Esse veio a se tornar o PP-G7 (Programa Piloto para a Proteção das Florestas Tropicais do Brasil, financiado pelo G-7[3]). A "destruição" da floresta amazônica ocupava a opinião pública internacional. Na Inglaterra, a publicação de um artigo na revista *Times* atraiu atenção e o assuntou ganhou enorme publicidade. Richard Bodmer (entrevista pessoal, Teodoro Sampaio, 11 de novembro de 2002) relembra um discurso, que assistiu pela TV, da primeira-ministra Margareth Thatcher, em que ela prometia ao povo britânico a colaboração para "salvar a Amazônia". Na percepção de Bodmer, esse foi um marco no aspecto financeiro do Projeto Mamirauá. Após esse discurso, as coisas começaram a andar mais rapidamente, sendo que Thatcher queria dizer Amazônia brasileira e não toda bacia amazônica. Não consegui documentos sobre esse período e os funcionários do DFID que entrevistei (Gail Marzetti e Carol Norman) não confirmam factualmente essa associação feita por Bodmer entre o discurso de Thatcher e os recursos para cooperação ambiental britânica no Brasil. No entanto, trata-se de ressaltar o clima político e o papel da opinião pública na época.[4]

É ilustrativo para o caso em estudo, comentar a relação entre o contexto global favorável e o revigoramento do Programa de Cooperação Técnica (PCT) Bilateral Brasil-Reino Unido, que havia passado por uma fase de encerramento na segunda metade dos anos 1980. Com o ressurgimento da questão ambiental na agenda internacional, negociou-se um novo PCT entre os dois países, com foco na área de meio ambiente. Novos projetos foram negociados e o Programa, ao invés de ser encerrado, cresceu (INOUE; APOSTOLOVA, 1995, p. 31). Assim, o Projeto Mamirauá foi beneficiado por essa nova fase de cooperação entre os dois países. Contratou-se, inclusive, um novo oficial de programas, Gordon Armstrong (entrevista pessoal, Tefé, 21 de março de 2001), que se mudou para o Brasil especialmente para fortalecer a cooperação nessa área. O papel de Gordon Armstrong foi fazer a ponte entre o grupo de Belém e a ODA, num primeiro momento, e, depois, entre a SCM/Projeto Mamirauá e a ODA/DFID. Sandra Charity, do WWF-UK, ressalta a contribuição de Gordon no processo, pois ele pegou o espírito[...] sem ele talvez o Márcio não teria conseguido [...] Gordon sempre dava um jeito[...] por mais difícil que fosse" (Sandra Charity, WWF-UK entrevista, Goldaming, 25 de abril de 2003).

---

[3] Na época em que foi proposto pelo governo alemão na reunião do G-7, pensava-se somente na Amazônia brasileira. Posteriormente, após muita pressão e negociações, tornou-se florestas tropicais do Brasil, para incluir a Mata Atlântica.

[4] Cf. Hurrel, 1991, mencionado nos capítulos 1 e 2 deste trabalho.

Após negociações exaustivas e difíceis, o Projeto Mamirauá foi aprovado pela agência britânica. Déborah Lima lembra que a reunião em Londres para aprová-lo foi como um "exame de qualificação" (entrevista pessoal, Rio de Janeiro, 08 de outubro de 2001). O arranjo institucional, com o qual as partes concordaram e que foi formalizado no âmbito do PCT Brasil-Reino Unido, colocava o CNPq como instituição executora nacional e a SCM como gestora dos recursos e responsável direta pela implementação. Assim, formalmente, foi o CNPq que assinou como a parte brasileira e "assumiu" o projeto perante a ODA e o próprio Ministério de Relações Exteriores (MRE) do Brasil, representado pela Agência Brasileira de Cooperação (ABC),[5] que fez a mediação com a parte governamental britânica e representou o governo brasileiro no procedimento de Troca de Notas, em 21 de outubro de 1993 (NV/ABC/nº 35/93) entre os dois países. A ODA (hoje DFID) assinava como contraparte do Reino Unido. Embora já iniciado de fato, em 1991, com recursos do WCS (na época WCI) e bolsas do CNPq, o Projeto oficialmente começou em 01 de setembro de 1992, quando a ODA passou a fazer os desembolsos principais para a parte brasileira.

O título oficial do projeto era "Implementação da Estação Ecológica do Lago Mamirauá", sendo que a primeira fase estava prevista para o período de 1992 a 1996, mas durou até 1997. O objetivo principal dessa fase era a elaboração do Plano de Manejo de Mamirauá, apoiando a realização de pesquisas socioeconômicas, de atividades de extensão, visando participação e organização comunitárias, e uma ampla gama de estudos biológicos e ecológicos. Segundo documentos da ODA/DFID,[6] os desembolsos principais começaram em setembro de 1992. A Fase II foi iniciada em 1997 e encerrada em junho de 2002, três meses antes do previsto nas primeiras negociações. O custo total para o DFID foi de 4,535 milhões de libras, correspondentes a 1,725 milhões de libras na Fase I e 2,810 milhões de libras na Fase II.

7.1.3 Cooperação interinstitucional e convênios internos

Para poder viabilizar a cooperação internacional no nível governamental, foi necessária a formalização da cooperação interinstitucional no nível interno. Legalmente, é o Estado do Amazonas o proprietário da reserva e foi formalmente delegada ao CNPq a responsabilidade pela sua administração.

O primeiro convênio após a criação da EEM (Estação Ecológica Mamirauá) foi o "Convênio de cooperação técnico-científica entre CNPq, a Secretaria do Meio Ambiente, SEMAM/PR e Secretaria de Estado do Meio Ambiente, Ciência e Tecnologia do Estado do Amazonas" – SEMACT-AM, Brasília, de 13 de setembro de 1991. O objetivo era "o estabelecimento de condições básicas e normas gerais para a utilização experimental pelos convenentes de uma área aproximada de 200 mil hectares da EEM e investigar formas adequadas de manejo e zoneamento". O CNPq foi representado por Gehard Jacob, a União Federal/SEMAM, foi representada por Eduardo Martins, secretário-adjunto e a SEMACT/AM foi representada por José Belfort dos Santos Bastos (secretário de Estado).

---

[5] A Agência Brasileira de Cooperação (ABC), oficialmente, representa o governo brasileiro em todos os acordos de cooperação técnica internacional. Como instituição vinculada ao Ministério de Relações Exteriores, tem o mandato de coordenar a cooperação técnica que envolva um governo de outro país, ou uma agência multilateral, no âmbito de acordos-quadro de cooperação assinados pelo Brasil.

[6] DFID Development Assistance to Brazil, Latin America, Caribbean and Atlantic Department, April 2001.

A legalização da SCM foi importante pois possibilitou a participação formal do Grupo de Belém nos convênios e a crescente institucionalização de Mamirauá. Nesse sentido, foi formalizado convênio entre SCM e CNPq, que tornava a SCM responsável pela coordenação e implementação das atividades do Projeto Mamirauá, já que havia sido o Conselho que assumira a responsabilidade pelo Projeto perante o PCT Brasil-Reino Unido.

Em 1993, outro convênio foi assinado entre o órgão estadual do meio ambiente do estado do Amazonas e o CNPq, em que se solicitou à SCM a elaboração de um plano de manejo para a reserva, sendo que, na prática, a SCM foi e tem sido a gestora da área protegida estadual.[7] Interessante observar que no próprio decreto de criação da EEM (Estação Ecológica Mamirauá) se previa a possibilidade de se passar a gestão da UC para uma instituição não-governamental, o que hoje é comum, mas representava uma novidade na época.

A EEM tornou-se RDSM em 16 de julho de 1996, continuando como uma UC estadual. O fato de ser uma UC estadual facilitou a implementação do Projeto Mamirauá, considerando que, no início, havia uma inadequação entre o modelo que estava sendo implementado, o qual buscava a conservação da biodiversidade sem remover os habitantes da UC, e o *status* legal de estação ecológica, que proíbe assentamentos humanos dentro dos seus limites. Isso foi aceito pela SEMACT-AM, sem grandes esforços. A afirmação abaixo ilustra essa relação positiva (LIMA, 1999, p. 249-250):

> O fato de Mamirauá ser uma reserva declarada pelo Estado do Amazonas colaborou para que o projeto continuasse em seu "status irregular". O governador do Estado, na época em que o projeto foi implantado, opunha-se a projetos estritamente de conservação e deu ao projeto apoio político. Se a reserva fosse ligada diretamente ao governo federal, o projeto enfrentaria grandes dificuldades devido à controvérsia sobre a presença humana em áreas protegidas. O problema do *status* ilegal do modelo adotado foi resolvido em 1996 com a mudança para uma nova categoria de área protegida: "reserva de desenvolvimento sustentável", definida por legislação emanada do Estado do Amazonas. O Estado implementou essa legislação inovadora sobre áreas protegidas porque os modelos legais presentes no então vigente sistema nacional de unidades de conservação não podia lidar, adequadamente, com a realidade de Mamirauá.

Hoje, o órgão estadual do meio ambiente (OEMA) do Amazonas denomina-se Instituto de Proteção Ambiental do Amazonas (IPAAM) e tem se fortalecido em parte devido à mudanças da política ambiental no estado, refletida na própria criação do Instituto, em parte devido ao maior aporte de recursos vindos, por exemplo, do PP-G7. Com isso, parece que o IPAAM, que antes tinha uma atuação de certa forma tímida, passa a ter mais voz na gestão da unidade de conservação. O primeiro Convênio IPAAM-SCM foi assinado em 30 de novembro de 1998 com o objetivo de estabelecer "um regime de mútua cooperação técnico-científica e de apoio entre os convenentes", visando a gestão ambiental da RDSM.

---

[7] O decreto de criação da Estação Ecológica Mamirauá (Decreto nº 12.836, de 09 de março de 1990 do Governo do Estado do Amazonas) estabelece no Artigo 3º que, a critério do Governo do Estado, obedecidas disposições legais pertinentes, as Unidades de Conservação poderão ser administradas por entidades não-governamentais, desde que, para tanto, sejam habilitadas e credenciadas pelo IMA/AM.

A relação com o CNPq foi significativa desde os primórdios, pois o Conselho assumiu formalmente a responsabilidade pelo Projeto Mamirauá perante as autoridades. Entretanto, o órgão tinha um papel mais formal e repassava algum recurso via bolsas de pesquisa e algum capital. A partir de 1995, quando o professor José Galizia Tundisi, biólogo com atuação na área ambiental, assumiu a presidência do órgão, o CNPq passou a ter um papel mais pró-ativo e a repassar maior volume de recursos. Isso será tratado mais adiante.

7.1.4 Relações locais

O processo de aceitação da reserva pela população ribeirinha foi longo e continua em andamento. Há que se levar em consideração que a sua área serve para a região do médio Solimões como fonte de recursos pesqueiros, madeireiros e agrícolas. Lima (1999b) destaca que se a UC fosse totalmente fechada, isso afetaria não somente a população de pequenos produtores que habitam a região, mas também a economia regional, considerando que todos os recursos extraídos da área focal geram anualmente 2 milhões de dólares.[8] Isso causaria forte oposição política e, provavelmente, inviabilizaria a sua implementação. No entanto, mesmo sem ser totalmente fechado, o acesso foi restringido e isso acabou gerando posições contrárias, principalmente nas sedes dos municípios (Tefé, Alvarães, Uarini e Maraã). Houve propaganda contrária[9] de comerciantes, peixeiros, madeireiros e políticos, que se sentiram ameaçados com a criação da reserva. Segundo Lima (1996b), o mais difícil foi obter a aceitação das prefeituras da região e da população de Tefé.

Na perspectiva de Lima (1996b), o desafio era transformar um projeto vertical em um horizontal. Para que a população de residentes e usuários de Mamirauá se envolvesse no processo, articulações e consultas foram feitas, sendo que a resposta foi positiva porque a reserva ia ao encontro do movimento comunitário de preservação de lagos iniciado, nos anos 1980. Todavia, foi um processo longo para que as comunidades começassem a participar. Além disso, a própria formação da equipe de trabalho de campo foi um desafio, porque era necessário encontrar pessoas com qualificação, bom senso e perseverança, aptas a lidar com situações delicadas, como a sensibilidade local em relação a pessoas de fora. Na área focal, passaram-se cinco anos até que o Projeto obtivesse apoio de quase todas as comunidades. A organização de um sistema de participação comunitária foi facilitada pela existência do movimento de preservação de lagos e porque algumas comunidades já tinham uma organização política formada e uma prática de discussão democrática de seus problemas, desenvolvida desde o final da década de 1960 pelo Movimento de Educação de Base (MEB).[10]

---

[8] A título de comparação, a produção pesqueira desembarcada em Tefé no ano de 2001 totalizou 1.984.810 kg (1.984,81 toneladas). Com preços que variam de R$ 0.29 a R$ 1.55 por quilo de peixe (média de R$ 0.72/kg, considerando os preços de todas as 31 espécies), têm-se R$ 1.429.063,20 como valor médio anual da produção pesqueira de toda a região (tabelas sobre produção pesqueira desembarcada em Tefé-AM no ano de 2001, disponíveis na página eletrônica do PROVÁRZEA, acessada em 28 de junho de 2003 – www.ibama.gov.br/provarzea).

[9] Até hoje correm em Tefé alguns boatos sobre a reserva como algo de "estrangeiros", que "os recursos vão ser levados", entre outros, provavelmente, gerados por parte dos grupos cujos interesses foram contrariados.

[10] De acordo com Lima (1996, p. 39), os assentamentos na área focal de Mamirauá são formados por grupos domésticos ligados por laços de parentesco e há casos de disputa de autoridade entre parentelas distintas. A organização política formal implantada pelo MEB se sobrepõe a essa organização primária, sendo que em alguns casos a liderança formal tem mais legitimidade na sua função de articular a comunidade com instituições externas do que no tratamento de questões internas da comunidade.

Além disso, pessoas ligadas à Igreja Católica facilitaram os contatos com as comunidades na fase inicial. Tais pessoas se sentiram identificadas com os objetivos do projeto, que consideravam semelhantes aos do movimento de preservação de lagos (entrevista com seu Afonso e seu Antonio Martins). Inclusive, algumas delas foram, posteriormente, contratadas para compor a equipe de extensão do projeto. Institucionalmente, a Igreja Católica e algumas de suas pastorais (como a da criança) têm apoiado os trabalhos.

Existe, ainda, uma ONG local, o GPD (Grupo de Preservação e Desenvolvimento), que se originou das CEBs (Comunidades Eclesiais de Base), estabelecidas em colaboração com o MEB. As relações com o GPD têm, na maior parte do tempo, sido cordiais e de colaboração, pois há interesse comum na conservação e no manejo de recursos pesqueiros. Porém, há casos de desentendimentos, gerados por "ressentimentos em relação aos recursos do Projeto" (Anexo 5, do Memorando de Projeto Fase II, 1997). Assim, localmente, essa é outra interação que pode ser conflituosa. Por outro lado, vale ressaltar que essa ONG faz parte do GTA (Grupo de Trabalho Amazônico), rede de ONGs e movimentos sociais, que nasceu com o estabelecimento do PP-G7 e que representa a "sociedade civil" nas instâncias decisórias colegiadas do Programa Piloto. Desse modo, conflitos eventuais com o GPD, mesmo tendo origens em desentendimentos pessoais, ou "ressentimentos", podem escalar para outras esferas da política ambiental brasileira, como ocorreu mais recentemente no âmbito do PROVÁRZEA/PP-G7.[11]

A construção de uma ponte com a população, as lideranças e os grupos locais foi facilitada pela presença de profissionais da área de antropologia e sociologia, que tendem a perceber com mais clareza as relações de poder e o que já existe em termos de organização política no nível local e assim podem identificar líderes e pessoas-chave para se estabelecer diálogo e cooperação. Isso foi uma condição para que o Projeto começasse a se "enraizar" localmente, pois o trabalho de extensão e organização comunitária foi iniciado a partir de algo que existia, construindo alianças com pessoas envolvidas com questões de conservação.

Lima (1996b) nota, ainda, que há divergências entre as comunidades, relacionadas às especializações econômicas dos chefes de domicílios (agricultura *vs.* pesca), que se refletem na escolha dos lagos de preservação e no compromisso de preservá-los. Além disso, as parcerias que se estabelecem entre conservacionistas e comunitários envolvem interesses específicos, que podem ou não convergir, por isso, é necessário que os acordos sejam negociados e as habilidades e os interesses de cada parte reconhecidos. O desejo de conservação está baseado num interesse econômico: sobrevivência, considerando que dependem dos recursos da várzea para suprir várias de suas necessidades.

7.1.5 Conservation International (CI)

Na época da elaboração e negociação do Projeto Mamirauá, Russel Mittermeier,[12] primatólogo renomado, fundador e presidente da Conservation International (CI), enviou carta de apoio, em 22 de outubro de 1990,

---

[11] Membros do IDSM e do GPD não concordaram em relação a um projeto, apoiado pelo PROVÁRZEA, que deveria ser implementado num dos assentamentos do RDS Amanã. Isso gerou desentendimentos, expressos numa carta aberta do GTA protestando pelo que chamaram de "Mamirauá: gestão participativa em perigo" (cptam@argo.com.br).

[12] Vale lembrar que Mittermeier já havia identificado a área da RDSM num artigo sobre conservação de primatas na Amazônia em 1977.

Para confirmar nosso interesse em colaborar com o programa de conservação da Estação Ecológica de Mamirauá.... consideramos esta área protegida como uma das mais importantes de todo o continente sul-americano, tanto por causa de todo o ecossistema que ela pretende proteger como, também, devido à presença de espécies ameaçadas importantes e que não são encontradas em nenhum outro lugar do mundo (p. ex. o uacari-branco, Cacajao calvus calvus; o macaco-de-cheiro-de-cabeça-preta, de Vanzolini, Saimiri vanzolinii). Nossa organização planeja proporcionar colaboração financeira para esta área e deseja auxiliar na implementação de projetos em favor da área até o máximo de nossas possibilidades.

Em 1990, a CI apoiou o Projeto Mamirauá com US$ 23.000. Posteriormente, a CI – Brasil doou parte dos recursos necessários para a compra de uma casa em Tefé, que serviria como sede local da SCM. O Grupo de Belém encaminhou à CI - Brasil um projeto intitulado: Manutenção da Estação Ecológica do Lago Mamirauá em Floresta Inundada (Belém, 1991). No documento, aparecia como coordenador-geral José Márcio Ayres, e coordenadores de programa: Déborah de Magalhães Lima, Richard Bodmer, Ronaldo Barthem, Peter Henderson, Vera F. Silva, Aline Da Rin de Azevedo. Como entidades participantes constavam: CNPq, SEMA-PR, SEMACT-AM, SCM. Além disso, foi anexada pelo grupo uma cópia do subprojeto Estabelecimento da Sociedade Civil Mamirauá, Belém 1991 – CNPq, cujo objetivo era garantir a continuidade dos trabalhos de manutenção da EEM por meio do estabelecimento de uma ONG. Especificamente, a contribuição solicitada foi para adquirir um imóvel (US$ 110 mil) – compra, legalização, adaptação e limpeza.

Os recursos doados pela CI, num total de US$ 18,000.00, serviram para a aquisição e instalação da casa em Tefé, juntamente com doação da Wildlife Conservation International-WCI (hoje WCS) e da ODA-Reino Unido (hoje DFID). O convênio de cooperação entre a CI-Brasil e a Sociedade Civil Mamirauá foi assinado por Gustavo Fonseca e J. M Ayres (Projeto nº ECM- 082/92 entre SCM e Instituto de Preservação Ambiental - Conservation International do Brasil). Contudo, tal como na relação com o WWF-UK, mais importante do que os recursos financeiros talvez tenha sido o apoio explícito de Russel Mittermeier à idéia do Projeto Mamirauá. Isso contribuiu para dar-lhe maior projeção, o que, por sua vez, atrai outros apoios, aumentando a "rede de relações". Mais uma vez, pode-se observar nos documentos que o grupo de Belém e Ayres, em particular, ressaltam essa rede. Na introdução do documento de projeto, enviado à CI, mencionavam a criação da EEM pelo governo estadual (março de 1990), afirmando que o projeto havia sido enviado também para o WWF-UK, para a WCI e para a ODA. A CI apoiou o Projeto somente na sua fase inicial, não havendo menções a outras parcerias com Mamirauá nos documentos posteriores do projeto, exceto quanto à participação de Gustavo Fonseca na elaboração do estudo sobre Corredores Ecológicos para o PP-G7.

7.1.6 WILDLIFE CONSERVATION SOCIETY (WCS) (EX-WCI)

WCS é uma instituição não-governamental que tem a sua origem ligada à criação da New York Zoological Society,[13] em abril de 1895, e ao estabelecimento do zoológico

---

[13] Entre os fundadores da Sociedade estavam Andrew H. Green, mais conhecido como "the father of greater New York City"e Henry Fairfield Osborn, professor de Columbia University professor e curador do American Museum of Natural History. Theodore Roosevelt e caçadores do Boone & Crockett Club.

conhecido como Bronx Zoo. Os seus objetivos são educação pública, pesquisa em zoologia e preservação da vida selvagem. A Sociedade adotou o nome atual Wildlife Conservation Society em 1994 para melhor descrever sua missão de salvar a vida selvagem em todo o mundo.

A WCS se envolveu desde o início da elaboração do Projeto Mamirauá, pois Márcio Ayres havia se tornado parte da ONG nesse mesmo período. Além disso, desde 1987, a organização já havia manifestado o interesse em apoiar o grupo liderado por Ayres em projeto na Amazônia Ocidental. De acordo com John Robinson (questão respondida por correio eletrônico em 08 de agosto de 2002), "Márcio Ayres foi uma das primeiras pessoas que eu trouxe quando assumi a direção da WCI. Ele foi convocado por George Schaller, um de nossos funcionários seniores. Logo depois, eu trabalhei com Márcio para estruturar e redigir uma proposta que foi apresentada à WWF e à ODA (a agência britânica de ajuda, hoje DFID). Em Nova Iorque, eu fui, durante alguns anos, o principal oficial do programa para o projeto".

Entre 1989 e 1997, a WCS aportou cerca de US$ 1.028.020 para o Projeto Mamirauá. Na página da instituição (www.wcs.org), o projeto consta como Flooded forest conservation in the Central Amazon Mamirauá Ecological Reserve, José Márcio Ayres, Sociedade Civil Mamirauá WCS/WWF/ODA/CNPQ/EU.

7.1.7 CONSIDERAÇÕES SOBRE O PERÍODO DE FORMAÇÃO DA REDE DE RELAÇÕES DE COOPERAÇÃO

Com o objetivo de dar uma idéia visual das interações interpessoais, interinstitucionais, internacionais e transnacionais que contribuíram para viabilizar o projeto, inseri no final deste capítulo duas ilustrações da "rede de relações" e também as legendas. Alguns nomes foram citados, visando destacar as relações interpessoais, caracterizada por objetivos e valores compartilhados (rede transnacional). Embora Gordon Armstrong, DFID, possa ser considerado parte desse grupo de indivíduos, seu nome não apareceu junto à agência britânica, que foi representada pela sua sede em Londres, pois esta tem um peso maior nas decisões finais de investimento/cooperação do governo britânico, como pude observar no período final da relação com Mamirauá e será descrito mais adiante.

Outro fator que parece ter feito diferença e foi "estratégico", conforme apontado em várias das entrevistas, consiste no seguinte: além de o grupo inicial ser formado em sua maioria por primatólogos, a presença deles em organizações da área ambiental contribuiu para colocar o projeto num contexto mais amplo, o que serviu, num primeiro momento, para atrair recursos e apoio de outras instituições para o projeto. Márcio Ayres conhecia por meio da biologia/primatologia: Russel Mittermeier, da Conservation International (CI), John Robinson, da Wildlife Conservation Society (WCS) e Eduardo Martins, Fundo Nacional do Meio Ambiente (posteriormente foi presidente do IBAMA).[14] Conhecia também outros biólogos renomados, como Paulo Vanzolini, Warwick Kerr, Gustavo Fonseca, Anthony Rylands, Paulo Nogueira Neto, William Hamilton. Há, pois, alguns elementos que tornam possível identificar esses indivíduos como partes de uma rede de especialistas, ou uma comunidade epistêmica transnacional.

---

[14] Cf. rede de relações de Ayres, ilustração no final do capítulo.

A pesquisa científica, mais especificamente a primatologia, foi ponto de partida. Por meio dela, várias das pessoas envolvidas se conheceram. Vale lembrar que há uma dinâmica entre os cientistas, como participação em congressos, publicações, trabalhos conjuntos de pesquisa, trocas de informações, entre outros. Isso facilita os contatos e formação de vínculos. Além disso, durante o período em que o biólogo Warwick Kerr foi diretor do INPA nos anos 1970/80, vários pesquisadores de renome passaram ocasionalmente pelo Instituto (entrevista de Kerr por telefone em 19 de fevereiro de 2002). Vera da Silva (entrevista pessoal, Tefé, AM, 27 de agosto de 2001) ressalta que essas pessoas que passaram pelo INPA foram trabalhar, posteriormente, em organizações importantes para a área ambiental no Brasil e no mundo. Por exemplo, Russel Mittermeier esteve por períodos curtos no Instituto, tendo escrito sobre conservação de primatas na Amazônia brasileira[15] em 1977. Contudo, pode-se dizer também que a Amazônia tem sido um ponto de encontro de vários pesquisadores e indivíduos comprometidos com causas conservacionistas. Sandra Charity, WWF-UK, embora não seja primatóloga, havia participado com Márcio Ayres de uma visita à região do Xingu. John Robinson, WCS, também havia realizado pesquisas na Amazônia sobre caça de subsistência.

7.2 IMPLEMENTAÇÃO DO PROJETO MAMIRAUÁ. PRIMEIRA FASE (1991-1997) E CRIAÇÃO DA RDSM

Conforme mencionado, para implementar o Projeto Mamirauá, decidiu-se dividir a área da EEM em área focal e área subsidiária. Assim, as atividades se restringiram à primeira, uma área de 2600 km² entre os rios Solimões, Japurá e o Paraná do Aranapu. Na Fase I do Projeto, o objetivo era elaborar e negociar o Plano de Manejo com as comunidades. Grande parte do trabalho foi concentrada em pesquisas biológicas e socio-econômicas e em organização comunitária. Havia uma base inicial sólida de conhecimento representada pelas pesquisas biológicas de Márcio Ayres sobre os uacaris-brancos e a pesquisa antropológica de Déborah Lima sobre a população ribeirinha.

Embora as negociações com os doadores e instituições governamentais brasileiras para aprovar formalmente o projeto tenham sido demoradas, as atividades de implementação foram iniciadas antes da aprovação formal. Já em 1989 e 1990, contava-se com o apoio da WCS (ex-WCI) e da CI. De outubro a dezembro de 1991, foram realizados trabalhos de campo relativos à "Pesquisa sobre Parâmetros SocioEconômicos e Desembarque do Pescado na Estação Ecológica do Mamirauá", apoiada pelo CNPq, e coordenada por Márcio Ayres. Várias equipes começaram a trabalhar em participação comunitária e pesquisas socioeconômicas e em grupos de pesca, e em processamento de dados na sede de Belém. Isso foi viabilizado pelo mencionado Fundo Interino, que durou até o início do segundo semestre de 1992.

Oficialmente, o início das atividades para a ODA foi em setembro de 1992, quando os desembolsos principais foram iniciados. Desse modo, o segundo semestre de 1992 foi marcado por "mudança considerável" no ritmo e intensidade das atividades, devido à liberação dos fundos (Projeto Mamirauá Relatório de Progresso nº 2, outubro 1992 – março de 1993). Chama atenção o fato de que desde os primórdios estão presentes as

---

[15] MITTERMEIER, R. A.; COIMBRA, A. F. "Primate Conservation in Brazilian Amazonia". *Primate Conservation*. Prince Rainier and Bourne (Ed.), 5: 117-166.

características que tornam Mamirauá uma experiência inovadora, que faz a ligação entre o global e o local: cooperação bilateral governamental, presença de instituições governamentais de diferentes níveis administrativos, organizações não-governamentais (ONGs) locais, nacionais e internacionais, cientistas e ativistas, formação de rede transnacional, multidisciplinaridade e tentativa de integrar conservação e desenvolvimento (melhoria da qualidade de vida para os moradores do local) a partir de uma perspectiva que inclui participação comunitária. Esse objetivo está sintonizado com os princípios da CDB.

Nesta parte, pretendo descrever e comentar os "relatórios de progresso", referentes à primeira fase de implementação do projeto. Não se trata de um resumo de cada um deles, mas uma apresentação geral, em que ressalto alguns pontos. A finalidade é destacar os elementos que vão configurando a reserva e a forma de atuação das pessoas e grupos ligados à Mamirauá. Os primeiros serão tratados com maior detalhe, por trazerem as atividades e pesquisas/estudos iniciados, que se repetem nos posteriores. Nota-se que o projeto é marcado pela complexidade, envolvendo muitas pessoas, instituições, áreas de conhecimento diversas e a combinação de pesquisa e extensão, o que o torna interessante, porém difícil de ser apreendido em sua totalidade. Desde já ressalto essa dificuldade e assumo os erros decorrentes da simplificação necessária para transmitir uma história complexa e ainda em andamento.

7.2.1 RELATÓRIO Nº 2: INSTITUIÇÕES E ATIVIDADES DIVERSAS, INÍCIO DOS DESEMBOLSOS PRINCIPAIS DA ODA, ORGANIZAÇÃO COMUNITÁRIA E PESQUISA BIOLÓGICA: CIÊNCIA *VERSUS* POLÍTICA DE CONSERVAÇÃO

Considerei importante incluir as instituições envolvidas, nomes dos indivíduos e programas, que aparecem nos relatórios iniciais e se repetem nos posteriores, para dar uma idéia da gama de atores e de questões tratadas. Assim, no relatório referente ao período de março a outubro 1992, a lista de financiadores foi: Secretaria do Meio Ambiente, Ciência e Tecnologia (Amazonas), UFPA, WCI (hoje WCS), WWF, Conservation International e Fundação Margareth Mee. No relatório referente ao período de outubro de 1992 a março de 1993 (Projeto Mamirauá Relatório de Progresso nº 2, outubro de 1992-March 1993), constavam na lista de instituições envolvidas:

Instituições Nacionais responsáveis pelo Projeto e pela Unidade de Conservação:

- Secretaria Estadual do Meio Ambiente, Ciência e Tecnologia (AM)
- CNPq – Programa Trópico Úmido
- Sociedade Civil Mamirauá

Apoio Financeiro (recursos externos):
- ODA (Overseas Development Administration-UK)
- World Wide Fund for Nature-UK
- NYZS – The Wildlife Conservation Society-WCS
- Conservation International

Outros colaboradores brasileiros nesta fase:
- Universidade Federal do Pará (Laboratório de Antropologia)
- Museu Paraense Emílio Goeldi (MPEG-Depto de Zoologia)
- Fundação Margaret Mee
- Instituto Nacional de Pesquisas da Amazônia (INPA)

- IBAMA (Superintendência do Amazonas)
- AQUALUNG

A multidisciplinariedade pode ser ilustrada pela lista de coordenadores e programas:
- Coordenador-Geral e do Programa de Sistemas Terrestres: J. M Ayres (CNPq/WCS)
- Administração: Ana Rita P. Alves (Antropologia/UFPA/SCM)
- Coordenador do Programa de Sistemas Aquáticos: R.B. Barthem (Zoologia/ MPEG/SCM)
- Coordenadora de Banco de Dados: Aline P. Azevedo (MPEG/SCM)
- Coordenadora do Programa de Participação Comunitária (Extensão) e Pesquisa Socioeconômica: Déborah M. Lima (Antropologia/ UFPA/SCM).

Todos os programas, exceto Banco de Dados, envolviam pesquisas com vistas a elaborar o Plano de Manejo. Além disso, o trabalho de extensão comunitária deveria estimular a participação por meio da mobilização e organização, fazer a ponte entre os pesquisadores e a população local e contribuir no processo de conscientização dos residentes e usuários da área de Mamirauá sobre o significado de habitar uma unidade de conservação.

O Relatório de Progresso nº 2 se referia ao primeiro período a partir do qual os recursos começaram a entrar com regularidade. Registrava vários avanços importantes, que ocorreram entre outubro de 1992 e março de 1993, como ampliação da infraestrutura, fechamento do Lago Mamirauá, definição da forma de organização comunitária e formação dos setores de comunidades, escolha do modelo de manejo de lagos e realização do I Encontro do Setor Mamirauá e da I Assembléia Geral dos Residentes e Usuários da Reserva (Projeto Mamirauá, Relatório de Progresso nº 2, outubro de 1992-março de 1993).

De acordo com o Relatório, o segundo semestre de 1992 foi marcado por "mudança considerável", devido à liberação dos fundos da ODA e WWF-Reino Unido e ao estabelecimento de uma infraestrutura mais sólida para as operações diárias. Assim, com esses recursos e mais os provenientes da Conservation International, foi adquirida uma casa em Tefé para alojar residentes e visitantes, instalou-se um escritório e uma pequena biblioteca, também em Tefé. Além disso, foram adquiridos cinco barcos, quatro voadeiras, quatro flutuantes e montou-se outro escritório em Belém, na UFPA (Projeto Mamirauá, Relatório de Progresso nº 2, outubro de 1992 – março de 1993).

Ademais, foram relatados os diversos estudos em andamento, que deveriam servir para elaboração do Plano de Manejo: Pesquisa Socioeconômica, Mobilidade Social e Geográfica de Assentamentos; Diagnóstico Estatístico Preliminar e Sumário Etnográfico; Diagnóstico da Assistência à Saúde na Área da EEM; Análise Antropométrica de Crianças da EEM; Ecologia de Moscas Necrófagas; Sistemas Aquáticos (coordenador Ronaldo Barthem): *Pesquisa sobre Pescado* (Relatórios 1 e 2, P.A. Henderson), Ecologia e Biologia do Pirarucu, Observações sobre Hábitos Alimentares do Tambaqui; Sistemas Terrestres (coordenador Márcio Ayres): Inventário de Avifauna, Nota sobre o comportamento da Macucaua (pássaro jaó), Estudo sobre Extração de Madeira, Pesquisa sobre Dispersão de Sementes em Florestas Inundadas. Outras atividades tratadas nesse relatório são relativas a: Banco de Dados Computacionais, Banco de Fotografias, Programação de Atividades na Área de Saúde, Educação Ambiental e Cursos de Campo.

Os trabalhos de extensão e de pesquisa socioeconômica (levantamento socioeconômico e estudo da história da formação das comunidades e causas da migração, nutrição e saúde) avançaram mais do que os outros subprogramas. A extensão visava tornar o projeto participativo, e para isso, era necessário identificar as comunidades, os seus problemas e as suas necessidades e trabalhar pela sua organização. Uma característica dessas comunidades, segundo o relatório, era a heterogeneidade de interesses e de identidades (católicos, crentes, índios). Uma forma para incentivar a participação comunitária deveria ser o reconhecimento dado ao sistema de representação sugerido pelas comunidades, que viria a ser confirmado na Assembléia Geral (Projeto Mamirauá, Relatório de Progresso nº 2, outubro de 1992 – março de 1993 p. 2).

Segundo o Relatório de Progresso, foi realizado o I Encontro do Mamirauá, de 11 a 13 de setembro de 1992. Os presentes reconheceram o seu papel na fiscalização da Reserva. Para isso necessitavam de apoio de entidades e instituições do governo. Ratificaram o seu papel e interesse na preservação dos recursos naturais da área, "frente aos abusos cometidos por empresas de pesca e exploração de madeira, que vinham depredando-a e, assim, afetando as condições de subsistência de sua população e ameaçando a integridade biológica da Estação Ecológica". Os representantes das comunidades identificaram, ainda, a necessidade de conscientização da população da região no sentido de partilharem dos objetivos de conservação e preservação. Tudo isso foi descrito num abaixo-assinado, resultado do Encontro, requerendo das entidades de apoio e representantes dos governos federal, estadual e municipal o comprometimento efetivo "na defesa de seus direitos e obrigações de preservar a Reserva Mamirauá". O documento continha 60 assinaturas e foi elaborado por Déborah Lima. A ata foi preparada por Robertino Gomes de Souza. Márcio Ayres encaminhou o abaixo-assinado e a Ata para a Secretaria do Meio Ambiente, Ciência e Tecnologia do Estado do Amazonas, Prefeitos de Alvarães, Uarini, Tefé e Maraã e respectivas Câmaras Municipais, IBAMA-Tefé, IBAMA-Manaus, IBAMA-Brasília, Capitania dos Portos-Tefé, Capitania dos Portos-Manaus, Comando do Exército-Tefé, Colônia dos Pescadores de Tefé, Colônia dos Pescadores de Manaus, Presidente do Grupo de Trabalho da Amazônia, Prelazia de Tefé, Uarini e Alvarães, Coordenação de Pastoral e diversas entidades não-governamentais.

Foi realizada, ainda, em fevereiro de 1993, em Uarini, AM, a I Assembléia Geral dos Residentes e Usuários da Estação Ecológica do Mamirauá, instância deliberativa das comunidades na Unidade de Conservação. Um documento foi elaborado e assinado por todos os líderes presentes na reunião. Entre as decisões tomadas em Uarini constava que "todas as partes interessadas na área devem negociar três tipos de lagos". Assim, confirmaram-se as três categorias defendidas pelo movimento de preservação de lagos: proteção permanente (para reprodução), lagos de subsistência (uso local com manejo), lagos para comercialização de peixes. Segundo o relatório, cerca de noventa por cento das comunidades envolvidas na reserva estiveram presentes na reunião. Foi discutida, ainda, a possibilidade de "mudanças futuras nas áreas de acordo com novas informações", que viriam como resultado dos estudos em curso. Estiveram presentes na Assembléia as autoridades que apoiavam o projeto, IBAMA, EMATER, Capitania dos Portos, Exército, destacamentos da Polícia Militar de Uarini e Tefé, representantes das prefeituras de Uarini e Alvarães, Paróquias de Alvarães e Uarini e Igreja Evangélica Assembléia de Deus.

Entre os resultados da I Assembléia Geral, ocorreram a escolha do sistema de organização comunitária e a formação de setores, cada um reunindo um conjunto de comunidades de acordo com a localização geográfica e os interesses compartilhados, e a definição do papel dos moradores na preservação. Na Ata da I Assembléia Geral, Uarini, 28 de fevereiro de 1993, foi relatada a decisão de separar os lagos para as comunidades, os seus nomes, localização por setor e definição de utilização para procriação, manutenção e comercialização. Os participantes registraram, ainda, os nomes dos lagos de cada comunidade e decidiram sobre o tipo de pesca permitida, e onde e como se poderia realizar a pesca comercial. Outra decisão foi tomada em relação a terceiros: as sedes dos Municípios de Uarini e Alvarães e a Colônia de Pescadores de Tefé fariam uma proposta para utilização da reserva, que seria levada aos setores para negociação. Isso foi feito posteriormente.[16] Até hoje, o sistema de uso dos lagos é o mesmo. As comunidades de cada setor têm acesso a determinados lagos, sendo que foi permitida aos pescadores das sedes a entrada em alguns deles.

É interessante observar os tipos de questionamentos que surgiram na época em relação ao projeto e à criação da unidade de conservação em Mamirauá. Eles foram reunidos numa espécie de Informativo (Boletim), escrito por Déborah Lima: "Participação comunitária na implantação da Estação Ecológica Mamirauá gera amplo debate popular", anexado ao Relatório (Anexo, Projeto Mamirauá, Relatório de Progresso nº 2, outubro de 1992 – março 1993). Ele relatava a criação e implantação da reserva e respondia a questões polêmicas que circulavam na região: "O projeto é estrangeiro? A equipe vai ficar rica com exportação dos peixes? Por que conservar só a área da reserva? Por que a base é em Tefé? É verdade que moradores não vão ser retirados?"

O Boletim procurava, também, informar a população: "conservar é diferente de defender a natureza, principalmente se conservação inclui uso sustentado dos recursos naturais". Discorria, ainda, sobre a complexidade da prática conservacionista, explicando que a Estação era uma unidade de conservação e que o projeto tinha autoridade para implementar medidas de regulamentação do uso dos recursos naturais e estruturar a sua fiscalização, informando que o seu dever era garantir a conservação da biodiversidade da reserva. Além disso, o informativo trazia uma questão relevante para a região: como regular a pesca? Tanto cidade como zona rural dependem do pescado para sua alimentação [...]. Ressaltando a necessidade de eliminar a pesca predatória, afirmava-se que a equipe do projeto vem atuando a partir de conduta democrática de consultar a população local e convida toda população para participar [...] A atuação da equipe não se limita à conservação da natureza, mas também se estende à conservação da vida humana [...]

Desse modo, pode-se ter uma idéia do escopo das ações, tipos de pesquisas, diversidade de atores, interesses e dificuldades, envolvidos na implementação do projeto e implantação da reserva. Um ponto que chama a atenção nesse relatório consiste em que a equipe do Projeto, desde o começo, havia constatado a necessidade de assumir o risco de agir independente da base de conhecimentos sobre a biologia para não

---

[16] Após a I Assembléia, foram realizadas reuniões para atender a solicitações e pedidos de maiores esclarecimentos feitos por vereadores e setores "não totalmente convencidos", por exemplo as Câmaras de Vereadores de Alvarães e Uarini e a Colônia de Pescadores de Tefé.

perder o apoio das comunidades locais – ou seja, a opção foi a de tomar decisões de manejo antes de conhecer todos os resultados das pesquisas, se a espera significasse perder apoio político.

Nesse sentido, parece haver uma espécie de *trade off* entre política de conservação e biologia. A biologia da conservação situa-se num espaço de intersecção entre produção de conhecimento científico e processo político. O grupo responsável pelo projeto relata que, em alguns momentos, se precisaria tomar decisões políticas, envolvendo questões de manejo, embora os resultados das pesquisas ainda não estivessem disponíveis, pois o programa de participação comunitária havia avançado à frente de outros. Isso se deve ao ritmo diferente desses dois processos. Por outro lado, deixava-se espaço para que algumas decisões tomadas na Assembléia pudessem ser revisadas no futuro, conforme indicassem os resultados das pesquisas. Assim, parecia haver clareza de que pesquisa científica e política de conservação e gestão não andam no mesmo ritmo. A primeira não consegue responder a questões na mesma velocidade das demandas da população local; no entanto, o processo político é dinâmico e as decisões precisam ser tomadas. Daí a necessidade de que a implantação da reserva fosse um processo contínuo, negociado e com flexibilidade nas decisões.

Essas preocupações colocadas no relatório ilustram um tipo de embate que ocorreu e tem ocorrido no processo de implementação do Projeto Mamirauá e implantação da unidade de conservação. Embora Mamirauá tenha se estabelecido por meio da combinação de interesses de comunidades, pesquisadores, extensionistas, órgãos governamentais e ONGs, é importante ressaltar que eles não convergem automaticamente, mas por meio de um processo de negociações continuado e algumas vezes difícil.

Deve ser destacado outro ponto: embora se trate de um projeto proposto por pesquisadores, não é apenas o conhecimento científico/acadêmico que guia as decisões quando escolhas devem ser feitas. A força e interesse dos atores também têm um peso. No exemplo acima, havia em jogo o interesse dos pesquisadores de esperar os resultados das pesquisas e as demandas dos comunitários pelo acesso aos recursos naturais. Para não perder o apoio político local, decidiu-se "arriscar", mas se deixou a abertura de rever decisões, caso a "base biológica" exigisse isso a partir do avanço do conhecimento científico. Desse modo, atendiam-se os interesses das comunidades e dos pesquisadores.

Em seis meses, o projeto parecia haver decolado. As atividades relatadas forneciam uma idéia do cotidiano complexo do Projeto, com vários acontecimentos simultâneos. A nova unidade de conservação, embora ainda não regularizada juridicamente,[17] começava a se configurar: a sua área foi dividida em zonas de preservação permanente e de uso sustentável, com infraestrutura para pesquisa e moradores, e os usuários foram organizados em comunidades e setores. Além disso, nesse período, o lago Mamirauá foi fechado, com apoio do IBAMA local e comunidades, embora houvesse grande pressão contrária por parte dos caçadores de jacaré e

---

[17] A UC continuava como EEM.

madeireiros. Houve, ainda, manifestação explícita de apoio do Estado do Amazonas e do governador Gilberto Mestrinho. Outro ganho foi a solicitação de Mestrinho ao governo federal de que Mamirauá fosse incluída, como "área úmida de importância internacional", na Convenção de Ramsar.[18]

7.2.2 RELATÓRIO Nº 4: NOVOS PROGRAMAS, QUESTÕES DE FISCALIZAÇÃO, RELAÇÃO COM AS COMUNIDADES E COM TEFÉ, PROJETOS SOCIOAMBIENTAIS: EQUIPE MULTIDISCIPLINAR E O DESAFIO DA INTEGRAÇÃO

Segundo o Relatório nº 4 (outubro de 1993 – março de 1994), os programas de agrofloresta, banco de dados e GIS, pesquisa de jacarés e de botos foram iniciados nesse período (não haviam começado antes por falta de infraestrutura ou de pessoal). Os equipamentos chegaram no final de 1993. Atingiu-se número estável de pesquisadores, sendo que infraestrutura já não suportava crescimento inesperado. Outro evento significativo foi a Primeira Reunião Geral do Projeto Mamirauá (de pesquisadores e equipe), no flutuante do lago Mamirauá, de 3 a 5 de fevereiro de 1994. O objetivo era aumentar a integração, realizar avaliação e planejamento, identificar problemas e discutir dificuldades administrativas. Por meio da descrição da reunião (relatoras: Déborah Lima-Ayres e Edila Arnaud Ferreira Moura; organização do encontro: Aline Azevedo e Lafayette MacCulloch), pode-se observar o número considerável de pesquisadores e profissionais especializados envolvidos: 32 pesquisadores/extensionistas: nove do sistema terrestre, sete do sistema aquático, 12 do programa de pesquisas socioeconômicas e extensão comunitária, dois do sistema de banco de dados e dois da administração do projeto. A presença constante de cientistas é uma característica da experiência de Mamirauá e representa um diferencial em relação a outros projetos.

Coordenadores e pesquisadores expuseram resultados dos trabalhos e contribuições para plano de manejo. Apresentaram problemas, entre eles as questões da fiscalização e da conscientização dos comunitários. Quanto à fiscalização da reserva, havia resistência do IBAMA a fiscalizar a área, devido a dificuldades de transporte, problemas logísticos e falta de pagamento de diárias aos fiscais.[19] Além disso, foi relatado que o projeto vinha aos poucos conseguindo vencer essas barreiras graças à insistência junto ao IBAMA. Um sinal de que se começava a aceitar a idéia da unidade de conservação foi o apoio da maioria dos comunitários à prisão em flagrante de seis

---

[18] Nos arquivos, encontrei documentação referente à solicitação do governador Gilberto Mestrinho de inclusão de Mamirauá na Convenção de Ramsar. Trata-se de vários ofícios: um ofício do governador do Estado do Amazonas para o senador Fernando Henrique Cardoso, Ministro das Relações Exteriores, Manaus, 30 de abril de 1993, em que sugere a inclusão da EEM na Lista de Áreas Úmidas de Importância Internacional da Convenção de Ramsar, ratificada pelo Brasil em 17 de julho de 1992, por ocasião da Conferência dos Participantes da Convenção (COP) no Japão; outro para o Ministro de Estado do Meio Ambiente, senador Fernando Coutinho Jorge, Manaus, 30 de abril de 1993, com o mesmo teor e a justificativa: "maior área de floresta alagada (igapó) existente no mundo, exaustivamente estudada pelo Governo do Estado do Amazonas, através de sua Secretaria de Estado do Meio Ambiente, Ciência e Tecnologia em projetos de execução conjunta com CNPq/Museu Goeldi, IBAMA e WWF"; afirma, ainda, que o projeto é conduzido junto à população local, por meio de programas de manejo sustentado e de educação ambiental. Em outro ofício do Ministro Fernando Coutinho Jorge para Luis Felipe Lampreia, de 28 de maio de 1993, consta a indicação da Estação Ecológica do Mamirauá, bem como do Parque Nacional do Araguaia (TO) para integrarem, juntamente com o Parque Nacional da Lagoa do Peixe e o Parque Nacional do Pantanal, a lista de zonas úmidas da Convenção Ramsar...(Artigo 2, parágrafo 4). Indica ainda Jordan Paulo Wallauer, diretor de Ecossistemas do IBAMA, para integrar a delegação brasileira para a Conferência das Partes da Convenção (COP) no Japão.

[19] Lafayette MacCulloch, gerente administrativo do projeto na época.

pessoas que estavam comercializando carne de jacaré. Em relação à conscientização dos comunitários, relatou-se que nem todos estavam obedecendo às regras de acesso aos lagos, que alguns invadiam lagos de outras comunidades e que estavam ocorrendo confrontos entre comunitários e até entre pessoas da mesma família. Porém, houve também depoimento de uma comunitária (Ruth) sobre o apoio que algumas comunidades vinham dando à implantação do projeto. Na sua visão, apesar das dificuldades encontradas no processo de conscientização ecológica, o projeto contava com a colaboração de um número significativo de comunitários.

Nessa mesma reunião, Marise Reis (Programa de Participação Comunitária) enfatizou a importância de os pesquisadores manterem-se integrados e com um discurso comum a ser repassado às comunidades, pois eles também poderiam contribuir com o trabalho comunitário. Em sua opinião, era fundamental que sempre se esclarecesse às comunidades, por intermédio de suas lideranças, o que estava sendo feito em termos de pesquisas e quais os seus objetivos. Sônia Maranhão chamou a atenção sobre a necessidade de se manter a troca de informação para se evitar que os mesmos dados fossem coletados por diversos pesquisadores.

Nesse relatório, apareceram algumas questões características do tipo de reserva que se estava estabelecendo. Além da fiscalização, que é uma temática comum a todas as UCs, havia a questão da relação com as comunidades. As colocações sobre a necessidade de manter um discurso comum e da troca de informações refletem que um dos desafios da equipe tem sido a integração. Isso é comum a todos os projetos de caráter socioambiental. A complexidade, resultante do grande número de atividades, pessoas e multidisciplinaridade, representa uma virtude pois permite abarcar fatores biológicos/ ecológicos e sociais. Entretanto, há também um risco de desintegração, caso se perca a noção do objetivo geral de combinar conservação e desenvolvimento sustentável e se focalize somente em objetivos "unidisciplinares" e/ou setoriais. Assim, esse tipo de reunião realizada parece ser um recurso útil para manter a "orquestra[20] afinada".

Além da ODA, WWF, CNPq, WCS, outros apoiadores contribuíram entre 1993 e 1994. A Comunidade Européia (*European Economic Community* – EEC – Pierre Hamoir) passou a financiar algumas atividades, em particular o programa de manejo comunitário de quelônios. Nesse período, o Fundo Nacional do Meio Ambiente (FNMA – MMA) também apoiou o Projeto. Houve, ainda, o apoio da Foundation for Illustrated Monographs of Living Primates.

Um último ponto do Relatório deve ser destacado: a realização de uma pesquisa de opinião pela equipe do projeto, a pedido do WWF-Brasil, junto à população de Tefé, maior centro urbano da região e sede do Projeto Mamirauá. As perguntas foram sobre o projeto, sobre a reserva e sobre a possibilidade de conciliar preservação e desenvolvimento, visando observar o nível da informação sobre a EEM e sobre o projeto. Mais do que buscar conhecer a opinião de Tefé, a pesquisa refletia as preocupações da equipe do projeto e seus apoiadores quanto à aceitação da reserva por parte da população da maior cidade da região. Isso tem sido uma constante até os dias atuais. Embora as atividades sejam realizadas principalmente na reserva, a sua criação afetou diretamente interesses de pescadores, caçadores de jacarés e madeireiros, o que gerou resistências

---

[20] Márcio Ayres usou a expressão "orquestra" ao se referir à Equipe de Trabalho em Tefé (entrevista pessoal, Belém, 23 de julho de 2001).

que têm sido superadas aos poucos. De acordo com Lima (1996b), havia muita propaganda contrária, promovida por comerciantes, peixeiros, madeireiros e políticos, que se sentiram ameaçados com a criação da reserva. Desse modo, as relações com Tefé e as outras cidades da região (Alvarães, Uarini e Maraã) são uma preocupação que também tem feito parte da agenda de implantação da UC.

7.2.3 Relatório nº 5: estudos sobre adequação legal da UC, início das negociações de criação do instituto, ecoturismo e exposição na mídia

De abril a outubro de 1994 (Relatório Semestral nº 5, abril – outubro de 1994), duas iniciativas importantes foram tomadas em direção à situação legal da reserva e à criação de um instituto. Quanto à legislação, objetivando estabelecer uma nova categoria de unidade de conservação estadual, foi feita uma proposta (anteprojeto) de "Reserva do Patrimônio Ecológico do Mamirauá", aprovada pelo Secretário de Estado do Meio Ambiente e pelo governador Gilberto Mestrinho e encaminhada para Assembléia Legislativa para aprovação. No entanto, essa proposta não avançou.

Tudo indica que se iniciaram, nesse período, as negociações entre MCT, Estado do Amazonas e CNPq para criação de um terceiro instituto de pesquisa amazônico em Tefé (com o mesmo *status* legal do INPA e do MPEG). Além disso, um terreno foi comprado em Tefé pelo CNPq (na gestão de Lindolfo C. Dias como presidente do órgão) para a futura sede do Mamirauá.

Deve-se destacar também o estudo realizado pelo jurista Nelson de Figueiredo Ribeiro, contratado como consultor pelo Projeto Mamirauá, sobre categorias de UC: "Um Novo Modelo de Proteção Ambiental para Mamirauá". Esse estudo gerou a proposta de mudança de EEM para RDSM. No texto, o consultor afirmou que Estação Ecológica era um modelo inadequado à realidade do Mamirauá, considerando que aproximadamente cinco mil habitantes viviam na área focal e ao redor e necessitavam dos recursos que o meio natural lhes proporcionava. O consultor argumentou que existia uma interdependência das populações e meio natural, que supunha um espaço natural aberto a ser utilizado de forma comunitária para garantir a sua sobrevivência. Assim, Mamirauá não poderia ser uma unidade de proteção integral, como seria, por exemplo, uma estação ecológica, nem de manejo provisório. Ao rever a classificação das UCs (anteprojeto SNUC) observou que havia "Unidades de Manejo Sustentável", mas entre essas nenhuma se adequava à realidade da área. A Reserva da Fauna protegeria somente a fauna, a Floresta Nacional (FLONA) conservaria a floresta. Uma APA submeteria determinada área de proteção especial ao planejamento e à gestão ambiental para assegurar o bem-estar das populações humanas e conservar, ou melhorar as condições ecológicas locais.

Ribeiro argumenta nesse estudo que, embora houvesse algumas pessoas que defendessem que Mamirauá deveria ser uma Resex, essa categoria também não seria adequada à experiência em curso. A Resex teria como objetivo a proteção de populações tradicionalmente extrativistas, para que essas tivessem a sua subsistência garantida pela coleta de produtos da biota nativa, segundo formas tradicionais de atividade econômica sustentável, mas não incluía a preservação do patrimônio natural como objetivo precípuo. Em resumo, na sua perspectiva, nenhuma dessas categorias supunha profunda interconexão entre as populações e o meio natural, tratando-se de proteção ambiental, cujo conteúdo finalístico seria o bem-estar das populações humanas, ou seja, considerava-se proteção como um meio, uma proteção relativa da natureza. Em Mamirauá, os dois objetivos eram finais e caminhavam juntos.

Nesse sentido, Ribeiro defendia que Mamirauá seria diferente, pois as suas finalidades eram simultaneamente preservação do patrimônio natural, pesquisa da biodiversidade e desenvolvimento sustentável das populações, sendo que a sua área abrangeria zonas de preservação permanente e de manejo sustentável. Daí a necessidade de uma nova categoria de UC. (Um Novo Modelo de Proteção Ambiental para Mamirauá, anteprojeto de lei, versão preliminar, em Relatório Semestral nº 5, abril – outubro 1994).

Outra novidade apresentada no relatório foi o estudo sobre a viabilidade do ecoturismo, realizado por um consultor, Fernando Oliveira, que visitara o Hotel Ariaú para colher subsídios e comparar as duas regiões. Na sua visão, a flora e a fauna de Mamirauá eram mais ricas e belas "[...] vamos dar um espetáculo de ecoturismo muito mais consistente" (Relatório Ariaú, Fernando Oliveira).

No Relatório Semestral nº 5 apareceram, ainda, algumas modificações pequenas: a admissão de uma nova coordenadora de Sistemas Aquáticos, Míriam Marmontel, substituindo R. B. Barthem, do MPEG. Entre os outros colaboradores da fase, aparecem pela primeira vez a Academia Brasileira de Ciências e a EMATER-AM. A SEMACT-AM tornou-se IMA. Foi relatada também a participação de alguns membros da SCM na conferência "Diversidade, Desenvolvimento e Conservação da Várzea Amazônica", em Macapá, 12 a 15 de dezembro de 1994, um encontro[21] de cientistas sociais e naturais e especialistas em política de desenvolvimento da América do Sul, América do Norte e Europa, com experiência em pesquisa, manejo e conservação de recursos da várzea. O evento foi organizado por: CNPq, WCS, NY Botanical Garden, Institute of Economic Botany (IEB), Fundação Ford, RJ, ODA-UK. Dessa conferência resultou o livro *Várzea. Diversity, Development, and Conservation of Amazonia's Whitewater Floodplains.*[22]

Uma observação interessante desse período (Relatório nº 5) foi a constatação de um aumento de exposição na mídia, o que era considerado importante por trazer recursos e divulgar o projeto. Porém, isso tinha uma conseqüência não desejada, ao subtrair tempo de atividades-fim. Parecia haver um *trade off* entre buscar recursos e divulgar as ações e os trabalhos de conservação ou desenvolvimento propriamente ditos. Daí a necessidade de equacionar o tempo dispendido entre atividades meio e fim. Isso, de certa forma, foi reconhecido no período seguinte, de outubro de 1994 a março de 1995, em que a diminuição da exposição na mídia foi apontada como um fator positivo, já que os "pesquisadores puderam dedicar maior parte do seu tempo ao próprio trabalho" (Relatório Semestral nº 6, outubro 1994 – março 1995).

---

[21] Entre os participantes estavam Márcio Ayres e Déborah Lima, da SCM; Christine Padoch, do NY Botanical Garden; Miguel Pinedo-Vazquez, Yale University; Warwick Kerr, José Lopes Parodi, Programa Pacaya-Samiria; Iquitos; Ana Cristina Barros, IMAZON; David McGrath, NAEA, UFPA, Belém; Lindolfo Carvalho Dias, CNPq; Nelson Ribeiro, SCM; Ronaldo Barthem, MPEG; Wolfgang Junk, Max-Planck; Institute fur Limnologie, Plön, Richard Bodmer, University of Florida, Gainsville.

[22] PADOCH, Christine; AYRES, J. Márcio; PINEDO-VASQUEZ, Miguel; HENDERSON, Andrew (Ed.). *Várzea. Diversity, Development, and Conservation of Amazonia's Whitewater Floodplains. Advances in Economic Botany.* Volume 13, NY: The New York Botanical Garden Press, 1999.

7.2.4 Os anos de 1995 e 1996: crescimento da participação do CNPq, aprovação do Plano de Manejo e criação da RDSM

O ano de 1995 pode ser considerado o último da fase inicial do Projeto, já que 1996 foi marcado pela aprovação do Plano de Manejo, publicado em versão sintética, e a criação da RDSM como nova categoria de UC no nível estadual. Assim, em 1995, os estudos para elaboração do Plano continuaram rumo à fase de conclusão. O processo de institucionalização avançou e, ao invés dos programas, foram criadas coordenações, sendo que áreas de atuação e nomes dos coordenadores permaneceram os mesmos: Sistemas Terrestres, Sistemas Aquáticos, Banco de Dados, Participação Comunitária e Pesquisas Socioeconômicas, Administração Geral. Conforme mencionado, a idéia de criar um instituto já estava em negociação. Era necessário, de acordo com Márcio Ayres, coordenador-geral do Projeto, aumentar a participação do governo brasileiro nas atividades da reserva, angariar fundos suficientes para manter todas as atividades durante a transição entre a primeira e a segunda fase do Projeto, garantir níveis de financiamento para próxima fase e obter fundos suficientes para a construção da base em Tefé, no terreno adquirido pelo CNPq (Relatório Semestral nº 6, outubro a março de 1995).

A partir de 1995 (Relatório nº 6), José Galizia Tundisi, biólogo, assumiu a gestão do CNPq. Isso contribuiu para os rumos de Mamirauá. O número de bolsas para o Projeto foi aumentado e garantiu-se considerável ajuda financeira para o segundo semestre de 1995 e a metade de 1996. Márcio Ayres (entrevista pessoal, Belém, 23 de julho de 2001 e questão respondida por correio eletrônico em 31 de julho de 2001) afirma que foi durante a gestão de Tundisi no CNPq que começou a aumentar a participação do governo brasileiro no Projeto. Ademais, o CNPq, por meio de Tundisi, também integrou o processo de criação do Instituto de Desenvolvimento Sustentável Mamirauá (IDSM). Cabem aqui dois comentários, o primeiro relativo à participação do CNPq. Inicialmente, ela havia sido reativa, aportando algum recurso. De certa forma, aconteceu mais para cumprir um requisito formal do Programa de Cooperação Técnica Brasil-Reino Unido. Com o início da Administração Tundisi, o CNPq tornou-se um parceiro-chave no processo, tanto do ponto de vista do aporte de recursos, como do processo de institucionalização e criação do Instituto. O segundo comentário remete à relação preexistente Ayres-Tundisi. Embora não fosse uma relação pessoal, ela existia por meio da pesquisa biológica e da Academia Brasileira de Ciência, ou seja, ambos faziam parte de uma mesma geração de pesquisadores brasileiros da área biológica que vieram a desempenhar papéis importantes para a área ambiental no Brasil.

Lima (1996b) ressalta que a parceria entre uma organização não-governamental e instituições governamentais combina a agilidade de manusear orçamentos com a garantia de continuidade dada por uma instituição governamental. Nesse sentido, a participação do CNPq deveria garantir a continuidade do projeto. A partir de 1995, o órgão passou a repassar cada vez mais recursos, chegando a responsabilizar-se por 40% do orçamento. Assumiu ainda um papel ativo na criação de um instituto de pesquisa em Tefé.

Em 1996, foi concluído o Plano de Manejo de Mamirauá e, em 16 de julho, foi criada a Reserva de Desenvolvimento Sustentável Mamirauá (Lei nº 2.411, do Estado do Amazonas). A mudança de categoria de UC resolveu o problema da incompatibilidade do *status* legal da EEM com o modelo de conservação implementado pelo projeto. Conforme mencionado (Lima, 1996b), o fato de ser uma unidade de conservação estadual facilitou a aceitação da proposta de trabalho "irregular" pela SEMACT-AM. Isso, na percepção de Lima (1996b, 1999), não teria acontecido caso fosse uma unidade de conservação diretamente ligada ao IBAMA. Além disso, vale lembrar que a RDS era uma nova categoria e não seguia o que estava proposto no anteprojeto do SNUC, que ainda estava em discussão e negociação. Lima (1996b) afirma que o projeto de lei da RDS, elaborado pelo professor Nelson Ribeiro, não obedeceu ao que estava proposto no SNUC, porque os modelos jurídicos existentes não eram adequados à realidade de Mamirauá. Nesse sentido, o Estado do Amazonas inovou ao legislar independentemente sobre UCs. A RDS, como categoria, se caracteriza pela conjugação de três elementos: preservação do patrimônio natural, pesquisas sobre biodiversidade e combate à pobreza pela promoção do desenvolvimento sustentável (LIMA, 1996b). Posteriormente, o próprio SNUC (Lei nº 9.985, 18 de junho de 2000, Artigo 14, VI e Artigo 20) incorporou a RDS como uma das categorias de unidade de conservação.

Mamirauá se tornou assim a primeira RDS criada no Brasil. Mais precisamente, essa modalidade de unidade de conservação foi criada a partir da experiência Mamirauá e da necessidade de se regularizar uma situação que não se enquadrava na legislação. Quando o Projeto foi elaborado e começou a ser implementado já se sabia que legalmente uma EE não podia ser habitada. Contudo, todas as partes no processo – proponentes (Grupo de Belém), pesquisadores, doadores, governos estadual e federal (CNPq, ABC) – assumiram o risco de implantar a UC e, depois, enquadrá-la juridicamente. Dois fatores parecem ter contribuído para isso. Primeiro, havia um certo "vazio institucional", no que concerne à participação governamental. O OEMA do Amazonas tinha pouca experiência e lhe faltava pessoal para assumir a UC. Os órgãos federais envolvidos, como CNPq, inicialmente, participavam pouco do processo. Segundo, na época, ainda estava em discussão o projeto de lei que deveria estabelecer o Sistema Nacional de Unidades de Conservação (SNUC). Havia um "vácuo" legal, que parece ter sido favorável ao estabelecimento de um novo modelo de UC, posteriormente incorporado ao Sistema.

O final de 1996 até setembro de 1997 foi um período de negociação com a agência de cooperação britânica e transição para a segunda fase do projeto, cujas atividades de preparação foram financiadas pelo próprio DFID. Com o estabelecimento da RDSM e a aprovação do Plano de Manejo, tanto pelas autoridades como pelas comunidades locais, o terreno estava preparado para que se iniciassem as ações de conservação e uso sustentável da biodiversidade propriamente ditas, com participação das comunidades no processo.

Pode-se caracterizar a Fase I como o período da construção dos alicerces: concepção de um novo modelo de conservação na Amazônia[23], legalização de uma nova categoria de unidade de conservação (a reserva de desenvolvimento sustentável – RDS), constituição de uma equipe multidisciplinar, combinação de pesquisa e extensão com objetivos ambientais e sociais, bem como cooperação internacional e interinstitucional.

---

[23] Vale lembrar que não havia um modelo pronto e que ele foi se formando no processo. O que havia era uma direção: conservar a biodiversidade e melhorar a qualidade de vida das populações locais e o conhecimento da várzea, da história da ocupação humana e da formação dos assentamentos/comunidades, do sistema econômico local, dos atores. Além de "bom senso", houve cuidado e muito diálogo para tornar uma iniciativa vertical num processo horizontal, envolvendo pesquisadores, comunidades e governos (Déborah Lima, entrevista pessoal, Rio de Janeiro, 8 de outubro de 2001).

7.3 Implementação. Segunda fase (1997-2002), criação do IDSM e situação atual

Esta parte do texto tem base em alguns documentos e nas entrevistas com as pessoas envolvidas. Na Fase II, havia sido criado o DFID, substituindo o ODA. A agência britânica de cooperação ganhou mais autonomia e prestígio ao se tornar um Departamento (*status* de Ministério) sob a direção de Clare Short. O sistema de apresentação de relatórios se tornou mais sucinto, refletindo o enquadramento lógico adotado para guiar as atividades. Isso facilitou o acompanhamento do projeto pelos consultores do DFID. No entanto, tornou-se mais difícil reconstituir o processo, pois há poucos relatos e muitos quadros, diagramas e tabelas, o que tornaria a última parte deste capítulo uma lista de atividades realizadas, de acordo com uma matriz que relaciona objetivos e resultados esperados. Desse modo, esta última parte será mais concisa, focalizando os eventos que considero mais relevantes.

Por outro lado, o que foi relatado sobre a Fase I permite visualizar o caráter geral da experiência em andamento: atores diversos, multidisciplinariedade, pesquisa e extensão, objetivo de integrar conservação da biodiversidade e o desenvolvimento sustentável, tentativa de incorporar a participação de comunidades locais por meio do estabelecimento de uma nova categoria de unidade de conservação habitada por populações humanas. A minha descrição e os meus comentários sobre aquela fase objetivaram apresentar uma visão panorâmica da complexidade envolvida na implementação de um projeto como Mamirauá, cujo objetivo é socioambiental e no qual fatores socioeconômicos e biológicos-ecológicos têm peso. Durante aquela fase, o componente pesquisa foi o mais forte. Nessa nova fase, foi o componente extensão que ganhou destaque. Isso se explica porque, anteriormente, o objetivo específico era elaborar e aprovar o Plano de Manejo, o que exigiu muita pesquisa biológica, ecológica e socioeconômica, sendo que a extensão se concentrou em organização comunitária. Na Fase II, o objetivo era começar a implementar o Plano de Manejo. Para tal, seria necessário fortalecer a extensão e o sistema de fiscalização e começar programas de alternativas econômicas para a população local. Isso não significa que as pesquisas científicas pararam, mas que o foco não seria mais voltado para as mesmas e que os desembolsos da principal agência financiadora seriam dirigidos para atividades de extensão.

A Fase II do Projeto Mamirauá começou formalmente em julho de 1997. Os atores envolvidos continuaram praticamente os mesmos, com alguma mudança em relação à parte britânica. Conforme mencionado, o novo governo trabalhista, representado por Tony Blair, eleito em maio de 1997, substituiu a ODA pelo DFID. Entretanto, as pessoas que acompanhavam o projeto em Brasília permaneceram as mesmas, como o oficial de programas para a área ambiental Gordon Armstrong, que o acompanha desde o início. O DFID foi separado da Secretaria de Negócios Estrangeiros (*Foreign Office*) e ganhou *status* de ministério, o que, de modo geral, fortaleceu a cooperação internacional britânica, mas desvinculou-a, de certa forma, do seu papel nas relações diplomáticas e de política externa do Reino Unido. Pelo menos no caso Mamirauá, isso teve uma conseqüência para os rumos das relações SCM/IDSM e DFID no final da Fase II do projeto, como se verá mais adiante.

No Memorando do Projeto Mamirauá Fase II, foi estabelecido que a "meta" do projeto era "conservar a biodiversidade nas florestas alagáveis no ecossistema de várzea amazônica", sendo que seu "propósito" era "o manejo sustentável da biodiversidade na Reserva de Desenvolvimento Sustentável Mamirauá – RDSM, mediante parcerias entre os moradores e usuários e as instituições locais". Observa-se aqui dois fatores (1) houve mudanças na metodologia de projetos da agência doadora (DFID), o que se reflete no vocabulário e no próprio documento (memorando). "Meta" , "propósito", objetivos e resultados esperados remetem à "matriz lógica", que se tornou moda nas agências de cooperação internacional em meados dos anos noventa. Porém, essa metodologia, ao privilegiar resultados mensuráveis, pode ser uma faca de dois gumes. Tem facilitado o acompanhamento e avaliação de projetos, por estabelecer indicadores e meios de verificação, todavia corre o risco de simplificar a realidade ao enquadrar um conjunto complexo de atividades e de relações numa matriz. Outro fator que chama a atenção no memorando consiste (2) na maior clareza na descrição do modelo de conservação que se busca estabelecer: conservar a biodiversidade da várzea por meio do manejo sustentável implementado mediante parcerias entre moradores, usuários e instituições locais. Conforme mencionado, quando se começou o projeto, não havia ainda um modelo pronto a ser seguido, mas ele foi se criando conforme a experiência avançava. Assim, tanto a agência doadora, DFID, como a SCM, instituição implementadora, parecem ter amadurecido na Fase I e iniciam a Fase II com formas de trabalho mais "técnicas".

Durante a Fase II, houve uma expansão considerável da equipe, com a contratação de muitos jovens profissionais de várias áreas. Os trabalhos de extensão foram estruturados em núcleos: integração política, saúde, educação ambiental e tecnologias apropriadas. Além disso, foram criados programas específicos de alternativas econômicas: ecoturismo, manejo florestal, agricultura e pescado, apoiados num programa de microcrédito, e iniciaram-se atividades de organização de mulheres, buscando-se dar uma perspectiva de gênero ao projeto como um todo.

A infra-estrutura também cresceu e foi consolidada. Além da casa em Tefé, que tem servido como sede, até 2001 eram seis barcos, 27 voadeiras de alumínio, dez casas flutuantes e duas casas nas comunidades (Vila Alencar e Jarauá), que são as bases de campo para o pessoal que trabalha em Mamirauá, todas dotadas de rádio. Na sede em Tefé, tem-se acesso à Internet e a uma pequena biblioteca. Um destaque foi a inauguração da Pousada Uacari, cujos últimos módulos foram concluídos em 2001, contribuindo para a consolidação do Programa de Ecoturismo do Mamirauá, proposto como alternativa econômica para as populações da reserva.

Um dos ganhos mais importantes dessa fase foi o estabelecimento do Instituto de Desenvolvimento Sustentável Mamirauá – IDSM, juridicamente uma organização social (OS), vinculada ao Ministério de Ciência e Tecnologia (MCT). As discussões sobre a criação do Instituto haviam começado na fase anterior e ganharam corpo quando J.G. Tundisi se tornou presidente do CNPq em 1995, tanto que a institucionalização fez parte das negociações com o DFID sobre a Fase II. No memorando do projeto, já constava que o apoio do DFID estava condicionado ao apoio do CNPq à criação do IDSM, bem como ao compromisso do Conselho de financiar os seus custos principais a partir de 1999.

O IDSM foi estabelecido a partir do envolvimento maior do CNPq e um comprometimento pessoal de Tundisi. Isso se refletiu, num primeiro momento, no aumento substantivo dos recursos aportados pela parte brasileira. Vale lembrar que diante do PCT Brasil-Reino Unido, o CNPq era a instituição nacional formalmente responsável, mas aportava poucos recursos, comparados com os britânicos. A percepção do ex-presidente do CNPq era de que se tratava de um projeto brasileiro e que isso deveria ser refletido na maior participação do Brasil nos seus custos. Nesse sentido, Tundisi afirmou que um projeto no Brasil, dirigido por pesquisadores brasileiros, é um "projeto do Brasil, a repercussão deve ser internacional, os estrangeiros são bem vindos para participar, mas dentro de um projeto nosso, portanto, para isso a contribuição brasileira tem de ser substancial... quer dizer eu não posso dizer que é um projeto brasileiro se eu tiver 800 mil libras da Inglaterra e 20 mil reais do Brasil...daí é preciso inverter isso, ou, pelo menos, que seja meio a meio" (José Galizia Tundisi, entrevista pessoal, São Carlos, 2 de abril de 2002). O Instituto era percebido por Tundisi como uma garantia de continuidade e estabilidade. Segundo ele, Mamirauá não poderia ser apenas um projeto, pois, como tal, poderia ser descartado caso houvesse uma mudança de direção do CNPq, ou no ministério, mas deveria ser algo mais consolidado. Como um instituto é algo mais sólido, que cria um vínculo mais forte com a instituição de apoio, decidiu pela sua criação. Desse modo, como presidente, começou a estabelecer as condições para isso e, seis meses depois que ele saiu do CNPq, o IDSM foi criado, em 4 de junho de 1999 (José Galizia Tundisi, entrevista pessoal, São Carlos, 2 de abril de 2002).

O IDSM foi estabelecido como uma OS, que é uma organização privada com finalidade pública. O MCT tem garantido grande parte dos seus custos, por meio de um contrato de gestão.[24] O objetivo[25] deste contrato tem sido promover e executar pesquisa científica, desenvolvimento tecnológico e atividades de extensão em áreas de proteção ambiental. Com a constituição do IDSM, a gestão da RDSM e implementação do Projeto Mamirauá, Fase II, passou para o Instituto, que assumiu as responsabilidades que estavam a cargo da SCM, que, todavia, continua a existir como ONG[26] e participante do Projeto.

Um outro aspecto que tem caracterizado a experiência de Mamirauá foi a estruturação e aperfeiçoamento do Sistema de Fiscalização da RDSM com a participação dos comunitários, como Agentes Ambientais Voluntários (AAV), capacitados e treinados para tal. A participação do IBAMA parece ter crescido a partir de 1998, o que provavelmente está relacionado a uma colaboração formal entre o órgão e a SCM/IDSM, baseada inclusive na transferência de recursos, como combustível e pagamento de diárias dos fiscais. Além disso, o IBAMA-Tefé contratou como responsável pelo escritório um ex-funcionário do projeto,[27] comprometido com seus objetivos. O IPAAM tem buscado participar mais desse processo, enviando fiscais com alguma periodicidade.

Em 1998, foi criada, pelo Estado do Amazonas, a Reserva de Desenvolvimento Sustentável Amanã (RDSA), localizada entre a RDSM e o Parque Nacional do Jaú. A solicitação partiu de algumas comunidades locais, que somam aproximadamente 4 mil pessoas, entre moradores e usuários. Desde o final dos anos 1970, já havia o interesse dos biólogos em transformar a área em UC, conforme demonstram os trabalhos de Robin Best, sendo que a sua proposta de criação foi apresentada pela SCM. Atualmente, o IDSM coordena as atividades desenvolvidas com vistas a elaborar o plano de manejo da RDSA.

---

[24] Esse sistema foi adotado também com outros institutos de pesquisa vinculados ao Ministério, como a Associação Instituto de Matemática Pura e Aplicada (IMPA), a Associação Brasileira de Tecnologia Luz Síncroton - ABTLus (LNLS), entre outras, sendo que, na época da proposta de estabelecimento do IDSM, os mesmos eram vinculados ao CNPq.

[25] Entretanto, mais do que estabelecer objetivos gerais, a característica fundamental dos contratos de gestão tem consistido na definição dos trabalhos a serem desenvolvidos e as metas a serem alcançadas pelos institutos, criando responsabilidades para as partes, estabelecendo condições para a sua execução, critérios de avaliação e indicadores de desempenho.

[26] Além de Mamirauá e Amanã, a SCM está envolvida em projetos em outras em áreas alagáveis do Brasil, como no Pantanal.

[27] Lafayette de Mello, que permaneceu no IBAMA/Tefé até 2002.

Juntas a RDSM, RDSA e o Parque Nacional do Jaú formam o Corredor Ecológico Centro-Amazônico, maior área protegida contínua do planeta. Da mesma forma, a proposta de estabelecimento desse corredor é resultado de um estudo elaborado por Ayres, juntamente com dois outros biólogos (Gustavo Fonseca e Hélder Queiroz), no âmbito do PP-G7. Este é mais um indício da influência da rede de conservacionistas e do papel dos cientistas nas políticas públicas. Conforme descrito, a idéia de um "corredor ecológico", ou "cinturão verde" (AYRES; BEST, 1979, p. 87), apareceu pela primeira vez no Brasil num artigo de Ayres e Robin Best, publicado na revista *Acta Amazonica*, do INPA, em 1979.

Na Fase II, começou-se a organizar as comunidades em torno de atividades econômicas, buscando-se formar associações para realizar manejo florestal comunitário, pesca sustentável e ecoturismo. O objetivo é incrementar a renda das comunidades e compensá-las pelas perdas ocasionadas por restrições no uso dos recursos naturais da RDSM. Do ponto de vista conservacionista, significa criar incentivos para a conservação da biodiversidade, relacionando-a ao desenvolvimento. Essas ações locais devem ser colocadas numa perspectiva global, pois trata-se de repartir os custos para conservar a biodiversidade, vista como um valor para a humanidade como um todo. Conforme argumentado no capítulo 5, os custos da conservação não podem recair somente sobre as populações locais. Nesse sentido, o DFID, quando decidiu apoiar a Fase II, afirmou no Memorando de Entendimento que o Projeto estava de acordo com a estratégia de biodiversidade do DFID e com as obrigações do Reino Unido, assumidas na Convenção sobre Diversidade Biológica (CDB).

Durante a segunda fase, contudo, o DFID mudou a sua política. No início dos anos 1990, a prioridade da cooperação internacional britânica no Brasil era a questão ambiental, ou o "manejo sustentável do ambiente natural, com atenção especial à Amazônia". Com a ascensão dos trabalhistas no Reino Unido e a criação do DFID, cada vez mais o foco se voltou para redução da pobreza e a meta de reduzir pela metade a proporção da população mundial que vive em condições de extrema pobreza até o ano de 2015.[28] Se o Projeto fosse submetido nos dias atuais talvez não conseguisse mais obter o apoio da agência britânica. De acordo com o Documento Estratégico para o País (DFID 1998), o principal objetivo de cooperação do DFID continuaria a ser apoiar o Brasil nos seus esforços de resolver questões ambientais e de desenvolvimento sustentável de importância nacional e global, concentrando-se na Amazônia, mas incluindo a região do Cerrado. No entanto, o documento estabelece que a ênfase do programa ambiental sofreria mudanças significativas, para focalizar "*as necessidades de desenvolvimento das populações nessas regiões*".[29]

Essa mudança de ênfase está relacionada com a própria criação do DFID e com a visão de Clare Short, secretária de Estado para desenvolvimento internacional, que tem defendido que [...] a posição ambientalista dominante tem sido quase antidesenvolvimento [..].[30] Tal perspectiva estreita e desatualizada sobre o ambientalismo tem influenciado a direção da política de cooperação internacional do Reino Unido, enfatizando o conflito

---

[28] DFID. Brasil. Documento Estratégico para o País, Dezembro de 1998.
[29] Grifo meu.
[30] Claire Short, memorando apresentado pelo Departamento para Desenvolvimento Internacional, arguição de testemunhas, Comitê de Auditoria Ambiental na preparação para Johannesburgo, Londres, 06/03/2002.

entre desenvolvimento e meio ambiente e dificultando a integração que até então vinha sendo buscada. Uma afirmação de Jonathan Porritt, diretor de programa do Forum for the Future, ilustra essa situação: "A Secretária de Estado é bastante conhecida por sua dificuldade em compreender o *status* atual do movimento ambientalista e por sua campanha pessoal no sentido de menosprezar o trabalho feito por muitas ONGs ambientalistas para unir interesses ambientais, sociais e econômicos numa abordagem genuinamente integrada para o desenvolvimento".[31] A posição anti-ambientalismo parece ter se refletido negativamente em projetos como Mamirauá, que tem um forte componente conservacionista e era considerado uma espécie de "bandeira" da cooperação britânica na área ambiental. Com a mudança política, tudo indica que o projeto passou a ser percebido como "verde" demais para constar entre as iniciativas apoiadas pelo DFID.

Embora os recursos do DFID na Fase II se dirigissem prioritariamente para atividades de extensão, estando de acordo com as prioridades dadas pela instituição à questão da pobreza, começou a haver pressão por parte da agência por resultados mais abrangentes e rápidos do ponto de vista socioeconômico, como o grau de organização das comunidades e o aumento de renda em toda área focal da reserva. Isso não era possível, em virtude das condições ambientais da várzea, marcada pela sazonalidade, dificuldades de se chegar a alguns assentamentos com a rapidez e periodicidade necessárias, já que o único transporte possível são barcos e voadeiras, e das próprias características culturais das comunidades, cujo processo de organização e envolvimento participativo é longo e cheio de idas e vindas. Há ainda limitações de caráter institucional-legal, pois a utilização sustentável de alguns recursos, como, por exemplo, pirarucu, ou jacaré-açu, ou madeira, requer permissões/licenças especiais que, às vezes, custam a serem emitidas. Ademais, o manejo sustentável num ecossistema como o de Mamirauá precisa ser implementado com cautela, o que leva tempo. Conseqüentemente, os reflexos em termos de melhoria de renda da população também demoram mais.[32] Nesse sentido, um projeto socioambiental, numa área protegida, de alto valor em termos de diversidade biológica, não pode ser avaliado da mesma forma que um projeto comum de redução de pobreza.[33] Todavia, os últimos relatórios de avaliação do DFID parecem não ter observado essa diferença fundamental, o que teve reflexos nas relações DFID-SCM/IDSM, principalmente no último ano do apoio britânico ao projeto. Avaliações negativas, atrasos nos repasses dos recursos, alguns desentendimentos quanto a cronogramas de atividades marcaram o final do período.

De fato, se comparados a projetos comuns de redução da pobreza, projetos como Mamirauá tendem a ter um custo alto em relação ao número de beneficiários dada a menor densidade demográfica. Além disso, ações de uso sustentável tendem a levar a

---

[31] Jonathan Porritt, memorando apresentado pela Comissão de Desenvolvimento Sustentável, Arguição de testemunhas, Comitê de Auditoria Ambiental, na preparação para Johannesbug, Londres, 06/03/2002.

[32] Cf. Bodmer et alii, 1997, sobre RCTT e manejo comunitário, exposto no capítulo 6 deste trabalho. Os autores afirmam que um sistema de uso sustentável traz custos de curto prazo para as populações locais, podendo se refletir em redução de renda.

[33] Embora tenha havido custos iniciais para as comunidades, decorrentes da adoção de medidas de uso sustentável, pode-se dizer que elas tiveram um ganho em termos de renda, durante a implementação do projeto. Nesse período, a renda *per capita* cresceu de 14 para 32 dólares. A título de comparação, foi feito um cálculo em que se dividiu o total investido nos últimos dez anos pelo número de habitantes da RDSM. Como resultado obteve-se que a renda *per capita* cresceria apenas de 14 para 19 dólares se o dinheiro simplesmente fosse distribuído pela população (Helder Queiroz, comunicação pessoal, 4 de junho de 2003).

uma redução inicial no nível de renda, nos primeiros anos. Somente após 5 a 10 anos os seus benefícios começam a ser incorporados pelas populações locais. Por outro lado, se não forem adotadas ações que levem à sustentabilidade dos recursos naturais, as comunidades ficarão numa situação pior no longo prazo, porque eles tenderão a se esgotar (BODMER et alii, 1997). De acordo com (BODMER et alii, 1997, p. 352),

> grandes projetos de ajuda internacional devem reconhecer que iniciar sistemas mais sustentáveis de uso de recursos e ampliar, no curto prazo, a renda das populações locais são objetivos freqüentemente incompatíveis. Porém, implantar sistemas de uso mais sustentáveis aumenta, no longo prazo, a renda dos habitantes da área rural.

Quanto aos custos de curto prazo de medidas de uso sustentável para as populações humanas em áreas de interesse para conservação da biodiversidade, Bodmer et alii (1997, p. 347, 350-351) argumentam que existem algumas estratégias para superar esses custos. Entre elas estão a identificação de alternativas econômicas, o que demanda investimentos de capital, e programas de ajuda que, segundo os autores, poderiam cobrir saúde, educação ou custos de transporte. Assim, as agências de cooperação poderiam entrar com capital e ajuda para o período de "transição" entre a adoção de sistemas mais sustentáveis de uso dos recursos e a incorporação dos seus benefícios pelas populações locais.

Em certa medida, o DFID atuou nesse sentido durante a maior parte do período do projeto, tendo transferido recursos inclusive para identificação de alternativas econômicas como ecoturismo e artesanato. O Projeto Mamirauá contou com 10 anos de apoio do governo britânico. Isso garantiu, do ponto de vista dos recursos materiais, uma situação relativamente confortável, se comparada à de outras iniciativas socioambientais no Brasil. No total, foram cerca de 4,535 milhões de libras (DFID 2001).

Enquanto Mamirauá tem sido avaliado positivamente no nível político doméstico e a sua continuidade foi praticamente garantida pela criação do IDSM, a parte britânica acabou não "aproveitando" o sucesso do projeto junto às autoridades brasileiras para obter ganhos diplomáticos. De forma lacônica, pôs fim à sua participação em junho de 2002.

No final deste capítulo, insiro a Ilustração 2 que retrata as relações do Instituto de Desenvolvimento Mamirauá (IDSM) durante a Fase II (até junho de 2002). Observe-se que o IDSM foi criado em 1999. Atualmente, encerrou-se o apoio do DFID, mas a UE e o PP-G7 continuam apoiando o Instituto.

7.4 Considerações finais

A partir de junho de 2002, Mamirauá entrou numa nova fase. A RDSM está estabelecida e o seu plano de manejo sendo implementado. As atividades de pesquisa e extensão continuam, visando a conservação e o uso sustentável da biodiversidade da várzea e a melhoria da qualidade de vida das populações locais por meio de um sistema participativo. O IDSM é responsável pela gestão de Mamirauá e também da Reserva de Desenvolvimento Sustentável Amanã (RDSA).

Esse foi apenas o começo de uma história que resultou no estabelecimento de condições institucionais, legais e políticas para que se avancem os objetivos pretendidos. Nesse processo, que se iniciou com as pesquisas de um biólogo sobre macacos uacaris-brancos (*Cacajao calvus calvus*) e pesquisas antropológicas sobre a população ribeirinha, muito foi realizado. Houve conflitos, alguns fracassos, falhas e vários sucessos. Para que a RDSM fosse criada e o Projeto Mamirauá fosse implementado, muitas negociações, formalidades e ajustes foram necessários. Uma unidade de conservação, habitada por populações humanas, não era possível até então. Havia resistências internas por parte de órgãos governamentais e não-governamentais. Não havia uma categoria de unidade de conservação[34] em que a proposta se encaixasse. O IBAMA, por exemplo, era contra a idéia de "parques e reservas com gente".

O projeto era considerado ambicioso e de certa forma arriscado para os padrões da época. Além de propor algo novo, necessitava de múltiplos doadores, tinha um caráter multidisciplinar e também multi-institucional, o que dificultava a sua vinculação a uma única instituição e criava outras dificuldades no momento de formalizar os convênios. Com isso, surgiram uma ONG e posteriormente uma OS que garantiram a gestão e a institucionalidade da iniciativa.

Muito ainda precisa ser feito e há questões em aberto, como monitoramento da biodiversidade, estabelecimento de indicadores de avaliação socioambientais, a expansão das atividades para a área subsidiária, as mudanças de legislação necessárias para que o uso sustentável de certos recursos seja permitido, entre outras. Um dilema se coloca na medida em que se desconhecem quais os níveis de uso da biodiversidade compatíveis com uma melhoria real da qualidade de vida das populações locais, indo além da garantia da sobrevivência, com a conservação.[35] Existe o risco da pressão demográfica pois, nos últimos anos, a taxa de crescimento populacional da reserva subiu. Isso se deve à diminuição tanto da taxa de mortalidade infantil, que caiu de 86/1000 para 32/1000, quanto das migrações rumo às áreas urbanas. A pressão sobre os recursos vai aumentar e o IDSM tem algumas projeções de que nos próximos dez ou quinze anos a população não poderá se sustentar por meio das mesmas atividades econômicas praticadas hoje. No entanto, ainda não se sabe com certeza quais serão elas. (Helder Queiroz, comunicação pessoal, 4 de junho de 2003). Isso é altamente relevante para a sustentabilidade e a preservação da biodiversidade, representando uma questão crucial a ser resolvida nos próximos anos. Ademais, a melhoria da renda gera mudanças nos padrões de consumo, que, por sua vez, geram pressões sobre recursos biológicos, energia, água e resultam em mais resíduos (lixo). Outros fatores são externos às unidades de conservação, entretanto têm impactos nestas, como mudança climática, ou poluição das bacias hidrográficas,[36] superexploração de algumas espécies, tráfico de animais silvestres, comércio de espécies ameaçadas, etc. Ou seja, existem questões de fundo que estão relacionadas ao contexto maior da sociedade ocidental, aos seus padrões de produção e consumo e ao próprio caráter global e transfronteiriço das questões ambientais. Essas perguntas, por enquanto, são hipotéticas, mas terão de ser enfrentadas em algum momento.

No próximo capítulo, pretendo apresentar os fatores-chave e algumas condições necessárias para o sucesso da iniciativa de Mamirauá. Além disso, exploro em que medida se pode enquadrar o caso no conceito de regime global de biodiversidade e se esse conceito serve para melhor entendê-lo.

---

[34] Por exemplo, nenhuma categoria de área protegida habitada havia sido legalmente criada até aquele momento. As Reservas Extrativistas (Resex) foram criadas depois, mas com objetivo precípuo de manter modos de vida sustentáveis. RDS é a única categoria cujo objetivo é conservar a biodiversidade e, ao mesmo tempo, assegurar as condições para um modo de vida sustentável e melhoria da qualidade de vida das populações.

[35] Não se sabe o grau em que é possível compatibilizar melhoria da qualidade de vida e conservação. Por outro lado, sabe-se que sem conservação não há como melhorar a qualidade de vida no longo prazo.

[36] Por exemplo, o rio Amazonas/Solimões nasce na região andina, Peru, e o que acontece na cabeceira pode ter um efeito em toda a bacia.

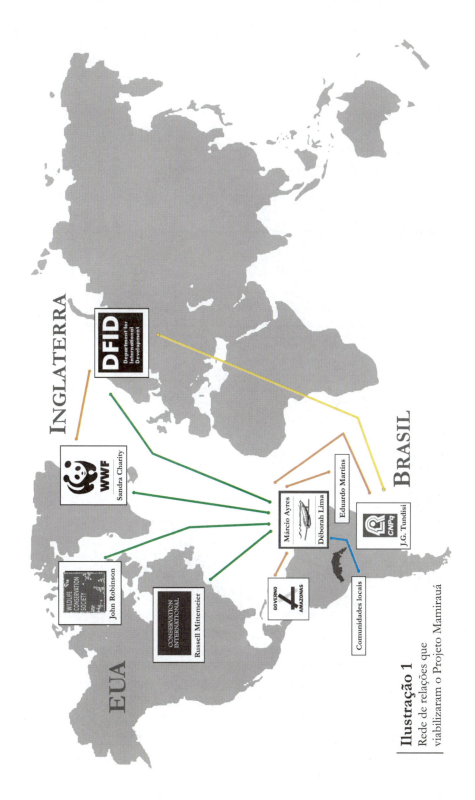

Ilustração 1
Rede de relações que viabilizaram o Projeto Mamirauá

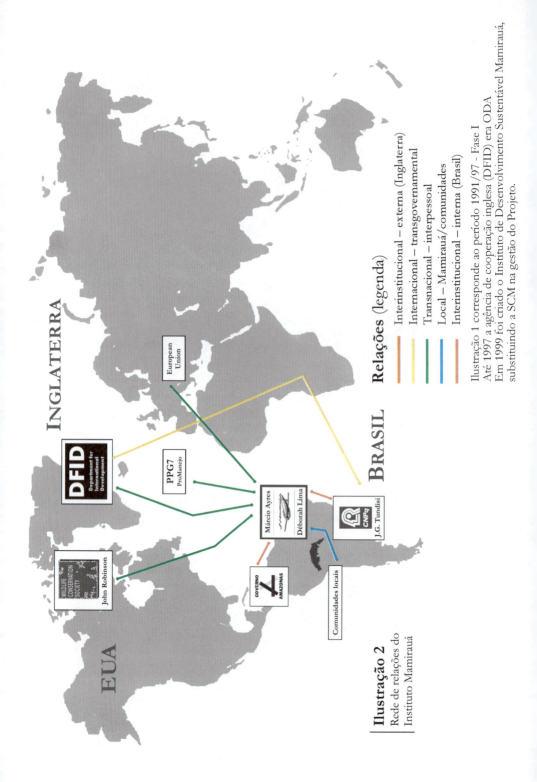

Parte IV | **ANÁLISE E SÍNTESE**

Capítulo 8
MAMIRAUÁ, FATORES-CHAVE E O REGIME GLOBAL DE BIODIVERSIDADE

Nos capítulos anteriores, descrevi e comentei o processo de concepção e implementação do Projeto Mamirauá e de criação e implementação da RDSM. Neste, pretendo apresentar algumas possíveis explicações para o sucesso da iniciativa e enquadrá-la no "regime global de biodiversidade".

Considero "sucesso" o fato de Mamirauá ter se estabelecido institucionalmente como uma Reserva de Desenvolvimento Sustentável (RDSM), ou seja, uma nova categoria de unidade de conservação (UC), incorporada ao SNUC, e como uma organização social (OS) voltada para pesquisa e extensão, o Instituto de Desenvolvimento Sustentável Mamirauá (IDSM), com o mesmo *status* institucional do INPA e Museu Goeldi. Isso cria condições de longo prazo para que sejam alcançados os objetivos de conciliar pesquisa, conservação da biodiversidade e desenvolvimento sustentável, por meio da parceria da população local. Embora resultados nesse sentido já existam, não é a minha intenção avaliá-los, pois me faltam instrumentos para tal e não foi esse o propósito da minha pesquisa. Em todo caso, as respostas ao questionário enviado a especialistas fornecem algumas pistas nesse sentido: 44,8% dos respondentes conhecem a RDSM razoavelmente e 31% a conhecem bem (17,2%), ou muito bem (13,8%). Sobre os resultados do Projeto Mamirauá, em termos de conservação da biodiversidade e melhoria da qualidade de vida da população local, 31,0% dos respondentes consideram que ele foi muito efetivo e 55,2% que foi razoavelmente efetivo.

Resultados do Projeto Mamirauá

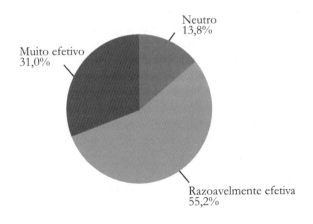

Obviamente, existem também posições mais críticas. A experiência é constantemente colocada em cheque, seja por quem questiona os resultados em termos de preservação e conservação da biodiversidade (críticas do grupo mais verde escuro[1]), seja por aqueles que se concentram em indicadores socioeconômicos e mudanças estruturais profundas (críticas mais vermelhas). Tem havido resistências de alguns preservacionistas e conservacionistas, alegando não haver relação entre melhoria da qualidade de vida da população local e conservação. Há ceticismo de socioambientalistas quanto à participação de cientistas e quanto ao papel do conhecimento científico, em oposição ao "conhecimento tradicional". Ocorre, também, rejeição de grupos locais, que desconfiam de iniciativas vindas "de fora", ou daqueles que tiveram os seus interesses prejudicados com a criação da reserva. No início, órgãos governamentais brasileiros da área ambiental tiveram dificuldades, de aceitar a idéia de unidade de conservação habitada por populações humanas. Por outro lado, a ampla projeção nacional e internacional dessa experiência pode ser considerada uma evidência de sucesso. Mamirauá me parece um exemplo de novas formas de realizar políticas públicas, que ligam o local ao global e atores governamentais e não-governamentais, cientistas, ativistas, comunidades, bem como, meio ambiente e desenvolvimento.

Um comentário de Suzana Pádua (IPE) ilustra a projeção alcançada por Mamirauá e Márcio Ayres.

> [...] em termos de visibilidade para a importância da conservação da biodiversidade e dessa nova abordagem, Márcio teve um papel singular. Internacionalmente, foi reconhecido e obteve apoios difíceis de serem conseguidos por brasileiros. Conquistou, um pouco antes de morrer, o prêmio Rolex, que foi mais do que merecido e em um "timing" perfeito. Nacionalmente, conseguiu que o Presidente da nação visitasse Mamirauá duas vezes, o que é praticamente inédito no Brasil. Portanto, Mamirauá vem trilhando um caminho inovador e abrindo portas para que a sua própria e outras experiências semelhantes possam vir a se desenvolver. A integração da conservação com o desenvolvimento sustentável pode ser um dos aspectos mais notáveis de contribuição dada por Mamirauá [...]

Em ciências sociais é difícil atribuir causalidade, do tipo "dado A então B". Pode-se, contudo, apontar fatores-chave e condições necessárias e facilitadoras, tentando dar um sentido para os eventos. Isso significa que nada é por acaso, faz toda diferença a capacidade das pessoas de tomar a iniciativa, e que os eventos são resultado de *virtú* e *fortuna* (Maquiavel). No caso de Mamirauá, partes das histórias de vida de algumas pessoas e as relações interpessoais e interinstitucionais estão relacionadas à criação da unidade de conservação e ao seu modelo. As dinâmicas da pesquisa biológica[2] e antropológica e as relações estabelecidas na academia foram alguns dos fatores, que contribuíram para que as trajetórias dessas pessoas convergissem, tanto no campo das idéias como em sua área e local de atuação, o que foi fundamental para que se configurasse o novo modelo de conservação, combinando o global com o local. Além disso, a existência de uma comunidade epistêmica de biólogos conservacionistas contribuiu para a construção dos apoios institucionais e financeiros necessários para viabilizar a iniciativa.

---

[1] Cf. capítulo 3.

[2] Essa dinâmica tem influenciado a própria formação da comunidade epistêmica conservacionista transnacional.

P. Haas (1992) relaciona comunidades epistêmicas e regimes no nível internacional. Busco relacionar redes transnacionais de conservacionistas e ações para promover conservação da biodiversidade e os seus usos sustentáveis, no nível local, perpassando pelos níveis políticos internacional, nacional e regional (estadual e municipal). Embora a perspectiva de Peter Haas se aplique ao estudo da formação de regimes internacionais, penso que seja possível relacionar a existência de uma comunidade epistêmica a outros fenômenos políticos, ou seja, estender os seus "efeitos" para outros processos políticos. No caso Mamirauá, o projeto foi iniciado por um grupo de pesquisadores liderado por Márcio Ayres e viabilizou-se, em parte, porque havia uma comunidade epistêmica, que contribuiu para atrair recursos e reconhecimento internacionais. Além disso, por meio do projeto, pode-se perceber a influência das idéias compartilhadas pela rede de especialistas na mudança da legislação nacional (SNUC), ao incorporar a RDS como uma das categorias de UCs, e nas políticas públicas na área de biodiversidade, especificamente, no estabelecimento de um novo modelo de conservação.

Para se entender o estabelecimento institucional de Mamirauá como RDS e como Instituto, faz-se necessário identificar os fatores-chave, aqueles relativos ao "motor inicial" do processo. Eles envolvem a presença de Márcio Ayres e Déborah Lima, e da comunidade epistêmica da biologia da conservação. A hipótese consiste em que as experiências locais de conservação e uso sustentável da biodiversidade implementadas em vários países podem ser relacionadas à existência de comunidades epistêmicas ligadas a uma rede maior transnacional conservacionista. As comunidades epistêmicas são os elos com o regime global de biodiversidade, sendo que o caso Mamirauá pode ser enquadrado no contexto desse regime. Além desses fatores, existiram condições necessárias e outras facilitadoras no processo. Tudo isso resultou num modelo adequado à realidade amazônica e em arranjos institucionais que lhe dão suporte. Algumas dessas condições são locais, regionais e nacionais, que não estão necessariamente relacionadas ao regime, mas serão identificadas, por terem contribuído no processo de implementação do Projeto Mamirauá e de criação e implantação da RDSM. Vale ressaltar que são os atores, imersos em suas redes de relações, que são capazes de identificar essas condições e agir. A idéia de um regime global de biodiversidade contribui para apontar fatores inter e transnacionais atuando localmente e para indicar as várias interfaces da experiência, como, por exemplo, a relação com outros tratados internacionais.

Conforme mencionado e discutido, o conceito de regime global de biodiversidade não é elaborado na literatura teórica de relações internacionais. Entretanto, serve neste trabalho como instrumento de análise e contribui para colocar o caso Mamirauá numa perspectiva mais ampla de proteção global da diversidade biológica.

Virtù e fortuna: "pessoas certas no lugar e na hora certos":

Um projeto dessa envergadura não se faz, apenas, com conhecimentos teóricos e recursos financeiros. Talvez a *fortuna* contribua para que as pessoas certas estejam no lugar e na hora certos. Mas, sobretudo, deve haver gente empreendedora, pessoas que acreditam que vão fazer a diferença.

> Não ignoro a opinião antiga e muito difundida de que o que acontece no mundo é decidido por Deus e pelo acaso; que a prudência dos homens não pode alterar os acontecimentos; que, ao contrário, não há como remediar as coisas. Talvez por isso se pense ser inútil empenhar-se nelas: será melhor deixar que o acaso decida [...]

Não obstante, para não ignorar inteiramente o livre-arbítrio, creio que se pode aceitar que a sorte decide a metade dos nossos atos, mas nos permite o controle da outra metade, aproximadamente (Nicolau Maquiavel, O *Príncipe*, Capítulo XXV, O poder da sorte sobre o homem e como resistir-lhe).

Maquiavel, muitas vezes, é "vilanizado" e atribui-se a ele todo o mal que pode decorrer da política. Contudo, ele foi o primeiro a apontar para a possibilidade de se fazer "ciência política", ou melhor, de se tentar entender os fenômenos políticos como algo mais do que "sorte" (*fortuna*) e de se procurar nas ações dos homens (e mulheres) o que há de livre arbítrio, controle, prudência, planejamento, cálculo, ou seja, ação racional (*virtù*). Ao estudar o caso Mamirauá, pude perceber que existe "sorte", acaso, ou *fortuna*, mas existe também *virtù* e arrisco dizer que ela representou mais do que 50%... A combinação de indivíduos comprometidos, ligados entre si e a redes mais amplas, um local privilegiado, um momento histórico favorável fez diferença e isso pôde "remediar as coisas", resultando num modelo adequado para resolver certos tipos de situações, sem deixar que o "acaso decida"...

8.1 FATORES-CHAVE

A identificação dos fatores que considero chave para o estabelecimento institucional de Mamirauá foi realizada com base em entrevistas abertas e também em documentos, relatórios e cartas relativos ao projeto. A maioria dos entrevistados teve algum envolvimento com o Projeto Mamirauá, outros conhecem a experiência e atuam em projetos na Amazônia (FVA, IPAM, IPE, MCT). A partir de tudo isso, fui coletando "pistas", que me permitiram identificar alguns fatores que, combinados, ajudam a explicar porque Mamirauá conseguiu se estabelecer institucionalmente e garantir a sua continuidade. Sorte, liderança carismática, pessoas certas na hora e lugar certos e modelo adequado foram respostas freqüentes.

Como se tratou de uma pesquisa qualitativa, não é possível atribuir pesos aos fatores. Entretanto, é possível apontar alguns sem os quais Mamirauá não seria o que é hoje. O primeiro consiste no papel de Márcio Ayres, com seu carisma, talento e "habilidades expandidas". Foi Ayres quem passou anos de sua vida pesquisando os uacaris-brancos em condições de trabalho que poucos suportariam e quem deu início ao processo. Seu papel, além de mentor principal da idéia, foi também o de construir as "pontes" entre Mamirauá e o mundo, principalmente no nível transnacional e nacional.

Entre os entrevistados, a maioria percebe Márcio Ayres como uma figura-chave, pesquisador brilhante, líder carismático, um empreendedor com grande habilidade para atrair atenção e fundos para Mamirauá. "São os contatos do Márcio", ou "Ayres tem uma capacidade incrível para levantar recursos" foram frases freqüentes que escutei. Isso é evidenciado pela quantidade de prêmios internacionais que ele acumulou, entre os quais os mais recentes foram *Rolex Awards for Enterprise*, categoria "cientista destaque em meio ambiente", em 23 de outubro de 2002, e o prêmio da SCB (Society for Conservation Biology), durante o encontro anual de 2002, em Canterbury, Inglaterra.[3] Também nas respostas ao questionário, o carisma de Márcio Ayres foi ressaltado. Alguns dos respondentes, inclusive, apontaram a ausência de uma pergunta sobre o papel de Ayres

---

[3] Cf. "Notícias" na página www.mamiraua.org.br, acessada em janeiro de 2003.

[...] na seção IV, eu acho que deveria haver uma pergunta sobre se a influência da pessoa do coordenador do projeto foi uma das razões atrás do sucesso do projeto. Eu acho que a figura do Márcio Ayres foi fundamental, senão crítica, para o sucesso do projeto. A garra, determinação, habilidade política, capacidade de "vender" idéias e o forte embasamento em pesquisa (que conferem a credibilidade e respeito ao nome "Márcio Ayres"), a meu ver foram fatores fundamentais (Sandra Charity, WWF-UK).

[...] Gostaria apenas de acrescentar que seu questionário não se preocupa com o peso que o principal executor do projeto (prof. Márcio Ayres) teve no sucesso desta empreitada. Considero que a questão é relevante e deveria fazer parte da avaliação geral dos resultados obtidos (Clóvis Borges, SPVS).

A atuação de Déborah Lima resultou na incorporação da dimensão social ao Projeto Mamirauá, sendo que o trabalho de extensão iniciado por ela foi imprescindível para o "enraizamento" da idéia de conciliar conservação e desenvolvimento sustentável.

De acordo com Rosenau (1990) os indivíduos são atores na política mundial.[4] Partindo dessa perspectiva, pode-se dizer que Ayres, Lima e o grupo de pesquisadores agiram como "atores privados", pois desenvolveram ações independentes sem estar representando uma instituição, ou seja, agiram por conta própria. Friedman (1999) afirma que com o surgimento do "sistema da globalização" surgiram "Indivíduos com Superpoderes". Ayres pode ser considerado um desses indivíduos, cujo carisma foi potencializado pelas novas possibilidades abertas pelo sistema globalizado. Por outro lado, suas redes de relações constituíram um outro fator-chave. Ayres fazia parte da comunidade epistêmica da biologia da conservação, o que permite relacionar Mamirauá a processos globais e ajuda a compreender a sintonia dos objetivos do projeto com as idéias que circulavam na rede conservacionista transnacional no final dos anos 1980 e anos 1990.

8.1.1 MÁRCIO AYRES: CONEXÕES DO LOCAL AO GLOBAL

Márcio Ayres foi quem deu início ao processo, motivado pela idéia de proteger o *habitat* de uma espécie vulnerável, os uacaris-brancos, cuja distribuição conhecida é restrita à área da RDSM. Assim, foi de Ayres a idéia de tornar essa área uma unidade de conservação (SCM, 1996). O papel de Ayres foi chave no processo, não apenas por ser o iniciador. À sua liderança carismática, empreendedorismo e persistência, pode-se atribuir o crescimento e projeção nacional e internacional da experiência de Mamirauá. Ele era um grande negociador e articulador, estando quase sempre à frente das negociações com as agências internacionais, com os governos federal e estadual e com as ONGs.

A perspectiva de Friedman (1999, p. 36-37) chama a atenção para o papel de muitos indivíduos interconectados ao novo sistema de redes (tecnologia) da globalização que acabam influenciando o mundo diretamente sem intervenção governamental ou institucional.

Conforme mencionado, Márcio Ayres era um indivíduo que pode ser colocado entre os tipos de atores relevantes para a política mundial, segundo a perspectiva de Rosenau (1990). Mais especificamente, Ayres podia ser considerado um ator privado,

---

[4] Cf. capítulo 3.

capaz de desenvolver ações independentes na arena global, com conseqüência para o curso dos eventos (ROSENAU, 1990, p. 118). Isso se deve ao que o autor denomina "revolução das habilidades" dos indivíduos, que vem ocorrendo desde as últimas décadas do século XX. Márcio Ayres tinha o que Rosenau denomina "capacidade de ir contra impulsos habituais e considerar alternativas adaptativas", decorrente da expansão das suas habilidades analíticas. Possuía também *cathexis* – capacidade de agregar emoções a questões e se importar com soluções preferíveis (ROSENAU, 1990, p. 239).

Essas capacidades podem ser evidenciadas, por exemplo, por dois fatos: i) Ayres soube adaptar-se à realidade do local que desejava que fosse protegido, incorporando e simultaneamente contribuindo para as mudanças no pensamento sobre conservação da biodiversidade. Assim, da idéia inicial de uma estação ecológica (proposta de 1984) passou a de uma UC habitada por populações humanas; ii) a ligação afetiva que Ayres tinha com os uacaris-brancos e o conhecimento sobre essa espécie, aos quais dedicou tempo e energia na sua pesquisa, resultaram no entendimento de que a sua sobrevivência dependia da conservação do seu *habitat*. Ao agregar emoção à questão, parece que o indivíduo ganha força extra nos seus empreendimentos.

A capacidade de analisar o contexto e aproveitar as oportunidades evidencia o empreendedorismo de Ayres. Quando ele soube que o governador do Amazonas estabelecera a Estação Ecológica Mamirauá em 1990, decidiu trabalhar na proposta do Projeto Mamirauá, ao invés de continuar negociando uma outra proposta com o WWF-UK e WCS.[5]

> Nosso pedido na época não era para apoiar a reserva Mamirauá (pois essa reserva só foi criada em 1990, embora tivesse sido proposta desde o final de 1984). O pedido na época era formar um fundo de WCS,WWF DFID e outros para apoiar um grupo de pesquisadores brasileiros e britânicos para fazer levantamentos na Amazônia Ocidental para localização de área potenciais para a criação de áreas protegida. [...] O WCS já estava disposto a apoiar esse grupo desde 1987. [...] Só depois da criação de Mamirauá em 1990 (que nos pegou de surpresa) é que decidimos que seria mais negócio implementar essa reserva, e propor a criação de Amanã como passos seguintes... (Márcio Ayres, entrevista por correio eletrônico, 27 de janeiro de 2003)

Márcio Ayres tinha a habilidade de agregar pessoas com objetivos semelhantes. Pode-se atribuir à liderança carismática de Ayres a formação de uma equipe multidisciplinar para implementar o Projeto Mamirauá. Manter a "orquestra afinada" foi um desafio, considerando que, embora os componentes da equipe compartilhassem a proposta de promover a conservação da biodiversidade e a melhoria da qualidade de vida da população local, eles possuíam visões diferentes decorrentes de suas formações profissionais – eram biólogos, antropólogos, sociólogos etc.

Como ponto de partida, portanto, destaco o papel de Márcio Ayres no sucesso da experiência de Mamirauá. Trata-se de um visionário, um líder carismático, um tipo de indivíduo que fez diferença. Todavia, é importante ressaltar que ele não agiu sozinho e nem isoladamente. Sua rede de relações pessoais e profissionais foi fundamental no processo. O fato de estar conectado a redes transnacionais contribuiu para viabilizar a iniciativa e colocar Mamirauá num contexto mais amplo.

---

[5] Cf. capítulo 6.

A ligação com a comunidade epistêmica e com uma rede conservacionista mais abrangente foi chave no processo por dar projeção nacional e internacional à iniciativa e por atrair recursos. Sem essa ligação, Mamirauá poderia até existir, mas não teria adquirido sua atual dimensão (Hélder Queiroz, comunicação pessoal, 04 de junho de 2003). No total, o projeto recebeu 14.247.802 dólares de fontes nacionais e internacionais, entre 1992 e 2001. Além dos recursos financeiros, deve-se mencionar o conhecimento científico e técnico que fluiu para Mamirauá, por meio da presença de pesquisadores e consultores de diversas áreas do conhecimento e países.

8.1.2 Comunidade epistêmica da biologia da conservação e a rede transnacional conservacionista

Os contatos de Ayres com outros biólogos e conservacionistas foram apontados como algo fundamental na divulgação de Mamirauá e na obtenção de recursos para o Projeto (ver ilustração no final deste capítulo). Nesse sentido, a primatologia teve um papel, como ponto de partida para formação do grupo, a partir de Ayres e do Núcleo de Primatologia no Museu Goeldi. Foi o ponto inicial também para a obtenção de apoios financeiros e políticos para o projeto. Vale observar que essa área do conhecimento foi apontada como "porta de entrada" de várias pessoas envolvidas em conservação da natureza/biodiversidade, no Brasil, hoje. Não somente Ayres, mas também Gustavo Fonseca (Biodiversitas, CI-Brasil, Center for Applied Biodiversity Science), Cláudio V. Pádua (UnB e IPE) e outros começaram com pesquisas com primatas e passaram a atuar em conservação a partir de meados dos anos 1980. Essas pessoas, conectadas a outras ao redor do mundo (principalmente nos EUA e Inglaterra – Russel Mittermeier, John Robinson, Kent Redford, Richard Bodmer, Mary Pearl, etc.), formam uma rede de especialistas que compartilham uma base de conhecimento científico e um empreendimento político comum (conservação da biodiversidade), podendo se caracterizar como uma comunidade epistêmica.[6] As interações se iniciaram, principalmente, com as pesquisas, e continuam por meio do conservacionismo transnacional. Os contatos que mantêm entre si contribuem para ligá-los a grandes ONGs internacionais da área.

De modo geral, pode-se considerar a pesquisa biológica como "ponto de encontro" da comunidade epistêmica descrita e como fator propulsor do processo, que envolveu a concepção e implementação do Projeto Mamirauá e a criação da RDSM e do IDSM. Isso foi resumido e relatado nos capítulos 6 e 7. Relembrando: a pesquisa sobre uacaris-brancos (*Cacajao calvus calvus*), espécie considerada vulnerável e endêmica numa região pristina e bela, foi o ponto de partida. Quase em seguida, foi iniciada uma pesquisa antropológica sobre as populações humanas do lugar, isto é, os ribeirinhos (categorizados pela antropologia como caboclos) e os seus modos de vida. Academicamente, tratava-se de teses de doutorado, que poderiam permanecer nas bibliotecas, virar artigos em revistas especializadas e estaria concluído o processo. A realidade, entretanto, chamou à ação, que poderia ter tomado diversos rumos. Um caminho teria sido, simplesmente, pressionar as autoridades para tomarem as providências no sentido de proteger a espécie vulnerável e o seu *habitat*, ou seja, sustentar a proposta de

---

[6] Cf. conceito no capítulo 3.

Estação Ecológica (EE), reassentar as populações e demandar "cercas e guardas". Porém, tomou-se outra direção. Os pesquisadores tornaram-se atores políticos e passaram a intervir diretamente. Ou seja, além de conhecer, mobilizaram-se para mudar a realidade. Para tal, tinham o "capital inicial" para dar partida ao processo. Como pesquisadores, tinham conhecimento da realidade biológica e antropológica do local e também conheciam as novas idéias sobre conservação, que estavam se desenvolvendo transnacionalmente. Ademais, tinham contatos com outros pesquisadores e pessoas de ONGs como WCS, WWF-UK e CI – ou seja, dispunham do conhecimento e meios para acessar os recursos materiais necessários, podendo propor e implementar ações.

Importante ressaltar que essa trajetória dos pesquisadores de Mamirauá, que, a partir de suas pesquisas, se envolveram com ações de conservação e desenvolvimento (projetos e políticas públicas), não é particular ao grupo, mas parece ser comum a diversos pesquisadores no Brasil e no mundo. Durante as entrevistas, foram relatados exemplos como a RCTT-Peru (Richard Bodmer), ações do Instituto de Pesquisas Ecológicas – IPE (Cláudio V. Pádua) no Pontal do Paranapanema, CI/Biodiversitas (Gustavo Fonseca e vários pesquisadores/orientandos), e o trabalho atual do Instituto Internacional de Ecologia-IIE (José G. Tundisi). A experiência de CAMPFIRE também tem envolvimento de pesquisadores.[7] Algumas pessoas mencionaram que vários primatólogos de Cambridge, assim como Márcio Ayres, se envolveram em projetos de conservação após desenvolverem suas pesquisas. Hélder Queiroz (entrevista pessoal, Belém, 26 de julho e 01 de agosto de 2001) afirma que essa é quase uma conseqüência [...] pessoas que se sobressaem na pesquisa biológica/meio ambiente acabam enveredando para a conservação, sendo isso particularmente verdadeiro para a primatologia no Brasil.

As relações entre Márcio Ayres, John Robinson/WCS, ex-WCI, Russel Mittermeier-CI, no nível transnacional, e entre Ayres, Jacob Gehard, presidente do CNPq, Eduardo Martins/FNMA/depois IBAMA e WWF-Brasil, no nível nacional, contribuíram para, nas palavras do próprio Ayres, "puxar os doadores para dentro" (entrevista pessoal, Belém, 23 de julho de 2001).[8] As interações entre Ayres, Déborah Lima, William Hamilton, Richard Bodmer Peter Henderson, entre outros pesquisadores e professores, durante o período dos seus doutorados em Cambridge, Inglaterra, no final dos anos 1980, formaram um "terreno fértil" para a concepção da idéia do Projeto Mamirauá.

Conforme argumentado no capítulo 3, as redes de relações podem se construir através das fronteiras nacionais e se configurar com base em conhecimento e valores compartilhados. No caso Mamirauá, a rede de relações de Ayres foi construída transnacionalmente com base na primatologia e na biologia da conservação. Os vínculos foram se constituindo também a partir da convivência em instituições acadêmicas, como a Universidade de Cambridge e com pessoas ligadas à Universidade da Flórida, Gainesville. Vale lembrar que diversos biólogos conservacionistas brasileiros concluíram a sua formação acadêmica na mesma época

---

[7] Cf. capítulo 5 deste trabalho.
[8] Cf. ilustrações inseridas no final do capítulo anterior.

(segunda metade dos anos 1980 a meados dos anos 1990), sendo que eles tinham redes de relações semelhantes. Isso tem relevância, na medida em que existe uma dinâmica de circulação de idéias que liga, de forma cooperativa, competitiva ou conflitiva, centros de pesquisa, ONGs, governos e organizações internacionais bilaterais e multilaterais.

Desse modo, deve ser ressaltado o papel de algumas instituições acadêmicas. Simplificadamente, grande parte do pensamento/conhecimento que atualmente predomina sobre conservação da biodiversidade foi elaborado/aprofundado em Gainesville e outras instituições, principalmente nos Estados Unidos. Provavelmente, isso explique parcialmente porque indivíduos que passaram por essas instituições estão hoje envolvidos com a questão em diversos países, iniciando, implementando, ou apoiando ações semelhantes. Embora Ayres não tenha feito os seus estudos de pós-graduação na Flórida, as suas ligações também passam por Gainesville. Conforme descrito no capítulo 7 deste trabalho, a atual Wildlife Conservation Society-WCS (ex-Wildlife Conservation Internacional-WCI) deu e tem dado apoio a Mamirauá, por meio de John Robinson, um dos criadores do Programa de Conservação nos Trópicos, na Universidade da Flórida (Gainesville). Robinson conheceu Ayres em 1980/1 e tentou inclusive recrutá-lo para o Programa (John Robinson, questão respondida por correio eletrônico, 8 de agosto de 2002). Segundo o Robinson,[9] ele trabalhou com Ayres na estruturação da proposta, encaminhada para a ODA e WWF-UK (John Robinson, questão respondida por correio eletrônico, 8 de agosto de 2002). Além disso, influenciou a criação da Sociedade Civil Mamirauá.[10] Richard Bodmer, que esteve com Ayres em Cambridge, ficou um ano como pesquisador associado no Museu Goeldi, em Belém, e depois seguiu para a Flórida. Bodmer colaborou na elaboração da primeira proposta do Projeto Mamirauá e foi um dos mentores da RCTT, no Peru, que, conforme exposto, é anterior a Mamirauá e serviu inicialmente de modelo.

No âmbito da comunidade epistêmica da biologia da conservação, a dinâmica de circulação de idéias liga de forma cooperativa ONGs, instituições acadêmicas, órgãos governamentais e agências de cooperação. A existência dessa comunidade pode ser considerada como *parte* da explicação porque, no âmbito da conservação da natureza/biodiversidade, as idéias relacionadas à necessidade de se trabalhar com os seres humanos e áreas protegidas, diálogo multi-interdisciplinar, importância das políticas públicas, de trabalhar com zoneamentos (áreas focais e áreas de amortecimento), etc., se espalharam. Além disso, serve para explicar parcialmente porque se formam determinadas alianças entre organizações e redes de pessoas e a tendência de fluxos de recursos e de conhecimento em direção a determinados locais. Nesse sentido, a experiência de Mamirauá estava sintonizada com essas idéias que circulavam na rede conservacionista transnacional e se construiu com base na cooperação entre os atores mencionados.

---

[9] Cf. capítulo 7 sobre relações entre a SCM e a WCS.
[10] No capítulo 6, faço referência a uma carta escrita por Robinson dirigida ao presidente do CNPq, Gehard Jacob, de 22 de julho de 1991.

Entre as perguntas do questionário enviado, constam algumas identificando fatores que considerei chave para o estabelecimento institucional de Mamirauá. Entre esses, destaco o fato de o projeto ser inovador e, ao mesmo tempo, "sintonizado" com novas idéias sobre conservação da biodiversidade e desenvolvimento no contexto internacional, o que contribuiu para atrair apoio político e recursos para a sua implementação. De acordo com os respondentes, isso é muito relevante (média 4,596), 69,0% têm essa visão e 24,1% acham que isso é razoavelmente relevante e 3,4% consideram pouco relevante.

Projeto sintonizado com novas idéias sobre conservação da biodiversidade

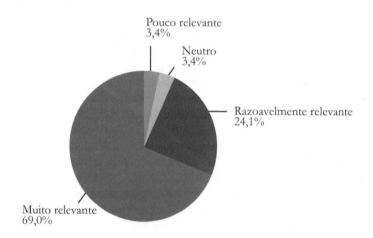

A presença da comunidade epistêmica no caso Mamirauá conecta a experiência ao regime global de biodiversidade pois, por meio dela, houve a influência das idéias sobre conservação da biodiversidade e desenvolvimento sustentável aceitas globalmente, contribuindo para sua sintonia com os elementos balizadores do regime. Além disso, atribui-se às redes de relações os fluxos de recursos e conhecimento para Mamirauá, bem como a projeção nacional e internacional da iniciativa. O fato de que Ayres era parte de uma comunidade epistêmica expandiu suas oportunidades e, com certeza, influenciou as suas percepções sobre conservação e sobre como levar adiante os seus objetivos

8.1.3 O "ENRAIZAMENTO" DA IDÉIA DE CONSERVAÇÃO DA BIODIVERSIDADE

Outra pessoa-chave foi Déborah Lima, que também foi mentora do projeto. Ela contribuiu para construir as relações no nível local. Lima foi casada com Ayres na época da concepção, elaboração e implementação da Fase I do Projeto Mamirauá. A sua formação inicial era em biologia, mas o seu doutorado foi em antropologia. Conforme mencionado, a sua pesquisa de campo foi iniciada nos anos 1980, tendo concluído a sua tese em 1992. O seu papel foi fundamental na integração de fatores sociais com a questão da biodiversidade de várzea e na construção da ponte com as redes locais. Isso se deu por meio da estruturação do trabalho de extensão comunitária, na identificação de pessoas com perfil adequado à realidade do projeto e, também, no reconhecimento das formações políticas preexistentes, resultantes das atividades da Igreja Católica/Prelazia de Tefé.

O envolvimento das comunidades tem sido um processo complexo e longo. No entanto, pode ser considerado imprescindível, pois sem este não haveria hoje a Reserva e nem o Instituto. Graças ao trabalho de extensão, coordenado inicialmente por Lima, aos poucos as idéias trazidas pelo projeto e a própria criação da reserva foram sendo aceitas, de certa forma "enraizando-se" localmente. Um fator que acelerou o processo de aceitação da reserva pelas comunidades foi a manutenção das bases preexistentes da organização comunitária, resultado do trabalho do MEB (Movimento de Educação de Base), ligado à Prelazia. Vale ressaltar que Lima se afastou de Mamirauá entre 1996/1997. Entretanto, a estrutura do trabalho iniciado por ela permaneceu, bem como outras pessoas (Marise Reis, Divino Azevedo, Edila Moura, Paulo Roberto de Souza), identificadas por ela. De acordo com Lima (1996b), foi um processo longo de envolvimento das comunidades locais e formação da equipe de trabalho de campo (pessoas com qualificação, bom senso e perseverança, capazes de lidar com situações delicadas, como a sensibilidade local em relação a pessoas de fora).

Por meio de Déborah Lima e da equipe de extensão,[11] estabeleceram-se relações com líderes comunitários como seu Afonso e seu Antônio Martins, envolvidos nos trabalhos da Igreja Católica, ligados ao MEB e ao movimento de preservação de lagos da Prelazia de Tefé. Essas figuras e outras, como dona Oscarina, têm trabalhado bastante no processo de aceitação da Reserva e atualmente na implantação das regras do Plano de Manejo, ou seja, no "enraizamento" acima mencionado. O papel dessas pessoas do local tem sido praticamente "invisível". Não existem sobre elas muitos registros, *papers* acadêmicos, entrevistas na TV, artigos em revistas. No máximo, deve haver alguns escritos dispersos em arquivos particulares, como o que faz Seu Afonso, que anota tudo em um caderninho/bloco de anotações e faz "relatórios" numa pequena máquina de escrever manual. Contudo, esse papel foi e tem sido tão importante quanto o dos pesquisadores/conservacionistas e extensionistas. Seu Afonso, por exemplo, tem realizado viagens na área de Mamirauá, desde 1990/91, quando as primeiras atividades do projeto foram iniciadas e se começou a conversar com a população sobre a unidade de conservação e o que se queria fazer lá. Foram horas/dias de viagens de rabeta, voadeira e barco pelas comunidades da RDSM e entorno, divulgando e conversando sobre o projeto, num trabalho de "formiguinha", que resultou na aceitação da Reserva por praticamente todas as comunidades.

Atualmente, o trabalho de extensão se realiza de uma forma mais sistematizada e existe uma divisão de trabalhos, com uma equipe maior e mais comunitários envolvidos, sendo que a Reserva já é vista como uma realidade. Entretanto, ainda falta implementar plenamente o Plano de Manejo e estender as atividades para a área subsidiária, que também é um processo complexo e longo. Em todo caso, do ponto de vista do estabelecimento da RDSM e do IDSM, foi por meio do trabalho de extensão que houve o envolvimento dessas pessoas do local, que já tinham uma formação em liderança comunitária (MEB) e uma "causa" ambientalista (Movimento de Preservação de Lagos), tendo sido incorporadas pelo projeto. Por outro lado, seu Afonso, seu Antônio

---

[11] Num primeiro momento, Marise Reis e Divino Azevedo e, posteriormente, Edila Moura e Paulo Souza.

Martins e dona Oscarina ressaltaram que a sua incorporação foi mais do que uma oportunidade de trabalho, pois continuaram algo que faziam anteriormente, agora com mais recursos. E sustentam que eles acreditavam nas idéias do projeto, que trazia uma proposta "parecida" e que defendia uma "causa" na qual já estavam envolvidos.

Desse modo, a atuação inicial de Lima pode ser considerada crucial à dimensão social do Projeto Mamirauá. Ao se integrar essa dimensão aos objetivos conservacionistas, surgiu uma iniciativa inovadora para a época e adequada ao contexto amazônico.

8.2 Condições necessárias e facilitadoras

Houve algumas condições necessárias para o sucesso da iniciativa de Mamirauá. Mudanças no contexto global, como o fim da Guerra Fria e a revolução científico-tecnológica das duas últimas décadas do século XX, possibilitaram que os indivíduos se tornassem atores na política mundial. Nesse período, cresceu a consciência sobre os problemas ambientais globais, entre os quais a questão da biodiversidade assumiu importância particular no contexto brasileiro. Vale lembrar que não se trata de identificar condições objetivas e externas aos atores, mas como esses as perceberam e atuaram em função dessas. Além disso, é importante ressaltar que as percepções que os indivíduos têm dessas condições dependem de suas habilidades e também são influenciadas por suas redes de relações.[12] Isso significa que não é o acaso que leva as pessoas aos lugares e horas "certos", mas a *virtù*. Obviamente, existe a *fortuna*, porém não cabe a mim discuti-la.

8.2.1 Lugar certo

Local propício. Alianças com rede local. Combinação de interesses entre pesquisadores/conservacionistas e as comunidades.

A RDSM tem características muito peculiares, devido aos ciclos de cheia e seca. São altamente produtivas, em parte graças às "águas brancas" proveninentes dos Andes, carregadas de sedimentos. Essas águas alagam a terra a cada seis meses e podem subir até 15 metros. A beleza natural da área é um fator de atração. Mamirauá é uma área pristina e bela, e talvez esteja entre as mais bonitas do planeta, dada a combinação de água, floresta e fauna. Além disso, é rica em termos de diversidade biológica, o que é indicado, por exemplo, pela taxa de endemismos.

Trata-se de uma área cuja biodiversidade tem importância local e global, caracterizada por número relativamente pequeno de espécies (exceção para o número de espécies de peixes) se comparada a outras regiões, mas várias são endêmicas ou ameaçadas de extinção. Ademais, há que se considerar a importância do ecossistema de várzea. Conforme descrito no capítulo 6, além dos recursos biológicos importantes para economia local e regional,[13] principalmente pescado e madeira, a diversidade biológica local desperta o interesse dos conservacionistas e pesquisadores. Por exemplo, existem várias espécies endêmicas como o uacari-branco e o macaco-de-cheiro-de-cabeça-preta (*Cacajao calvus calvus* e *Saimiri vanzolinii*), espécies ameaçadas, como o peixe-boi amazônico (*Trichechus inunguis*), o jacaré-açu (*Melanosuchus niger*), ou a tartaruga-da-amazônia (*Padocnemis expansa*), e espécies carismáticas, como o boto (*Inia geoffrensis*) ou o tucuxi (*Sotalia fluviatilis*). Como se sabe, o ponto de partida foi a pesquisa sobre os

---

[12] Cf. capítulo 3.

[13] Segundo Lima (1996b), os recursos extraídos da área focal geravam anualmente 2 milhões de dólares.

uacaris-brancos, realizada pelo biólogo Márcio Ayres, que percebeu a importância da conservação da área e foi capaz de difundir essa idéia. Essa percepção era compartilhada por membros da comunidade epistêmica de biólogos conservacionistas, sendo que a área já havia sido apontada por Mittermeier (1977) como de interesse para conservação de primatas, por corresponder à distribuição restrita dos uacaris-brancos. A possibilidade de aumentar o conhecimento sobre essas e outras espécies e sobre o ecossistema atraiu outros pesquisadores, em grande parte devido à habilidade de Ayres em chamar a atenção deles para a área. Esses foram se envolvendo também com a conservação da biodiversidade. A ida de pesquisadores para Mamirauá começou em meados dos anos 1980, sendo que alguns desses "cresceram" com Mamirauá – iniciaram-se como estudantes de graduação, fizeram os seus mestrados e doutorados e hoje coordenam projetos de pesquisa ou têm cargos de coordenação no IDSM.

Vale lembrar, ainda, que na região do Médio Solimões, segundo Lima (1992), em comparação com o leste da Amazônia, em especial sul do Pará, há menos conflitos com relação à terra e menos empreendimentos capitalistas de larga escala, que impõem a adoção de estratégias diferentes e representam concepções culturais diferentes de ocupação de terra. Em relação à Amazônia brasileira, Lima (1992, p. 301) argumenta que a economia da região de Mamirauá tem sido relativamente menos modificada por fatores externos, se comparada às economias do leste e oeste amazônico. Conflitos de terra são menos comuns. A competição por terra é reduzida por causa da migração regular de habitantes rurais (maioria da várzea) para centros urbanos. Assim, há pouca chance de, no futuro próximo, as características econômicas, sociais e religiosas das comunidades rurais dessa região seguirem o mesmo passo da mudança que está acontecendo na Amazônia ocidental e oriental. No Médio Solimões, a terra ainda é transferida por usufruto/parentesco e não é escassa. Nas outras regiões, a chegada de migrantes e a substituição de forma extrativista de exploração da terra por exploração por empreendimentos capitalistas (gado) tem gerado conflitos violentos. Esse foi o caso do Acre, onde os conflitos levaram à mobilização local e alianças externas importantes com o ambientalismo transnacional, o que acabou resultando na criação das Resex.

Quanto à população local, a pesquisa antropológica de Déborah Lima, anterior ao início do Projeto Mamirauá, serviu de base para os trabalhos iniciais de extensão comunitária do Projeto, reunindo antropólogas e sociólogas, que também realizavam levantamentos socioeconômicos. Elas também ficaram atraídas pelas possibilidades de realizar pesquisa e extensão, numa iniciativa multidisplinar que, na época, era pioneira por reunir desenvolvimento social e meio ambiente. Além disso, o fato de ser um projeto amazônico atrai, em si mesmo, extensionistas "apaixonados" pela Amazônia (entrevistas pessoais com vários membros da equipe do Mamirauá e pessoas que trabalham em outros projetos na Amazônia, março de 2001 a junho de 2002).

Na percepção das pessoas envolvidas, o fato de que já existia localmente um desejo de preservação (movimento de preservação de lagos) e um grau razoável de organização comunitária entre alguns assentamentos facilitou a implementação do projeto. Isso foi perguntado no questionário enviado a especialistas.[14]

---

[14] Na pergunta, considerei esse fator como chave porque era esse o meu entendimento quando elaborei o questionário.

Fato de que já existia localmente desejo preservação em um grau razoável de organização comunitária

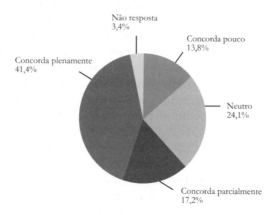

A capacidade de perceber as redes de poder local e os interesses das comunidades possibilitou a criação da aliança entre pesquisadores e moradores e usuários da RDSM. De acordo com Lima (1996b, p. 38), o trabalho de organização da população local, visando criar um sistema de participação comunitária, foi facilitado pela existência do Movimento de Preservação de Lagos e pelo fato de diversas comunidades já terem uma forma de organização política e uma prática de discussão democrática de seus problemas, desenvolvidas desde o final da década de 1960 pelo Movimento de Educação de Base (MEB). Mesmo assim, demorou cerca de cinco anos o processo de aceitação da Reserva e definição do sistema de organização e participação comunitária na área focal, dado o clima geral de desconfiança que existe em relação a iniciativas vindas "de fora". Desse ponto de vista, a preexistência de um movimento local facilitou tanto a organização comunitária como a aceitação da idéia de conservação, pois não se começou do zero. Conforme descrito, alguns líderes locais (seu Afonso, seu Antônio Martins, dona Oscarina), ligados ao movimento de preservação de lagos e à Prelazia de Tefé, perceberam que os pesquisadores tinham objetivos semelhantes, tendo trazido a "ciência da coisa" (conhecimento), os recursos financeiros e a "lei", contribuindo para realizar algo pelo qual eles já ansiavam.

Outro fator local, semelhante ao caso da Resex, mas não com a mesma intensidade conflitiva, é que havia um "inimigo externo comum". Isso incentivou a aliança entre os pesquisadores e as comunidades locais. A área do Mamirauá vinha sofrendo superexploração de recursos pesqueiros e madeireiros, promovida, principalmente, por grupos de fora da região, ou pescadores urbanos, baseados em municípios próximos, como Tefé, ou Alvarães. As comunidades locais e do entorno da RDSM eram as maiores prejudicadas e, nesse sentido, tinham interesse em algum tipo de "proteção". Isso é evidenciado pela existência do movimento de preservação de lagos que, além de separar os lagos de procriação, manutenção e comercialização, impedia o acesso de pescadores vindo de outras regiões. Desse modo, embora tenha demorado até que todas as comunidades aceitassem a reserva, elas foram se convencendo dos benefícios de sua criação, pois significava, com certas restrições, exclusividade de acesso aos recursos naturais da área.

Em resumo, Mamirauá, uma área pristina, belíssima e rica em biodiversidade, é atraente para pesquisadores que, por sua vez, são partes de comunidades epistêmicas conservacionistas e de outras redes transnacionais. Tem atraído, também, extensionistas "apaixonados" pela Amazônia. Hoje, devido à projeção nacional e internacional da experiência, diversos jovens vão para lá atrás de oportunidade de trabalho. Além de reunir essas qualidades, Mamirauá é um lugar que não tem sofrido as pressões da expansão da fronteira agrícola, da construção de estradas ou grandes hidrelétricas, etc; como outras regiões da Amazônia. Assim, trata-se de uma área sem fluxos migratórios intensos, onde não chegam grandes estradas, aparentemente com baixa criminalidade e não hostil do ponto de vista epidemiológico. Isso tudo, sem dúvida, favoreceu o projeto.

É interessante observar que, embora aparentemente remota, Mamirauá não está numa área "desconectada"[15] dos fluxos de conhecimento e comunicação transnacionais. Isso, em parte, é um efeito do projeto. Edila Moura (entrevista pessoal, Belém, 2 de agosto de 2001), por exemplo, aponta o papel da comunicação mediada por computadores (CMC), baseada principalmente no uso da Internet. Sem ela, afirma Moura, não haveria como coordenar, desde Belém (UFPA), onde ela passa boa parte do tempo, os trabalhos de extensão.

8.2.2 HORA CERTA

Contexto histórico favorável. Questão ambiental no topo da agenda internacional. Recursos disponíveis nas agências de cooperação bilateral e multilateral e em grandes ONGs internacionais.

A idéia de transformar Mamirauá em área protegida existia desde início dos anos 1980,[16] conforme mencionado. A primeira proposta foi submetida em 1984 por Márcio Ayres e Luís Cláudio Marigo. Entretanto, propunha-se a criação de uma Estação Ecológica (EE), ou seja, uma unidade de conservação em que não se permitem populações humanas. No início dos anos 1990, houve uma mudança considerável na idéia inicial, quando se começou a pensar num projeto de conservação que incorporasse as necessidades das populações locais. Isso estava em sintonia com as inovações do conservacionismo transnacional, mas não com o pensamento predominante no Brasil. Embora Márcio Ayres e Déborah Lima ressaltem que a proposta foi elaborada de acordo com o "bom senso"[17] (Márcio Ayres, entrevista pessoal, Belém, 23 de julho de 2001), ou como uma "conclusão lógica do momento" (Déborah Lima, questão respondida por correio eletrônico, 22 de outubro de 2001), impossível não relacioná-la ao contexto mais amplo do conservacionismo transnacional.

Vale observar o "clima intelectual" da época. A partir dos anos 1980, houve efetivamente uma mudança paradigmática do pensamento conservacionista, resultante, em grande medida, do aumento do conhecimento acumulado sobre biologia dos trópicos e dos debates sobre a relação entre conservação e desenvolvimento. Muitos biólogos começaram a desenvolver ações inovadoras em conservação na segunda metade dessa década (RCTT, CAMPFIRE, Mamirauá). Nesse sentido, os marcos desse processo podem ser representados pela publicação *World Conservation Strategy*, a criação da Society for Conservation Biology, a realização do National Forum on BioDiversity e os eventos

---

[15] Cf. Castells (1999), mencionado no capítulo 1 deste trabalho.

[16] Nos anos 1970, a área correspondente a Mamirauá já havia sido identificada em artigos científicos (MITTERMEIER, 1977; AYRES; BEST, 1979).

[17] Isso foi relatado no capítulo 6.

relativos à preparação, assinatura e entrada em vigor da Convenção sobre Diversidade Biológica (CDB). Embora a Convenção não seja considerada o instrumento mais efetivo, é o resultado da mobilização e convergência de diversos grupos ambientalistas.

Na época em que o Projeto Mamirauá foi proposto, o cenário global era favorável. A partir do final dos anos 1980, com o término da Guerra Fria, a política mundial estava passando por um processo de transformação. A globalização econômico-financeira, a revolução na tecnologia da informação e o barateamento dos meios de comunicação e de transporte permitiram a ascensão de novos atores políticos. Questões socioambientais passaram a ocupar posição de destaque na agenda, vivia-se um clima de otimismo, de fortalecimento do multilateralismo, marcado pela realização das grandes Conferências das Nações Unidas, de 1992 a 1996, que assumem caráter global com a presença de atores estatais, da sociedade civil e do setor privado.[18] Além disso, grande parte das ONGs internacionais e agências de cooperação bilaterais e multilaterais já havia assimilado as mudanças conceituais sobre conservação. Tudo isso teve reflexo no fluxo de recursos financeiros para ações que envolvessem perspectivas integradas de conservação e desenvolvimento.

O ambientalismo se fortaleceu global, internacional e nacionalmente com as dinâmicas da Conferência das Nações sobre Meio Ambiente e Desenvolvimento (UNCED), realizada em 1992, no Rio de Janeiro. Embora ela não tenha gerado os resultados esperados, fez parte de um processo mais amplo da política ambiental global. De acordo com Haas, Levy e Parson (1992), participaram 150 nações, 1.400 organizações não-governamentais (ONGs), e 8.000 jornalistas. Além disso, milhares de brasileiros e estrangeiros visitaram o Aterro do Flamengo, onde se realizou o Fórum Global, evento paralelo organizado pelas ONGs. Os autores defendem que a Conferência deve ser julgada no contexto de um processo crescente de atenção, sofisticação e efetividade na gestão de questões ambientais e de desenvolvimento.

Quanto ao papel do contexto internacional favorável na iniciativa de Mamirauá, pela média (4,21), pode-se dizer que os respondentes concordam parcialmente que isso pode ser considerado chave no processo, sendo que 31,0% deles concordam totalmente, 55,2% parcialmente e 10,3% não têm posição.

De modo geral, o cenário global "pró-meio ambiente" teve reflexo na política dos países, seja reavivando a questão no âmbito das políticas públicas, seja incentivando o aumento dos recursos destinados à cooperação internacional, no caso dos países desenvolvidos. No Brasil, foram criados o Ministério do Meio Ambiente e o Fundo Nacional para o Meio Ambiente. A questão das áreas prioritárias para conservação estava em debate na Amazônia. Os governos estaduais, como o do Amazonas, também se viram pressionados a adotar medidas ambientais. Os fundos disponíveis para projetos dessa natureza aumentaram, sendo que as agências internacionais e grandes ONGs incorporaram as mudanças do pensamento conservacionista e passaram a privilegiar projetos que tivessem uma abordagem "socioambiental", ou que integrassem conservação e desenvolvimento. Vale lembrar que a própria CDB pode ser considerada um documento sobre "desenvolvimento sustentável" (ALENCAR, 1995). Abordagens CBC, ICDP, CWM, CBNRM (manejo de recursos naturais baseado na comunidade), etc. tornaram-se "moda" entre essas organizações, que passaram a privilegiar projetos desse tipo.

---

[18] Vale lembrar que o ambientalismo arrefeceu no final dos anos 1990.

Conforme mencionado, uma evidência da posição assumida pela questão ambiental na agenda internacional foi a preocupação dos países do G-7 com as florestas tropicais, em especial, a amazônica. Um exemplo ilustrativo foi a proposta do governo alemão (Helmut Kohl), na reunião de cúpula do G7, em 1990, em Houston, EUA, de criação de um programa que reduzisse as taxas de desmatamento das florestas tropicais brasileiras, o que deu origem ao Programa Piloto para a Proteção das Florestas Tropicais do Brasil (PP-G7), com foco inicial na Amazônia, ampliado para a Mata Atlântica, posteriomente. A opinião pública do Reino Unido também estava preocupada com a floresta amazônica. Isso motivou o governo de Margareth Thatcher a alocar recursos para cooperação na área ambiental, em especial para salvar a floresta tropical no Brasil.

Interessante notar, quanto ao caso Mamirauá, que alguns dos entrevistados, como Bodmer[19] (entrevista pessoal, Teodoro Sampaio, 11 de novembro de 2002), também fazem a relação entre o momento histórico (final dos anos 1980), o papel da mídia, a preocupação da opinião pública com a destruição das florestas tropicais/Amazônia e os recursos financeiros que foram disponibilizados para a implementação do projeto pelo governo do Reino Unido.

Como descrito no capítulo 7, a preocupação ambiental, particularmente com a floresta amazônica brasileira, levou o governo britânico a reavivar o Programa de Cooperação Bilateral Brasil–Reino Unido,[20] com assinatura de novo acordo entre os dois países em 1989, com foco no meio ambiente. O Projeto Mamirauá foi pensado, discutido, elaborado, proposto, negociado e aprovado entre 1990-1992. Nessa época, segundo Gordon Armstrong (entrevista pessoal, Tefé, 21 de março de 2001), a representação da ODA no Brasil estava buscando projetos para apoiar na área ambiental, tendo havido uma combinação de interesses. O grupo que propôs o projeto ainda não era institucionalizado. Entretanto, o caráter inovador e ousado da proposta e o nível técnico dos documentos apresentados contribuíram para convencer o governo britânico. O fato de ser uma iniciativa sintonizada com conceitos que estavam "em alta" no contexto internacional também contribuiu.

A cooperação britânica no Brasil pode ser dividida em três períodos, sendo o segundo, de 1991 a 1997, considerado *ambiental*. A Fase I do Projeto Mamirauá – elaboração do plano de manejo – realizou-se entre 1992-1997, estando de acordo com as prioridades da cooperação do Reino Unido naquela época.

A partir de 1997, com a ascensão de Tony Blair e a criação do DFID, iniciou-se o terceiro período, baseado nas metas para o desenvolvimento internacional (The United Nations Millenium Development Goals – MDGs[21]), cujo foco é a redução da pobreza.

---

[19] Cf. capítulo 6 e 7 deste trabalho. Bodmer lembra que na mesma época que o Projeto Mamirauá estava sendo elaborado, a opinião pública britânica estava preocupada com a destruição da floresta amazônica. Ele se lembra de dois fatos dessa ocasião: a publicação de um artigo alarmante na revista *Times* e um pronunciamento de Margareth Tatcher na TV, garantindo que o Reino Unido contribuiria para salvar a floresta tropical amazônica. No caso, ela estava se referindo à floresta amazônica brasileira.

[20] Conforme mencionado, o Programa de Cooperação Brasil-Reino Unido estava em fase de "phase out" em meados dos anos 1980.

[21] Em Setembro de 2000, a Cúpula do Milênio das Nações Unidas (UN Millennium Summit) adotou as MDGs, estabelecendo metas para, entre outras, erradicar a pobreza extrema e a fome, alcançar educação primária universal, promover a igualdade de gênero, reduzir a mortalidade infantil, combater doenças e assegurar a sustentabilidade ambiental. Os oito MDGs incluem 18 metas e 48 indicadores que são aceitos universalmente como um quadro de referência para medir o progresso em desenvolvimento (*Summary Report from "Biodiversity after Johannesburg". Sustainable Developments. v. 81, n. 01, Wednesday, 5 March 2003*).

Os problemas, conforme mencionado também no capítulo 7, começaram a partir da mudança de prioridades dessa cooperação e com a criação do DFID. Embora a II Fase do projeto tenha sido voltada para a implementação do plano de manejo, com foco em organização comunitária e na identificação e implementação de alternativas econômicas para as comunidades da RDSM, esses objetivos não se enquadravam numa perspectiva convencional de redução/alívio de pobreza e em critérios de custo/efetividade. Isso gerou uma série de desentendimentos entre as partes brasileira e britânica, principalmente a partir de 2000, e o projeto foi finalizado com as relações "estremecidas" entre elas.[22]

Uma explicação possível para a tendência das agências de cooperação de focalizarem a questão da pobreza desvinculada da ambiental consiste em que, entre os objetivos de desenvolvimento do milênio, foram estabelecidas metas claras em relação à pobreza, educação, gênero, mortalidade infantil, mas ainda não se definiu com clareza o que se entende por sustentabilidade ambiental (Julie Thomas, WWF-UK, entrevista pessoal, Goldaming, 25 de maio de 2003). Além disso, pode-se observar que, entre as MDGs, a sustentabilidade ambiental aparece como uma meta relativa ao desenvolvimento e não como um valor em si mesmo. Por outro lado, essa tendência não está estabelecida e há tentativas para se revertê-la, como se pode observar, por exemplo, pela realização da *Biodiversity after Johannesburg: The Critical Role of Biodiversity and Ecosystem Services in Achieving the United Nations Millennium Development Goals*, reunião ocorrida de 2 a 4 de março de 2003, organizada por Equator Initiative, Royal Society for the Protection of Birds (RSPB), The Nature Conservancy, United Nations Development Programme (UNDP), United Nations Environment Programme-World Conservation Monitoring Centre (UNEP-WCMC) e o DFID, em Londres, UK. Nessa reunião, 160 participantes, representando governos, OIs, ONGs internacionais, academia e o setor privado, discutiram as ligações entre biodiversidade, serviços ecossistêmicos, desenvolvimento sustentável e as UN Millennium Development Goals (MDGs). Essa foi a primeira de duas reuniões para discutir as ligações entre biodiversidade e desenvolvimento sustentável. A segunda foi realizada de 21 a 23 de maio de 2003, também em Londres.[23]

Desse modo, existem incertezas quanto aos rumos da cooperação internacional ambiental, mais especificamente na área de biodiversidade nesses primeiros anos do século XXI. Uma tendência de polarização entre alívio/redução da pobreza e meio ambiente parece estar se estabelecendo. No entanto, reações contra ela também começam a aparecer. Se essa tendência se estabelecer, projetos que busquem integrar conservação da biodiversidade e desenvolvimento sustentável serão prejudicados, o que vai enfraquecer o regime global de biodiversidade. Em todo caso, o contexto histórico do início dos anos 1990 contribuiu para que Mamirauá assumisse sua atual dimensão, tanto considerando os recursos disponíveis para a área ambiental, como o "clima intelectual", ou seja, as idéias prevalecentes nas agências bilaterais e multilaterais e grandes ONGs internacionais. Por outro lado, tais idéias penetraram essas agências e ONGs por meio de redes transnacionais, em particular a comunidade epistêmica da biologia da conservação, sendo que, nesse processo, foi se configurando o regime global de biodiversidade. Pode-se dizer, assim, que o fato de se enquadrar nesse regime favoreceu a iniciativa, sendo que esse enquadramento se deve às conexões dos atores com a comunidade epistêmica.

---

[22] A fase de conclusão do Projeto Mamirauá foi comentada no capítulo 7.
[23] Cf. *Summary Report from "Biodiversity after Johannesburg"*. *Sustainable Developments*, v. 81, n. 1, quarta-feira, 5 de março de 2003.

8.2.3 ALGUMAS CONDIÇÕES FACILITADORAS

Houve outras pessoas "certas", no lugar certo e na hora certa. Por exemplo, Gordon Armstrong, que foi oficial de programas do DFID (ex-ODA). Armstrong acreditou na proposta do Grupo de Belém, nos seus objetivos de conciliar pesquisa, conservação e desenvolvimento sustentável e na idéia de estabelecer uma "unidade de conservação com gente".[24] Serviu como ponte entre a SCM e a agência inglesa, contribuindo para flexibilizar as posições do principal doador do Projeto Mamirauá. Importante lembrar que Gordon veio trabalhar no DFID/Brasil em setembro de 1990, justamente para apoiar a consolidação da Cooperação Ambiental Brasil-Reino Unido. José Galizia Tundisi, na presidência do CNPq, contribuiu ao decidir pela maior participação do órgão no processo, resultando em mais recursos da parte brasileira para o projeto e no estabelecimento do IDSM.[25] Ana Rita Alves organizou e consolidou a estrutura administrativa da SCM e se encarregou da gestão administrativa e financeira do Projeto Mamirauá. Alves era antropóloga da UFPA e foi convidada por Déborah Lima[26] para participar do projeto. Ela aceitou como uma oportunidade de realizar pesquisas de campo e trabalho de extensão, mas, aos poucos, foi se envolvendo com administração e deixou totalmente de lado a sua proposta inicial – atualmente é uma das diretoras do IDSM. Esse fator contribuiu para Mamirauá, pois liberou os pesquisadores para as atividades-fim, sendo que eles contaram com uma pessoa, na fase inicial do projeto, que se dedicasse apenas às questões administrativas[27] e, assim, sempre se estivesse em dia com a prestação de contas, relatórios e outras obrigações junto aos financiadores. Hoje, a SCM e o IDSM têm uma estrutura administrativa consolidada e um grupo de pessoas responsável pela administração.

Deve-se ressaltar, ainda, a escolha das pessoas que formam a equipe de trabalho em Tefé. Em sua maioria, são idealistas, comprometidas com a causa, entusiasmadas e acreditam no que fazem. Entre os pesquisadores, que passam períodos em Tefé e na Reserva, vários também são comprometidos com os objetivos de conservação e desenvolvimento sustentável com a participação das comunidades e dizem ter aprendido a dialogar com a população local.

Em resumo, um conjunto de indivíduos fez diferença no processo. Ayres foi, sem dúvida, o motor inicial, uma figura carismática, caracterizado como alguém que tem um talento especial para conseguir recursos para os seus empreendimentos e para divulgar e atrair atenção para eles. Contudo, não se pode atribuir a um único indivíduo o sucesso de uma iniciativa como Mamirauá. As suas ligações com pessoas no Brasil e no mundo na área ambiental e, em particular, da conservação e com outros indivíduos comprometidos também desempenharam papel-chave. Déborah Lima foi responsável pelo componente social do projeto, resultando na inclusão da população local na proposta de conciliar conservação da biodiversidade e desenvolvimento sustentável. Assim, a ligação com a comunidade epistêmica da biologia da conservação ofereceu oportunidades de concretização e expansão da proposta. A pesquisa pode ser considerada o ponto de partida e as interações que se estabeleceram a partir desse ponto propiciaram que a experiência

---

[24] Cf. citação adiante, parte de uma questão respondida por Armstrong a Izabella Koziell, via correio eletrônico, em 2 de agosto de 2002.

[25] Cf. capítulo 7 deste Trabalho sobre criação do IDSM e participação do CNPq.

[26] Vale destacar aqui a percepção de Lima sobre a capacidade administrativa de Ana Rita Alves.

[27] De modo geral, pesquisadores tendem a ser "péssimos administradores" (Hélder Queiroz, entrevista pessoal, Belém, 1º de agosto de 2001).

fosse iniciada. Além disso, deve-se ressaltar que as pessoas escolheram o "lugar certo" e a "hora certa", o que, sem dúvida, facilitou o processo, ou criou condições favoráveis para o estabelecimento de Mamirauá.

8.3 RESULTADOS DO PROCESSO

O Projeto Mamirauá foi proposto no contexto descrito acima. Márcio Ayres e Déborah Lima foram os principais articuladores da proposta. As suas pesquisas permitiam conhecer bem a realidade do ecossistema de várzea e da população ribeirinha. O papel de Ayres foi o de chamar a atenção para a importância de Mamirauá, em termos de conservação da biodiversidade. Por outro lado, as pessoas eram parte daquele *habitat* e não podiam ser simplesmente excluídas, seja pela inviabilidade política, seja por uma questão de justiça. Assim, os elementos inovadores da proposta decorriam justamente da sua adequação às possibilidades locais, ou seja, grandes áreas importantes do ponto de vista da conservação da biodiversidade e, ao mesmo tempo, habitadas por populações humanas. A solução realista e viável seria propor a criação de uma unidade de conservação habitada. Da interação entre os atores e suas redes de relações estabeleceu-se um novo modelo, adequado à realidade amazônica. Esse tem como base de sustentação arranjos interinstitucionais e de cooperação internacional que foram construídos durante esse processo.

8.3.1 MODELO ADEQUADO

Adequação da proposta. Mudanças no pensamento conservacionista transnacional e idéia inovadora no contexto amazônico

O modelo proposto pelo Projeto Mamirauá era uma novidade no contexto brasileiro. Conciliar conservação da biodiversidade e desenvolvimento sustentável numa UC era o único caminho viável para aquela área. Porém, isso era inaceitável para muitos conservacionistas brasileiros. Por outro lado, a inovação não era desconectada dos desenvolvimentos conceituais que ocorriam ao redor do mundo, como demonstram, por exemplo, as experiências de CAMPFIRE, no Zimbábue, ou da RCTT, no Peru, entre outras.

Gordon Armstrong, que foi oficial de programas da agência britânica de cooperação técnica internacional (DFID) na época em que o Projeto Mamirauá foi proposto, afirma que

> O conceito de RDS nasceu da percepção de que as áreas protegidas "tradicionais" (i.e completamente protegidas, com guardas, etc.) não funcionam (pelo menos na maior parte da Amazônia). A maioria dos parques nacionais e das reservas ecológicas [sic] está virtualmente desprotegida e, possivelmente, nunca será possível empregar guardas, embarcações rápidas, rádios, etc. em quantidade suficiente para protegê-los. Todos esses parques de "papel" têm pessoas morando neles e atividades predatórias ilegais se desenvolvendo. A única coisa que os protege, na verdade, é seu isolamento. E, mesmo que esses parques fossem bem protegidos, ainda haveria muita biodiversidade, etc., fora dos parques que deveria ser conservada. Por outro lado, era óbvio que muitas atividades extrativistas tradicionais de baixa densidade por parte das comunidades locais causam o mínimo de dano ambiental. Assim, parecia melhor trabalhar com comunidades locais, dar-lhes alguns direitos e interesses em relação aos recursos e incluí-los no esforço de proteção. Em termos de conservação, isso seria mais custo-efetivo e, também, seria mais positivo econômica e socialmente. Da mesma forma, muitos conservacionistas e pessoas ligadas ao desenvolvimento social

tiveram experiências de campo em locais onde a assistência e o conhecimento de guias e auxiliares locais foram fundamentais para seu trabalho (*p. ex. os estudos de doutoramento de Márcio sobre o uacari*[28]) e eles perceberam que muito mais poderia ser feito utilizando este conhecimento e participação do que sem eles. Assim, tudo se integrou. Certo número de pessoas, no Brasil, tiveram aquelas idéias naquele tempo (estamos falando de 10, 15 anos atrás). Márcio era líder, mas os outros envolvidos incluíam pesquisadores de Mamirauá, pessoas da WWF, o staff do WCS, universitários, Eduardo Martins e (ouso dizer) eu mesmo. *Nós, também, fomos influenciados pelo desenvolvimento em outros lugares.*[29] Eu lembro de ter pensado que Mamirauá poderia tornar-se o Korup brasileiro – talvez não um bom modelo em retrospecto! Houve forte oposição, na época, por parte do IBAMA e de ONGs conservacionistas mais tradicionais [...] Márcio percebeu que ele poderia alcançar melhor seus objetivos biológicos ou conservacionistas trabalhando com as pessoas e proporcionando-lhes interesse pelo projeto. Tal como as pessoas envolvidas com as questões florestais começaram a entender (questão respondida por correio eletrônico a Izabella Koziell, em 2 de agosto de 2002).

A afirmação de Armstrong ilustra como os atores perceberam a adequação entre a proposta de Mamirauá e a realidade local. Além disso, evidencia a influência das novas concepções transnacionais sobre conservação e o papel das pesquisas de campo. Entre os autores da primeira versão do Projeto Mamirauá, nenhum faz referências diretas às idéias que estavam sendo discutidas e que passaram a prevalecer na área de conservação da biodiversidade. Todos atribuem o peso fundamental à situação local. De acordo com Bodmer (Richard Bodmer, entrevista pessoal, Teodoro Sampaio, 11 de novembro de 2002), o que influenciou realmente aqueles que iniciaram projetos locais em conservação e uso sustentável da biodiversidade em várias partes do planeta, mais do que tudo, foi a realidade da situação no campo. Isso, na sua perspectiva, é o fator principal, o que influenciou e que tem influenciado cientistas no mundo todo, que decidem partir para a ação pois se tornam muito comprometidos com os "seus locais".

> [...] vimos que esses conceitos amplos faziam algum sentido (não todos eles), selecionamos todos os que faziam sentido, mas não era "eles" [...] Não era que lêssemos trabalhos acadêmicos sobre "uso sustentável" e fôssemos lá fazer isso [...] fomos lá olhar para a realidade das pessoas, o que estava acontecendo [...] *Não há mesmo outra alternativa.*[30] Se você não trabalhar com as pessoas, com o manejo dos animais, você não vai chegar a lugar algum [...]

Segundo Bodmer, a única alternativa existente é trabalhar com as comunidades locais. Não se trata de um conceito, mas de uma "imposição" da realidade. Ressalto esse ponto para não correr o risco de ser simplista e afirmar que as idéias resultam nos projetos, ou que grupos de cientistas chegam a determinados locais para aplicar as suas teorias. O processo é mais complexo, menos linear. Simplificadamente, os cientistas

---

[28] Grifo meu.
[29] Grifo meu.
[30] Grifo meu.

chegam com algumas teorias e alguns conceitos, o contato com a realidade local os leva a repensar alguns deles, confirmar outros, resultando em mudanças nas suas concepções. Leva também, em muitos casos, à ação, que, por sua vez, reflete-se em novos conceitos, que influenciam outros e assim sucessivamente. Contudo, o mais importante consiste em que os cientistas/conservacionistas mudaram as suas visões sobre conservação da biodiversidade e perceberam a impossibilidade de proteger a biodiversidade apenas colocando cercas e guardas, principalmente em áreas como a Amazônia, e a necessidade de se trabalhar com as populações locais.

Vale lembrar a afirmação de Lima (1996b)[31] quanto à adequação do "novo modelo de conservação da natureza, que reconhece a importância de conciliar conservação e desenvolvimento social" à situação regional, dado que a várzea é uma área de grande importância econômica para a região do Médio Solimões como fonte de recursos pesqueiros, madeireiros e agrícolas. O seu fechamento total afetaria não somente a população de pequenos produtores de residentes e usuários da RDSM, mas também a economia regional. Se fosse uma proposta de criar uma unidade de conservação de proteção integral, sem nenhuma forma de uso, o grande esforço de fiscalização e a oposição política provavelmente inviabilizariam a sua implementação. Do ponto de vista da biodiversidade, não era desejável criar uma unidade de conservação de menor extensão, "recortando" as áreas habitadas por populações humanas, porque elas ocupavam restingas altas, onde também havia maior quantidade de espécies (Márcio Ayres, entrevista pessoal, Belém, 23 de julho de 2001). No questionário enviado, uma das perguntas foi sobre a adequação do modelo à realidade amazônica, 41,4% dos respondentes o consideram como totalmente adequado e 51,7% como parcialmente adequado à realidade amazônica. Ninguém considerou pouco, ou nada adequado.

Adequação do modelo Mamirauá

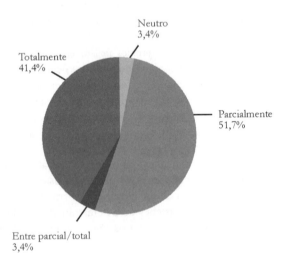

---

[31] Mencionada no capítulo 6.

Desse modo, a proposta pode ser considerada adequada porque estava em sintonia com a realidade/necessidade local das pessoas e da biodiversidade e com as idéias da comunidade epistêmica conservacionista. A institucionalização/legalização do modelo com a criação da Reserva de Desenvolvimento Sustentável (RDS), em 1996, como uma nova categoria de unidade de conservação, facilitou o processo por regularizar uma situação de fato, que havia sido legitimada pela prática.[32] Assim, não se tratou de "inventar" uma nova categoria e tentar implementar por decreto, mas de uma experiência que estava sendo concretizada e que necessitava de ser regularizada.

Trata-se, assim, de um modelo adequado à situação local, considerando tanto a relevância da biodiversidade em termos locais e globais, como as necessidades da população humana residente e do entorno. Desse ponto de vista, algo necessário no modelo é a pesquisa biológica e social. Conciliar conservação e desenvolvimento é um desafio para o qual se faz necessária uma base sólida de conhecimento que leve em conta fatores biológicos e sociais. Vale lembrar a unicidade do ecossistema de Mamirauá e as altas taxas de endemismo, bem como a existência de espécies ameaçadas de extinção. Ao lado dessa riqueza biológica de valor global, existem as populações humanas, cujas necessidades não podem ser ignoradas.

Desse modo, a pesquisa, tanto na área biológica como social, tem sido importante na história de Mamirauá, sendo um fator diferencial, pois cada decisão tende a ser informada com base no conhecimento dela resultante. A pesquisa foi o ponto de partida para o envolvimento das pessoas-chave e tem sido um elemento propulsor no processo, estando relacionada, entre outras coisas, à elaboração das propostas de criação das unidades de conservação Mamirauá e Amanã, ao desenho do Projeto Mamirauá e ao estabelecimento de um novo modelo de conservação, consolidado no Plano de Manejo da Reserva Mamirauá. O fato de serem pesquisadores que fazem parte dos círculos acadêmicos tem contribuído para atrair apoios institucionais, financeiros e recursos humanos (por exemplo, alunas e alunos das universidades que vão fazer estágios e pesquisas em Mamirauá; parte da equipe contratada hoje é composta por ex-alunos dos pesquisadores). Além disso, a criação do Instituto de Desenvolvimento Sustentável Mamirauá (IDSM) e a sua ligação com o Ministério de Ciência e Tecnologia (MCT) indicam o papel da pesquisa na condução das duas UCs. Nesse sentido, o papel da pesquisa é mais do que instrumental, pois está na própria origem do processo e pode ser considerada uma característica do modelo. A adequação desse modelo se deve ao fato de se ter conseguido combinar interesses dos pesquisadores em fazer ciência, ou produzir conhecimento acadêmico, com valores conservacionistas e sociais (desenvolvimento socioeconômico, melhoria da qualidade de vida) e com as necessidades e demandas das populações locais, sob a liderança de um biólogo e de uma antropóloga, que conseguiram perceber que era possível compor os diferentes interesses, embora não sem conflitos. Tudo isso teria de ocorrer num contexto favorável, tanto intelectualmente (mudanças no pensamento conservacionista transnacional), como da política global/internacional, sob a dinâmica da Rio'92.

Atualmente, o Instituto tem um contrato de gestão com o MCT, que lhe atribui o mandato de gerir as duas áreas protegidas (Mamirauá e Amanã) e garantir que as

---

[32] O Projeto começara as suas atividades com as comunidades locais da então Estação Ecológica Mamirauá, em 1990/91.

pesquisas se combinem com ações de conservação da biodiversidade e desenvolvimento sustentável por meio da atuação conjunta de pesquisadores, extensionistas e população local.

Um elemento que faz diferença tem sido a tentativa de combinar o conhecimento científico com o tradicional. Essa tentativa de combinação entre as duas formas de conhecimento representa uma alternativa às formas celebratórias, ou depreciativas, como muitas vezes tem sido tratado o "conhecimento tradicional". Eduardo Martins (SCM, CNPq, IPAAM, 1996, Prefácio I) afirma que as comunidades de Mamirauá acumularam um conhecimento significativo da região, apesar de incompleto, demonstrando que não é necessário um "conhecimento enciclopédico" para manejar a área. Todavia, desfez-se a crença de que as populações locais dispunham de todo o conhecimento da região. Desmitificou-se a visão de que essas populações têm todas as respostas. Por outro lado, a ciência também não tem todas as respostas. Assim, de acordo com Martins, a expectativa é de se estabelecer um processo em que se possa somar o conhecimento tradicional e o conhecimento formal. De modo geral, tem havido um predomínio do último, porém há exemplos em que ambos têm se combinado, como nas pesquisas sobre pirarucus (*Arapaima gigas*), em que a técnica usada de contagem e identificação dos indivíduos foi desenvolvida a partir da prática dos ribeirinhos. Ela tem a mesma precisão da técnica científica. Além disso, a relação entre pesquisadores e população local tem ocorrido desde o início, sendo que, sem guias, mateiros ou ajudantes, provavelmente as pesquisas científicas não poderiam ter sido realizadas. São os moradores locais que conhecem a região e sabem, inclusive, onde se encontram os animais e as plantas. Por outro lado, a possibilidade de trabalhar como assistentes de pesquisadores tem representado uma alternativa de geração de renda para alguns e a de contato com outro tipo de conhecimento (científico) e de aprendizado sobre a natureza (seu Afonso, seu Antônio Martins, dona Oscarina, entrevistas pessoais, agosto de 2001).

Existem, ainda, regras formais acordadas entre pesquisadores e comunidades durante as Assembléias. Os primeiros somente podem realizar pesquisas na área da Reserva com a anuência dos segundos. Há um compromisso de que os auxiliares de pesquisa seriam contratados entre os comunitários, o que faz sentido, pois são eles os conhecedores da área e isso já vinha ocorrendo anteriormente. Outro compromisso é de que os benefícios da pesquisa devem voltar para a população local, ou seja, os pesquisadores precisam apresentar os resultados para as comunidades e também buscar formas de que o conhecimento as beneficie.

Uma vantagem de curto prazo foram as oportunidades de trabalho para alguns ribeirinhos, como assistentes de pesquisa e de extensão, que contribuíram para que esses percebessem a implementação do Projeto Mamirauá como algo que lhes era benéfico e, de certa forma, serviram para compensar os custos de se implantar o uso sustentável e das restrições impostas pela conservação da biodiversidade. Contudo, no longo prazo, essa vantagem não se sustenta, pois projetos acabam e há o risco de criar dependência. Daí a necessidade de se investir em alternativas econômicas para que as comunidades consigam se manter. Isso vem ocorrendo por meio de empreendimentos como ecoturismo, artesanato, programa de pescado, agricultura e manejo florestal comunitário que, aos poucos, se estabelecem como formas de geração de renda.

Assim, pode-se considerar que faz parte do modelo a tentativa de combinar interesses de diferentes atores (pesquisadores, conservacionistas, governo estadual e população local). Isso, na minha visão, foi decisivo para a consolidação institucional do Projeto

Mamirauá. Essa pergunta fez parte do questionário enviado. Pela média (4,36), tem-se que os respondentes concordam parcialmente com esse fator no estabelecimento institucional de Mamirauá. Porém, a média foi puxada para baixo, pois 44,8% deles concordam totalmente e 41,4% parcialmente, sendo que 10,3% não tem posição sobre o assunto.

Entre ambientalistas de órgãos governamentais e ONGs tem se espalhado a percepção de que "RDS e Resex (Reserva Extrativista) são a mesma coisa". A RDS "tem como objetivo básico preservar a natureza e, ao mesmo tempo, assegurar as condições e os meios necessários para a reprodução e a melhoria dos modos e da qualidade de vida e exploração dos recursos naturais das populações tradicionais" (SNUC, Lei nº 9.985, de 18 de Junho de 2000, Artigo 20). Enquanto, a Resex "tem como objetivo básico proteger os meios de vida e a cultura dessas populações, e assegurar o uso sustentável dos recursos naturais da unidade". (SNUC, Lei nº 9.985, de 18 de Junho de 2000, Artigo 18). Há semelhanças. As duas são, de acordo com o SNUC, unidades de uso sustentável, habitadas por populações humanas, que utilizam os recursos naturais para sobreviver. Ambas expressam uma convergência socioambiental, a Resex com uma raiz mais ligada aos movimentos populares e a RDS com uma raiz na ciência biológica. Entretanto, existem diferenças fundamentais, fruto do processo histórico de cada uma dessas categorias. A Resex nasceu no Acre como resultado da luta dos seringueiros pela terra. Esses estavam perdendo os seus espaços (seringais) para fazendeiros que vinham de outras regiões destruindo a floresta para plantar ou criar gado. Com o apoio, principalmente de antropólogos, eles começaram a se organizar para garantir seu direito à terra. Aos poucos, percebeu-se que essa luta também abrangia a proteção da floresta e que se tratava também de garantir a sustentabilidade de um modo de vida. Isso propiciou uma aliança com o ambientalismo transnacional e a concepção de um modelo que, ao mesmo tempo, garantisse o direito coletivo à terra, a manutenção do recurso natural do qual dependiam e a proteção da floresta.

Conforme descrito, a RDS nasceu no Estado do Amazonas, praticamente na mesma época, pela mobilização de pesquisadores, a partir de um objetivo conservacionista, que reconhece que a biodiversidade tem valores de uso e não-uso. No âmbito do conservacionismo, são estabelecidos, a partir de critérios biológicos e sociais, áreas prioritárias para conservação. Muitas delas, como Mamirauá, são habitadas também por populações humanas. Como se sabe, na Amazônia, trata-se de grande extensões, sendo social e politicamente inviável e injusto remover as pessoas, que têm direitos que devem ser reconhecidos. Elas podem se tornar aliadas da conservação, inclusive contribuindo para a fiscalização. No entanto, são necessárias regras bem definidas de uso sustentável, seguindo um zoneamento, que separa zonas de preservação permanente de outras em que há uso. Isso torna o manejo dessas áreas uma tarefa mais complexa e que demanda conhecimento científico e tradicional, diferente daquele que visa manter os recursos naturais que garantem um modo de vida, como é o caso das Resex.

Nesse sentido, as duas categorias não são iguais, mas *complementares* e adequadas à realidade amazônica. As Resex podem ser mais genericamente difundidas, pois objetivam manter modos de vida sustentáveis, o que é compatível com a proteção da floresta e dos ciclos naturais em toda a Amazônia e em outras partes do país. Os seus benefícios para as comunidades tendem a ser mais diretos e incorporados no curto prazo, sendo que a sociedade também se beneficia da proteção da floresta, por meio dos serviços ambientais que são mantidos. A RDS é mais adequada a áreas que têm um ou mais atributos pelos quais são consideradas prioritárias para conservação da biodiversidade. Os benefícios de uma RDS para as comunidades tendem a ser mais de longo prazo, embora também haja benefícios diretos e mais imediatos. Do ponto de vista do benefício público, além dos serviços ambientais, a biodiversidade, como valor de uso e não uso, é protegida.

As regras de uma RDS, quanto ao uso dos recursos naturais, tendem a ser mais rígidas, pois está em jogo o interesse pela biodiversidade, sendo que nem sempre conservação e uso são compatíveis e, para garanti-la, sempre será necessário manter áreas intocáveis de preservação permanente dentro da reserva. Nesse sentido, cabe à sociedade como um todo, que é a maior beneficiária da conservação da diversidade biológica e dos serviços ambientais, contribuir para compensar os custos mais altos assumidos diretamente pelas populações que habitam uma RDS.

Uma questão ainda não equacionada nos dois modelos está relacionada aos impactos ambientais da melhoria de renda das populações humanas – desenvolvimento econômico-social, objetivo perseguido nas duas categorias. Uma melhor qualidade de vida é algo desejável, ético e de justiça social. Contudo, isso leva aos mesmos dilemas enfrentados nas cidades. Melhorar os padrões materiais de vida pode significar maior demanda por energia, água, recursos biológicos e um crescimento na produção de resíduos sólidos e outros, ou seja, mais lixo não-biodegradável, que vai se acumular e poluir. Existe ainda a possibilidade de um maior crescimento populacional. Tudo isso vai ter impactos no ambiente. Por outro lado, não é certo "condenar" as pessoas que vivem em unidades de conservação a níveis considerados de "subsistência". Muitas vezes, as suas atividades econômicas são de baixo impacto justamente por estarem nesses níveis. Essa é uma questão em aberto, que ainda precisa ser mais debatida e solucionada. Toda a sociedade deveria estar envolvida nisso, principalmente porque as populações urbanas tendem a se beneficiar das unidades de conservação sem arcar com seus custos

8.3.2 ARRANJOS INTERINSTITUCIONAIS (SCM, CNPQ, IPAAM) E COOPERAÇÃO INTERNACIONAL

Os arranjos de cooperação internacional e interinstitucional têm viabilizado a iniciativa de Mamirauá, tanto do ponto de vista financeiro como político e legal. Desses, fizeram parte uma ONG brasileira, Sociedade Civil Mamirauá (SCM), criada pelo Grupo de Belém; o governo federal, por meio do CNPq e da Agência Brasileira de Cooperação-ABC; o governo do Estado do Amazonas, por meio de seu órgão ambiental, IPAAM; o governo britânico, por meio de sua agência de cooperação técnica internacional, DFID; ONGs internacionais como WCS, WWF-UK, CI; e grupos locais, na sua maioria ligados à Igreja Católica (Prelazia de Tefé, Amazonas). Mais recentemente, o IDSM substituiu a SCM na gestão da RDSM. Além disso, têm sido captados fundos de outras organizações e de outros governos de países do Norte, do PP-G7, da União Européia e de outras fundações nacionais e internacionais, como a Fundação Boticário e Fundação Margaret Mee, entre outras.

Para se situar o caso Mamirauá, é importante ter em mente que ele retrata o encontro de atores que provêm de diferentes níveis de atuação política. Trata-se de indivíduos e instituições governamentais estaduais e federais, agências governamentais de outros países e ONGs nacionais e internacionais. Além disso, as relações estabelecidas com lideranças comunitárias têm sido importantes para aceitação local da iniciativa e para criar e consolidar os mecanismos de participação na gestão da RDSM. Por outro lado, uma dificuldade reconhecida por membros do projeto, principalmente na sua Fase I, e que, em certa medida, persiste, são as relações com autoridades de Tefé e com pescadores clandestinos (que não são parte da Colônia de Pescadores). Esses últimos organizaram grandes invasões à Reserva, apoiadas por alguns políticos.

Um aspecto interinstitucional praticamente inexistente são as relações com outras ONGs atuantes na Amazônia. Contudo, isso parece ser comum no contexto amazônico. Trata-se de um cenário complexo, sendo que existem cooperação, competição e conflitos entre as ONGs que lá atuam. Na perspectiva de Ruffino (Mauro Luis Ruffino, coordenador executivo PROVÁRZEA, PP-G7, entrevista pessoal, Brasília, 25 de julho de 2002), as ONGs tendem a ser "territorialistas". Cada uma age num determinado espaço, têm dificuldades em "compartilhá-lo" e em deixá-lo quando os trabalhos são concluídos, tendendo a ser defensivas em relação a ele. Existe competição entre elas, principalmente devido a questões de sobrevivência institucional. No entanto, não se trata de algo premeditado, refletindo na falta de tentativa de diálogo. Parte do problema se dá porque a maioria dessas organizações tem um excesso de atividades, focaliza apenas a sua área de atuação e acaba não dedicando tempo para construir esse tipo de relação.

Na implementação do Projeto Mamirauá, embora as instituições brasileiras pertencessem a diferentes níveis administrativos (uma ONG, um órgão federal e um estadual), foi possível construir um arranjo cooperativo, pois não havia conflitos, ou choques de jurisdição. Nenhum dos órgãos governamentais envolvidos tinha um passado ligado à questão de unidades de conservação. O órgão ambiental do estado do Amazonas, inicialmente era a SEMACT, depois IMA e por último IPAAM, e não tinha uma tradição forte em relação a UCs. Além disso, se não fosse uma unidade de conservação estadual, provavelmente enfrentaria dificuldades com o IBAMA, que não permitiria que se iniciasse um projeto numa estação ecológica (LIMA, 1999).

Outro fator institucional foi a participação do CNPq, que cresceu durante o processo. No início, tratava-se mais de cumprir uma formalidade requerida pelo Programa de Cooperação Bilateral Brasil-Reino Unido. Além da ONG nacional, era necessária uma instituição governamental. Com o passar do tempo, houve mudanças na direção do órgão e mudou a sua forma de participação. Aqui também fez diferença um indivíduo, José Galizia Tundisi, biólogo e ambientalista que, na presidência do CNPq, decidiu assumir Mamirauá como projeto ligado ao órgão. Isso significou um aumento de recursos da parte brasileira e o início do processo de institucionalização do Instituto de Desenvolvimento Sustentável Mamirauá-IDSM. A criação do IDSM representa atualmente uma garantia de continuidade institucional e financeira, por meio de um contrato de gestão com o MCT, com repasse de recursos da União. Isso é fundamental para Mamirauá hoje, pois, com a conclusão do Projeto Mamirauá, cessaram os recursos do DFID e, conforme argumentado, as mudanças no contexto internacional dificultaram a obtenção de fundos para iniciativas desse tipo.

Ademais, as relações com o Ministério do Meio Ambiente (MMA) não têm sido muito significativas. No período inicial, houve apoio do Fundo Nacional do Meio Ambiente (FNMA), provavelmente porque quem estava à frente do Fundo era Eduardo Martins, posteriormente presidente do IBAMA. Ele nomeou Márcio Ayres como um dos seus diretores. Pelo que consta, foi o único período de relacionamento mais próximo entre a área ambiental federal e Mamirauá. Até o momento, não existem convênios formais entre o IDSM e o MMA. As relações são indiretas, por meio de Projetos do PP-G7 (PROVÁRZEA, PROMANEJO, Corredores Ecológicos) e do Proecotur. Assim, embora haja um objetivo claramente socioambiental, o vínculo mais forte no nível federal continua sendo o MCT. A relação com o órgão ambiental governamental se dá no nível estadual, porque Mamirauá e Amanã pertencem ao Estado do Amazonas.

Conforme mencionado, ao final do projeto as relações com a agência de cooperação britânica não foram tão amigáveis, tendo sido marcadas por conflitos administrativos e perspectivas diferentes quanto à condução de diversos trabalhos. Todavia, esse relacionamento foi, na sua maior parte, positivo, garantindo uma situação relativamente "confortável" quanto aos recursos materiais e margem ampla de decisão para implementar as diversas atividades no campo, contratar pessoal, construir a infra-estrutura. A posição flexível do DFID, na maior parte do período de existência do projeto, permitiu uma grande liberdade à SCM na sua direção e implementação. Do outro lado, a SCM tinha posições firmes e a consciência de que deveria conduzi-lo de acordo com os seus próprios princípios e não ser "terceirizado". Essa característica, que marcou boa parte do relacionamento, não é a regra nas relações da cooperação bilateral entre um órgão governamental de um país do Norte e uma ONG de um país do Sul. A tendência geral é de uma presença mais forte do órgão doador na direção dos trabalhos, podendo chegar a extremos, não-desejáveis, em que a ONG, ou outra instituição do país em desenvolvimento, passa a ser uma mera implementadora, uma forma de "terceirização", em que a "cooperação" se torna um processo de transferência de "receitas" dos doadores para ser colocada em prática pelos implementadores.

Vale notar que os arranjos interinstitucionais e a cooperação internacional têm sido a base de sustentação da iniciativa de Mamirauá. Entretanto, os indivíduos tiveram papéis preponderantes em relação às instituições, principalmente quanto à elaboração e proposição do projeto. Num primeiro momento, foram eles que importaram, e não tanto as instituições a que estavam vinculados. O projeto foi elaborado e proposto ao WWF-UK e ao DFID por um grupo de indivíduos (Márcio Ayres e seus amigos, conforme Gordon Armstrong, entrevista pessoal, Tefé-AM, 15 de agosto de 2001), ligados a instituições diferentes, sendo que esses indivíduos não agiram em nome de uma instituição específica, tanto que a proposta foi considerada "multi-institucional"[33] pelos doadores que estimularam a criação da ONG – SCM.[34] Nesse sentido, o conceito de rede (comunidade epistêmica) contribui para explicar como o processo foi iniciado, sendo que o conceito de regime global de biodiversidade permite visualizar as relações interinstitucionais, internacionais e transnacionais que foram estabelecidas. O sucesso do Projeto Mamirauá pode ser constatado pela existência desses arranjos e pela sua institucionalização com a criação da SCM, da RDSM e do IDSM

8.4 MAMIRAUÁ E REGIME GLOBAL DE BIODIVERSIDADE

No capítulo 4, procurei construir uma abordagem baseada no conceito de regime global de biodiversidade, mais abrangente e anterior ao regime internacional de

---

[33] Cf. capítulo 6, onde relato as cartas trocadas entre John Robinson, WCS, ex-WCI, Márcio Ayres e o presidente do CNPq, em 1991.
[34] Cf. capítulo 6, sobre criação da SCM.

biodiversidade.[35] Essa abordagem contempla a conexão entre a dimensão global e local, principalmente no tocante à conservação *in situ* da biodiversidade. Essa perspectiva contribui ainda para evidenciar o papel das redes transnacionais, em particular, da comunidade epistêmica conservacionista, chamando a atenção para a "sintonia" existente entre "elementos balizadores" – princípios e objetivos globais – e iniciativas locais.

Mamirauá pode ser considerado uma "manifestação" do regime global de biodiversidade. O conceito ajuda a visualizar o caso num contexto mais amplo e a analisá-lo a partir de uma perspectiva das relações internacionais (RI), enquanto disciplina acadêmica. Desse ponto de vista, não se trata de um caso isolado. Existem no mundo experiências semelhantes, denominadas projetos integrados de conservação e desenvolvimento (ICDP), de conservação baseada na comunidade (CBC), de manejo comunitário de recursos naturais (CBNRM) ou outras denominações, dependendo das agências envolvidas. Muitas são também implementadas em localidades relativamente remotas, sobre as quais agem dinâmicas transnacionais, evidenciadas por redes de pesquisadores/conservacionistas que atraem recursos de grandes ONGs e de agências bilaterais ou multilaterais de cooperação. Assim, uma abordagem mais ampla evidencia a "sintonia" da iniciativa de Mamirauá com princípios e objetivos globais conservacionistas e revela suas outras interfaces, como a transnacional (fluxo de conhecimento, idéias, recursos financeiros), a internacional (cooperação técnica Brasil-Reino Unido), a regional (IPAAM) e a nacional (CNPq, MCT). O que chama a atenção é o fato de que foi o grupo de pesquisadores vinculado à rede transnacional conservacionista, que "puxou" os atores dos níveis internacional, nacional e regional para o local.

8.4.1 ELEMENTOS BALIZADORES

A experiência de Mamirauá pode ser enquadrada na moldura da CDB, considerando que seus princípios e objetivos estão de acordo com o estabelecido na Convenção. No Plano de Manejo (SCM, CNPq, IPAAM, 1996, p. 13-14), declara-se que o interesse mundial pela conservação da biodiversidade torna o Brasil uma das áreas mais estratégicas neste cenário, pois é um dos 5 países mais ricos do planeta neste aspecto [...]. Nesse contexto afirma-se que a Amazônia talvez represente mais de 10% da biodiversidade total do planeta e 20% de toda água doce disponível, sendo que a noção de que se trata de "dois recursos estratégicos, biodiversidade e água", é declarada no documento. Isso evidencia uma sintonia com os debates em torno da questão no nível mundial, em particular, em relação à "soberania nacional"[36] sobre os recursos biológicos.

Na versão resumida do Plano de Manejo (SCM, CNPq, IPAAM, 1996, p. 11), ressalta-se entre os objetivos [...] Esta unidade é única não apenas pela sua relevância biológica, mas também porque é a primeira UC brasileira a tentar conciliar a conservação da biodiversidade com o desenvolvimento sustentável [...]. Isso está em sintonia com os objetivos da Convenção, no que diz respeito à conservação e uso sustentável da

---

[35] Cf. capítulo 3 deste trabalho, para conceito de regime internacional, segundo a literatura teórica de RI. A efetividade de um regime é avaliada pelas respostas dos estados às instituições internacionais. No caso do regime internacional da biodiversidade, o documento básico é a Convenção e os atores-chave são os estados nacionais, sendo que o documento é considerado pouco efetivo desse ponto de vista.

[36] Cf. capítulo 2 deste trabalho. Argumento desenvolvido por Alencar (1995) sobre processo de negociação da Convenção sobre Diversidade Biológica que "converteu-se em um fórum de debates sobre questões sensíveis de clivagem Norte–Sul".

biodiversidade. O Plano de Manejo de Mamirauá aponta (p. 12) o desafio de ser "uma das primeiras experiências em manejo na qual o homem é considerado como parte do ecossistema", o que expressa uma convergência socioambiental sintonizada com os princípios gerais subjacentes da CDB. A própria denominação da categoria da unidade de conservação "Reserva de Desenvolvimento Sustentável" também aponta para isso. Relembrando o argumento de Alencar (1995, p. 121-122, 123), a partir de 1991, a Convenção de Biodiversidade[37] foi transformada num acordo global sobre *desenvolvimento sustentável*, como decorrência da sua inclusão na agenda da Conferência do Rio, não somente por ser um dos documentos que seria aberto para assinatura naquela ocasião mas, também, por ser um tema abordado pela Agenda 21 (Capítulo 15).

Observa-se que outros tratados internacionais conservacionistas também devem ser levados em consideração para garantir a proteção da biodiversidade no nível local. Nesse sentido, além da CDB, Mamirauá pode ser relacionada à Convenção de Ramsar, à CITES e à Convenção sobre Patrimônio Mundial. De acordo com o Plano de Manejo (SCM, CNPq, IPAAM, 1996, p. 11), a RDSM integra uma lista de unidades de conservação da Amazônia relevantes para a constituição de uma Reserva da Biosfera.

Quanto à Convenção de Ramsar, a então Estação Ecológica Mamirauá (EEM) foi indicada pelo governo brasileiro para constar na Lista de Áreas Úmidas de Importância Internacional, tendo sido incluída durante a Conferência das Partes (COP) de Sushiro, Japão, em junho de 1993, por ser considerada a maior área protegida de floresta alagada existente no mundo. Assim, além de um projeto de conservação da biodiversidade e desenvolvimento sustentável, e uma UC estadual, Mamirauá tornou-se "uma área úmida de importância internacional". Ao que parece, isso fez parte da estratégia de aumentar o grau de proteção do *habitat* (várzea), já que a sua inclusão na Lista da Ramsar ocorreu durante a implementação do Projeto Mamirauá, um resultado de articulações entre o pessoal do projeto, WWF-UK, o governo do Estado do Amazonas e o governo federal.

Embora a Convenção de Ramsar não tenha muita projeção no Brasil, internacionalmente ela é considerada importante pelos conservacionsitas. O fato de fazer parte da lista internacional de áreas úmidas é positivo para a RDSM. Isso motivou o WWF-UK a incentivar a SCM, tendo contribuído na elaboração da proposta de inclusão da Reserva na lista da Convenção (Sandra Charity, entrevista pessoal, Goldaming, 25 de abril de 2003).

A RDSM também se encontra sob influência da CITES. Diversas espécies existentes na Reserva constam nos Anexos I ou II da Convenção. Isso tem importância na medida em que vão se desenvolvendo propostas de usos sustentáveis de espécies listadas, pois isso influencia as decisões do IBAMA de permitir ou não certos usos. Por exemplo, o jacaré-açu está no Anexo I. Entretanto, num *workshop* em Manaus, em 2000, ficou decidido pelos *vice-chairmen* do Crocodile Specialist Group do IUCN/SSC, que deveria ser enviada uma solicitação ao secretariado da CITES, pedindo a mudança do Anexo I para o II de toda a Amazônia brasileira, mas com liberação do comércio apenas para Mamirauá (Ronis da Silveira, por correio eletrônico, 26 de fevereiro de 2003). Essa mudança no *status* do jacaré-açu junto à CITES vai ser uma peça nas negociações com o IBAMA relativas à utilização dessa espécie.

---

[37] Segundo Alencar (1995), a Convenção de Biodiversidade foi concebida inicialmente como uma convenção conservacionista global, voltada para a proteção dos recursos biológicos, tendo sido denominada Convention on the Conservation of Biological Diversity.

Outro instrumento que, embora não seja um tratado internacional, tem um papel na proteção das espécies da RDSM (e da RDSA), são as listas da IUCN em que constam espécies animais e vegetais e seus *status* de ameaça. Essas servem para indicar ou reforçar a necessidade de proteger determinadas espécies encontradas na reserva.

Como uma unidade de conservação, a RDSM pode também ser classificada de acordo com o Sistema Mundial de Áreas Protegidas, desenvolvido pela IUCN, que classifica as áreas conforme os objetivos de manejo. No caso, trata-se de uma unidade que se enquadra como Categoria VI.[38] Atualmente, a IUCN não tem desempenhado papel tão importante na conservação como no passado. Entretanto, o reconhecimento da União quanto às novas perspectivas sobre áreas protegidas contribuiu para que as mudanças fossem aceitas. O seu sistema de classificação tem abrangência mundial, foi reconhecido pelas Nações Unidas e serve para dar uma visão geral dos tipos de áreas protegidas existentes nos diversos países, o que é útil para se pensar globalmente a proteção da biodiversidade.

Todos esses instrumentos internacionais são úteis do ponto de vista da implementação de iniciativas locais, e relacioná-los a tais iniciativas acaba fazendo parte da estratégia das redes conservacionistas de aumentar o grau de exposição e atenção sobre uma área, o que visa garantir maior proteção. Muitas vezes, trata-se de reforçar uma norma jurídica já existente no nível doméstico, ou aumentar a consciência dos atores políticos. Contudo, isso demonstra que localmente esses instrumentos se encontram, embora sejam tratados separadamente no nível internacional. Desse modo, ao mencionarem determinada localidade, eles são invocados, buscando reforçar sua importância em termos de conservação.

Conforme argumentado, a experiência de Mamirauá pode ser relacionada também às idéias que circulavam na rede transnacional conservacionista e, em particular, às mudanças teóricas na biologia da conservação. Com o estabelecimento da RDSM, tem se buscado conciliar conservação da biodiversidade e desenvolvimento sustentável por meio de atividades de uso direto e indireto dos recursos biológicos, ressaltando ainda o valor de não-uso da biodiversidade.

Outro conceito relevante é o de corredores ecológicos, incorporado pelo PP-G7 a partir de um estudo elaborado por Márcio Ayres e Hélder Queiroz da SCM e Gustavo Fonseca da CI-Brasil. Trata-se de uma proposta ousada por pensar a proteção da biodiversidade, para além das áreas protegidas, incluindo reservas particulares e áreas de interstício. Assim, pretende-se ligar todas essas áreas num "corredor", por meio de ações integradas e uma gestão descentralizada. Esse conceito foi desenvolvido com base em conhecimento científico, propondo que a conservação e preservação da biodiversidade dependem também da circulação genética, que pode existir se houver ligações entre as áreas. O PP-G7 incorporou o conceito e propôs, inicialmente, criar dois corredores ecológicos: Corredor Central da Mata Atlântica e Corredor Central da Amazônia. Mamirauá faz parte desse último, assim como a RDS Amanã e o Parque Nacional do Jaú. Assim, ao se pensar a RDSM, deve-se também considerar as questões relativas à implantação do corredor mencionado, as dinâmicas do PP-G7 e as instituições envolvidas no processo. A existência desse projeto no PP-G7 é outro indicador da influência dos pesquisadores conservacionistas

---

[38] Em uma busca na rede mundial de computadores, encontrei um página cujo título era "Exemplos de Categoria VI". Mamirauá não estava entre eles, mas a RCTT, no Peru, estava.

nas políticas públicas brasileiras. Vale lembrar que a idéia de corredores ecológicos não é exclusiva. Além da proposta do PP-G7, há outras no Brasil e no mundo. Uma das experiências mais conhecidas é a do Corredor Meso-Americano, na América Central. Todas essas experiências podem ser enquadradas no âmbito do regime global de biodiversidade.

A "sintonia" entre diversas iniciativas locais como Mamirauá e o teor dos debates, os princípios gerais e os objetivos da CDB e de outras convenções e instrumentos revela a conexão global-local existente nessas iniciativas. O Projeto Mamirauá serviu como a ligação entre o local e o global, tanto do ponto de vista da sua proposta como da participação de atores transnacionalizados. Como tal, pode ser enquadrado no regime global de biodiversidade.

8.4.2 Atores e o papel da comunidade epistêmica conservacionista

Quanto aos atores, o Projeto Mamirauá não foi uma iniciativa estatal, mas de Márcio Ayres e um grupo de pesquisadores, vinculados à rede transnacional conservacionista. O grupo institucionalizou-se como uma ONG (SCM). A proposta atraiu o apoio de ONGs internacionais como WWF-UK, WCS e CI, de uma agência bilateral DFID, da União Européia, do CNPq, entre outros. Dentre esses, o governo britânico e o CNPq apoiaram parte considerável da iniciativa. Entretanto, o papel de protagonista não coube a órgãos estatais. A participação do governo do Estado do Amazonas e do governo federal foi secundária. Como projeto, esteve vinculado todo o tempo ao CNPq, mas não teve relação direta com a política nacional para a área de biodiversidade, que tem estado a cargo do MMA.[39] Por exemplo, nem o Projeto nem a categoria RDS aparecem no "Primeiro Relatório Nacional para a Convenção sobre Diversidade Biológica – Brasil" (MMA, 1998). Ao final, foi criado o IDSM, uma instituição privada com fins públicos, vinculada ao MCT, por meio de um contrato de gestão, podendo ser considerado um ator "híbrido" (governamental/não-governamental). Trata-se, assim, de uma gama de atores envolvidos, que são apreendidos por uma abordagem ampla de regime de biodiversidade, mas que seriam excluídos se o foco fosse a implementação da Convenção *strictu senso* – regime internacional.

No processo de elaboração e implementação do Projeto Mamirauá e estabelecimento da RDSM, os atores proeminentes foram os indivíduos. Márcio Ayres liderou a ação e sua rede de relações pessoais e profissionais representou oportunidades de inovação e expansão. Ayres pode ser considerado um "indivíduo com superpoderes" (FRIEDMAN, 1999, p. 36), ou um indivíduo cujas capacidades analíticas se expandiram (ROSENAU, 1990), o que somente se tornou possível no cenário globalizado. O fato de ter estado conectado transnacionalmente a outras pessoas que compartilhavam valores e conhecimento fez

---

[39] A política nacional na área estruturou-se no "PRONABIO" (Programa Nacional da Diversidade Biológica), criado por Decreto (n° 1.354), em 29 de dezembro de 1994, "cumprindo compromisso assumido na CDB" (MMA, 1998), sendo que o "PROBIO" (Projeto de Conservação e Utilização Sustentável da Diversidade Biológica Brasileira) resultou de um acordo de doação, firmado em junho de 1996, entre o governo brasileiro e o Fundo para o Meio Ambiente Mundial (GEF)/Banco Internacional de Reconstrução e Desenvolvimento (BIRD). Esse Projeto do MMA contou inicialmente com cerca de US$ 20 milhões, por cinco anos, apoiando a realização de pesquisa aplicada e o desenvolvimento experimental de projetos demonstrativos e avaliações, por meio de editais. O primeiro teve recursos financeiros equivalentes US$ 4 milhões. A título de comparação, a Fase II do Projeto Mamirauá contou com cerca de 2.810.000 de libras esterlinas (US$ 4.215.000), de outubro de 1997 a junho de 2002.

diferença no processo, pois contribuiu para projetar Mamirauá nacional e internacionalmente, atraindo apoio político e recursos para implementar o projeto.

A presença de atores ligados à comunidade epistêmica da biologia da conservação e à rede transnacional conservacionista ajuda a compreender a relação entre o global e o local, que se manifesta nos objetivos do Projeto Mamirauá e as suas semelhanças com o que ocorre em outras localidades do planeta, estando todos mais ou menos "sintonizados" com o que está expresso na Convenção sobre Diversidade Biológica. Por outro lado, a "sintonia" maior se verifica entre o projeto e os desenvolvimentos conceituais existentes no âmbito das grandes ONGs internacionais conservacionistas, conceitos esses que, por sua vez, foram assimilados pelas agências bilaterais e multilaterais de cooperação. Entre eles, estão os de conservação baseada na comunidade, projetos integrados de conservação e desenvolvimento, manejo comunitário de recursos naturais. Desse modo, a presença de atores transnacionalizados faz a ligação entre o global e o local e "explica", em grande medida, as semelhanças entre iniciativas locais espalhadas pelo mundo, baseadas principalmente na aplicação de conceitos semelhantes, sendo que o conceito de comunidade epistêmica ajuda a visualizar o elo com o regime global de biodiversidade.

O "enraizamento" do Projeto Mamirauá – a incorporação da idéia de conciliar a conservação da biodiversidade e desenvolvimento sustentável pela população local – tem sido promovido por meio de alianças com atores locais. Trata-se de indivíduos/líderes ligados a uma rede que se construiu localmente com base nos valores e objetivos do Movimento de Preservação de Lagos e do MEB, da Prelazia de Tefé. Assim, para o estabelecimento da RDSM, houve o encontro de uma rede transnacional e uma local.

Nesse sentido, o conceito de regime global de biodiversidade apreende uma gama complexa de atores e suas interações, que ocorrem nos níveis transnacional, transgovernamental e internacional.

8.4.3 Dinâmicas de trocas de recursos e de conhecimento

O fluxo de recursos financeiros e técnicos para países em desenvolvimento é um outro aspecto do regime global de biodiversidade. A direção e volume desses recursos depende em grande parte das diretrizes gerais das organizações bilaterais (USAID, GTZ, DFID etc) e multilaterais (Banco Mundial/GEF, BID, PNUD) e das grandes ONGs. Por outro lado, as redes transnacionais influenciam as políticas dessas organizações, em maior ou menor medida. Na época em que várias experiências como Mamirauá foram iniciadas, havia um contexto que favoreceu essas iniciativas, já que as diretrizes das agências de cooperação e das grandes ONGs iam na direção de princípios socioambientais e, mais especificamente, de integrar conservação e desenvolvimento.

O contexto favorável foi uma condição para o Projeto Mamirauá deslanchar e para que a iniciativa atingisse sua atual dimensão. Ayres, Lima e o grupo de pesquisadores perceberam as oportunidades existentes. Para tal, as redes de relações foram cruciais. Isso é evidenciado tanto pela sintonia da proposta com as idéias sobre conservação da biodiversidade que circulavam globalmente, como pela disponibilidade de fundos e apoios recebidos.

Uma dinâmica de trocas de conhecimento também pode ser observada no caso Mamirauá. Os fluxos de conhecimentos técnicos têm ocorrido por meio da presença de consultores internacionais e nacionais que, por sua vez, aprendem com a experiência e levam esse aprendizado para outros lugares. Deve-se destacar, ainda, os fluxos de conhecimento científico *de e para* Mamirauá. A presença de cientistas e pesquisadores tem sido uma constante e um diferencial em relação a muitos projetos. Desse modo, produziu-se uma quantidade considerável de conhecimentos sobre a área. Isso é relevante porque revela a contrapartida dos recursos técnicos e financeiros. De modo geral, quando se pensa cooperação internacional, focaliza-se apenas a direção dos recursos. Entretanto, principalmente em relação à biodiversidade, além do interesse na sua preservação e conservação, há aquele relativo ao conhecimento sobre ela. Trata-se de um interesse compartilhado pelos indivíduos (pesquisadores), ONGs e agências governamentais dos países do Norte e do Sul. Daí a necessidade de se levar em consideração a produção do conhecimento, os seus fluxos e como os seus benefícios são compartilhados.

As tecnologias de comunicação e informação, o fato de ser um local considerado prioritário em termos de conservação da biodiversidade global, e o fato de fazer parte das dinâmicas de produção de conhecimento científico tornam Mamirauá uma área conectada. Ao se identificar a área, estabelecê-la como prioritária, elaborar um projeto e torná-la uma UC, foi estabelecido um sistema de comunicação, baseado em rádios, telefone, fax e na rede mundial de computadores (*Internet*), "conectando" pesquisadores, extensionistas, comunitários, ONGs, agências bilaterais e multilaterais de cooperação internacional, órgão estadual do meio ambiente (IPAAM), CNPq e Ministério de Ciência e Tecnologia. Além disso, os fluxos de informação e conhecimento de Mamirauá para o mundo e vice-versa aumentaram consideravelmente. Basta conferir a quantidade de artigos científicos e de divulgação publicados, relatórios das agências governamentais nacionais e estrangeiras, bem como os vários documentários e vídeos produzidos por redes de televisão como BBC e Globo. Isso tudo relativiza a distância geográfica e o isolamento. Durante a existência do projeto, Mamirauá, em certos momentos, estava mais próxima de Belém, Londres e Brasília (em termos de troca de conhecimento, recursos financeiros, comunicação) do que de Tefé.

O regime global abrange, assim, vários níveis de relações. Entre o global e o local, inserem-se dinâmicas que são transnacionais, como o fluxo de idéias e conceitos baseados em conhecimento científico e de recursos das ONGs. Outras dinâmicas são internacionais, como o fluxo de recursos materiais de agências de cooperação do Norte, que seguem a lógica da política interestatal e das políticas externas dos países doadores e receptores de cooperação técnica e financeira. No caso de experiências locais, como Mamirauá, elas se viabilizam como projetos, sustentados pela cooperação em vários níveis de relações. Mamirauá se viabilizou por meio da cooperação do DFID, que é um exemplo de cooperação bilateral, pautada por um acordo entre dois estados nacionais: Brasil e Reino Unido (relações interestatais). O envolvimento do CNPq e as relações desse órgão com as ONGs internacionais,[40] ou com a agência britânica, exemplificam relações transgovernamentais pois, no caso, o CNPq não agia em nome do governo brasileiro. A cooperação e apoios do WCS, WWF-UK, CI são manifestações de relações transnacionais.

Inserem-se, ainda, dinâmicas nacionais e regionais, relacionadas ao sistema político-administrativo do país em que se insere a ação local. No Brasil, trata-se de um sistema baseado em três níveis de poder: federal, estadual e municipal. Na implementação do Projeto Mamirauá, esses três níveis tiveram participação em maior ou menor grau.[41]

---

[40] Uma evidência dessas relações ocorreu durante o processo de negociação do Projeto, ilustrada pela troca de correspondências entre WCS (na época WCI) e CNPq, em que se tentava construir um arranjo institucional para viabilizar a sua implementação (capítulo 7, deste trabalho).
[41] De acordo com os relatórios do Projeto, as maiores dificuldades foram no nível municipal.

8.4.4 Valor demonstrativo global

Existem, espalhadas em diversos países e também no Brasil iniciativas semelhantes a Mamirauá do ponto de vista do objetivo de conciliar conservação da biodiversidade e desenvolvimento. No questionário enviado aos especialistas, perguntei quantas experiências são conhecidas por eles.

Experiências que visam conciliar conservação da biodiversidade e desenvolvimento. Você conhece:

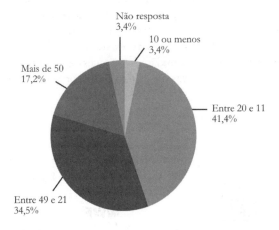

A iniciativa de Mamirauá é considerada uma das mais relevantes no Brasil e no mundo, em comparação com outras experiências semelhantes, o que evidencia seu valor do ponto de vista do regime global de biodiversidade.

Numa perspectiva global, Mamirauá, em comparação com tais experiências, pode ser colocado entre:

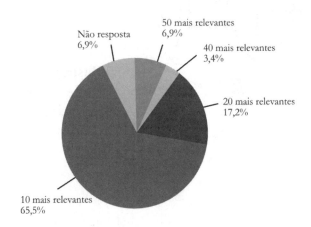

Mamirauá pode influenciar os rumos do regime global de biodiversidade. Como se trata de uma iniciativa que tem sido avaliada positivamente, estabelece um precedente para outros projetos no Brasil e no mundo. O objetivo de conciliar conservação da biodiversidade e desenvolvimento é aceito por muitos. No entanto, ainda se sabe pouco como fazer para atingi-lo. Assim, experiências locais podem servir como lições, fornecer modelos, novos parâmetros, conceitos e metodologias para o regime global. Nesse sentido, é necessário conhecer outras experiências implementadas ao redor do mundo e buscar a construção de redes de troca de informações e conhecimento para se promover um aprendizado mútuo e dar maior projeção/visibilidade ao público em geral sobre a relevância dessas experiências. Em relação à CDB, talvez fosse útil criar junto ao Secretariado, ou ao Clearing House Mechanism, um ponto focal para troca do conhecimento sobre ações locais. Todavia, existe o risco de burocratização e de que o intercâmbio fique submetido à lentidão dos processos intergovernamentais. Em todo caso, Mamirauá e outras iniciativas locais têm um valor demonstrativo global que deve ser reconhecido.

Ilustração
Rede de Relações de Márcio Ayres e comunidade epistêmica

Conclusão

Difícil concluir um trabalho tão extenso. Foram diversas questões, temas e relações. O maior desafio foi construir uma abordagem global-local que abarcasse e desse um sentido à experiência de Mamirauá, considerando que minha formação é em Relações Internacionais e eu estava em busca de entender como se realiza a proteção da biodiversidade globalmente. Por outro lado, é no local que se encontra o "mundo da vida", o mundo da biodiversidade. Resolvi incluir uns versos que tentam resumir como percebi essa experiência na minha segunda ida a Tefé, em agosto de 2001.

Resumo da Ópera
Orquestra: Macaqueiros do Mamirauá
Maestro: J.M. Ayres

De Belém
Um grupo vem
estudar
A vida, a natureza.
Primatas macacos e primatas
humanos
Bichos
Da terra e da água.
Floresta.
Biodiversidade
em Mamirauá.

Inspiração? Conspiração?
Compreensão...
Para preservar e conservar
Estender e envolver
Ribeirinhos, índios
Redes limitar.
Os recursos manejar
em Mamirauá.

Ação. Ralação.
Relação.
Divulgar.
Redes acionar.
Manaus, Brasília, ingleses e
gauleses.
Muitos Ws e Cs, sopa de letras
em Mamirauá.

Atrair
Músicos pesquisadores, músicos
extensionistas .
Jovens.
Comprometidos. Destemidos.
Igrejeiros, líderes comunitários.
De fora e de dentro, de longe e
de perto.
Orquestrar
em Mamirauá.

Continuar a estudar
Primatas humanos,
primatas macacos.
bichos
da terra e da água.
Floresta.
Biodiversidade.
Conservar, preservar,
os recursos manejar
Hoje, amanhã,
Amanã.

Eis o resumo da ópera
em Mamirauá.

Esses meus versos são pobres, mas refletem, de certa forma, a vitalidade que encontrei desde minha primeira ida a Tefé para participar da assembléia geral dos moradores e usuários da RDSM, em março de 2001. Dessa participação, guardo algumas cenas que me chamaram a atenção e me ajudaram a perceber que havia ali um "caso" para estudar. Nessa reunião havia ribeirinhos, pesquisadores, extensionistas, representantes do IPAAM, do IDAM (Instituto de Agricultura do Amazonas) , do CNPq, do exército, autoridades municipais e um consultor do DFID. A assembléia se reuniu em Alvarães, Estado do Amazonas, um município aonde somente se chega de barco, a partir de Tefé. Para mim, foi no mínimo inusitado assistir numa mesma sala, simples e quente, a duas apresentações: uma preparada a mão, em cartolinas e recortes, sobre questões relativas à pesca intercalada por canções, bem no estilo dos movimentos de base ligados à Igreja; e outra sobre o mesmo assunto em *power point* projetada por um *data show*. Chamou-se me a atenção também os bonés que alguns ribeirinhos usavam em que estavam estampados os logos e siglas de instituições como DFID, CNPq, WCS (talvez também IPAAM e SCM) – ou seja, uma sopa de letrinhas. Artesanato, computadores, exposição sobre a fauna de Mamirauá, jogos educativos com temas ambientais para as crianças, sucos de frutas nativas, pessoas diversas, discussões sobre manejo florestal e de pesca e sobre "política de ocupação" da RDSM, menções a expressões como uso sustentável, participação, empoderamento, gênero e uma dose de idealismo formaram uma mistura que me fez intuir que havia ali um emaranhado de elementos locais e globais. Ademais, essa mistura estava acontecendo num lugar relativamente remoto, quase no centro geográfico da Amazônia.

Esse foi o começo da "parte empírica" do meu trabalho. Antes disso, eu já tinha o interesse pela questão da biodiversidade no contexto das transformações pelas quais tem passado o mundo desde o final do século XX. Outro interesse teórico estava na formação de redes transnacionais, mais especificamente de comunidades epistêmicas que, segundo a teoria das relações internacionais, têm um papel na criação de regimes internacionais. Desse modo, meu desafio consistiu em reunir teoria e vida, pois foi isso que encontrei em Mamirauá. Com certeza, apenas cumpri parte do desafio, já que nenhuma teoria é capaz de dar conta do mundo da vida. De todo jeito, busquei construir uma abordagem global-local do caso, com ênfase nas inter-relações estabelecidas no processo de concepção e implementação do Projeto Mamirauá. Esse resultou no estabelecimento da RDSM e do IDSM, que são a garantia, do ponto de vista legal e institucional, de que o objetivo de conciliar conservação da biodiversidade e melhoria da qualidade de vida da população local continuará a ser perseguido. O conceito de regime global de biodiversidade serviu para articular a experiência de Mamirauá com processos políticos amplos. Tudo isso foi desenvolvido em dez capítulos que seguiram uma lógica global-local.

No primeiro capítulo, descrevi o contexto global que é meu ponto de partida. Utilizei a definição de Held et alii (1999) para globalização: alargamento, aprofundamento e aceleração da interconectividade em escala mundial em todos os aspectos da vida social contemporânea, da cultural à criminal, da financeira à espiritual. A interconectividade global baseada nas novas tecnologias de informação e comunicação permite que novos atores, como os indivíduos e as ONGs, participem de eventos que têm implicações para a política mundial. Nesse contexto, surgem redes transnacionais de diversos tipos, criminosas, terroristas, mas também de ativistas que compartilham princípios ou de profissionais que, além de princípios comuns, possuem as mesmas "crenças causais". Essas são as comunidades epistêmicas.

É importante ter em mente o argumento dos autores (HELD et alii, 1999) de que a globalização deve ser entendida como um processo, ou conjunto de processos, ao invés de uma condição única, não refletindo uma lógica linear simples de desenvolvimento, nem prefigurando uma sociedade mundial, pois o mundo está conectado por meio da tecnologia da informação de forma descontinua, havendo áreas geográficas e segmentos da população consideráveis que estão desconectados do novo sistema tecnológico (CASTELLS, 1999). Mamirauá, embora possa ser considerada uma área relativamente remota no planeta, aonde somente se chega de avião e/ou de barco, não está "desconectada" e faz parte desse novo sistema tecnológico do qual fala Castells.[1]

Os autores que abordam a globalização (HELD et alii, 1999; CASTELLS, 1999; FRIEDMAN, 1999) chamam a atenção para as relações entre fenômenos numa escala planetária, o que é bem diferente de integração ou qualquer ideologia celebratória de formação de uma comunidade global. Nesse sentido, construí meu argumento buscando identificar essas relações entre fenômenos. Foi esse meu fio condutor e a justificativa para abordar uma experiência local, como Mamirauá, a partir de uma perspectiva das relações internacionais, como campo de estudos acadêmico.

Questões ambientais globais também emergiram nesse contexto. Nas últimas três décadas do século XX, um conjunto crescente de problemas e ameaças ambientais globais chegou ao conhecimento da opinião pública e entrou na agenda política, sendo que ambientalismo tornou-se sinônimo de olhar global. Trata-se de tentativas de se chegar a soluções coletivas para assuntos complexos, transfronteiriços e globais, envolvendo atores diversos, além dos estados nacionais. As causas e conseqüências dos problemas ambientais, bem como as respostas aos mesmos envolvem processos econômicos, políticos, sociais e culturais que têm escopo global. Do ponto de vista político, nos últimos trinta anos têm sido estabelecidos instituições e tratados, abrangendo um número grande de estados. No nível cultural, uma rede transnacional em expansão de cientistas e grupos de pressão contribui para o reconhecimento e consideração da degradação ambiental e para formar um consenso global mais amplo sobre as conseqüências desses problemas e sobre as respostas apropriadas aos mesmos (HELD et alii, 1999, p. 376-377; E.HAAS 1990, referido em HELD et alii, 1999, p. 380). Esse aspecto é ilustrado pelo caso Mamirauá, que revela a ação de um grupo de indivíduos ligados a uma rede transnacional de biólogos e conservacionistas.

No âmbito da política ambiental, a biodiversidade é uma questão que faz parte da agenda global (PORTER; BROWN, 1991; ELLIOT; 1998) e que ganhou proeminência a partir do início da última década do século XX, com a Convenção sobre Diversidade Biológica. Entretanto, os anos 1980 foram um período importante para a configuração da biodiversidade como questão política global. Foi nesse período que o próprio

---

[1] A partir do alcance espacial e da densidade da interconectividade global e transnacional, emergiram redes complexas e redes de relações entre comunidades, estados, instituições internacionais, ONGs, corporações multinacionais que formam a ordem globalizada. Essas redes, que interagem e se sobrepõem, definem uma estrutura em evolução, que impõe constrangimentos e "empodera" (*empower*) comunidades, estados e forças sociais. É uma estrutura global evolvente e dinâmica, mas também altamente estratificada, pois a globalização é profundamente desigual, exacerbando os padrões de inclusão e exclusão, com novos vencedores e perdedores (HURRELL; WOODS, 1995 em HELD et alii, 1999, p. 27).

termo biodiversidade se tornou conhecido. Nesse sentido, um marco foi a realização do Fórum Nacional de BioDiversidade em 1986. Nesse ano, foi criada também a *Society for* Conservation Biology, reflexo da mobilização de cientistas e pesquisadores interessados na questão de conservação e, também, no conhecimento acumulado, que permitia a formação de um campo disciplinar separado da biologia.

A CDB pode ser considerada um dos pilares mais importantes do regime global de biodiversidade.[2] Vale lembrar que o caráter socioambiental da CDB é reflexo também das mudanças no pensamento conservacionista ocorridas a partir dos anos 1980, cujo ponto de partida pode ser considerado a publicação da Estratégia Mundial de Conservação que significou o reconhecimento por parte de organizações ambientalistas importantes (IUCN, WWF, PNUMA) de que conservação e desenvolvimento não poderiam ser tratados separadamente. Desse modo, os entendimentos prevalecentes no âmbito da rede transnacional conservacionista e da comunidade epistêmica da biologia da conservação também foram incorporados pela CDB.

Se a CDB for avaliada em termos de efetividade, ou das respostas dos estados, refletindo na sua incorporação à legislação doméstica e às políticas públicas implementadas, os resultados ainda são pouco expressivos, sendo que o conceito de regime internacional baseado na existência desse instrumento legal, leva a uma análise restrita, pois o foco tem sido a atuação dos estados (respostas nacionais) e as relações interestatais. Por outro lado, a noção da existência de um regime serve para identificar regularidades comportamentais, convergência de expectativas e padrões explicados pela existência de princípios, normas, regras, procedimentos decisórios e objetivos comuns. Assim, argumento que regimes globais se relacionam a atividades dos atores do sistema globalizado, refletindo a convergência de expectativas e objetivos, podendo ser reconhecidos por regularidades comportamentais e diferenciados do campo mais amplo do comportamento dos atores do sistema global.

Puchala e Hopkins (1993), embora concentrem sua análise nas relações interestatais, oferecem uma perspectiva útil na identificação do regime global de biodiversidade. Retomo brevemente o argumento dos autores que apontam as características dos regimes. Primeiro, trata-se de um fenômeno relativo a atitudes. O comportamento se segue da aderência a princípios normas e regras os quais, algumas vezes, são refletidos em instrumentos legais. Os regimes são subjetivos, ou seja, existem primeiramente como entendimentos, expectativas e convicções dos participantes sobre comportamentos considerados legítimos, próprios ou morais. Segundo, os regimes incluem crenças sobre procedimentos apropriados para a tomada de decisão. Terceiro, a descrição de um regime deve incluir uma caracterização dos princípios fundamentais os quais ele abrange, assim como as normas que prescrevem o comportamento ortodoxo e proíbem os desviantes. Quarto, cada regime possui um conjunto de elites que são os atores na prática.

---

[2] Na visão de Alencar (1995, p. 121-122, 123), a Convenção de Biodiversidade foi concebida inicialmente como uma convenção conservacionista global, voltada para a proteção dos recursos biológicos, tendo sido denominada *Convention on the Conservation of Biological Diversity*. Sua dinâmica estava estabelecida no interior do mundo jurídico conservacionista, abrigada pela IUCN. A partir de 1991, ela foi transformada num acordo global sobre desenvolvimento sustentável, como decorrência da sua inclusão na agenda da Conferência do Rio, não somente por ser um dos documentos, que seria aberto para assinatura naquela ocasião, mas, também, por ser um tema abordado pela Agenda 21 (Capítulo 15).

A discussão sobre regimes internacionais foi realizada no capítulo 3. Outros conceitos que apresentei foram os de redes transnacionais e de comunidades epistêmicas, levando em consideração que os indivíduos com suas capacidades expandidas ou com "superpoderes" podem ser atores na política mundial. Esses não agem isoladamente, mas imersos em redes de relações que podem ser transacionais e cujos vínculos podem se construir a partir de valores e/ou conhecimentos compartilhados. Isso tem implicações na construção dos regimes. Nesse sentido, o cerne do meu argumento baseou-se no conceito de comunidades epistêmicas e seu papel no regime global de biodiversidade, afirmando que se pode estender os efeitos dessas para além da criação de regimes. Meu foco se dirigiu, então, para a existência de iniciativas locais de conservação da biodiversidade e desenvolvimento sustentável, ou seja, ações que concretizam os objetivos estabelecidos no regime. A experiência de Mamirauá foi enquadrada nesse contexto.

Apresentei e discuti o caso Mamirauá a partir do conceito de regime global de biodiversidade. Esse conceito foi desenvolvido porque perspectivas convencionais focalizam as relações interestatais e acabam deixando de lado ações implementadas localmente, que na sua maioria não podem ser consideradas respostas dos estados nacionais à CDB.

O regime global de biodiversidade compreende os elementos balizadores normativos e cognitivos ao redor dos quais interagem os atores, produzindo, do global ao local, decisões, ações e dinâmicas de trocas de recursos e de conhecimento sintonizados com o espírito da CDB. No entanto, esse regime é anterior à Convenção, sendo que a mesma significou a consolidação e o reconhecimento de entendimentos preexistentes que já eram compartilhados pelas redes. Além dela, o regime abrange as outras instituições internacionais conservacionistas (conjuntos de regras e organizações, como por exemplo: CITES, Patrimônio Mundial, Ramsar, Convenção de Bonn, etc.) e também as abordagens utilizadas por ONGs e agências bilaterais e multilaterais de cooperação que dizem respeito à conservação da biodiversidade. Nas interações entre os atores, configuram-se comunidades epistêmicas e redes transnacionais mais amplas. A literatura teórica em relações internacionais aponta o papel das comunidades epistêmicas no estabelecimento de regimes. Neste trabalho, a partir do caso Mamirauá, argumento que é possível estender esse papel para a implementação dos princípios e objetivos do regime. Isso é evidenciado pela existência de ações que buscam integrar conservação e desenvolvimento ao redor do mundo. Trata-se de experiências implementadas localmente, na sua maioria por atores não-governamentais. Essas estão em sintonia com os objetivos de conservação e uso sustentável da biodiversidade aceitos globalmente.

Conforme elaborado, o regime global de biodiversidade abrange outros atores além dos estados, sendo que todos desempenham papéis igualmente relevantes. Abrange, também, os fluxos de conhecimento e recursos materiais, humanos e financeiros para proteção global da diversidade biológica, bem como os desenvolvimentos conceituais e paradigmáticos, que pautam as ações no campo e que vão surgindo no processo histórico, principalmente no âmbito das grandes ONGs ambientalistas (multinacionais do verde, nas palavras de Cláudio Pádua) e/ou no contexto do "movimento parquista" transnacional (BARRETO FILHO, 2001), composto por pessoas e organizações ligadas ao sistema mundial de áreas protegidas.

Os acordos e instrumentos internacionais têm um papel no regime global de biodiversidade,[3] ao fornecer princípios, normas, regras e procedimentos decisórios relativos à proteção e a outros aspectos da biodiversidade. Pádua e Dourojeanni (2001) argumentam que a importância deles está relacionada à conscientização dos atores políticos. No que diz respeito à preservação e conservação, as Convenções de Ramsar (proteção de áreas úmidas), de Bonn (proteção de espécies migratórias), de Paris (Patrimônio Mundial) e a CITES (regulação do comércio internacional de espécies ameaçadas) representaram, na sua época, um avanço por irem além do conceito de proteção de espécies, propondo uma perspectiva ecossistêmica e transfronteiriça.[4] Obviamente, os objetivos da Convenção sobre Diversidade Biológica e dessas outras convenções estão relacionados entre si. Inicialmente, a CDB seria um acordo sistematizador, que articularia todos esses instrumentos num só documento (*umbrella convention* – convenção sistematizadora). Durante o processo negociador, o seu propósito inicial foi mudado, avançou-se por um lado, mas esses documentos anteriores, que também tratam de proteção da biodiversidade, ficaram desarticulados nos níveis jurídico e da política interestatal. A partir do conceito de regime global e com um foco local, é possível articulá-los pois, na prática, todos esses instrumentos se encontram, como ilustra a experiência na RDSM.

Embora possam ser enquadradas na moldura da Convenção sobre Diversidade Biológica, do ponto de vista dos seus objetivos e princípios, e obedeçam a normas e regras de outros acordos conservacionistas, muitas iniciativas locais não representam uma resposta direta dos estados a essa instituição internacional. Ademais, nenhum dos entrevistados apontam-na como uma fonte de influência para suas ações. Não se trata de respostas a ela, ou de tentativas de implementá-la. Isso indica que não é a Convenção, como acordo entre países, que está em funcionamento nessas experiências locais, mas sim elementos balizadores sintonizados com ela. Trata-se dos mesmos entendimentos sobre biodiversidade, conservação e desenvolvimento compartilhados pela rede transnacional conservacionista e reconhecidos pela CDB. Isso ajuda a entender como muitas dessas experiências são anteriores ou contemporâneas à CDB. Nesse sentido, a iniciativa de Mamirauá não pode ser considerada uma resposta do governo brasileiro à Convenção. Mesmo levando em conta que boa parte dos recursos materiais foram governamentais, a idéia, a sua implementação e a liderança do processo não podem ser atribuídas a atores governamentais.

O regime global abrange, assim, vários níveis de relações. Do ponto de vista do estudo das RI, vale ressaltar as interestatais, transnacionais e transgovernamentais. No caso de experiências locais, como Mamirauá, elas se viabilizam como projetos, sustentados pela cooperação nesses três níveis de relações. Mamirauá se viabilizou por meio da cooperação do DFID, que é um exemplo de cooperação bilateral, pautada por um acordo entre dois estados nacionais: Brasil e Reino Unido (relações interestatais).

---

[3] Cf. Capítulo 3 deste trabalho sobre instituições internacionais consideradas por alguns teóricos como regras e organizações (KEOHANE; HASS; LEVY, 1994). Esses autores relacionam a efetividade dessas instituições principalmente às respostas dos estados nacionais. Em geral, o foco se dirige às relações interestatais e posições e interesses dos estados. Pouco se tem desenvolvido sobre seus efeitos no nível local.

[4] Cf. capítulo 1 deste trabalho sobre dimensões transfronteiriça e internacional da proteção de vida selvagem (ELLIOT, 1998, p. 27).

O envolvimento do CNPq e as relações desse órgão com as ONGs internacionais,[5] ou com a agência britânica, exemplificam relações transgovernamentais, pois, no caso, o CNPq não agia em nome do governo brasileiro. A cooperação e apoios do WCS, WWF-UK, CI são manifestações de relações transnacionais.

No caso Mamirauá, pode-se observar um aspecto importante do regime, principalmente quando se trata de conservação *in situ*, que é a conexão profunda entre a dimensão global e local do problema. Enquanto os princípios e as regras são decididos e aceitos globalmente, por influência de atores governamentais e não-governamentais, e os conceitos são desenvolvidos no âmbito de redes conservacionistas transnacionais, o que se faz, na prática, deve obrigatoriamente ser no local.

Desse modo, Mamirauá pode ser considerado um exemplo típico de ação no âmbito de um regime global de biodiversidade: uma iniciativa no nível local, em que atores transnacionais, como pesquisadores e ONGs, desempenharam um papel-chave ao propor e implementar um projeto de conservação e desenvolvimento sem a participação direta do estado nacional. Os indivíduos começaram com as suas pesquisas, foram se articulando e, por meio de redes, foram estabelecendo contatos e convênios e trazendo os outros atores para a cena.

Mamirauá é um resultado da iniciativa de Márcio Ayres e de um grupo de pesquisadores. Pode-se considerá-lo um indivíduo com "superpoderes", ou com "capacidades expandidas". Sem a sua liderança carismática, empreendedorismo e persistência, dificilmente teriam surgido uma RDS, uma ONG e um instituto de pesquisa. Todavia, não se pode atribuir o sucesso da iniciativa a um único indivíduo. Sua rede de relações foi imprescindível. No caso, o papel de Déborah Lima se destacou por ter sido dela, em grande medida, a configuração da dimensão social do modelo de Mamirauá, o que, por sua vez, foi essencial para o "enraizamento" da proposta levada pelo grupo.

A rede de relações de Márcio Ayres era transnacional. Ayres era parte da comunidade epistêmica da biologia da conservação e de uma rede conservacionista mais ampla. Isso também foi fundamental para dar projeção nacional e internacional para a iniciativa, e para atrair apoio político e recursos de agências bilaterais e multilaterais de cooperação, de órgãos governamentais e de ONGs internacionais. A presença da comunidade epistêmica conecta Mamirauá ao regime global de biodiversidade e contribui para explicar sua sintonia com os desenvolvimentos do pensamento conservacionista transnacional e com as mudanças das teorias da biologia da conservação.

O modelo de conservação da biodiversidade surgido da implementação do Projeto Mamirauá é resultado de um processo ainda em andamento. A idéia decorreu principalmente da experiência do grupo no local ou, como declararam os envolvidos, foi o "bom senso", uma "conseqüência lógica do momento". Não se tratou simplesmente de uma "idéia genial" surgida de um grupo de amigos, nem de colocar em prática uma teoria nova em um lugar qualquer. A experiência de campo e o contexto local tiveram um peso grande na concepção do modelo. Por exemplo, não eram novidades localmente a idéia de preservação de lagos e um sistema, ainda que incipiente, de categorias de manejo de lago e de organização comunitária. Contudo, é importante ressaltar que os

---

[5] Uma evidência dessas relações ocorreu durante o processo de negociação do Projeto, ilustrada pela troca de correspondências entre WCS (na época WCI) e CNPq, em que se tentava construir um arranjo institucional para viabilizar a sua implementação (Capítulo 7, deste trabalho).

conceitos em que o modelo de Mamirauá se baseia vinham sendo gestados no nível transnacional, desde os anos pós-Conferência de Estocolmo, com destaque para a publicação da Estratégia Mundial de Conservação em 1980. Isso tem significado se for considerado que, no Brasil, essa concepção de conservação não era aceita pela maioria dos conservacionistas, principalmente dos órgãos oficiais. Assim, a rede transnacional da biologia da conservação, composta por indivíduos pertencentes a diferentes instituições, contribuiu tanto para a obtenção de apoio financeiro da ODA/DFID, como para a aceitação e legitimação da proposta entre ONGs internacionais como WWF, CI e WCS. O fato de os proponentes do projeto serem pesquisadores ajuda a explicar a presença do CNPq, desde o início do processo.

O contexto favorável foi uma condição necessária para o sucesso da iniciativa. A questão ambiental estava em ascensão na agenda política internacional a partir do final dos anos 1980. Além disso, estavam "em alta" perspectivas integradas de conservação da biodiversidade e desenvolvimento. Isso era refletido na disponibilidade de recursos transnacionais e internacionais. No entanto, o ambientalismo sofreu declínio considerável desde o final da última década (1990). Os resultados das mobilizações que culminaram com a Conferência do Rio e a assinatura de vários tratados globais foram aquém do esperado. Avançou-se pouco, considerando as expectativas da época.

A demanda por aumento da cooperação internacional para o "desenvolvimento sustentável", expressa na Agenda XXI, também não teve os resultados esperados. Atualmente, predomina na agenda política internacional a questão da segurança, influenciando negativamente os gastos em outras áreas. Existem, contudo, algumas metas sociais. O que hoje direciona grande parte das agências de cooperação internacional bilaterais e multilaterais é o discurso da redução da pobreza. Infelizmente, em muitos casos, isso tem significado um retrocesso em relação à Agenda XXI, por simplificar a questão do desenvolvimento e voltar a considerá-lo como simples aumento de renda, deixando de lado questões como sustentabilidade e custos ambientais. Tende-se a privilegiar projetos de redução de pobreza/aumento de renda, com perspectivas de curto prazo em relação ao meio ambiente e recursos naturais, o que pode ter impactos negativos de longo prazo. Desse modo, existe uma incerteza quanto à disponibilidade futura de fundos para iniciativas semelhantes a Mamirauá, sendo difícil prever os rumos do regime global.

O conceito de regime global de biodiversidade contribui para "capturar" experiências locais, dispersas pelo planeta e articulá-las num contexto mais amplo. Além de Mamirauá, existem vários projetos com características semelhantes, não somente do ponto de vista da idéia e dos conceitos relevantes (elementos balizadores), mas também levando em conta os atores (pesquisadores e ONGs), o fluxo de recursos materiais e de conhecimento e os apoios de ONGs internacionais, de agências de cooperação bilateral e multilateral. Um aspecto que parece ser chave são as pesquisas de campo e os indivíduos, nelas envolvidos. Elas têm sido o ponto de partida em várias iniciativas. No caso Mamirauá, foram pesquisas de um biólogo e uma antropóloga. De acordo com Bodmer (Richard Bodmer, entrevista pessoal, Teodoro Sampaio, SP, 11 de novembro de 2002), que trabalha em iniciativas parecidas no Peru (RCTT,[6] Saimira Pacaya),

---

[6] Cf. Capítulo 5 deste trabalho.

pesquisadores se tornam comprometidos com suas localidades de pesquisa. Nas suas palavras, são esses indivíduos que "fazem a diferença mundo afora". Porém, é preciso lembrar que esses indivíduos não estão "soltos", nem dispersos. A maioria se conhece, mantém contatos, troca informações e apoios. Desse modo, esses indivíduos conseguem atrair atenção e recursos transnacionais, internacionais, nacionais e regionais para diversos locais no planeta. É importante ressaltar que, além da ação de indivíduos comprometidos e "conectados", o contexto internacional favorável facilitou que tais experiências se iniciassem.

Em resumo, tratou-se de observar a atuação de indivíduos como atores em processos políticos globais, sendo que esses, além de terem as suas habilidades expandidas, não estavam isolados, mas conectados em redes de relações transnacionais, o que ofereceu oportunidades para que suas ações adquirissem dimensões maiores. Nesse sentido, o conceito de comunidade epistêmica contribuiu para se visualizar a atuação política de cientistas que compartilham princípios e crenças causais. A descrição do caso Mamirauá evidencia o papel da comunidade epistêmica da biologia da conservação e também serve para se ter algumas pistas de como o conhecimento científico "viaja" dos ambientes acadêmicos para o cenário da política de biodiversidade.

A perspectiva desenvolvida neste trabalho de um regime global de biodiversidade leva a constatar que, para se estudar e pensar a questão política denominada "biodiversidade", é fundamental levar em consideração todos os níveis de ação e interação, os fluxos de conhecimento e de recursos e os atores envolvidos, do global ao local. O Projeto Mamirauá tem sido uma tentativa de conciliar conservação da biodiversidade e desenvolvimento sustentável. Trata-se de uma experiência que ainda está em andamento, sendo que foram estabelecidas condições institucionais e legais para sua continuidade: a RDSM e o IDSM. É uma iniciativa local, mas a sua viabilização ocorre por meio da interação de atores em todos os níveis descritos. Por outro lado, pode-se dizer que Mamirauá possui um valor demonstrativo para o regime global de biodiversidade. Além de estar sintonizada com seus elementos balizadores, a experiência pode contribuir para aperfeiçoar esses elementos e fortalecer o regime. No entanto, serão necessárias ações específicas que visem difundir as lições aprendidas e promover trocas de conhecimento com vistas a incentivar outras iniciativas ao redor do mundo.

Colocar a questão da biodiversidade a partir de uma perspectiva global também leva a considerar a repartição dos custos para sua proteção, que tendem a ser maiores para as populações que vivem em áreas consideradas ricas em diversidade biológica, seja porque foram removidas de suas terras, seja porque devem se submeter a regras de manejo. A CDB significou o reconhecimento do valor global da biodiversidade. Nesse sentido, as sociedades dos países do Norte e as populações urbanas do Sul que também são beneficiárias da conservação devem, de alguma forma, arcar com os seus custos, ou seja, trata-se de uma responsabilidade a ser compartilhada globalmente.

Ao incorporar outras dimensões, interrelações e variáveis ao estudo de regimes, não pretendo defender uma visão otimista pois, de modo geral, há muito ainda a ser realizado. Se por um lado pode-se dizer que houve avanços em termos de iniciativas locais de conservação e uso sustentável e do crescimento do número de áreas protegidas no mundo, grandes questões, como transferência de tecnologias, direitos de propriedade intelectual *versus* conhecimento tradicional, patentes, biossegurança, entre outras, continuam sem solução no âmbito do regime global de biodiversidade. Elas dependem de mudanças mais profundas nas estruturas de poder mundial. Diversas das causas da perda da biodiversidade relacionam-se à estrutura de incentivos do sistema econômico global (padrões de produção, financiamento, comércio e consumo) e estão além dos objetivos da CDB. Por outro lado, a mudança climática, a poluição do ar e das águas e outros problemas têm impactos na diversidade biológica. Além disso, as avaliações da Convenção e seus resultados quanto à desaceleração da perda de biodiversidade não levam a conclusões otimistas. Entretanto, argumento que é preciso olhar para o que ocorre no nível local e como isso se relaciona com processos mais amplos. Assim, o estudo de caso de um projeto numa região aparentemente remota representa uma tentativa de relacionar o global e o local e verificar interrelações entre vários níveis de ações. De meados dos anos 1980 ao final dos anos 1990, houve um aumento no grau de proteção da biodiversidade por meio de iniciativas de redes transnacionais atuando no nível local, financiadas por ONGs internacionais e agências de cooperação bilaterais e multilaterais.

A tendência global é destrutiva, não somente da diversidade biológica, mas de todos os ciclos naturais de que ela depende: clima, água, solos, etc. Um cenário ideal seria de uma nova ordem mundial socioambiental, construída em torno de novas interações sociedade/natureza e padrões diferentes de produção e consumo, com diversos regimes operando em prol de um planeta mais sustentável e justo. Contudo, isso está longe de tornar-se realidade, mas é necessário continuar a caminhar e ir "fazendo" os caminhos, assim como ocorreu na experiência de Mamirauá e em outras espalhadas pelo planeta.

REFERÊNCIAS BIBLIOGRÁFICAS
E DOCUMENTAIS

ADAMS, W. M. Sustainable Development and the 'Greening' of Development Theory. SEMINAR NIJMEGEN INSTITUTE FOR COMPARATIVE STUDIES IN DEVELOPMENT AND CULTURAL CHANGE. 27-29th Nov. 1991.

ADLER, Emanuel; HAAS, Peter M. Conclusion: epistemic communities, world order, and the creation of a reflective research program. *International Organization*, v. 46, n. 1, p. 367-390, 1992.

ALBAGLI, Sarita. *Geopolítica da biodiversidade*. Brasília: Ibama, 1998.

ALENCAR, Gisela S. *Mudança ambiental global e formação do regime para proteção da biodiversidade*. Dissertação de Mestrado, Brasília, Universidade de Brasília, 1995.

AYRES, José Márcio. *As várzeas do Mamirauá*. MCT-CNPq, Sociedade Civil Mamirauá, 1995.

AYRES, J. Márcio et al. Mamirauá: The Conservation of Biodiversity in an Amazonian Flooded Forest. In: PADOCH, Christine; AYRES, J. Márcio; PINEDO-VASQUEZ, Miguel; HENDERSON, Andrew (Ed.). *Várzea. Diversity, Development, and Conservation of Amazonia's Whitewater Floodplains*, Advances in Economic Botany. V. 13, New York: The New York Botanical Garden Press, p. 203-216, 1999

AYRES, José Márcio; BEST, Robin. Estratégias para a conservação da fauna amazônica. *Suplemento Acta Amazônica*, v. 9, n. 4, p. 81-101, 1979.

AYRES-LIMA, Déborah de Magalhães. *The social category caboclo. History, social organization, identity and outsider's social classification of the rural population of an amazonian region (The Middle Solimões)*. PhD Dissertation. University of Cambridge, Department of Social Anthropology, Free School Lane, King's College, Cambridge, January 1992.

BANNERMAN, Matt. Instituto de Desenvolvimento Sustentável Mamirauá-IDSM, MAMIRAUÁ. *Uma guia da história natural da várzea amazônica*. Tefé: IDSM, 2001.

BARRETO FILHO, Henyo Trindade. *Da Nação ao Planeta através da Natureza: uma abordagem antropológica das unidades de conservação de proteção integral na Amazônia brasileira.* Tese de Doutorado, São Paulo, Universidade de São Paulo, 2001.

BASS, Steve; HUGHES; Colin; HAWTHORNE. Forests, Biodiversity and Livelihoods: Linking Policy and Practice. In: KOZIELL, Izabella; SAUNDERS, Jacqueline (Ed.). *Living Off Biodiversity. Exploring Livelihoods and Biodiversity Issues in Natural Resources Management.* London: International Institute for Environment and Development, p. 23-63, 2001.

BENSUSAN, Nurit (Org.). *Seria melhor mandar ladrilhar? Biodiversidade como, para que, por quê.* Brasília: Editora Universidade de Brasília, Instituto Socioambiental, 2002.

BLAIKIE, Piers; JEANRENAUD, Sally. Biodiversity and Human Welfare, in GHIMIRE, Krishna B.; PIMBERT, Michel P. *Social Change and Conservation. Environmental Politics and Impacts of National Parks and Protected Areas.* Geneva: United Nations Research Institute for Social Development - UNRISD, London: Earthscan, p. 46-70, 1997

BODMER, Richard; PENN, James W.; PUERTAS, Pablo; MOYA I., Luis; FANG, Tula G. Linking Conservation and Local People through Sustainable Use of Natural Resources, Community-Based Management in the Peruvian Amazon. In: FREESE, Curtis H. (Ed.). *Harvesting Wild Species.* Implications for Biodiversity Conservation. Baltimore and London: The John Hopkins University Press, p. 315-358, 1997.

BROWN, Katrina. Innovations for conservation and development. *The Geographical Journal.* v. 168, n. 1, p. 6-17, March 2002.

CAPOBIANCO, João Paulo Ribeiro; VERÍSSIMO, Adalberto; MOREIRA, Adriana; SAWYER, Donald; SANTOS, Iza; PINTO, Luiz Paulo (Org.). *Biodiversidade na Amazônia Brasileira: avaliações e ações prioritárias para a conservação, uso sustentável e repartição de benefícios.* São Paulo: Editora Estação Liberdade/Instituto Socioambiental, 2001.

CASTELLS, Manuel. A sociedade em rede. *A Era da Informação:* Economia, Sociedade e Cultura. 2. ed. V. 1, São Paulo: Paz e Terra, 1999.

CLAUDE Jr, Inis L. Collective Legitimization as a Political Function of the United Nations, in KRATOCHWIL, Friedrich; MANSFIELD, Edward. *International organization.* A Reader. New York: Harper Collins College Publishers, p. 192-201, 1994.

CONSERVATION INTERNATIONAL. *Relatório de Atividades.* mimeo, 1999.

Department for International Development – DFID. *Projeto Mamirauá: Fase II. Memorando do Projeto.* 1997.

Department for International Development – DFID. *Brasil: Documento estratégico para o país.* dezembro de 1998.

Department for International Development – DFID. *Development assistance to Brazil.* Latin America, Caribbean and Atlantic Department. abril de 2001

DIEGUES, Carlos Antônio. *O mito moderno da natureza intocada.* 2. ed. São Paulo: Editora Hucitec, 1994.

DOCES MATAS. *RELATÓRIO DOCES MATAS - 5 ANOS. Uma parceria de Sucesso para o desenvolvimento sustentável da Mata Atlântica em Minas Gerais.* Belo Horizonte: Projeto Doces Matas, mimeo., 2001.

DODDS, Felix. *The way forward.* Beyond Agenda 21. London: Earthscan Publications Ltda., 1997.

DOUROJEANNI, Marc. Áreas Protegidas: Problemas Antiguos y Nuevos, Nuevos Rumbos. In: CONGRESSO BRASILEIRO DE UNIDADES DE CONSERVAÇÃO. *Anais...* v. I, p. 69 a 109, 1997.

DOUROJEANNI, Marc; PÁDUA, Maria Teresa Jorge. *Biodiversidade.* A Hora Decisiva. Curitiba: Editora UFPR, 2001.

ELLIOTT, Lorraine. *The global politics of the environment.* New York: New York University Press., 1998.

ERLICH, Paul R., The Loss of Diversity: Causes and Consequences. In: WILSON E.O. (Ed.). *Biodiversity.* Washington, D.C.: National Academy Press, p. 21-27, 1988.

FERREIRA, Leandro; SÁ, Rosa Lemos; BUSCHBACHER, Robert; BATMANIAN, Garo; SILVA, José Maria Cardoso; ARRUDA, Moacyr B.; MORETTI, Edmar; SÁ, Luís Fernando S. N.; FALCOMER, Júlio; BAMPI, Maria Iolita. Identificação de áreas prioritárias para a conservação da biodiversidade por meio da representatividade das Unidades de Conservação e tipos de vegetação nas ecorregiões da Amazônia Brasileira CAPOBIANCO, João Paulo Ribeiro et al. (Org.). *Biodiversidade na Amazônia Brasileira: avaliações e ações prioritárias para a conservação, uso sustentável e repartição de benefícios.* São Paulo: Editora Estação Liberdade/Instituto socioambiental, p. 268-288, 2001.

FERREIRA, Leila da Costa. *A questão ambiental: sustentabilidade e políticas públicas no Brasil.* São Paulo: Boitempo Editorial, 1998.

FERREIRA NETO, Paulo Sérgio. O Caso do Parque Estadual da Serra do Brigadeiro: Integrando a Conservação e o Desenvolvimento. *Anais do Seminário Internacional Presença Humana em Unidades de Conservação.* Brasília: p. 80-83, 26 a 29 de novembro de 1996.

FREESE, Curtis H. The 'Use or Lose It' Debate. Issues of a Conservation Paradox. In: FREESE, Curtis H. (Ed.). *Harvesting wild species. Implications for biodiversity conservation.* Baltimore and London: The John Hopkins University Press, p. 1-48, 1997.

FUNDAÇÃO BIODIVERSITAS. *Oficina sobre Gestão Participativa em Unidades de Conservação – Anais...* 2. ed., 1999.

FRIEDMAN, Thomas L. *O lexus e a oliveira.* Rio de Janeiro: Editora Objetiva, 1999.

GHIMIRE, Krishna B.; PIMBERT, Michel P. Social Change and Conservation: an Overview of Issues and Concepts. *Social change and conservation. Environmental politics and impacts of national parks and protected areas.* Geneva: United Nations Research Institute for Social Development – UNRISD. London: Earthscan, p. 1-45, 1997.

GOLDSTEIN, Judith, e KEOHANE, Robert O. Ideas and foreign policy: An analytical framework. In: GOLDSTEIN, Judith, e KEOHANE, Robert O.(Ed.). *Ideas and foreign policy. Beliefs, institutions and political change.* Ithaca, NY: Cornell University Press, 1993.

GRANOVERETTER, Mark. In: SWEDBERG, Richard. *Economics and Sociology.* Princeton, NJ: Princeton University Press, p. 96-114, 1990.

GUATTARI, Félix. *As três ecologias.* 3. ed., Campinas: Papirus, 1991.

HAAS, Ernst. *When knowledge is power. Three models of change in international organizations.* Berkeley, Los Angeles, London: University of California Press, 1990.

HAAS, Ernst. Words can hurt you: or, who said what to whom about regimes, In: KRASNER, Stephen (Ed.). *International regimes.* Ithaca e London: Cornell University Press, p. 23-59, 1993.

HAAS, Peter M. Do Regimes Matter? Epistemic Communities and Mediterranean Pollution Control, in KRATOCHWIL, Friedrich; MANSFIELD, Edward. *International organization.* A Reader. New York: Harper Collins College Publishers, p. 128-139, 1994.

HAAS, Peter M. Introduction: epistemic communities and international policy coordination. *International organization.* v. 46, n. 1, 1992.

HAAS, Peter M.; KEOHANE, Robert O.; LEVY, Marc A. (Ed.). *Institutions for the Earth. Sources of effective international environmental protection.* Cambridge, (Mass), London, England: MIT Press, 1994.

HAAS, P.; LEVY, Marc.; PARSON, T. Appraising the Earth Summit: How should we judge UNCED's success? *Environment.* v. 34, n. (8), 1992.

HELD, David; McGREW, Anthony; et al. *Global Transformations. Politics, economics and culture.* Stanford, CA: Stanford University Press, 1999.

HURRELL, Andrew. Brazil and the International Politics of Amazonian Deforestation. In: HURRELL, Andrew; KINGSBURY, Benedict (Ed.). *The international politics of the environment. Actors, interests, and institutions.* Oxford: Clarendon Press, p. 398-429, 1992.

HURRELL, Andrew; KINGSBURY, Benedict. International Politics of the Environment: An Introduction. In: HURRELL, Andrew; KINGSBURY, Benedict (Ed.). *The international politics of the environment. Actors, interests, and institutions.* Oxford: Clarendon Press, p. 1-47, 1992.

HURRELL, Andrew; KINGSBURY, Benedict (Ed.). *The International politics of the environment. Actors, interests, and institutions.* Oxford: Clarendon Press, 1992.

INDUFOR Oy e STCP Engenharia de Projetos Ltda. *Mid-term review of the pilot program to conserve the Brazilian rain forest.* Draft Synthesis Report. Brasília: June 2000.

INOUE, Cristina Y. A.; APOSTOLOVA, Maria S. *A cooperação internacional na política brasileira de desenvolvimento.* São Paulo: ABONG; Rio de Janeiro: Núcleo de Animação Terra e Democracia, 1995

International Advisory Group (IAG). Programa Piloto para Conservar as Florestas Tropicais do Brasil (PP-G7). *Relatório da 17ª Reunião.* Brasil: 15 a 26 de julho de 2002.

International Institute for Sustainable Development (IISD) <info@iisd.ca> Summary Report from Biodiversity after Johannesburg. *Sustainable Developments.* v. 81, n. 1, Wednesday, 5 March 2003.

IUCN; UNEP; WWF. *World conservation strategy.* Living resource conservation for sustainable development. Gland: IUCN, 1980.

KECK, Margaret; SIKKINK, Kathryn. *Activists beyond borders.* Advocacy networks in international politics. Ithaca and London: Cornel University Press, 1998.

KEOHANE, Robert O.; NYE, Joseph S. *Power and interdependence.* 2ed, Harper Collins Publishers, 1989.

KEOHANE, Robert O. *After hegemony.* Cooperation and Discord in the World Political Economy. Princeton, NJ: Princeton University Press, 1984.

KEOHANE, Robert O.; HAAS, Peter M.; LEVY, Marc A. The Effectiveness of International Environmental Institutions. In: HAAS, Peter M.; KEOHANE, Robert O.; LEVY, Marc A. (Ed.). *Institutions for the Earth. Sources of effective international environmental protection.* Cambridge, (Mass.), London, England: MIT Press, p. 3-24, 1994.

KOTHARI, Ashish. Peoples Participation in the Conservation of Biodiversity in India, in KRATTIGER, AF; MCNEELY, J.A.; LESSER, W.H.; MILLER K.R.; HILL, Y. St; SERANAYAKE, R (Ed.). *Widening perspectives on biodiversity.* Gland, Switzerland: IUCN; Geneva, Switzerland: International Academy of the Environment, p. 137-145, 1994.

KOZIELL, Izabela. Introduction. In: KOZIELL, Izabella; SAUNDERS, Jacqueline (Ed.). *Living off biodiversity.* Exploring Livelihoods and Biodiversity Issues in Natural Resources Management. London: International Institute for Environment and Development, p. 1-10, 2001.

KOZIELL, Izabella; SAUNDERS, Jacqueline (Ed.). *Living off biodiversity*. Exploring Livelihoods and Biodiversity Issues in Natural Resources Management. London: International Institute for Environment and Development, 2001.

KRASNER, Stephen D. Structural causes and regime consequences: regimes as intervening variables. *International organization,* v. 36, n. 2, p. 1-21, 1982.

KRATOCHWIL, Friedrich; MANSFIELD, Edward. *International organization*. A Reader. New York: Harper Collins College Publishers, 1994.

LEIS, Héctor Ricardo. Ambientalismo: um projeto realista-utópico para a política mundial. In: VIOLA, Eduardo et al. *Meio ambiente, desenvolvimento e cidadania*. São Paulo: Cortez Editora, p. 15-43, 1995.

LIMA, Déborah de Magalhães. Equity, Sustainable Development, and Biodiversity Preservation: Some Questions about Ecological Partnership in Brazilian Amazon, in PADOCH, Christine; AYRES, J. Márcio; PINEDO-VASQUEZ, Miguel; HENDERSON, Andrew (Ed.). *Várzea. Diversity, development, and conservation of Amazonia's whitewater floodplains*. Advances in Economic Botany. Volume 13, New York: The New York Botanical Garden Press, p. 247-263, 1999.

LIMA, Déborah de Magalhães. Movimento Socioambiental: Significado para a Conservação da Biodiversidade. *Seminário Internacional Presença Humana em Unidades de Conservação*. Anais... 1996a.

LIMA, Déborah de Magalhães. O Envolvimento de Populações Humanas em Unidades de Conservação. A Experiência de Mamirauá. In: RAMOS, Adriana; CAPOBIANCO, João Paulo (Org.). *Unidades de Conservação no Brasil: aspectos gerais, experiências inovadoras e nova legislação (SNUC), Documentos do ISA n. 1*. 1996b.

LOPES, Ignez Vidigal; BASTOS Fº, Guilherme Soria; BILLER, Dan; e BALE, Malcom (Org.). *Gestão ambiental no Brasil. Experiência e sucesso*. Rio de Janeiro: Fundação Getúlio Vargas, 1996.

MACHADO, Maria Helena. A Nova Ordem da Desordem – O Ambientalismo e Algumas Questões Normativas no Brasil. In: Anais – v. I. *Congresso Brasileiro Unidades de Conservação*. Curitiba: p. 31-41, 15 a 23 de novembro de 1997.

MANNO, Jack P. Advocacy and Diplomacy: NGOs and the Great Lakes Water Quality Agreement. In: PRINCEN, Thomas; FINGER, Mathias. *Environmental NGOs in world politics*. Linking the local and the global. London and New York: Routledge, p. 69-120, 1994.

MARCUS, Richard R. Seeing the Forest for the Trees: Integrated Conservation and Development Projects and Local Perceptions of Conservation in Madagascar. *Human ecology*. v. 29, n. 4, p. 381-397, 2001.

MATTELART, Armand. *Comunicação Mundo.* História das idéias e das estratégias. Petrópolis, RJ: Vozes, 1994.

McCONNELL, Fiona. The Convention on Biodiversity, in DODDS, Felix. *The way forward.* Beyond Agenda 21. London: Earthscan Publications Ltd, p. 47-54, 1997.

McCORMICK, John. *Rumo ao paraíso.* A História do Movimento Ambientalista. Rio de Janeiro: Relume-Dumará, 1992.

McGRATH, David G. Biosfera ou Biodiversidade: Uma avaliação crítica do paradigma da biodiversidade. In: XIMENES, T. (Org.). *Perspectivas do desenvolvimento sustentável: uma contribuição amazônica.* Belém: UFPA, p. 33-70, 1997.

MELNYK, Mary. Biodiversity's Contribution to Rural Livelihoods - A Component of Environmental Impact Assessment. In: KRATTIGER, AF; MCNEELY, J.A.; LESSER, W.H.; MILLER K.R.; HILL, Y. St; SERANAYAKE, R (Ed.). *Widening perspectives on biodiversity.* Gland, Switzerland: IUCN; Geneva, Switzerland: International Academy of the Environment, p. 137-145, 1994.

MEYER, John W.; FRANK, David J.; HIRONAKA, Ann; SCHOFER, Evan; TUMA, Nancy Brandon. The Structuring of a World Environmental Regime, 1870-1990. In: *International organization* 51, p. 623-651, Autumn 1997.

MILLER, Kenton R. Evolução do Conceito de Áreas de Proteção - Oportunidade para o Século XXI. *Anais do Congresso Brasileiro de Unidades de Conservação.* Curitiba: IAP, UNILIVRE, v. I, p. 3-21, 1997.

MINISTÉRIO DO MEIO AMBIENTE. *Primeiro relatório nacional para a convenção sobre Diversidade Biológica – Brasil.* Brasília: MMA, 1998

MINISTÉRIO DO MEIO AMBIENTE. *Convenção sobre Diversidade Biológica-CDB. Conferência para adoção do texto acordado da CDB –* Ato Final de Nairobi. Brasília: MMA, 2000.

MOCK, Gregory. Domesticating the World: Conversion of Natural Ecosystems. *Earth trends: featured topic.* World Resources Institute, Sept 2000 (disponível em www.wri.org)

NOGUEIRA, Mônica C. R. *Lições aprendidas: uma análise comparativa de pequenos projetos.* Dissertação de Mestrado, Centro de Desenvolvimento Sustentável, Universidade de Brasília, 2001.

ORTIZ, Renato. Mundialização, Cultura e Política. In: DOWBOR, Ladislau; IANNI, Octavio; REZENDE, Paulo-Edgar (Org.). *Desafios da globalização.* Petrópolis: Editora Vozes, p. 270-275, 1997.

PÁDUA, Cláudio Valladares; CULLEN JR., Laury; PÁDUA, Suzana M.; MARTINS, Cristina S; LIMA, Jefferson. Assentamentos de reforma agrária e conservação de áreas protegidas no Pontal do Paranapanema, in BENSUSAN, Nurit (Org.). *Seria melhor mandar ladrilhar? Biodiversidade como, para que, por quê.* Brasília: Editora Universidade de Brasília, Instituto Socioambiental, p. 67-75, 2002.

PIMBERT, Michel. Issues emerging in implementing the Convention on Biological Diversity. *Journal of International Development.* v. 9, n. 3, p. 415-425, 1997.

PIO, Carlos. *A construção política da economia de mercado no Brasil:* Estabilização e abertura comercial (1985-1995). Tese de Doutorado em Ciências Humanas: Ciência Política, IUPERJ, Instituto Universitário de Pesquisa do Rio de Janeiro, 2001.

PORTER, Gareth; BROWN, Janet Welsh. *Global environmental politics.* Dilemnas in world politics. Boulder (CO), USA e Oxford, UK: Westview Press, 1991.

PRESTRE, Philippe. *The Convention on Biological Diversity: Negotiating the turn to effective implementation,* in www.isuma.net, Fall 2002.

PRINCEN, Thomas; FINGER, Mathias. *Environmental NGOs in world politics. Linking the local and the global.* London and New York: Routledge, 1994.

PRINCEN, Thomas e FINGER, Mathias, Introduction. In: PRINCEN, Thomas; FINGER, Mathias. *Environmental NGOs in world politics.* Linking the local and the global. London and New York: Routledge, pp. 1-25, 1994.

PRINCEN, Thomas; FINGER, Mathias; MANNO, Jack P. Transnational linkages. In: PRINCEN, Thomas; FINGER, Mathias. *Environmental NGOs in world politics.* Linking the local and the global. London and New York: Routledge, p. 217-236, 1994.

PRINCEN, Thomas. The ivory trade ban: NGOs and international conservation. In: PRINCEN, Thomas; FINGER, Mathias. *Environmental NGOs in world politics.* Linking the local and the global. London and New York: Routledge, p. 121-159, 1994.

PRINCEN, Thomas. Ivory, conservation, and environmental transnational coalitions In: RISSE-KAPPEN, Thomas (Ed.). *Bringing transnational relations back in.* Non-State Actors, Domestic Structures and International Institutions. Cambridge, New York, Melbourne: Cambridge Univesity Press, p. 227-253, 1999.

PUCHALA, Donald J.; HOPKINS, Raymond F. International regimes lessons from inductive analysis. In: KRASNER, Stephen (Ed.). *International regimes.* Ithaca e London: Cornell University Press, p. 61-91, 1993.

RAMOS, Adriana; CAPOBIANCO, João Paulo (Org.). *Unidades de Conservação no Brasil: aspectos gerais, experiências inovadoras e nova legislação (SNUC), Documentos do ISA nº 1.* 1996

REDFORD, Kent H.; RICHTER, Brian. Conservation of biodiversity in a world of use. In: *Endangered species update.* v. 18, n. 1, Ann Arbor, University of Michigan, editorial (artigo recebido via ProQuest), 2001.

REDFORD, K.H.; COPPOLILLO, P.; SANDERSON, E.W.; FONSECA, G.A.B. da; DINERSTEIN, E.; GROVES, C.; MACE, G.; MAGINNIS, S.; MITTERMEIER, R.A.; NOSS, R.; OLSON, D.; ROBINSON, J.G.; VEDDER, A.; WRIGHT, M. Mapping the conservation landscape. *Conservation biology.* v. 17, n. 1, p.116-131, 2003.

RIBEIRO, Gustavo Lins. *Cultura e política no mundo contemporâneo: paisagens e passagens.* Brasília: Editora Universidade de Brasília, 2000.

RISSE-KAPPEN, Thomas. Bringing transnational relations back in: introduction. In: RISSE-KAPPEN, Thomas (Ed.). *Bringing transnational relations back in. Non-state actors, domestic structures and international institutions.* Cambridge, New York, Melbourne: Cambridge Univesity Press, 1999.

ROBINSON, John G.; REDFORD, Kent H.The Use and Consevation of Wildlife, in Robinson, John G.; Redford, Kent H.(Ed.). *Neotropical wildlife. Use and conservation.* Chicago and London: The University of Chicago Press, p. 3-5, 1991.

ROE, Dilys; MAYERS, James; GRIEG-GRAN, Maryanne; KHOTARY, Ashish; FABRICIUS, Christo; HUGHES, Ross. *Evaluating Eden. Exploring the myths and realities of community-based wildlife management.* Series Overview, London: IIED Publications, 2000.

ROSENAU, James N. *Turbulence in world politics.* A theory of change and continuity. Princeton, NJ: Princeton University Press, 1990.

RUGGIE, John Gerard. Multilateralism: The Anatomy of an Institution, in RUGGIE, John Gerard (Ed.). *Multilateralism matters.* The Theory and Praxis of an Institutional Form. New York: Columbia University Press, 1993.

RUGGIE, John Gerard. *Constructing the world polity.* Essays on International Institutionalization. London and New York: Routledge, 1998.

SANTOS, Maria Helena de Castro. *Política e políticas de uma energia alternativa: o caso do Proálcool.* Rio de Janeiro: Notrya, 1993.

SOCIEDADE CIVIL MAMIRAUÁ – SCM. *Mamirauá.* Plano de Manejo. Síntese. Brasília: SCM;CNPq/MCT; Manaus: IPAAM, 1996.

SONGORWA, Alexander N.; Community-Based Wildlife Management (CWM) in Tanzania: Are the Communities Interested? *World development.* v. 27, n. 12, p. 2061-2079, 1999.

STERN, Paul C.; YOUNG, Oran R.; DRUCKMAN, Daniel (Ed.). *Global environmental change. Understanding the human dimensions.* Washington, D.C.: National Academy Press, 1992.

STAMPFORD, Charles. Environmental governance for biodiversity. *Environmental Science & Policy 5*, p. 79-90, 2002.

SWANSON, Timothy. *Global action for biodiversity*. An International Framework for Implementing the Convention on Biological Diversity. London: Earthscan Publications Ltda, Gland: IUCN, 1997.

SWANSON, Timothy. Conserving global biological diversity through alternative development paths. In: KOZIELL, Izabella; SAUNDERS, Jacqueline (Ed.). *Living off biodiversity*. Exploring Livelihoods and Biodiversity Issues in Natural Resources Management. London: IIED – International Institute for Environment and Development, p. 11- 22, 2001.

UNEP. *Global biodiversity assessment*. Cambridge University Press, 1995.

VIOLA, Eduardo. A Multidimensionalidade da Globalização, As Novas Forças Sociais Transnacionais e seu Impacto na Política Ambiental do Brasil, 1989-1995, in FERREIRA, Leila da Costa; VIOLA, Eduardo (Org.). *Incertezas de sustentabilidade na globalização*. Campinas: Editora da Unicamp, p. 15-65, 1996.

VIOLA, Eduardo. *Globalization and the Politics of Climate Change in Brazil*. Paper presented in the Open Meeting of the Human Dimensions of Global Environmental Change Research Community. Shonan Village, Kanagawa, Japan, June 24-26th, 1999.

VIOLA, Eduardo. O regime internacional de mudança climática e o Brasil. In: *Revista Brasileira de Ciências Sociais*. v. 17, n. 50, p. 25-46, 2002.

WALTZ, Kenneth. *Theory of international politics*. New York: Random House, 1979.

Western, D. Conservation science in Africa and the role of international collaboration. *Conservation Biology*. v. 17, n. 1, p. 11-19, 2003.

WILSON, E.O. (Ed.). *Biodiversity*. Washington, D.C.: National Academy Press, 1998.

World Resources Program Staff. "Fragmenting Forests: The Loss of Large Frontier Forests", World Resources 1998-99. *Earth trends*: featured topic, 1998 (disponível em www.wri.org).

WUNDER, Sven. Poverty alleviation and tropical forests – what scope for synergies?, Forthcoming in *World Development*. v. 29, n.11, Nov. 2001.

WWF-Brasil. *Caminhos e aprendizagens*. Educação ambiental, conservação e desenvolvimento. Brasília: WWF-Brasil, 2000.

WWF-Brasil e ISER. *Desenvolvimento e conservação do meio ambiente*. Pesquisa de opinião com lideranças e a população da Amazônia. Coordenação: Rosa L. de Sá e Regina Vazquez. Brasília: WWF-Brasil, 2001.

WWF. *Living planet report 2002*. Edited by Jonathan Loh. Gland, Switzerland: WWF-International, June 2002.

YOUNG, Oran. Regime dynamics: the rise and fall of international regimes. In: KRASNER, Stephen (Ed.). *International Regimes*. Ithaca e London: Cornell University Press, p. 23-59, 1993.

YOUNG, Oran. A eficácia das instituições internacionais: alguns casos difíceis e algumas variáveis críticas. In: ROSENAU, James; CZIEMBEL, Ernst-Otto (Ed.). *Governança sem governo*. Brasília: Editora Universidade de Brasília, p. 219-261, 2000.

YOUNG, Zoe. *A new green order?* The World Bank and the Politics of the Global Environmental Facility. London and Sterling, VA: Pluto Press, 2002.

ANEXOS

ANEXO 1: QUESTIONÁRIO ENVIADO PARA ESPECIALISTAS

I - RELAÇÃO ENTRE INSTITUIÇÕES INTERNACIONAIS E PROTEÇÃO DA BIODIVERSIDADE

a) Em termos de proteção da biodiversidade, a Convenção sobre Diversidade Biológica pode ser considerada

5 = Muito efetiva
4 = Efetiva
3 = Razoavelmente, efetiva
2 = Pouco efetiva
1 = Nada efetiva

5	4	3	2	1

b) Efetividade da CITES

5	4	3	2	1

c) Efetividade da Convenção de RAMSAR

5	4	3	2	1

d) Citar outros 5 intrumentos e instituições internacionais relevantes para proteção global da biodiversidade, em ordem de importância:

II - A CONSERVAÇÃO DA BIODIVERSIDADE TORNOU-SE UM OBJETIVO DE VÁRIAS ORGANIZAÇÕES INTERNACIONAIS, GOVERNOS, GRUPOS E INDIVÍDUOS. CONTUDO TAL OBJETIVO ASSUMIU TANTOS SIGNIFICADOS QUANTOS SÃO OS ATORES ENVOLVIDOS (REDFORD E RICHTER, 2001)

a) Avaliar o grau de compatibilidade entre conservação e uso da biodiversidade

5 = conservação e uso são sempre compatíveis
4 = conservação e uso muitas vezes são compatíveis
3 = conservação e uso algumas vezes são compatíveis
2 = conservação e uso são raramente compatíveis
1 = conservação e uso não são compatíveis

5	4	3	2	1

b) Considerando que conservação da biodiversidade assume diversos significados, avaliar a implicação dessa "polissemia" na proteção da biodiversidade

5 = positiva (contribui)

4 = razoavelmente positiva (contribui pouco)

3 = não tem implicação alguma ("neutro", mesmo que haja diversos significados isso não tem implicação alguma na proteção da biodiversidade)

2 = negativa (prejudica um pouco)

1 = muito negativa (prejudica)

5	4	3	2	1

III - SOBRE MAMIRAUÁ

a) Conhece a experiência de Mamirauá

5 = Muito bem

4 = Bem

3 = Razoavelmente

2 = pouco

1 = Não conhece, nunca ouviu falar

5	4	3	2	1

b) Considerando que a biodiversidade tem valor de uso e não-uso e considerando o contexto amazônico, a RDSM, como proposta de conciliar preservação, conservação e uso sustentável da biodiversidade, consiste num modelo de unidade de conservação

5 = Totalmente adequado

4 = Parcialmente adequado

3 = Neutro (não tem opinião formada/indiferente)

2 = Pouco adequado

1 = Não adequado

5	4	3	2	1

c) o Projeto Mamirauá, em termos de seus resultados quanto à conservação da biodiversidade e melhoria da qualidade de vida da população local, pode ser considerado

5 = Muito efetivo

4 = Razoalvemente efetivo

3 = Neutro (não tem opinião formada/indiferente)

2 = Pouco efetivo

1 = Nada efetivo

5	4	3	2	1

IV - ENTRE OS FATORES QUE CONSIDERO CHAVE PARA O ESTABELECIMENTO INSTITUCIONAL DE MAMIRAUÁ COMO RESERVA DE DESENVOLVIMENTO SUSTENTÁVEL MAMIRAUÁ (RDSM) E COMO INSTITUTO DE DESENVOLVIMENTO SUSTENTÁVEL MAMIRAUÁ (IDSM) ESTÃO:

a) O fato de o projeto ser inovador e, ao mesmo tempo, "sintonizado" com novas idéias sobre conservação da biodiversidade e desenvolvimento no contexto internacional, o que contribuiu para atrair apoio político e recursos para sua implementação. Isso, na sua visão, é

5 = muito relevante

4 = razoavelmente relevante (em termos)

3 = "neutro" (não tem opinião formada/indiferente)

2 = pouco relevante

1 = não é relevante

5	4	3	2	1

Nos itens de b) até d), expressar seu grau de concordância/discordância com as afirmações sobre fatores-chave para o estabelecimento de Mamirauá, variando de 5 a 1. Assim, você:

5 = concorda plenamente

4 = concorda parcialmente (em termos)

3 = "neutro" (não tem opinião formada)

2 = concorda pouco

1 = discorda

b) O fato de conseguir conciliar interesses dos pesquisadores, conservacionistas, governo estadual e população local.

5	4	3	2	1

c) O fato de que já existia localmente desejo de "preservação" (movimento de preservação de lagos) e um grau razoável de organização comunitária entre alguns assentamentos. Você:

5	4	3	2	1

d) Contexto internacional e nacional favorável (Rio'92 e desdobramentos)

5	4	3	2	1

V - NO MUNDO, EXISTEM, DE ACORDO COM A LITERATURA, EXPERIÊNCIAS QUE VISAM CONCILIAR CONSERVAÇÃO DA BIODIVERSIDADE E DESENVOLVIMENTO NO NÍVEL LOCAL

a) Você conhece
5 = muitas (mais de 50)
4 = várias (entre 49 e 21)
3 = algumas (entre 20 e 11)
2 = poucas (10 ou menos)
1= nenhuma

5	4	3	2	1

b) Entre as experiências que conhece, você considera que elas, em termos de proteção local da biodiversidade, são
5 = muito relevantes
4 = razoavelmente relevantes (em termos)

3 = neutro (não tem opinião formada/indiferente)
2 = pouco relevantes
1 = não são relevantes

5	4	3	2	1

c) Em termos de semelhança com Mamirauá, tais experiências são
5 = Muito semelhantes
4 = Razoavelmente semelhantes
3 = "neutro" (não tem opinião formada, indiferente)
2 = Pouco semelhantes
1 = Não são semelhantes

5	4	3	2	1

d) Numa perspectiva global, Mamirauá, em comparação com tais experiências, pode ser colocada entre
5 = 10 mais relevantes
4 = 20 mais relevantes
3 = 40 mais relevantes
2 = 50 mais relevantes
1 = irrelevante

5	4	3	2	1

VI - SE POSSÍVEL, ADICIONAR COMENTÁRIOS SOBRE AS QUESTÕES, SUAS RESPOSTAS OU SOBRE A ABORDAGEM GLOBAL-LOCAL EM RELAÇÃO À COMBINAÇÃO DE CONSERVAÇÃO DA BIODIVERSIDADE E DESENVOLVIMENTO

ANEXO 2

Lista de Especialistas

Nome	Instituição	Contato	Quest. Resp.
Adalberto Veríssimo	UnB	betoverissimo@uol.com.br	
Adriana Moreira	Banco Mundial	tel: 329 1062	sim
Adriana Ramos	ISA		sim
Andrew Taber (Director for Latin America International Programs)	*Wildlife Conservation Society* - WCS	185th Street and Southern Blvd. Bronx, NY 10460, USA	
Angela Tresinary (Diretora TNC-Brasil)	TNC-Brasil	atresinari@tnc.org	sim
Anthony Rylands	*Conservation International* – CI	a.rylands@conservation.org	sim
Antonio Carlos Diegues	USP	adiegues@usp.br	
Bráulio Dias	Ministério do Meio Ambiente (MMA) e UnB	braulio.dias@mma.gov.br bfsdias@mma.gov.br	
Carlos Klink	UnB e IPAM	klink@unb.br	sim
Carlos Joly	BIOTA	tel: (19) 788 7802	sim
César Victor do Espírito Santo	FUNATURA	cesar.victor@funatura.org.br	sim
Christina Ojar			sim
Christine Padoch	*New York Bothanical Garden* - NYBG	tel: 1718-8178975	sim
Cláudio V. Pádua	IPE e UnB	cpadua@unb.br	
Clóvis Borges	SPVS	tel/fax: (41) 242.0280	sim
Daniel Nepstad	IPAM	dnepstad@wrhc.org	
David McGrath		dmcgrath@ipam.org.br	
David Brackett	*Chairman of the Species Survival Comission* / IUCN	SSC_IUCN@ec.gc.ca	sim
David Cleary (Amazônia)	TNC-Brasil	dcleary@tnc.org	
David Oren (técnico-científico)		doren@tnc.org.br	
Don Melnick (Director)	CERC/*University of Columbia*	djm7@columbia.edu	
Donald Sawyer	ISPN	Donald.M.Sawyer@nasa.gov	
Eduardo Martins (Presidente)	Elabore	elabore@elabore.com.br http://www.elabore.com.br/empresa/diretoria/index.html	sim
Estevão Monteiro de Paula, ex-presidente do IPAAM		estevao@mn.sivam.gov.br	
Foster Brown (Ph.D, Geoquímico)	*Woods Hole Research Center*		
Garo Batmanian	Conselho Brasileiro de Manejo Florestal	garobatmanian@uol.com.br	

George Woodwell (Ph.D, Biólogo, Diretor)	Woods Hole Research Center	gwoodwell@whrc.org	
Gustavo Fonseca (Diretor do CABS CI)	*Conservation International* – CI	**G.Fonseca@conservation.org** 1-202-369-0051	
Ibsen de Gusmão Câmara	SBCN e Biodiversitas		sim
Jean Christophe	IUCN		sim
Jeffrey McNeely (*Chief Scientist*)	*The World Conservation Union* - IUCN	jam@hq.iucn.org , sar@hq.iucn.org	
João P. Capobianco (Secretário Biodiversidade e Florestas)		capobianco@mma.gov.br secretária: Luciane fax: 317 1213	
John Robinson (Senior Vice-President for International)	WCS	wildcons@aol.com 1718-220-7165	
John Terborgh	*University of Duke*	*E-mail* manu@duke.edu	
José Augusto Drummond	UnB	jaldrummond@uol.com.br	sim
José Benatti	IPAM	benatti@ipam.org.br	sim
José Galizia Tundisi	Instituto Internacional de Ecologia - IIE	jgt.iie@iie.com.br	sim
José Maria Cardoso de Oliveira	*Conservation International* – CI	j.silva@conservation.org.br	
Kent Redford (Diretor Instituto)	WCS	khRedford@aol.com	
Kenton Miller	IUCN WCPA	kenton@wri.org (Tue to Thr) kenton@hardynet.com (Fri to Mon)	
Luis Carlos Joels	MCT		sim
Luiz Paulo Pinto	*Conservation International* - CI	l.pinto@conservation.org.br	sim
Márcio Santilli		marciosantilli@terra.com.br	
Maria Cecília Wei de Brito	Aliança SOS Mata Atlântica-CI	alianca@sosmatatlantica.org.br	sim
Maria Luisa Gastal	UnB	gastal@unb.br	
Maria Teresa Jorge Pádua	FUNATURA	mtjp@uol.com.br	
Marina da Silva Vaz de Lima (Ministra)	MMA	marina.silva@mma.gov.br	
Mário Mantovanni	SOS Mata Atlântica	mario@sosmatatlantica.org.br	
Mary Ann Schmidt	University of Duke		
Mary Helena Allegretti (Secretária Executiva)	SCA – Secretaria da Amazônia/MMA	mary-helena.allegretti@mma.gov.br	
Mary Pearl	WPTU	pearl@wildlifetrust.org	sim
Martha Chouchena-Rojas (Head of Policy)	Biodiversity and International Agreements	mtr@iucn.org	
Maurício Mercadante (Assessor Parlamentar - Câmara dos Deputados)		mercadante@terra.com.br	

Miguel Pinedo	*Columbia University* – CERC	map57@columbia.edu	sim
Muriel Saragoussi (Diretora de Programa)	FVA- Fundação Vitória Amazônica	muriel.saragoussi@mma.gov.br muriel@fva.org.br	sim
Nurit Bensusan	ISA	tel (61) 349 5114, fax: 274 7608	sim
Paulo Amaral (Diretor Executivo)	IMAZON – Instituto do Homem e do Meio Ambiente da Amazônia	cuhl@marajo.secom.ufpa.br	
Paulo Barreto		pbarreto@imazon.org.br)	
Paulo Moutinho	IPAM	moutinho@amazon.com.br	sim
Paulo Nogueira Neto		nogueira-neto@uol.com.br	
Pedro Leitão		pedro@funbio.org.br	
Peter Toledo (Diretor)	Museu Goeldi	toledo@museu-goeldi.br	
Richard Bodmer	*University of Kent*, Canterbury	r.bodmer@ukc.ac.uk	
Roberto B Cavalcanti	*Conservation International* – CI	r.cavalcanti@conservation.org	sim
Roberto Messias Franco	WWF	roberto@wwf.org.br	
Rosa Lemos de Sá		rosa@wwf.org.br	
Rubens Born	Vitae Civilis	rborn@vitaecivilis.org.br	
Russell Mittermeier (Presidente)	*Conservation International* - CI	cgmittermeier@aol.com	
Sandra Charity	WWF	scharity@wwf.org.uk	sim
Sérgio Henrique Borges (Coordenador de Pesquisas)	Fundação Vitória Amazônica - FVA	sergio@fva.org.br	
Silvia Llosa		silvi_llosa@hotmail.com	
Stephan Schwartzman	EDF (Environment Defense Fund)	Stephan_Schwartzman@environm entaldefense.org	
Steve Sanderson (Presidente)	WCS	**ssanderson@wcs.org**	sim
Suzana Pádua		(ipe@alternex.org.br)	sim
Thomas Lovejoy	*Smithsonian Institution*	lovejoy@heinzctr.org	
Vanderlei Canhos	Fundação André Tosello - BIN-BR / BDT	vcanhos@bdt.org.br	
Virgílio Vianna	IPAAM	ipaam@ipaam.br	
Washington Novaes (jornalista)		wrlnovaes@uol.com.br	
Yolanda Kakabadse Navarro	IUCN	president@iucn.org	
	FOE – Friends of the Earth	foe@foe.org	
	Biodiversitas	tel: 31 3292 8235 biodiversitas@biodiversitas.org.br	

ANEXO 3: LISTA DE ORGANIZAÇÕES AMBIENTALISTAS

CI – Conservation International

WCS – Wildlife Conservation Society

TNC – The Nature Conservancy

WWF – UK World Wide Fund for Nature, Fundo Mundial para Natureza

Wildlife Trust Fund

IUCN – World Conservation Union

ISA – Instituto Socioambiental

IPAM – Instituto de Pesquisa Ambiental da Amazônia.

IPE – Instituto de Pesquisas Ecológicas

SPVS – Sociedade de Pesquisa em Vida Selvagem e Educação Ambiental

FUNATURA

Aliança SOS Mata Atlântica–Conservation International

Instituto Internacional de Ecologia

Projeto BIOTA/SP

Ministério do Meio Ambiente

CERC/University of Columbia

UnB

ANEXO 4: Lista de entrevistados

• Fase da pesquisa - por ordem cronológica das entrevistas

Nome / Instituição	Local / Data
Ana Rita Alves, IDSM	Belém, 19 de julho de 2001
Márcio Ayres, IDSM	Belém, 23 de julho de 2001
Helder Queiroz, IDSM	Belém, 23 e 26 de julho, 01 de agosto de 2001
Ronaldo Barthem, Museu Goeldi	Belém, 31 de julho de 2001
David McGrath, IPAM	Belém, 01 de agosto de 2001
Edila Moura, IDSM	Belém, 02 de agosto de 2001
Artemísia do Vale, IPAAM	Manaus, 07 de agosto de 2001
Sérgio Henrique Borges, FVA	Manaus, 07 de agosto de 2001
"Dona" Oscarina (Oscarina Martins)	RDSM Setor Horizonte, 10 de agosto de 2001
Otacílio Brito	Tefé, 13 de agosto de 2001
Elisabeth Gama	Tefé, 13 de agosto de 2001
José Maria Damasceno	Tefé, 14 de agosto de 2001
Sigueru Esashika	Tefé, 14 de agosto de 2001
Paulo Roberto Souza	Tefé, 14 de agosto de 2001
Gordon Armstrong	Tefé, 15 de agosto de 2001
Ronnei Costa	Tefé, 15 de agosto de 2001
Marília Souza	Tefé, 15 de agosto de 2001
Raimundo Marinho	Tefé, 16 de agosto de 2001
Miriam Marmontel	Tefé, 17 de agosto de 2001
Mercês Bezerra	Tefé, 17 de agosto de 2001
Niele Peralta	Tefé, 17 de agosto de 2001
João Paulo Viana	Tefé, 20 de agosto de 2001
Nelissa Peralta	Tefé, 20 de agosto de 2001
Vavá Cavalcante	Tefé, 21 de agosto de 2001
Andréa Pires	Tefé, 27 de agosto de 2001
Vera Silva	Tefé, 27 de agosto de 2001
Afonso Carvalho ("Seu" Afonso)	RDSM – V. A., 28 de agosto de 2001
Antônio Martins ("Seu" Antônio)	RDSM – Jarauá, 29 de agosto de 2001
Isabel Soares de Souza	Tefé, 30 de agosto de 2001
Augusto Téran, INPA	Tefé, 03 de setembro de 2001
Déborah Lima, UFF	Rio de Janeiro, 08 de outubro de 2001
Warwick Kerr, INPA	19 de fevereiro de 2002 (fone)
Isabel Canto, MCT	Brasília, 13 de março de 2002
José Galizia Tundisi, IIE	São Carlos, 02 de abril de 2002
Gail Marzetti, DFID	Brasília, 18 de abril de 2002
Muriel Saragoussi, FVA	Brasília, 24 de abril de 2002
Tenório Allogio, Saúde e Alegria (Santarém)	Brasília, 24 de abril de 2002
Roberto Fabeni Jr., ABC-MRE	Brasília, 11 de junho de 2002
Aline da Rin Azevedo	Belém, 13 de junho de 2002
Mauro Luis Ruffino, PROVARZEA	Brasília, 25 de julho de 2002
José Augusto Drummond, UnB	Brasília, 31 de julho de 2002
Richard Bodmer, *University of Kent*	Teodoro Sampaio, 11 de novembro de 2002
Cláudio Pádua, UnB e IPE	Brasília, 09 de janeiro de 2003
Carol Norman, DFID	Brasília, 26 de março de 2003
Michel Pimbert, IIED	Londres, 24 de abril de 2003
Sandra Charity, WWF-UK	Goldaming, 25 de abril de 2003
Julie Thomas, WWF-UK	Goldaming, 25 de abril de 2003
Helder Queiroz, IDSM	04 de junho de 2003 (por telefone)

• Fase da pesquisa - por correio eletrônico

Nome	Data
Márcio Ayres	27 de julho de 2001
	27 de janeiro de 2003
	28 de janeiro de 2003
	04 de fevereiro de 2003
Déborah Lima	22 de agosto de 2001
John Robinson	08 de agosto de 2002
Richard Bodmer	22 de outubro de 2002
Helder Queiroz	24 de janeiro de 2003
Ronis da Silveira	26 de fevereiro de 2003

• Fase da exploratória - por ordem cronológica das entrevistas

Nome / Instituição	Local / Data
Roberto B. Cavalcanti, UnB e CI	Brasília, 6 de julho de 2000
Luiz Paulo Pinto, CI	Belo Horizonte, 17 de julho de 2000
Maria Dalce, AMANDA	Belo Horizonte, 17 de julho de 2000
Patrícia, Biodiversitas	Belo Horizonte, 18 de julho de 2000
Gisela Herman, Biodiversitas	Belo Horizonte, 18 de julho de 2000
Maria Cecília Wei de Brito, Aliança SOS-CI	São Paulo, 24 de julho de 2000
Rubens Born, VITAE CIVILIS	Embu das Artes, 25 de julho de 2000
Mariza Bittencourt, USP	São Paulo, 28 de julho de 2000
Carlos Joly, BIOTA/UNICAMP	Campinas, 31 de julho de 2000
Dora Canhos, BDT	Campinas, 31 de julho de 2000
Renata Mendonça, SMA/PROBIO-SP	São Paulo, 01 de agosto de 2000
Cláudia Schaalmann, SMA/PROBIO-SP	São Paulo, 01 de agosto de 2000
Cristina Azevedo, SMA/PROBIO-SP	São Paulo, 01 de agosto de 2000
Elke Costanti, ABC-MRE	Brasília, 25 de setembro de 2000
José Augusto Drummond, na época PP-G7	Brasília, 04 de outubro de 2000
Regina Gualda, MMA	Brasília, 08 de outubro de 2000
Rebecca Abers	Brasília, 08 de outubro de 2000
Carlos Aragon, PP-G7	Brasília, 10 de outubro de 2000
Márcio Santilli, IPAM	Brasília, 16 de outubro de 2000
Marco Antônio Reis Araújo, Doces Matas	Belo Horizonte, 18 de outubro de 2000
Gustavo Wachtel, Doces Matas	Belo Horizonte, 18 de outubro de 2000
Gilberto Sales, IBAMA	Brasília, 23 de outubro de 2000
Luis Carlos Joels, MCT	Brasília, 26 de outubro de 2000
Artemísia do Vale, IPAAM	Tefé, 19 de março de 2001
Fernanda Ribeiro, IDSM	Tefé, 20 de março de 2001
Gordon Armstrong, IDSM	Tefé, 21 de março de 2001
Paulo Roberto de Souza, IDSM	Tefé, 21 de março de 2001
Lafayette de Mello, IBAMA	Tefé, 23 de março de 2001

ANEXO 5: RESUMO DO QUADRO "OS BENEFÍCIOS MÚLTIPLOS DA BIODIVERSIDADE"

(FONTE: Koziell, 2001, p. 3, Table 1)

Valor	Descrição	Beneficiários primários
Uso Direto		
Subsistência	Bens que podem ser caçados, coletados de sistemas naturais, seminaturais, ou manejados. Incluem alimentos diversos, materiais de construção e de vestuário, remédios, ração para animais e outros materiais tais como corantes, borrachas e resinas.	Pessoas na área rural, em especial grupos mais pobres, pequenos produtores, povos indígenas, ou tradicionais, aqueles que mais dependem de recursos de propriedade comum e com menos probabilidade de ter a propriedade da terra.
Comercial	Produtos que podem ser caçados, coletados de sistemas naturais ou manejados para serem comercializados em mercados, fora da área de origem. Podem incluir madeira, vida selvagem, peixes e recursos genéticos	Pequenas e grandes empresas comerciais e empregados. Exemplos, artesãos, pescadores, madeireiras. Todos os consumidores dos produtos
Uso Indireto		
Serviços ambientais	A biodiversidade é o meio através do qual ar, água, gases e químicos são moderados e trocados para criar serviços ambientais. Isso acontece numa escala ampla com proteção de bacias hidrográficas, estoque de carbono e numa escala menor via ciclo de nutrientes, controle de pestes e doenças. Assegura o funcionamento continuado, resiliência e produtividade dos ecossistemas que fornecem os bens de "uso direto".	Todos numa escala global. No nível local, produtores que dependem dos serviços ambientais, na ausência de instrumentos (*inputs*) artificiais
Informacional e Evolutivo	Diversidade genética e informação associada, usada por pessoas para criar novas variedades de plantas e animais, ou derivados farmacêuticos. Essa diversidade permite a adaptação, por meio da seleção natural ou artificial.	Fazendeiros em agricultura de pequena, ou grande escala, desenvolvimento de animais (*livestock*) e de engenharia florestal. Reprodução de animais e plantas. Pesquisadores e cientistas genéticos. Sistemas de bancos genéticos. Companhias de agroquímicos, de alimentos e farmacêuticas.
Estético	Espécies ou paisagens que são admirados por suas qualidades estéticas. Em certos contextos, são importantes para os mercados, como no ecoturismo. Esses usos podem ter impactos mais limitados e algumas vezes considerados "atividades de não-uso", mas a biodiviersidade é usada indiretamente e turismo pode causar impactos indiretos	Empresas de turismo, turistas e ecoturistas
Valores de não uso		
Segurança	Espécies e genes para uso futuro, direto ou indireto.	Gerações futuras
Existência	Valor intrínseco, que justifica a existência em si mesmo. Transcende o uso, valores financeiros, por razões estéticas, culturais, filosóficas ou religiosas	Residentes urbanos. Pessoas de religões que reverenciam a natureza. Povos indígenas, artistas, conservacionistas
Nota da autora (Koziell 2001): nem todos os aspectos da biodiversidade trazem benefícios para a humanidade. Pestes, doenças e predadores de humanos, plantas e animais podem colocar ameaças sérias para modos de vida sustentáveis.		

ANEXO 6: Categorias do Sistema Mundial de Áreas Protegidas – WCPA/IUCN

Categoria Ia. *Strict nature reserve*: área protegida dirigida principalmente para ciência; mais especificamente, trata-se de uma área de terra e /ou mar, possuindo alguns ecossistemas, características geológicas ou fisiológicas e/ou espécies, excepcionais ou representativos disponíveis prioritariamente para pesquisa científica e/ou monitoramento ambiental.

Categoria Ib. *Wilderness area*: uma área protegida dirigida principalmente para proteção da vida selvagem; ou seja, uma área grande de terra, ou mar, não modificada, ou levemente modificada, retendo seu caráter natural e influência, sem habitação permanente ou significativa, que é protegida e manejada para preservar sua condição natural.

Categoria II. Parque nacional: uma área protegida manejada principalmente para proteção de ecossistemas e recreação; consiste numa área de terra, ou mar, natural designada para: a) proteger a integridade ecológica de um ou mais ecossistemas para gerações presentes e futuras; b) excluir a exploração, ou ocupação, lesiva aos propósitos de designação da área; c) prover um fundamento para oportunidades espirituais, científicas, educacionais, recreacionais e de visitação, todas as quais obrigatoriamente compatíveis ecológica e culturalmente.

Categoria III. Monumento natural: uma área protegida dirigida principalmente para conservação de traços naturais específicos; trata-se de uma área contendo uma ou mais características específicas naturais, ou naturais/culturais, que é de valor excepcional ou único, devido à sua raridade intrínseca, qualidades estéticas ou representativas, ou significado cultural.

Categoria IV. *Habitat/species management area* (Área de manejo de *habitats* ou espécies): uma área protegida dirigida principalmente para conservação por meio de intervenções de manejo; consiste numa área de terra, ou mar, sujeita à intervenção ativa para propósitos de manejo, de tal modo a assegurar a manutenção de *habitats* e/ou obedecer a requerimentos de espécies específicas.

Categoria V. *Protected landscape/seascape*: uma área protegida dirigida principalmente para conservação de paisagem de terra, ou mar (*landscape/seascape*), e recreação; trata-se de uma área de terra , com costa e mar, conforme seja adequado, onde a interação das pessoas e natureza através do tempo tem produzido uma área de caráter distinto, com valor significativo estético, ecológico e/ou cultural, e freqüentemente com alta diversidade biológica, sendo que garantir a integridade dessa interação tradicional é vital para proteção, manutenção e evolução de tal área.

Categoria VI. *Managed resource protected area*: áreas manejadas principalmente para o uso sustentável de ecossistemas naturais. Essas áreas contêm predominantemente ecossistemas naturais não modificados, manejadas para assegurar proteção de longo prazo e manutenção de diversidade biológica, enquanto provêm também um fluxo sustentável de produtos e serviços naturais para suprir necessidades das comunidades.

ANEXO 7: Mapa de localização de Mamirauá
FONTE: IDSM

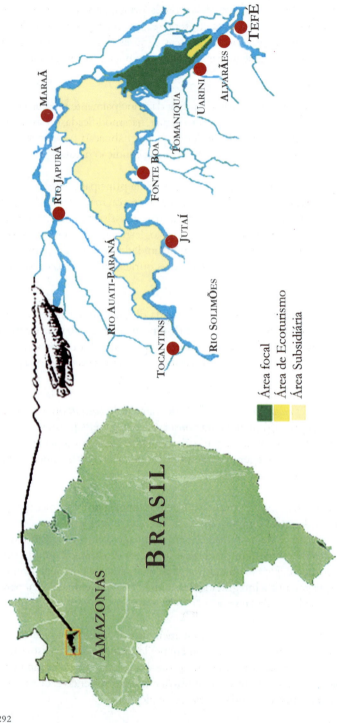

FOTOS

Reserva Mamirauá (Foto: Marco Bueno)

Vista aérea Pousada Uacari em construção, ano 2000 – programa de ecoturismo (Foto: Marco Bueno)

Pousada Uacari pronta – programa de ecoturismo (Foto: Josivaldo Modesto)

Participação comunitária no programa de ecoturismo (Foto: Marco Bueno)

Casa de farinha (Foto: Marcos Amend)

Pirarucu (Foto: Marcos Amend)

Aves do Mamirauá (Foto: Carlos Nader)

Reserva Mamirauá – pôr-do-sol (Foto: Marco Bueno)

Reserva Mamirauá (Foto: Marco Bueno)

Macaco uacari-branco – *Cacajao calvus*. A pesquisa sobre essa espécie de primata representou o início do processo que deu origem à Reserva de Desenvolvimento Sustentável Mamirauá e ao Instituto de Desenvolvimento Sustentável Mamirauá (Foto: Marco Bueno)

Este livro foi composto em Garamond 10,5/12
no formato 155 x 225 mm e impresso na Alliance Indústria Gráfica Ltda.,
no sistema off-set sobre papel AP 75 g/m², com capa em papel
Cartão Supremo 250 g/m².